湖北省学术著作出版专项资金
Hubei Special Funds for Academic Publications

国家社会科学基金重大项目“构建中国话语权的评价科学理论、方法与应用体系研究”（18ZDA325）
和国家社会科学基金项目“中国学者国际学术论文影响力评价研究”(16BTQ055)的研究成果之一

大 数 据 环 境 下 的 信 息 管 理 方 法 技 术 与 服 务 创 新 丛 书

学术影响力

ACADEMIC INFLUENCE

赵蓉英　郭凤娇　魏明坤　魏绪秋
余　波　张兆阳　常茹茹　著

WUHAN UNIVERSITY PRESS
武汉大学出版社

图书在版编目(CIP)数据

学术影响力/赵蓉英等著.—武汉：武汉大学出版社，2021.11
大数据环境下的信息管理方法技术与服务创新丛书
湖北省学术著作出版专项资金资助项目
ISBN 978-7-307-21708-9

Ⅰ.学…　Ⅱ.赵…　Ⅲ.学术价值—研究　Ⅳ.G30

中国版本图书馆 CIP 数据核字(2020)第 152623 号

责任编辑:陈　豪　　　责任校对:汪欣怡　　　版式设计:韩闻锦

出版发行：**武汉大学出版社**　（430072　武昌　珞珈山）
（电子邮箱：cbs22@ whu.edu.cn　网址：www.wdp. com.cn）
印刷：武汉中远印务有限公司
开本:720×1000　1/16　印张：33.75　字数:484 千字　插页:3
版次:2021 年 11 月第 1 版　2021 年 11 月第 1 次印刷
ISBN 978-7-307-21708-9　定价:98.00 元

赵蓉英，女，博士，国家社会科学基金重大项目首席专家。武汉大学信息管理学院教授，博士研究生导师，武汉大学中国科学评价研究中心主任，中国科学学与科技政策研究会常务理事，中国索引学会常务理事。曾历任清华同方光盘股份有限公司知识网络研究所副所长、CNKI工程研究中心副主任、市场部执行经理、中国期刊全文数据库产品经理等职。2011年作为国家公派访问学者赴美国匹兹堡大学信息科学学院（School of Information Sciences, University of Pittsburgh）访问研修。

近年来主持国家社科基金重大项目、国家教育部和科技部等科研项目近20项。主持完成的教育部211工程办公室委托“211工程学校建设绩效评估”专题研究项目，研究成果得到教育部211工程办公室认可，并被《“211工程”发展报告(1995-2005)》（高等教育出版社，2007）采用。已出版著作近60部，其中独著1部、合撰专著4部，担任主编和副主编编写著作50余部；在所从事的研究领域发表学术论文近300篇，其中被SCI、SSCI、EI、CPCI等检索近40篇；获得湖北省优秀博士学位论文、湖北省科技进步三等奖，以及国家社科基金项目优秀结项等奖项多项。

在国际学术交流方面，曾受邀出席英国肯特大学国际评价会议、奥地利维也纳大学ISSI2013、土耳其海峡大学ISSI2015、美国伊利偌伊大学JCDL2019、意大利罗马大学ISSI2019、澳大利亚墨尔本大学ASIS&T2019和美国夏威夷大学HICSS2020等本领域国际顶级学术会议并作报告交流。此外，作为主要成员成功申办科学计量学与信息计量学领域国际顶尖学术会议——第16届国际科学计量学与信息计量学大会（ISSI2017），2017年10月作为大会秘书长成功主办该会议并作大会主旨报告，全方位地提高了我国科学计量学与信息计量学研究的国际学术话语权和国际学术影响力。

研究领域：信息计量与科学评价、知识管理与竞争情报、信息管理与信息资源管理

开设本科课程：信息计量学（国家级精品资源课程）、知识管理

开设硕士课程：信息计量与科学评价（校研究生院精品课）

信息计量与科研方法（校研究生院公选课）

开设博士课程：网络计量与科学评价研究、知识网络与知识管理研究

联系方式：zhaorongying@126.comzhaory@whu.edu.cn

郭凤娇，博士，山东理工大学信息管理研究院教师，硕士研究生导师，入选学校“双百工程”高层次人才。

近年来主持国家社科基金青年项目1项，作为主要参加人参与国家级、省部级项目10余项；参与出版研究报告5部、教材1部；在所从事的研究领域发表学术论文30余篇。获山东省省级教学成果奖二等奖、山东省社会科学优秀成果奖三等奖等奖项，曾在18届亚太数字图书馆国际会议作大会发言。

研究领域：信息计量与科学评价

开设本科课程：信息检索与学术素养

开设硕士课程：知识管理、评价学理论与方法、图书情报与档案管理前沿研究

魏明坤，博士，河北大学管理学院副教授，硕士研究生导师，中国软科学研究会理事。

近年来主持国家社科基金青年项目、中国博士后科学基金特别资助项目、河北省社会科学基金等项目，作为主要参加人参与国家社科基金重大项目、国家社科基金一般项目、教育部人文社科项目等；在所从事的研究领域发表学术论文30余篇，其中SCI、SSCI论文8篇。受邀担任国内外学术期刊*Journal of Information science*、*Scientometrics*、*Library Hi tech*等评审专家，并担任*Journal of Altmetrics*期刊编委。博士在读期间荣获武汉大学“十大学术之星”称号。

研究领域：信息计量与科学评价、知识管理与数据科学

开设本科课程：信息计量学、信息分析、开源软件管理、数字图书馆、科学研究设计与方法

开设硕士课程：专业英语

魏绪秋，博士，山东理工大学信息管理研究院教师，硕士研究生导师。

近年来主持国家社科基金青年项目1项、山东省社科规划研究青年项目1项，参与国家社科重大（一般）项目2项、省部级项目多项；参与出版著作（研究报告）6部；发表学术论文42篇，其中SSCI论文2篇、CSSCI论文33篇。获山东理工大学2020年度教师教学质量奖等荣誉，受邀担任《SCIENTOMETRICS》等学术期刊评审专家。

研究领域：信息计量、科学评价、数据挖掘

开设本科课程：信息检索与学术素养

开设硕士课程：知识网络研究、知识产权与学术规范

序　言

随着全球化发展，国际化已经深入到社会活动的各个领域，特别是在学术研究领域，学者将研究成果发表于国际期刊或国际化学术交流平台，有助于国际同行进行学术交流，提高国际学术影响力和话语权，从而提升国家软实力。学者们从不同维度、不同侧重点对学术论文影响力的评价方法、体系模型等进行研究，以期客观、公平、公正、科学地测度和评价学术影响力。

学术影响力是指在学术方面产生的影响，包括对学术观点、学术专业的理论、学术思想以及实践等方面产生的影响。学术影响力通过学术期刊、学术媒介等传播学术观点和学术思想，引起受众关注和思考，取得认同或否定，甚至在某些方向激发受众的学术思想，创新和改变学术观点。学术影响力不仅能反映学者在所属科研领域的学术造诣、研究成果所具有的科研学术价值以及其被社会公众认知了解的程度，还对项目成果、创新研究及前沿科技有着深远的影响。如何客观、全面地评价学术影响力也是人才引进、科研绩效评价等诸多领域急需解决的问题。伴随着科学交流模式和学术生态环境的变化，学术影响力的内涵需要扩展，以适应时代发展与科学进步的需要，将 Altmetrics 指标纳入学术影响力评价体系是对学术影响力评价的重要补充和拓展。

本书的特色有以下几点：第一，从理论上界定了学术论文影响力的概念、类型，率先提出了学术论文的“原生影响力”与“次生影响力”、“线下影响力”与“在线影响力”、“Web 1.0影响力”与“Web 2.0影响力”等新概念。第二，提出基于“文献+网络+社交媒体”的学术论文影响力评价的观点和理念。第三，引入Altmetrics指标，结合传统文献计量指标，从多角度构建了不同学科领域的学术论文影响力评价模型，既丰富了学术论文影响力的评价指标体系，又拓宽了学术论文影响力的评价范围。第四，结合传统学术交流与在线学术交流，构建了中国社会科学国际学术论文影响力评价模型、开放获取学术论文影响力综合评价模型以及基于动态引证数据的学术论文影响力研究模型，并进行了实证研究。第五，提出了学术论文引证时间因子这一新的测度指标，为量化学术论文影响力提供了新的思路和方法，丰富了学术论文影响力评价指标、方法，从而为综合评价学术论文影响力打下了基础。第六，提出了学术论文影响力广度和学术论文影响力深度两个测度维度。此外，本研究还考虑了学术论文在文献层面(基本指标)、作者层面(细化指标)和学科层面(延伸指标)的综合影响力，对研究测度维度进行了创新。

本书是目前国内第一部从理论、方法、实证应用等方面研究学术影响力测度和评价问题的专著，是在《知识网络及其应用研究》《Altmetrics：理论与实践》以及学术论文影响力研究及评价实践的基础上撰写而成的，也是国家社会科学基金项目“中国学者国际学术论文影响力评价研究”(编号：16BTQ055)和国家社会科学基金重大项目“构建中国话语权的评价科学理论、方法与应用体系研究”(编号：18ZDA325)的研究成果之一。

本书由赵蓉英教授主持撰写，全书由赵蓉英、郭凤娇、魏明坤、魏绪秋、郭荣锴、余慧妍、余波、张扬、张兆阳、常茹茹、刘卓著、朱伟杰等共同撰写；最后，赵蓉英、余波、张兆阳、常茹茹分别通读了全书，并完成了全书的统稿、修改、定稿和校对工作。本书的出版得到了武汉大学出版社的大力支持，编辑詹蜜、陈豪为本书的顺利出版付出了大量劳动，在此一并表示最诚挚的谢意。

本书在写作过程中参考和引用国内外众多文献，谨在此表示感谢。由于多人分头撰写，特别是学术影响力研究是一个综合性和交叉性较强的新领域，处于不断探索的研究阶段，许多难题还有待进一步商榷和解决，疏漏之处在所难免，恳请专家、学者批评指正。

赵蓉英

2021 年 7 月 31 日于珞珈山

CONTENTS 目 录

第一章　学术影响力概述

1.1　学术影响力

学术影响力是用一种别人所乐于接受的方式，改变他人学术思想和学术行动的能力。加拿大人文与社会科学联合会政策分析员彼得·塞弗林森(Peter Severinson)在英国伦敦政治经济学院官网发文，结合该联合会于2017年发布的一份题为《评估人文与社会科学影响力的途径》的报告内容，介绍了加拿大在人文与社会科学领域的学术影响力评估工作现状，并且基于观察与分析，提出了相关建议。构成影响力(或者说权力)的基础有两大方面，一是权力性影响力；二是非权力性影响力。

学术影响力表明了一种试图支配和统率他人学术思想或行动的倾向，从而使一个人去采取各种劝说、说服甚至是强迫的行动来影响他人的思想、情感或行为。无论是观点的陈述，还是学术矛盾的化解，具备该素质的人都会以愿望或实际行动的方式推动其达成或实现。因此，这类人通常能够在一个学术团队里树立个人学术权威。

学术影响力与人际理解力、服务精神等素质的核心区别在于，学术影响力是为推动他人达成个人所期望的目标而服务，而人际理解力与服务精神更多的是为帮助他人达成目标而采取行动。

1.1.1　影响力

所谓影响力，是用一种别人所乐于接受的方式，改变他人思想和行动的能力。① 维基百科对影响力的解释是一种以间接或无形的方式来作用或改变人或事的行为、思想或性质的能力。② 影响力又被解释为战略影响、印象管理、善于表现的能力、目标的说服力以及合作的影响力等。目前，影响力是学术载体通过不断地传播和交流改变他人或事物的能力，也成为评价学术成果的新视角。许多学者对其进行了研究，赵蓉英、郭凤娇等认为影响力体现了科研人员在所属科研领域中的学术地位以及其研究成果所具有的科研价值。③ Van Houten 等认为影响力是来自同行对科研学术论著等成果的评价，科研主体的学术影响力的深度与广度主要取决于其研究成果被他人重视、认可和引用的程度。④ 赵庆玲认为影响力是学术研究成果被学术界或同行认知和认可的程度，或研究成果在学术界和同行间的影响力。⑤ 蒋静认为影响力是学术成果在学术交流网络中的影响大小，被其他学术实体认可的程度。⑥ 引用和链接作为测度文献或学术实体之间相互影响的基本方式，论文的引用和链接在一定程度上反映了其在学术交流中的重要性和在学术网络中的影响力。

本研究根据开放获取学术论文的发展过程，将开放获取学术论

---

① 百度百科．影响力[EB/OL]．[2017-11-11]．https：//baike. baidu. com/item/%E5%BD%B1%E5%93%8D%E5%8A%9B/3348? fr=aladdin.

② 维基百科．影响力[EB/OL]．[2017-11-11]．http：//wiki. mbalib. com/wiki/%E5%BD%B1%E5%93%8D%E5%8A%9B.

③ 赵蓉英，郭凤娇，谭洁．基于 Altmetrics 的学术论文影响力评价研究——以汉语言文学学科为例[J]．中国图书馆学报，2016，42(1)：96-108.

④ Van Houten B A，Phelps J，Barnes M，et al. Evaluating scientific impact[J]．Environ Health Perspect，2000，108(9)：A392-A393.

⑤ 赵庆玲．河南省学术期刊学术影响力分析及发展对策探析[J]．行政科学论坛，2011(4)：133-134.

⑥ 蒋静．开放存取期刊综合评价指标体系研究[D]．上海：华东师范大学，2011.

文影响力分为 Web 1.0 影响力和 Web 2.0 影响力，而 Web 1.0 影响力和 Web 2.0 影响力之间具有紧密的联系，互相影响。Web 1.0 影响力和 Web 2.0 影响力构成了开放获取学术论文综合影响力。本研究认为开放获取论文影响力不仅是对学术成果质量的评价，反映学术成果在学术网络中的地位和作用，还包括对社会带来的影响，这种影响可能是有意的或无意的、即时的或延迟的，以及对后续学术实体和科学发展的贡献度和影响度。

1.1.2 学术影响力

学术影响力是指在学术方面产生的影响，包括对学术观点、学术专业的理论、学术思想以及实践等方面产生的影响。学术影响力通过学术期刊、学术媒介等传播学术观点和学术思想，引起受众关注和思考，取得认同或否定，甚至在某些方向激发受众的学术思想，创新和改变学术观点。学术影响力是一个定性的概念，也反映了带有质量属性的优化数值，可通过质量和数量来测度学术影响力。[①] 学术影响力通常用影响因子体现，期刊影响因子（Impact Factor，IF）是汤森路透（Thomson Reuters）出品的期刊引证报告（Journal Citation Reports，JCR）中的一项数据。影响因子现已成为国际上通用的期刊评价指标，它不仅是一种测度期刊有用性和显示度的指标，也是测度期刊的学术水平乃至论文质量的重要指标。因此，影响因子在一定程度上代表了某一领域的学术影响力。

从研究受众的角度，学术影响力可以体现在阅读使用和学术引文两个方面，利用学术观点影响和改变他人心理和行为的过程。学术影响力一般通过学术论文体现出来，在这个过程中，相关领域的学者和研究人员在使用学术论文中的学术观点时，一些有影响力的学术观点将得到该领域学者和研究人员的认可并分享和传播，这就是学术影响力的传播过程。另外，学者和研究人员分享和传播学术

① 何学锋，彭超群，张曾荣．论科技期刊学术影响力的评估[J]．中国科技期刊研究，2002，13(5)：400-401.

影响力时除了口头交流和网络媒介传播等一般渠道，更重要的是通过引用学术论文的观点在自己的论文中进行进一步的研究和验证，从而在更广范围内提升相关领域的学术影响力。

1.1.3 学术影响力特点

学术影响力通过学术媒介的传播而具有实践性、广泛性和持久性。学术影响力的实践性指学术影响力是在实践过程中体现出来的，实践是检验影响力的最佳途径。一种学术影响力是否经得住考验，需要从学术观点的提出到学术观点的影响范围和程度来判断。另外，也需要得到学术界和学术受众的认可。学术影响力在学界甚至国内外整个学术界都被一致认同，并且学术影响力的持续时间长。学术影响力的广泛性是针对学术影响力的范围而言的，有的学术观点或思想在相关领域内影响较小，或对学界产生的作用和吸引力不大。学术影响力的持久性反映了学术影响力的广泛性和实践性。学术观点或思想对学界的影响时间越长，证明对学界的影响就越大，其影响力就更广泛。总之，学术影响力的实践性、广泛性和持久性能综合体现学术影响力的特点。

1.1.4 学术影响力作用

学术影响力的作用因素是多方面的，不同的因素将对学术促进和学术影响力产生影响。一般情况下，学术思想的交流将对学术影响力发挥作用，一些权威和前沿的学术思想将对学术影响力产生重要的作用。如一个知名的学者或学术团队的学术思想在学界产生了广泛和持续的影响，对学术界的理论和实践研究发挥了重要作用，从而提升了学者或学术团队的影响力。从学术期刊的角度而言，学者查找某一领域的相关学术论文时，首先会确定该领域的较权威的学术期刊，通过下载和引用情况来判断该领域研究论文的影响力，从下载文献到引用文献的过程能在一定程度上反映该期刊、文献、研究作者或团体的学术影响力。在这整个过程中，学术影响力的作用就在文献使用者的不同使用过程中体现出来了。

学术影响力的作用主要体现在传统因素和职位因素两个方面。从学术影响力的产生到学术影响力的持续发展，学界一般会认为学术前辈或学术泰斗拥有与普通人不一样的才能或权力，这些人在学界或者有权，或者有才，或者是兼而有之。这些观念逐步形成了某种形式的学术规范，让学界对学术前辈产生了服从感，这是传统因素。职位因素是一种社会分工，是某一领域的学者在学术组织中的职务和地位，其职位因素会使学界产生敬畏感。

1.2　学术影响力构成要素及其影响因素

1.2.1　原生影响力

学术论文影响力的原生影响因素需满足两个条件：①自论文发表以后，影响因素的性质和数值大小不会随时间推移发生变化；②影响因素与学术论文影响力评价结果之间有一定相关性。学术论文的发表时间及其题名、作者、研究机构地址、摘要、关键词、正文内容、基金资助情况和参考文献都是发表后就不再发生变化的因素，而这些因素中同时与学术论文评价结果存在影响关系的因素有：发表时间、作者、研究机构、学术论文内容、基金资助情况以及参考文献，下文将对其逐一讨论。

1. 发表时间

学术论文的发表时间与其影响力之间没有直接关系，但会对学术论文影响力评价结果产生影响，如对发表年限不同的学术论文影响力进行评价时，发表相对较早的学术论文会占优势。

在文献调研中发现，很少有学者将学术论文的发表时间作为学术论文影响力评价的一个单独指标，而主要借助它获得其他指标的相对指标。国际上通行的期刊评价指标——影响因子①将学术论文的发表时间考虑在内，以 2 年期作为学术论文及引文统计期。然

① Garfield E. The history and meaning of the journal impact factor [J]. JAMA: The Journal of the American Medical Association, 2006, 295(1): 90-93.

而，影响因子的2年统计期也备受学者的争议，有学者认为应延长统计期以减少引用时滞等对学术论文被引频次的影响。[①②] 在此学术背景下，又有学者提出了5年期影响因子，即以5年期作为学术论文及引文统计期。[③] 与此类似，为了避免由于学术论文发表时间导致引用动机不同，进而影响到学术论文的被引数据，有学者提出了相对影响力。[④] 江济华等研究发现论文发表时间影响着论文的被引频次以及论文的自引、他引倾向。[⑤]

可见，发表时间作为学术论文的内在因素，其在学术论文影响力评价中通常与其他指标相结合，以达到评价学术论文的目的。

2. 作者

段庆锋和朱东华指出从评价的角度，作者和文献之间存在正向的相互影响效应。[⑥] 作者与学术论文影响力的影响关系可以从两个维度分别进行讨论，一是论文的作者是谁，即作者声望/地位的影响；二是论文有几位作者，即作者是否合作、作者合作模式的影响。

(1)作者声望/地位影响。在学术界，声望/地位较高的作者往往是本研究领域的佼佼者，其成果往往体现了本领域的理论基础、方法体系、研究前沿等，具有较高的影响力。江济华等研究了论文作者背景与论文数量和质量的关系，发现在论文作者背景因素中，获奖成果情况、承担课题级别、学位高低是论文数、IMP 和(影响

---

① 任胜利，王宝庆，郭志明，等．应慎重使用期刊的影响因子评价科研成果[J]．科学通报，2000，45(2)：218-222.

② Archambault E，Larivière V. History of the journal impact factor：contingencies and consequences[J]．Scientometrics，2009，79(3)：635-649.

③ Nierop E V. The introduction of the 5-year impact factor：does it benefit statistics journals? [J]．Statistica Neerlandica，2010，64(1)：71-76.

④ 杨帅，潘云涛，王海燕，等．引用次数、相对影响力和社会网络在论文评价中的应用[J]．中华医学图书情报杂志，2016，25(7)：1-9.

⑤ 江济华，赵嘉芸，陈建中．医学科技论文影响力相关因素分析[J]．医学信息，2005，18(7)：740-742.

⑥ 段庆锋，朱东华．基于合著与引文混合网络的协同评价方法[J]．情报学报，2012，31(2)：189-195.

因子和)的三大独立影响因素。① 刘俊婉等以中国科学院院士为研究对象，发现当选院士后发表的学术论文的影响力整体高于当选院士前发表的学术论文的影响力。②

(2)作者合作模式影响。邱均平等对作者的合作程度与科研产出数量及学术影响力进行分析，发现作者的合作程度与其科研产出的学术影响力之间存在显著的正相关关系。③ 林润辉等收集了中国管理学领域8种期刊的论文数据，从学者合作与否与论文质量的关系、学者间不同合作模式对论文质量的影响、学者个人网络属性与其绩效的关系等方面探讨了中国管理学学者合作网络属性与合作绩效的关系。④ 苏芳荔对2000—2009年图书情报领域4种影响力最大的期刊进行研究，发现多位作者合作的论文的影响力高于仅含一位作者的论文。⑤ 因此，作者的声望/地位以及作者合作模式都会影响到学术论文影响力。

3. 研究机构

研究机构与学术论文影响力的影响关系和作者与学术论文影响力的影响关系相似，依然从两个维度分别进行讨论，一是论文的研究机构是哪个，即研究机构声望影响；二是论文有几个研究机构，即研究机构是否合作、研究机构合作模式的影响。

(1)研究机构声望影响。学科排名靠前的研究机构往往在本学科领域拥有较强的科研实力，其发表的学术论文的数量与质量也比较突出。吴志红等利用11个中外文数据库，从进入世界前1%的学

---

① 江济华，周江宁，赵嘉芸，等．浅析影响医学科技论文数量与质量的作者因素[J]．中华医学科研管理杂志，2002，15(3)：175-176.

② 刘俊婉，郑晓敏，王菲菲，等．科学精英科研生产力和影响力的社会年龄分析——以中国科学院院士为例[J]．情报杂志，2015(11)：30-35.

③ 邱均平，温芳芳．作者合作程度与科研产出的相关性分析——基于“图书情报档案学”高产作者的计量分析[J]．科技进步与对策，2011，28(5)：1-5.

④ 林润辉，范建红．中国管理学者论文合作网络属性及其对合作绩效的影响研究[J]．研究与发展管理，2012，24(4)：81-92.

⑤ 苏芳荔．科研合作对期刊论文被引频次的影响[J]．图书情报工作，2011，55(10)：144-148.

科专业、各数据库发文量、被引量等多个不同角度分析郑州大学的学术论文产出能力和影响力。① 张友谊基于 1998—2010 年 CSSCI 收录的“数字图书馆”主题下的学术论文，统计了论文产出机构及其相关数据，从发文量、被引量、高被引论文量等多个角度，揭示国内数字图书馆领域研究机构的学术影响力。②

(2)研究机构合作模式影响。卢东以我国内地图书情报学领域 15 家高产学术机构为主要分析对象，以香港地区部分高校作为参照组，对中国高产学术机构不同的科研合著现状进行分析，发现学术机构国际合著程度越高，其自身的科研质量越高；机构内的合著程度越高，将不利于提高科研质量。③ 苏芳荔研究发现，研究机构的合作次数与被引频次呈正线性相关关系。④

因此，研究机构的声望以及研究机构间的合作模式都会影响到学术论文影响力。

4. 学术论文内容

学术论文内容是与学术论文影响力最相关的影响因素。学术论文内容是对所研究主题的研究过程的完整说明，包括选题背景、研究意义、研究现状、理论基础、研究方法和研究结论等。研究意义越大、研究方法越新颖、研究结果越有突破性，学术论文的质量将越高，学术论文的影响力也将越大。目前，已有学者尝试从学术论文研究内容层面研究学术论文的影响力，如沈小玲等从学术论文研究内容、载体和作者三个方面初选特征变量作为评价网络科技学术论文影响力的基本指标；⑤ 刘盛博等以 2014 年诺贝尔生理学或医

---

① 吴志红，胡志荣，杨鲁捷，等．基于数据库分析的机构发文量及学术影响力实证研究[J]．情报科学，2013(11)：69-73.

② 张友谊．基于 CSSCI 的国内数字图书馆研究机构学术影响力分析[J]．新世纪图书馆，2012(3)：22-25.

③ 卢东．图书情报学领域作者合著方式对科研质量的影响分析——基于 SciVal 对中国高产机构的样本分析[J]．现代情报，2015，35(9)：111-115.

④ 苏芳荔．科研合作对期刊论文被引频次的影响[J]．图书情报工作，2011，55(10)：144-148.

⑤ 沈小玲，严卫中．网络科技论文学术影响力评价指标的选择[J]．图书情报工作，2013，57(3)：69-77.

学奖获得者 O'Keefe 的高被引学术论文为研究对象，从引用内容的主题和功能两个方面探讨了学术论文的影响力。①

当前，对学术论文内容的评价主要是通过同行评议方式进行，正如同行评议方法存在的缺陷，学术论文内容当前还不适用于大样本量学术论文影响力间的影响关系分析。

5. 基金资助情况

基金资助对当前各个领域的科学研究非常重要，探讨基金资助情况与学术论文影响力间的关系，具有重要的理论和现实意义。

俞征鹿等以 CSTPCD 和 SCI 数据库为基础，统计和分析了四类计划或基金项目的论文产出和影响力水平，发现项目资助产出论文质量高于国内平均水平。② 王东波对 1998—2012 年科学学的 300 个基金项目的论文影响力进行研究，发现重点项目的论文总影响力低于青年项目和一般项目，青年项目和一般项目的学术论文影响力均等。③ 戚尔鹏等提出将基金资助优势作为衡量基金资助论文影响力的参照，并用 WOS 中 2010—2012 年基础学科论文进行验证，发现基金论文的被引频次和影响力高于非基金论文。④ 可见，基金资助情况与学术论文影响力之间存在影响关系。

6. 参考文献

按照 GB/T 7714—2005《文后参考文献著录规则》的定义，文后参考文献⑤是指："为撰写或编辑论文和著作而引用的有关文献信

① 刘盛博，王博，唐德龙，等．基于引用内容的论文影响力研究——以诺贝尔奖获得者论文为例[J]．图书情报工作，2015(24)：109-114.

② 俞征鹿，马峥，郭红，等．中国科技计划项目论文产出和影响力分析[J]．情报杂志，2013(4)：1-5.

③ 王东波．国家社会科学基金资助下的论文影响力分析——以科学学项目为例[J]．西南民族大学学报(人文社科版)，2015(1)：235-238.

④ 戚尔鹏，叶鹰．基础学科论文的基金资助引用优势研究[J]．大学图书馆学报，2015，33(6)：11-16.

⑤ 搜狗百科．参考文献[EB/OL]．[2016-12-30]．http：//baike.sogou.com/v292330.htm? fromTitle=%E5%8F%82%E8%80%83%E6%96%87%E7%8C%AE.

息资源。"①参考文献是学术论文的一个重要组成部分，它不仅是作者严谨的学术精神的体现，而且是评价论文学术水平的一个重要依据。②

一些学者通过参考文献挖掘学科某领域内影响力较高的学术论文。梁春慧等分析了8 585篇化学领域的学术论文，发现高被引论文的参考文献数量明显比一般学术论文多，高被引论文倾向于引用声望和影响因子高的期刊论文。③ 姜磊等探讨了参考文献数量与学术论文被引频次的相关关系，发现两者的相关关系不明显，参考文献可以单独作为学术论文影响力的评价指标。④ 毛大胜等研究发现，科技论文的参考文献数量可以反映论文的学术水平。⑤ 因此，学术论文的参考文献可能与学术论文影响力之间存在影响关系。

1.2.2 次生影响力

学术论文影响力的次生影响因素需满足两个条件：①影响因素的性质和数值大小不是固定不变的，可能会随时间推移发生变化；②外界对学术论文所含知识信息的反应，能用来评价学术论文的影响力。满足条件的次生影响因素主要有期刊影响因子、被引频次、使用次数、Altmetrics 指标等。

1. 期刊影响因子

论文在某一期刊的发表是作者投稿时对论文研究水平的预判和期刊编辑、论文评阅(审稿)人所做的同行评议判定双向交

① 李宗红．学术论文参考文献的几种隐性错误辨析[J]．宝鸡文理学院学报(自然科学版)，2013，33(1)：79-84.

② 张转．参考文献在学术期刊审稿中的作用[J]．石家庄学院学报，2005，7(4)：125-128.

③ 梁春慧，孙艳，万跃华．高被引论文的参考文献特征研究——以化学领域为例的实证分析[J]．科技与出版，2014(7)：119-122.

④ 姜磊，林德明．参考文献对论文被引频次的影响研究[J]．科研管理，2015，36(1)：121-126.

⑤ 毛大胜，周菁菁．参考文献数量与论文质量的关系[J]．中国科技期刊研究，2003，14(1)：34-36.

流的结果。[①] 因此，学术论文来源期刊的质量水平是学术论文原生影响力的反映。期刊影响因子是用于学术期刊评价的重要指标之一，中国乃至其他国家或地区的一些高校和科研机构直接以期刊影响因子作为学术论文评价与奖励的标杆。一般认为期刊影响因子越高，期刊的学术价值越高，发表在上面的学术论文往往也具有较强的影响力。[②] 随着单篇学术论文评价的发展，科研工作者越来越意识到期刊影响因子在评价单篇学术论文中存在的问题，也有学者探讨了期刊影响因子在学术论文评价中的适用性，如林德明研究发现，期刊影响因子是由少部分高被引论文做出的贡献，对单篇学术论文进行评价时，必须综合考虑期刊影响因子与被引频次的相互关系，从而更为合理地评价单篇学术论文的质量；[③] 钟文一等提出了学术论文引证系数的概念，其兼顾了学术论文所在期刊的影响因子，同时消除了作者自引对学术论文影响力的影响问题；[④] 也有些学者对期刊影响因子作为具体论文质量的评判标准持怀疑态度。[⑤⑥]

不可否认的是，由于马太效应影响，在某学科领域影响因子较高的期刊上发表学术论文的“门槛”远远高于同领域影响因子较低的期刊。对于发表在不同期刊上的学术论文来说，期刊影响因子就是期刊编辑和审稿专家对学术论文内容质量的同行评议结果，本书把中国社会科学国际学术论文的来源期刊影响因子大小作为学术论文的原生影响力评价标准。

尤其是对于大样本量的中国社会科学国际学术论文来说，若绝

---

① 郭红梅，何苗，邢星，等．不同自然科学门类间论文学术影响力多指标综合评价的合理性研究[J]．图书情报工作，2012，56(22)：62-68.

② 彭云，阮鹏．一种定量评价方法在医学科技论文评价中的应用[J]．科技管理研究，2009(5)：183-186.

③ 郭红，潘云涛．影响因子分数平均值：一个评价学术论文质量的新指标[J]．编辑学报，2006，18(6)：475-477.

④ 钟文一，陈云鹏．基于引证系数的论文影响力评价方法研究[J]．情报科学，2011(5)：706-712.

⑤ 胡晓丹．科技论文评价标准初探[J]．新闻传播，2014(11)：75-76.

⑥ 周兴旺．从逻辑学的角度看期刊影响力和论文影响力的关系[J]．攀枝花学院学报，2009，26(4)：55-56.

大多数学术论文发表在学科领域内影响因子最高的期刊上，则能说明中国社会科学国际学术论文的原生影响力较高，反之则较低。

2. 被引频次

被引频次是学术成果刊出后被其他学术论文引用的次数，是文献计量学中常被用来测度学术成果学术影响力的重要指标数据。

目前，在现行的评价指标体系中，被引频次标志着学术期刊所刊载的学术论文影响力的情况。① 例如：胡德华等用平均被引频次和平均被引频次的极差来表征 2004 年生物学领域完全 OA 期刊和非 OA 期刊学术论文的学术质量和影响力；② 赵蓉英等多位研究人员认为传统的基于文献计量学的学术论文影响力评价通过学术论文的引用和被引用进行分析，被引频次是学术论文影响力测度的关键所在；③ 段志光等从学术论文数量、被引次数、期刊影响因子三个方面测度了 1981—2005 年诺贝尔生理学或医学奖获得者获奖前的科学论文影响力；④ Bornmann 将被引频次作为学术论文影响力评价的传统指标，并验证了博客（推特）、在线参考管理软件（Mendeley 和 CiteULike）和博客三种重要的 Altmetrics 指标数据与被引频次之间的相关关系。⑤ 可见，被引频次已成为学术论文影响力评价的公认的、不可或缺的指标。

3. 使用次数

使用次数是用来衡量电子文献数据库用户对学术论文的关注程度，包括浏览、下载、保存等行为的数据。使用次数多少反映了学

---

① 喻世华. 综合性社科学报被引频次与学科相关度研究[J]. 西南石油大学学报(社会科学版), 2011, 13(5): 111-115.

② 胡德华, 常小婉. 开放存取期刊论文质量和影响力的评价研究[J]. 图书情报工作, 2008, 52(2): 61-64.

③ 赵蓉英, 郭凤娇, 谭洁. 基于 Altmetrics 的学术论文影响力评价研究——以汉语言文学学科为例[J]. 中国图书馆学报, 2016, 42(1): 96-108.

④ 段志光, 卢祖洵, 王爱珍, 等. 诺贝尔生理学或医学奖获得者论文影响力研究[J]. 科学学研究, 2006, 24(5): 672-676.

⑤ Erdt M, Nagarajan A, Sin S C J, et al. Altmetrics: an analysis of the state-of-the-art in measuring research impact on social media[J]. Scientometrics, 2016, 109(2): 1117-1166.

术论文满足电子文献数据库用户需求的次数。

使用次数用于学术论文影响力的评价研究可大致分为两类：一是探讨使用次数和被引频次之间的相关关系，研究使用次数是否可以作为学术论文影响力评价的一个指标数据；二是对学术论文使用次数的分布规律进行统计。杨春华等以图书馆学领域学术论文为研究对象，分析并发现被引频次与下载频次两者之间没有显著的相关性。在此基础上，认为下载量可以在一定程度上反映学术论文对用户的应用价值，可以作为考量学术论文质量的标准之一。① 孔秋丽以2010—2012年概率论、数理统计学科为研究对象，发现下载次数与被引频次之间呈现不相关或弱相关关系，下载次数可以作为评价学术论文质量的考察变量。② 刘思源研究发现期刊论文下载数量服从布拉德福分布，下载量指标可以引入学术论文影响力评价体系之中。③ 郭强等对下载次数在期刊中的布拉德福分布进行研究，发现不同学科属性的期刊下载次数从直观上较为显著地表现出布拉德福分布的特征。④

相比于被引频次2年左右的时间滞后，学术论文的浏览、下载、保存次数等使用次数指标具有实时性的绝对优势，⑤ 使用次数是Web 1.0技术环境下学术论文在线影响力评价的指标数据之一。

4. Altmetrics 指标

Web 2.0时代，科学交流正在从传统媒体转向在线社交媒体和网络平台，越来越多的科学研究工作者开始利用在线社交网络工具

① 杨春华，王桂枝，马红月．换个角度看服务：从下载量看图书馆学论文的价值与需求[J]．图书与情报，2010(4)：100-103.

② 孔秋丽．期刊影响因子、论文被引次数和下载次数的关系研究[D]．桂林：广西师范大学，2015.

③ 刘思源．科技论文下载次数的统计性质研究[D]．郑州：郑州大学，2009.

④ 郭强，赵瑾，刘思源，等．期刊下载次数的布拉德福分布研究[J]．图书馆理论与实践，2010(2)：40-45.

⑤ 王贤文，方志超，王虹茵．连续、动态和复合的单篇论文评价体系构建研究[J]．科学学与科学技术管理，2015，36(8)：37-48.

和网络平台，获取、分享、传播和评价科研成果及学术论文。① Altmetrics 及 Altmetrics 工具的发展，使得学术论文在在线社交网络工具和网络平台上被传播和使用而产生的影响力获得学术界关注，Altmetrics 指标成为学术论文影响力评价的新补充指标。

Altmetric 公司指出，人们关注一篇学术论文的原因是多方面的，Altmetrics 指标测度的是学术论文获得的在线关注程度，而非学术论文的质量。② 王贤文等也指出一篇论文之所以可以在社交网络上广泛传播，其原因更多地可能不在于它的学术价值，而在于它的新颖性、趣味性和话题性。③ 赵蓉英等通过实证研究发现 Altmetrics 指标主要是从学术论文的读者数，以及它们通过在线社交媒体进行交流过程中的推荐、评论等交互行为和传统媒介的社会传播深度来度量学术论文的在线影响力。④

学术论文在在线社交媒体和网络平台上传播产生的影响力一直以来都被学者和科研管理部门所忽视，Altmetrics 的发展填补了以往评价体系的空白，开拓了在线科学交流模式下学术论文影响力评价的路径和手段。

1.2.3 影响因素分析

根据上文对学术论文影响力的原生影响因素和次生影响因素的分析，在对中国社会科学国际学术论文影响力进行评价时，需要对个别影响因素进行更细致层次的调整。

原生影响因素中，由于考察的时间范围长，涉及的学科领域

---

① 赵蓉英，郭凤娇．Altmetrics：学术影响力评价的新视角[J]．情报科学，2017，35(1)：14-18.

② Altmetric Support. About Altmetric and the Altmetric Attention Score[EB/OL]. [2017-03-11]. https://help.altmetric.com/support/solutions/articles/6000059309-about-altmetric-and-the-altmetric-attention-score.

③ 王贤文，方志超，王虹茵．连续、动态和复合的单篇论文评价体系构建研究[J]．科学学与科学技术管理，2015，36(8)：37-48.

④ 赵蓉英，郭凤娇，谭洁．基于 Altmetrics 的学术论文影响力评价研究——以汉语言文学学科为例[J]．中国图书馆学报，2016，42(1)：96-108.

多，相对来说每位作者发表的学术论文数量较少，作者因素的影响非常小，因此不再考虑作者因素的影响；对于研究机构，也主要从第一作者研究机构和通讯作者研究机构的国别影响、中国研究机构的地区(内地、香港和澳门)影响以及研究机构数影响三个角度进行分别讨论；对于学术论文内容，由于论文数量多，没有有效的方法对单篇学术论文内容进行深层次挖掘，因此仅从学术论文篇幅大小一个角度考察影响；对于参考文献也仅考察参考文献的数量影响。另外，次生影响因素中，将根据时间和被引频次遴选的 ESI 高水平论文提取出来作为一个新的影响因素。

基于以上分析，构建出中国社会科学国际学术论文影响力的影响因素框架，如图 1-1 所示。

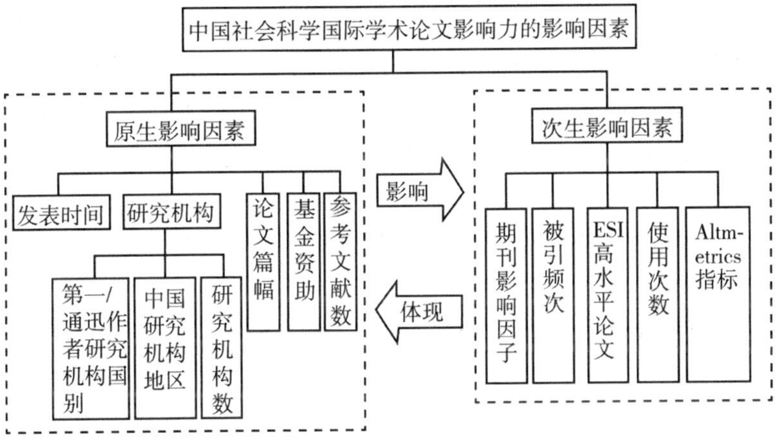

图 1-1 中国社会科学国际学术论文影响力的影响因素框架

根据上文对原生影响因素和次生影响因素的分析，原生影响因素会对学术论文影响力水平大小产生影响，次生影响因素是学术论文影响力水平大小的体现。因此，中国社会科学国际学术论文原生影响因素的变化可能会对次生影响因素产生影响，对它们之间影响关系的挖掘能帮助我们发现提高中国社会科学国际学术论文影响力的措施；对中国社会科学国际学术论文的次生影响因素的分析能反映出学术论文的影响力水平大小。

1.2.4　影响力产生过程

影响力的产生是一个相互吸引、相互效仿的发展过程。影响力的产生可以分为三种情况：吸引、排斥以及分与合。

影响力的产生过程具有聚合和吸引的作用，对人的一言一行都会产生影响。吸引是人们在思维上发生顺应的反映形式。比如某一领域内的明星有许多粉丝，明星的一言一行都将备受关注，便产生了聚合影响的作用，这个过程产生了相互吸引的作用。在这个影响力产生的过程中，思维和观念会趋向一致和认同，这种观念和思维对人内心深层次的心理活动起着重要的作用。对广大青少年而言，影响力越大，吸引力越大。学术影响力也如此，在学界的影响力越大，吸引力也越大。

影响力的效仿过程是人们之间在行动上的一种同化反映形式。影响力的效仿过程表现为人们的思想和观念受他人的行为刺激，然后产生的按照别人相似的行为方式行动的一种倾向。比如，教师的影响因素对于学生认定是非标准和行为的取舍具有非常直接的作用。学术影响力亦是如此，学术观点的客观性、科学性在学术影响力方面对学者乃至整个学界的发展具有直接的作用。

1.3　学术影响力类型

1.3.1　学术论文影响力

学术论文影响力包括学术论文的数量和质量两个方面。学术论文的数量比较容易衡量，可对论文进行横向或纵向的统计和计算分析得出学术论文的数量。学术论文的质量则难以测度，论文的质量是一个综合评价的结构，需要从不同的角度去衡量。有学者从期刊的角度研究论文的影响力，通常就是通过期刊的影响因子来判断该论文的影响力。也有学者从学术论文的作者、机构、参考文献、引用次数、下载次数等因素来衡量论文的影响力。近年来，有学者深入到学术论文的内容来分析论文的影响力，如文本分析、引文内容的观点分析、引文的位置分析等。这些研究都从不同的角度对学术论文影响力的因素进行了深入的研究和探讨，因此，学术论文影响力的研究是一个发展、动态的过程，其研究方法和评价标准需要不断地更新和完善，这样才能对学术论文的影响力做出准确、客观的评价。

1.3.2 学术会议影响力

随着科学技术更新速度加快以及学科不断发展和相互融合，学术交流活动越来越活跃，而作为最主要的学术交流形式之一的学术会议，可以促进学科领域的学术讨论、学术机构的交流与合作，加速学术研究进程与学术推广。但目前一些学术会议广而滥，不仅没有起到学术交流的作用，而且浪费人力物力财力。因此，对学术会议进行有效客观的评价，总结归纳不同学科领域的学术发展周期，对学术会议乃至学科发展将具有一定借鉴意义。

学术会议影响力是通过学术论文或者摘要来宣传，经过学术界的专家、学者的评审和认定，并在学界进行传播且得到认可的过程。学术会议的目的是促进以科学发展、学术交流、课题研究等学术性话题为主题的会议发展。学术会议的影响力一般具有国际性、权威性、高知识性和高互动性等特点，科学家、学者、教师等具有高学历的研究人员一般是学术影响力的代表或群体。学术会议是一种交流的、互动的会议，其参会者都会将自己的研究成果以学术展板的形式展示出来，这种形式的互动交流更加直观、效果也更好。同时，在这个学术交流过程中，学术会议的影响力在学界随之产生，其认可度也将慢慢提升。另外，学术会议的影响力可能是长久的，也可能是暂时或短暂的，具体需要根据学术会议的质量、科学性、创新性和前沿性等因素来确定。

1.3.3 学术著作影响力

学术专著指的是针对某一专门题材的研究，是著作的别称。编撰学术专著比发表单篇论文更具学术价值，因此，在评定职称时能够获得更多的加分和认可。根据学术论文的长短，其可以分为单篇学术论文、系列学术论文和学术专著三种。一般而言，超过4万~5万字的，可以称为学术专著。

学术著作的影响力可通过学术价值来体现。学术价值越不同，其影响力差异越大。学术著作的写作是非常重要的，它是衡量一个人学术水平和科研能力的重要标志。在学术著作的撰写中，选题与选材是头等重要的问题。一部学术著作的价值并不只在写作的技巧上，也要注意研究工作本身，在于你选择了什么课题，并在这个特定主题下选择了什么典型材料来表述研究成果。科学研究的实践证明，只有选择了有意义的课题，才有可能收到较好的研究成果，写出较有价值的学术著作。所以学术著作的选题和选材，是研究工作开展前具有重大意义的一步，是必不可少的准备工作。

1.3.4 学术报告影响力

学术报告泛指各种向他人讲述自己的研究成果，或者作某学科介绍性的报告，并深入浅出，在有限的时间内，传递足够信息给听众。学术报告讲述分为：引言(自报家门，研究背景与意义，正文与讨论)，实验细节、结果分析、推论，结论及致谢三部分组织。

学术报告影响力将通过摘要、引言、实验细节、结果分析、推论和结论以及参考文献等部分体现其影响力。学术报告的受众一般以该领域的学者、专家、科研人员和专业学生为对象，在学术报告的交流和传播过程中，被该领域的学者、专家和科研人员等认可，并激发他人学术思想，由此学术报告的影响力得到认可和服从。

1.3.5 学术论文影响力类型

根据不同的划分依据，学术论文影响力表现为多种类型，已有研究通常是基于学术论文的作用对象将学术论文影响力划分为学术论文的学术影响力和学术论文的社会影响力。学术论文的社会影响力一般是指学术论文在在线社交媒体和网络平台上被传播而产生的影响力，但是本书认为这种划分方式并不科学，因为学术论文在在线社交媒体和网络平台上的大部分传播是由学术同行完成的，这一部分影响力并不能反映学术论文的社会影响。因此，本书将重新对学术论文影响力进行分类。

首先，根据学术论文影响力的产生时间，将学术论文影响力划分为学术论文原生影响力和学术论文次生影响力。

原生表示最初的、最早的，一开始就有的；次生表示派生的、间接造成的，是后天在原生基础上新形成的。因此，学术论文原生影响力是学术论文发表之初就有的影响力，学术论文次生影响力是学术论文发表以后在科学交流过程中间接产生的影响力。

本书根据科学交流的路径对科学交流进行了重新分类，并将学术论文次生影响力划分为学术论文线下影响力和学术论文在线影响力。学术论文线下影响力是学术论文发表以后通过传统科学交流过程产生的影响力；学术论文在线影响力是学术论文基于网络通过在线科学交流过程产生的影响力，学术论文在线影响力还可细分为学术论文 Web 1.0 影响力和学术论文 Web 2.0 影响力。

学术论文影响力类型划分如图 1-2 所示。

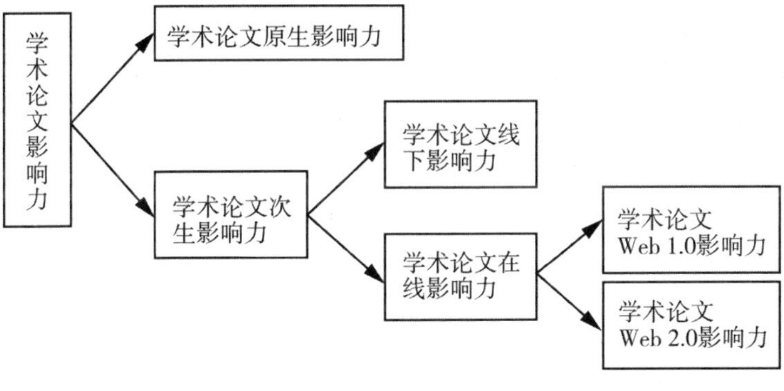

图 1-2　学术论文影响力的类型

1.3.6　在线学术影响力

随着网络论文数量的快速增长，如何从大量的学术文献中查找影响力较大的论文已成为数据挖掘领域研究的热点问题。对在线学术影响力的最大化进行研究具有重要的理论意义和实际意义。在线学术影响力最大化已经取得了诸多的研究成果，主要包括对传播模型的改进和对影响力最大化算法的优化两方面的工作。

对在线学术影响力最大化算法的研究等问题。对在线学术影响力最大化问题进行深入研究，提出基于论文质量的在线学术网络传播模型，通过邻居节点对影响的扩散作用给出新的启发阶段节点影响强度的度量方法，结合主题网络划分及贪心算法得到在线学术影响力最大化问题的传播算法，并对其进行了时间复杂度的分析。对ACM在线学术网络数据的实验与分析表明，提出的传播模型及最大化算法具有高效性和有效性。

在线社交网络影响力强度的计算。在线学术影响力可以通过用户之间的社交活动体现出来，表现为在线社交网络中的用户影响网络中的其他用户改变自身的思想、感情、态度和行为的现象。① 在线社交网络影响力强度的定义具有明显的因果性，而人们的思想、行为等产生变化的原因则不胜枚举且因人而异，在线社交网络影响力只是其中之一。这就给在线社交网络影响力强度的建模和计算带来了很大挑战，同时也是造成模型众多的重要原因。②

在线学术影响力可以基于话题的影响力强度计算。在人们的社交活动中，很多时候信息是以话题的形式产生和传播的。研究发现用户在不同话题中表现的影响力强度存在差异性，所以，使用话题作为影响力强度度量的基本兑现，能从多个角度对用户之间的影响力进行细致的刻画。如唐杰定义了话题因子图，用该模型统一包含与话题影响力分析相关的信息。③

---

① Manstead A S R, Hewstone M E, Fiske S T, et al. The blackwell encyclopedia of social psychology[M]. Cambridge: Blackwell Publishers, 1995.

② 吴信东，李毅，李磊．在线社交网络影响力分析[J]．计算机学报，2014，37(4)：735-752.

③ Tang J, Sun J, Wang C, et al. Social influence analysis in large-scale networks[C]//Proceedings of the 15th ACM SIGKDD International Conference on Knowledge Discovery and Data Mining. ACM, 2009: 807-816.

1.4 开放获取学术论文影响力

术语作为特定学科领域相关概念称谓的集合，是对客观事物本质属性的概括，对术语的界定能反映同类事物的本质。对相关术语进行界定可明确研究的范围和基本内容，本研究对开放获取学术论文及其影响力进行界定。

1.4.1 开放获取学术论文

开放获取学术论文是伴随OA("开放获取"或"开放存取")运动而产生的，本书统称为开放获取，研究开放获取学术论文离不开开放获取。所谓开放获取，很多研究者已经给出了定义，黄凯文和刘芳认为："OA是人们自由获取公众网上同行评议文献、科学研究成果、学位论文、技术报告、科研工作进展等信息，允许读者对这些文献进行阅读、下载、拷贝、传播、检索等处理。"[①]孙红娣指出开放获取允许人们通过网络自由获取网上的学术文献和科学信息，进行浏览、下载、拷贝、传播、检索等行为。[②]《布达佩斯开放获取提议》《百斯达开放获取出版宣言》《柏林宣言》对开放获取给出了权威的定义。总体来看，开放获取不但是出版的全新理念，而且成为一种全新的学术信息交流与共享模式。

开放获取学术论文除了开放获取期刊和自存储形式外，还包括开放获取门户网站等形式。本书研究开放获取学术论文是针对开放获取论文自身的价值与质量，以及在交流过程产生的影响，开放获取平台在开放获取过程产生的作用不能代表开放获取学术论文的质量或价值。学科知识库和机构知识库是开放仓储的两种类型，其中arXiv预印本文献库收录的论文是开放获取学科知识库的组成部分，

---

① 黄凯文，刘芳．网络科学信息资源"公开获取运动"的模式与方法[J]．大学图书馆学报，2005，23(2)：38-41.

② 孙红娣．论开放存取中的数字资源长期保存问题[J]．图书馆学研究，2005(11)：15-18.

大学图书馆、研究机构、政府部门等收录的论文是机构知识库的主要组成部分。随着学术交流的网络化发展，开放获取网站的发展较为迅速，其中开放获取门户网站的主要形式包括 Scirus、Ingenta、Google 学术等。

开放获取学术论文成为学术信息交流与共享的主要载体，本研究认为开放获取学术论文是以学术研究活动为主题、以科学研究为主的学术论文，在互联网平台免费获取，允许任何用户进行检索、阅读、打印、下载、复制、传递等任何合法使用的论文。本书为统一概念，在文中统称为开放获取学术论文。

作为新的学术交流模式，开放获取学术论文与传统学术论文一样，由科学家向期刊编辑部提交稿件，由编辑部组织评审，而后进行发表。开放获取学术论文评审专家进行审稿、专家评议等内容，对于读者是免费获取的。① 根据开放获取发展的特点，从以下几个方面对开放获取学术论文进行分析。

1. 在论文获取途径方面

开放获取学术论文的开放与获取主要依托于 Internet 环境，而不是传统的纸质出版模式。论文的发表者将论文上传到网络平台，用户可以在网络平台上免费、无限制、自由地获取论文，为科研交流提供了便利，改变了传统学术传播与交流方式，推动了学术的发展，同时也提高了自身的影响力。② 开放获取学术论文实现了免费阅读、下载、复制、传播等行为，用户在使用过程中要尊重作者对论文的署名权，对引用行为进行标注的引用习惯，也是一种学术规范行为。开放获取学术论文是基于“自由、开放、共享”的理念，通过网络平台对学术成果进行全球范围快速、广泛的传播。

2. 在学术信息质量方面

开放获取学术论文传递的学术信息经过严格的同行评审，保证

---

① 季燕江．开放获取：学术出版的新模型[J]．中国教育网络，2005(7)：43-44.

② 黄凯文，刘芳，曾强．科学信息“开放获取”资源的开发与利用[J]．情报杂志，2006，25(8)：114-116.

了开放获取学术论文的质量，因而开放获取学术论文的内容同样具有较高的学术质量。随着开放获取不断发展，开放获取的内容呈多元化发展趋势，不断丰富，覆盖不同的地域，包括不同语种的信息资源，覆盖的学科领域不断扩大。开放获取除了论文形式，还包括会议记录、工作报告、图像、软件、声音等多媒体信息形式。其中，开放获取学术论文成为目前学术交流的主要趋势，在开放获取中占有较高的比例。

3. 在学术信息交流效率方面

提高学术信息交流的效率是开放获取发展的目标之一，与传统的出版模式相比，开放获取信息资源具有较强的时效性、交互性、开放性和互动性。开放获取学术论文在出版过程中能够节省编辑、出版、印刷等环节，在一定程度提高了出版的时效性。开放获取学术论文的发表以互联网平台为载体，具有即时交互的特点，这是传统论文出版模式所无法实现的。① 开放获取学术论文实现了作者、读者、编辑之间“一对一”“一对多”“多对多”的交互，彼此之间的交流具有直接性和交互性。② 在交流便利的同时，开放获取学术论文消除了“期刊危机”和“认证危机”，成为学术领域知识传播交流的新途径。开放获取学术论文无需用户购买使用权，只要与互联网连接，用户便可随意获取这些学术资源，实现学术资源的公开与共享。

4. 在费用管理方面

开放获取学术论文的费用方面，作者或其所属机构付费、用户免费获取学术资源是开放获取学术论文的主要特征。美国《科学公共图书馆》每篇论文的出版费用为1 500美元，而英国的生物医学出版中心每篇论文的出版费用是500美元；读者获取学术资源是免费的，不受时间、地域的限制，这成为受用户青睐的主要原因。③

① 蒋永福．开放获取出版：概念、模式、影响与前景[J]．科学学研究，2007，25(2)：210-214.

② 倪代川，任树怀．信息共享空间环境下开放获取与知识产权探析[J]．情报理论与实践，2009，32(7)：61-64.

③ 刘趁．基于多重计量指标的论文开放获取优势研究[D]．大连：大连理工大学，2016.

5. 在权限使用方面

开放获取发展到目前，已为成果拥有者和使用者制定了完善的机制来保护版权人的合法权益和保证使用者履行应尽的义务。开放获取对知识产权有严格的规定，不需要像传统出版那样签订版权转让协议、提交版面费等。在 OA 系统中，大部分学术成果版权归著者所有，典型代表为 E-print。随着开放获取学术论文的发展，Elsevier、Springer 等已同意将其发表的论文由作者自行进行存档处理，可见论文的开放获取使得研究成果得到广泛的传播，惠及的用户群体不断扩大，论文的阅览数、被引几率得到提高。[①] 同时，相对于传统出版模式，开放获取学术论文的出版扩大了用户对学术信息的使用权限，相关研究者可以为学术、科研、交流等目的进行公开复制、传播、利用和演示等，[②] 使用者只需保证学术成果的完整性以及尊重作者的署名权。

1.4.2　开放获取学术论文影响力的内涵

关于开放获取学术论文影响力的内涵，学术界还没有统一的解释。为了对开放获取学术论文影响力进行更深刻的阐述，首先要厘清影响力的概念。影响力是综合衡量学术交流活动中相关主体对学术界的影响程度，也是对学术交流效果的评价。有学者将影响力解释为学术论文引证次数的测度，在某个时间段内对其研究领域活动的影响强度、幅度和广度的反映，包括学术价值和社会价值，主要通过论文类型、被转载、被引用、被收录以及获奖等形式进行测量。[③] 开放获取学术论文影响力的本质是通过开放传播、交流等方式实现论文的价值，对其他研究理论和实践产生的作用。

本研究认为开放获取学术论文影响力是关于开放获取学术论文质量、社会价值、读者关注度、认可度等多方面因素作用的结果，

---

① 邓李君．基于引文分析的开放获取期刊研究[D]．昆明：西南大学，2009.

② 倪代川，任树怀．信息共享空间环境下开放获取与知识产权探析[J]．情报理论与实践，2009，32(7)：61-64.

③ 周金娉．开放存取期刊学术影响力研究[D]．长春：吉林大学，2013.

开放获取学术论文以学术质量为基础，以社会关注度与读者认可度为标志，体现其综合作用。其中影响力的社会价值是通过读者关注度和认可度来测量，是影响力的派生产物，也是构成开放获取学术论文影响力的重要组成部分。开放获取学术论文影响力作为评价开放获取学术论文作用大小的标准，影响力较高的开放获取学术论文不仅体现了其对学术研究有较大的贡献，还体现了其对学术交流的推动作用。

1.4.3　开放获取学术论文影响力的产生

开放获取学术论文影响力的产生与开放获取学术论文的交流、传播是分不开的，只有通过学术交流才能产生影响力，在学术交流过程中产生知识增量，对原有知识的继承和对后续学术研究的促进，也是开放获取学术论文影响力产生的过程。按开放获取论文的质量和价值来看，开放获取学术论文影响力最初是通过自身的质量来反映，也是开放获取学术论文原生影响力的体现。该原生影响力是开放获取学术论文还未进行交流和传播就已存在的，在专家或同行对论文进行评审时产生，反映的是论文的质量。

论文实现开放共享时，开放获取学术论文影响力是通过在线交流、传播反映出的影响力，是开放获取学术论文的一种价值。这种价值的体现可以通过论文在开放过程中的被引用次数来衡量，在一定程度上，开放获取学术论文被引频次较多反映出其影响力较大。该类型影响力是通过开放获取学术论文的在线传播产生的次生影响力。无论是开放获取学术论文的原生影响力还是次生影响力，都是开放获取学术论文影响力的重要组成部分，两者很难截然分开，彼此相互影响、相互作用，既对立又统一。开放获取学术论文影响力是论文在开放获取过程中影响和启发读者学术思想和学术行为的能力。每篇论文的开放获取都会产生不同的影响，只是在传播过程中产生影响力的强度各不相同。随着开放时间的不同，开放获取学术论文产生的影响力也不尽相同。

根据对开放获取学术论文影响力的分析，其产生可通过图示来描述，如图 1-3 所示。

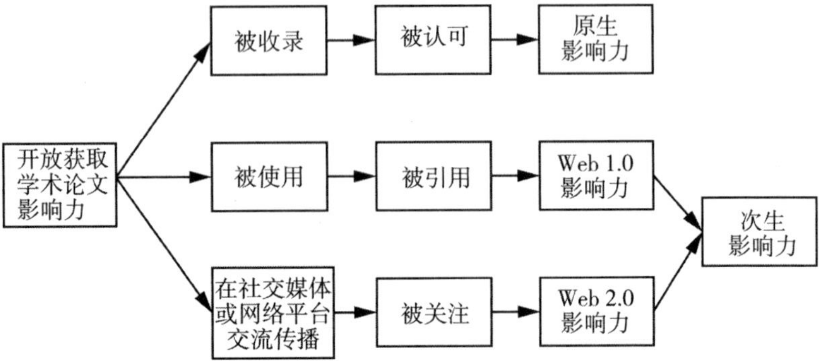

图 1-3　开放获取学术论文影响力产生过程

开放获取学术论文经过同行评议后被收录，对于这些被收录的开放获取学术论文来说，是专家或同行对开放获取学术论文自身质量的认可。经过该过程产生的影响力是开放获取学术论文的原生影响力。在开放获取学术论文进入网络平台或社交媒体后，实现的被存储、链接、标签、评述等内容使开放获取学术论文被读者所关注，体现其在线影响力，该过程产生的开放获取学术论文次生影响力可通过 Altmetrics 工具进行评价，体现其 Web 2.0 影响力。开放获取学术论文被引用是读者对其的使用，代表其对后续研究的参考价值，被视为 Web 1.0 影响力。

1.4.4　开放获取学术论文影响力的类型

根据开放获取学术论文影响力的产生过程，可以将开放获取学术论文影响力划分为开放获取学术论文原生影响力和开放获取学术论文次生影响力，下文将开放获取学术论文原生影响力简称为原生影响力，将开放获取学术论文次生影响力简称为次生影响力。无论原生影响力还是次生影响力都是影响力的不同体现形式，原生影响力是没有进入交流传播时就已存在于论文中，次生影响力相对于原生影响力而言是间接产生的，在论文进入交流传播时才逐渐形成，随着时间的发展不断变化。为了使开放获取学术论文影响力的类型划分更直观、清晰化，以图示进行展现，如图 1-4 所示。

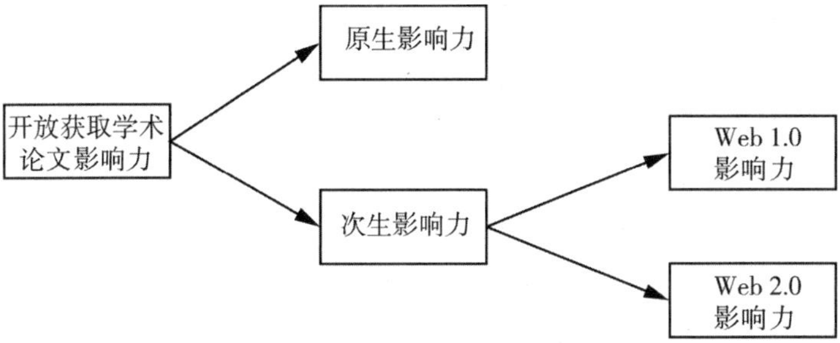

图 1-4 开放获取学术论文影响力类型

原生影响力与次生影响力构成了开放获取学术论文的综合影响力，两者具有对立统一规律，符合马克思主义哲学原理，是一个事物的两个方面。原生影响力是通过专家、同行进行判断评估来体现，从其自身质量的高低反映影响力的大小。次生影响力的测度随着 Web 2.0 时代的发展，测度指标不断丰富，Altmetrics 的提出为开放获取学术论文在 Web 2.0 时代的影响力评价提供了新的方法。利用 Altmetrics 对次生影响力进行测度体现的是开放获取学术论文的 Web 2.0 影响力，Web 2.0 影响力更加侧重于论文在社交媒体中交流沟通产生的影响，是论文在传播过程中产生的间接作用。论文 Web 1.0 影响力是开放获取学术论文次生影响力通过传统指标计量的结果，本研究对 Web 1.0 影响力的测度从被引频次的角度来衡量，但又与以往研究有所区别。被引频次作为论文 Web 1.0 影响力的常用指标，简单的引文频次已无法满足社交媒体快速发展的要求。因此，开放获取学术论文的次生影响力通过 Web 1.0 影响力的影响强度、影响广度和影响幅度三个方面进行体现，这也是对 Web 1.0 影响力的细粒度化分析。

根据引文的自身属性，对开放获取学术论文 Web 1.0 影响力的强度测量是通过引文的数量来计算，开放获取学术论文的被引量越多，反映出 Web 1.0 影响力的强度越大，这是从引文强度评价开放获取学术论文影响力的大小。引文数量越多说明其强度越大，影响力也就越大，反之，引文数量较少说明其强度较小，影响力也就较弱，可见引文强度与 Web 1.0 影响力成正比关系。开放获取学术论文 Web 1.0 影响力的幅度测量是通过引文的时间来计算，引文的时间跨度越长，体现出其 Web 1.0 影响力的幅度越大，这是从引文幅度评价开放获取学术论文影响力的大小。引文时间越远说明其幅度越大，影响力就越大，反之，引文时间较近说明其幅度较小，影响力也就较小，由此可知引文幅度与 Web 1.0 影响力成正比关系。在一定程度上也可以认为，引文幅度越大即被引时间较长的论文是该领域的经典论文，从知识角度可以认为这些论文是所研究领域的知识基础，对后续的发展发挥了重要作用，其影响力也就越大，反之亦然。开放获取学术论文 Web 1.0 影响力的广度测量是通过引文的学科领域跨度来计算，引文涉及的学科领域越多，体现出其 Web 1.0 影响力的广度越大，影响力也就越大；反之，引文涉及的学科领域数量较少则引文广度较小，影响力也就较小，可见引文广度与 Web 1.0 影响力成正比关系。

Web 2.0 影响力是开放获取学术论文发展到 Web 2.0 时代产生的次生影响力，论文在 Web 2.0 网络环境下进行交流、传播产生的影响力。Web 2.0 网络环境打破了传统科学交流的单一化，实现了科学交流的多向互动式发展。开放获取学术论文在这种科学交流平台下，能更好地促进知识的交流和沟通，论文的认可度和关注度成为衡量开放获取学术论文次生影响力的重要指标。开放获取学术论文的认可度和关注度是通过 Web 2.0 网络环境下的浏览、下载、保存或转载等行为来体现。从信息服务的角度来看，这些行为是用户为了获取需求信息而产生的，是影响力的表现方式之一。Web 2.0 时代的发展是基于网络平台对开放获取学术论文引用的单一方向学术交流行为，因此本研究将基于引用行为进行测度的影响力称为 Web 1.0 影响力。随着科学交流的网络化发展，Web 2.0 对科学交流产生的影响越来越大，改变了原有科学交流模式，方便用户信息获取大量信息并实现传播和互动。

Web 2.0 影响力是通过社交媒体和网络平台在传播过程中产生的作用，该影响力成为科学在线交流不可忽视的内容，已引起研究者的关注。Altmetrics 的发展为科学在线交流影响力测度提供了可能，补充了原有影响力评价指标的不足。随着 Altmetrics 网络集成化发展，通过 Altmetrics 工具可以获取网络社交媒体用户对开放获取学术论文的使用情况，[①] 通过用户的使用数据评价论文影响力的大小。网络平台发展具有实时更新的特点，Altmetrics 的集成化与网络更新实时同步，成为影响力测量的即时指标，具有开放性，符合开放获取学术论文的特点，丰富了开放获取学术论文影响力的评价体系。

1.4.5 开放获取学术论文与影响力的关系

开放获取学术论文与影响力的提升具有密切关系，王贤文就开放获取学术论文的优势，从开放获取学术论文的引用、使用两个方面进行对比分析，发现开放获取学术论文在引用和使用两个方面都存在优势[②]。而开放获取学术论文的被引频次、使用次数成为影响力提高的次生要素，论文开放获取对提升其影响力具有重要作用。方红玲证实开放获取学术论文有利于提高自身影响力，选取被 *Nature Communications* 收录的开放获取学术论文作为分析对象，得出开放获取论文提前达到引用峰值。[③] 本研究以不同机构发表的开放获取学术论文为研究对象，覆盖多个学科领域，有助于开放获取论文的多学科综合分析。在 Web of Science 数据库中，检索中国科学院大学、哈佛大学、伦敦大学、牛津大学以及东京大学 5 所高校在 2014 年发表的开放获取学术论文，作为分析对象。

1. 开放获取学术论文在引用中的优势

计算 5 个机构 2014 年在 *Nature Communications* 上发表的开放获取学术论文平均被引频次以及非开放获取学术论文平均被引频次，并计算 5 个机构开放获取学术论文平均被引频次与非开放获取

① 余厚强，邱均平．替代计量指标分层与聚合的理论研究[J]．图书馆杂志，2014，33(10)：13-19.

② 王贤文．科学计量大数据及其应用[M]．北京：科学出版社，2016：40-48.

③ 方红玲．国内外相同学科期刊论文被引峰值年代对比研究[J]．图书情报导刊，2015(21)：122-125.

学术论文平均被引频次的比率，如表1-1所示。

表1-1 开放获取学术论文与非开放获取学术论文平均被引频次对比

机构	开放获取学术论文/次	非开放获取学术论文/次	比率
中国科学院大学	44.03	33.23	1.33
哈佛大学	37.89	30.34	1.25
伦敦大学	31.6	20.66	1.53
牛津大学	40.73	31.46	1.29
东京大学	34.55	23.12	1.49

由表1-1可知，2014年中国科学院大学开放获取学术论文平均被引频次约为44.03，非开放获取学术论文的平均被引频次约为33.23，开放获取学术论文的平均被引频次约为非开放获取学术论文的1.33倍。其他机构的开放获取学术论文平均被引频次为非开放获取学术论文的1.25~1.53倍。对开放获取学术论文与非开放获取学术论文的平均被引频次进行 t 检验，p 值为0.003，小于0.05，两者存在显著差异。可见，开放获取学术论文的被引频次多于非开放获取学术论文，对提高影响力具有显著优势。

2. 开放获取学术论文在使用中的优势

论文的使用是论文被引的前提，开放获取学术论文尤为如此，有利于论文的最大化使用，对5个机构发表在 *Nature Communications* 上的开放获取学术论文2013年至今的平均使用次数进行统计分析，如表1-2所示。

表1-2 开放获取学术论文与非开放获取学术论文使用次数平均值对比

机构	开放获取使用次数平均值	非开放获取使用次数平均值	比率
中国科学大学	103.13	38.23	2.7
哈佛大学	39.98	24.67	1.62

续表

机构	开放获取使用次数平均值	非开放获取使用次数平均值	比率
伦敦大学	30.21	28.33	1.07
牛津大学	41.85	30.67	1.36
东京大学	48.67	15.18	3.21

通过表 1-2 的统计发现，开放获取学术论文在发表 3~5 年内，其平均使用次数与非开放获取学术论文相比较多，国内外开放获取学术论文平均使用次数具有明显优势，开放获取学术论文的平均使用次数最低是非开放获取学术论文的 1 倍以上。对开放获取学术论文与非开放获取学术论文的平均使用次数进行 t 检验，p 值均小于 0.05，两者存在显著差异，说明开放获取学术论文平均使用次数存在明显优势。使用次数作为开放获取学术论文影响力的次生影响要素，与提高开放获取学术论文影响力具有直接关系。可见，从论文使用角度分析，开放获取学术论文对提高影响力具有重要作用。

本章小结

本章在相关概念解释与界定的基础上，对影响力、学术影响力、开放获取学术论文影响力、学术影响力的类型及相关理论进行了梳理，主要涉及科学交流理论、引文分析理论、开放获取理论、Altmetrics 的起源与发展、评价学理论、科学评价的原则等内容。另外，详细地分析了这些相关理论之间的关系，这些内容作为开放获取学术论文影响力评价的基础理论，有利于后续研究工作的顺利展开。

第二章　相关理论与方法

2.1　引文分析理论与方法

2.1.1　引文分析法

1. 引文分析概念

邱均平(2007)在《信息计量学》一书中认为：引文分析就是利用数学及统计学的方法和比较、归纳、抽象、概括等逻辑方法，对科学期刊、论文、著者等各种分析对象的引证与被引证现象进行分析，进而揭示其中的数量特征和内在规律的一种文献计量分析方法。① 张慧敏(2006)认为：引文分析是根据文献之间存在的相互引证的关系和特点，利用图论、模糊集合、数理统计数学方法及比较、归纳、抽象、概括等逻辑方法，对科学期刊、论文、著者等各种分析对象的引用或被引用现象进行分析，以揭示其数量特征和内在规律的一种计量研究方法。② 可见，上述引文分析的概念表述较为一致，主要从方法基础、研究对象和研究目的三个方面对引文分析进行阐述，使学者们对引文分析有了清晰的理解、准确的把握以

① 邱均平．信息计量学[M]．武汉：武汉大学出版社，2007：316-317.

② 张慧敏．引文分析法的内涵及研究实证[J]．编辑学报，2006(S1)：174-177.

及合理的应用。

2. 引文分析发展

早在 1873 年，美国学者谢泼德(Shepard)创办了《谢泼德引文》，他是世界上最早利用引证关系建立引文类检索工作的学者。1911 年，俄国科学院院士瓦尔金利用引文分析的方法研究科学家对世界化学发展所做的贡献。1927 年，格鲁斯等人进行了文献学史上的第一次引文分析，对化学教育专业的核心期刊进行统计分析，表明被引频次在科学评估中的重要性。① 20 世纪 50 年代，加菲尔德(Garfield)于 1955 年率先在 *Science* 上提出了“引文索引”(Citation Index)的设想。② 继分类法和主题法之后，加菲尔德的设想提供了一种新的文献检索方法，开创了从引文角度来研究文献及学科发展动态的新视角，为 SCI 的建立奠定了基础。20 世纪 60 年代，美国麻省理工学院的开斯勒教授(Kessler，1963)提出了“文献耦合”(bibliographic coupling)的术语。③ 文献耦合概念的提出，使一些表面上看起来没有联系的主体对象联系在一起，揭示了科技文献体系的内在联系和结构关系。1965 年，普赖斯(Price)在 *Science* 上对科学文献通过引证与被引证关系形成的科学文献网络进行分析，发现科学文献的参考文献能够表明科学研究的前沿，这为揭示科学研究前沿提供了新的途径。④ 20 世纪 70 年代，加菲尔德(1972)首度提出期刊影响因子，为期刊评价与遴选提供了新的方法和途径。⑤ 1973 年，斯莫尔(Small)提出文献同被引(共引)，为

① 邱均平，赵蓉英，董克．科学计量学[M]．北京：科学出版社，2016：198-200.

② Garfield E. Citation indexes for science：a new dimension in documentation through association of ideas[J]. Science，1955，122(3159)：108-111.

③ Kessler M M. Bibliographic coupling between scientific papers[J]. Journal of the Association for Information Science & Technology，1963，14(1)：10-25.

④ Price D J. Networks of scientific papers[J]. Science，1965，149(3683)：510-515.

⑤ Garfield E. Citation analysis as a tool in journal evaluation journals can be ranked by frequency and impact of citations for science policy studies[J]. Science，1972，178(4060)：471-479.

研究学科结构提供了新的方法。① Small 所提出的同被引分析在引文分析中具有重要的价值：首先，同被引分析方法的提出说明了引文分析研究的理论知识的延伸，标志着引文分析研究逐步走向成熟与完善；其次，同被引分析在引文分析研究中提供了新的分析方法和研究思路。20 世纪 80 年代，在 Small 文献同被引(共引)的基础上，White 等(1981)提出了作者同被引的概念。② 20 世纪 90 年代，McCain(1990)对典型的作者共引分析的步骤进行了说明，极大地促进了引文分析的发展与应用。③ 2000 年以来，美国物理学家赫希(Hirsch，2005)提出了一个用于评估研究人员的学术产出数量与学术产出水平的指数——h 指数(h-index)。④ 2006 年，比利时科学计量学家埃格赫(Egghe)对 Hirsch 的 h 指数进行改进，提出了 g 指数(g-index)。⑤ 等等。

3. 引文分析的类型

从不同的角度和标准来划分，引文分析方法有着不同的类型。目前，引文分析大致有三种基本类型：⑥⑦

一是引文数量的分析，主要用于评价期刊和论文，如以学术期

---

① Small H. Co-citation in the scientific literature: a new measure of the relationship between two documents [J]. Journal of the American Society for Information Science, 1973, 24(4): 265-269.

② White H D, Griffith B C. Author cocitation: a literature measure of intellectual structure [J]. Journal of the Association for Information Science & Technology, 1981, 32(3): 163-171.

③ Mccain K W. Mapping authors in intellectual space: a technical overview[J]. Journal of the American Society for Information Science, 1990, 41(6): 433-443.

④ Hirsch J E. An index to quantify an individual's scientific research output[J]. Proceedings of the National Academy of Sciences of the United States of America, 2005, 102(46): 16569-16572.

⑤ Egghe L. Theory and practise of the g-index[J]. Scientometrics, 2006, 69(1): 131-152.

⑥ 邱均平，赵蓉英，董克．科学计量学[M]. 北京：科学出版社，2016：208-209.

⑦ 程妮．基于引文的知识转移研究[D]. 武汉：武汉大学，2009.

刊、学术论文的被引频次反映学术期刊、学术论文的质量及其学术影响力；研究文献信息流的规律等，如学术文献的老化。

二是引文链、引文网络结构及关系分析，主要用于揭示科学结构、学科相关程度并进行文献检索，以及揭示科学的发展过程并展望未来的前景，如通过科学领域学术文献共被引网络明晰学科领域基础知识的发展历程。

三是引文主题分析，分析学科领域中主题间的关联关系，揭示学科领域热点知识。

4. 引文分析的应用

随着学者们对引文分析的深入研究以及开发人员对引文分析技术的开发与支持，引文分析理论与技术日趋完善，且应用范围逐步扩大，引文分析方法已经成为计量学中的重要方法之一。特别是一些引文索引工具的出现，为引文分析的开展提供了便利条件，如国外的《科学引文索引》(Science Citation Index)、《社会科学引文索引》(Social Science Citation Index)、Scopus等，国内的中国科学院文献情报中心研发的《中国科学引文数据库》《中国人文社会科学引文索引》、中国科技信息研究所和万方集团创建的《中国科技论文与引文分析数据库》、南京大学中国社会科学评价研究中心和香港科技大学共同创建的《中文社会科学引文索引》以及中国学术期刊(光盘版)电子杂志社出版的《中国引文数据库》。[①][②] 本研究认为引文分析方法的应用主要体现在以下几个方面：

第一，科学评价。引文分析可用于人才、文献、期刊、学科、机构、国家等方面的评价。[③] 在人才、文献评价方面，某作者所创作的学术论文被其他学者所引用的程度可以用来衡量该论文的学术

---

① 曹志梅，王凯．我国四大引文数据库比较分析[J]．情报学报，2002，21(4)：481-485.

② 任丽娟．国内五种引文数据库的比较研究[J]．情报科学，2005(3)：401-405.

③ Bertin M. Categorizations and annotations of citation in research evaluation [C]//International Florida Artificial Intelligence Research Society Conference, Coconut Grove, Florida, USA. DBLP, 2008: 456-461.

价值和影响力，同时，也从科研成果被利用的角度反映了该学术论文创作者在本学科领域内的影响和地位，如 ESI(Essential Science Indicators)提供的高影响力作者(Top 1%)、顶级论文(Top Papers)、高被引论文(Highly Cited Papers)、热点论文(Hot Papers)、h 指数、g 指数等。在期刊遴选与评价方面，主要指标有总被引频次、即年指标、影响因子、5 年期影响因子等。在学科、机构和国家评价方面，通过文献引用频次的分析研究可以测定某一学科的影响和某一机构或某一国家某些学科的重要性，如 ESI 入选的学科、机构、国家，学科、机构、国家的被引频次等。

第二，揭示学科结构和科技发展史。学术论文之间的引证或被引证关系构成了引文链，最终形成了复杂的引文网络。对引文网络进行聚类分析等，可以探明学科间的亲缘关系，揭示学科结构特点，划定学科领域的研究群体等。学术论文间的引证与被引证关系是单向的，因此，对引文网络进行主路径分析还能够揭示学科研究的发展脉络、知识的演进过程,① 从而使学者、研究人员尤其是新接触本学科领域的人员对科学产生背景、突破性研究成果以及未来研究趋势进行总体把握，从而及时开展相应的科学研究活动。

第三，科研与信息资源管理。与学术论文类似，科技文献之间也因为引证与被引证关系形成了引文网络。对科技文献引文网络进行分析可以揭示各国科技、人才政策的现状，探讨科学研究与科技政策、文化背景等之间的关系，为科技政策的制定提供相应参考依据。此外，从文献引用的角度研究文献老化规律是一种有效的途径和方法。从文献引用的角度对文献老化进行研究，测定各学科期刊的“半衰期”和“最大引文年限”，能为确定学术文献的最佳收藏年限、对文献利用进行定量分析提供依据，实现信息资源的有效管理与利用。

---

① Pilkington A, Meredith J. The evolution of the intellectual structure of operations management—1980-2006: a citation/co-citation analysis[J]. Journal of Operations Management, 2009, 27(3): 185-202.

2.1.2 引证相关概念

1. 引证文献与被引证文献

科学研究是一个漫长而又持续发展的过程，新的科研成果往往是建立在前人已有的研究成果或取得的知识基础之上的。正如伟大的科学家牛顿所说："如果说我看得比别人更远些，那是因为我站在巨人的肩膀上。"可见，人类科技文明史是在继承中得以发展与进步的。同样，作为科研成果的重要表现方式的学术论文，其在创作的过程中继承、发展并创新了前人已有的基础知识、理论方法、研究思路等，获得前人在科研活动中所取得的科学研究经验，吸取了前人在科研活动中的教训等内容，从而保证自身的科学研究活动顺利展开。

因此，科研人员所撰写的学术论文并不是孤立存在的，而是彼此之间存在着一定的关联，这种联系表现在学术论文之间的引证与被引证。通常，对于给定的一篇学术论文，其一般包含篇名、作者、机构、摘要、关键词、学科分类号、正文、基金项目、参考文献、刊载期刊、刊载年卷期等知识单元。学术论文所包含的参考文献这一知识单元正是体现了学术论文作者在科研活动中对前人已有基础知识的继承、发展与补充，以及理论方法、研究技术、研究思路的应用、完善与创新等多个方面的内容。

从引证与被引证的角度来看，学术论文之间的这种关联关系将学术论文分为引证文献和被引证文献。首先，我们应明确"引证文献"和"被引证文献"两个术语的概念。普赖斯在论及引证与被引证关系时曾建议：将一篇文献引用，对于引证者(论文作者)来说，其就有了一篇参考文献(reference)，而对于被引证者来说，则有了一篇引证文献(citation)。① 基于普莱斯的建议，本研究认为：在引证视角下，一篇学术论文刊出后，被其他学术论文所引用，那么我们将这篇学术论文称为被引证文献，将引用该篇学术论文的学术论文称为引证文献，具体说明见图 2-1。在图 2-1 中，T_2时刻有学术

① 邱均平．信息计量学[M]．武汉：武汉大学出版社，2007：315-316.

论文 5，T_3时刻有学术论文 7 和学术论文 8，由图 2-1 中的箭头的方向可知，学术论文 5 与学术论文 7、学术论文 8 之间存在着引证与被引证的关系，并且学术论文 7、学术论文 8 在创作时均引用了学术论文 5，因此，可以将学术论文 5 称为被引证文献，将学术论文 7 和学术论文 8 称为学术论文 5 的引证文献。

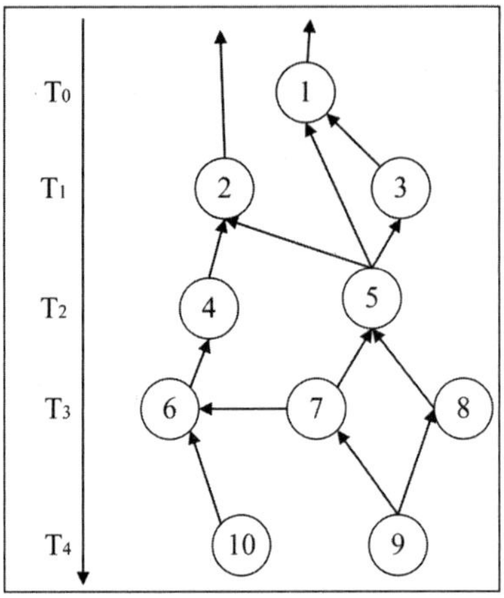

图 2-1　学术论文之间的引证与被引证关系图

2. 引文链

由于学术论文之间存在着引证与被引证关系，一篇学术论文在引证关系中可以扮演众多角色：一是引证文献，二是被引证文献，三是引证文献和被引证文献。如果以射线箭头指向被引证文献，箭尾指向引证文献，那么学术论文所扮演的这三种角色有时会形成一种链状结构，即引文链(citation chain)。如在图 2-1 中，学术论文 10 在创作时引证了学术论文 6，学术论文 6 在创作时引证了学术论文 4，学术论文 4 在创作时引证了学术论文 2，正是由于这种引证与被引证关系，学术论文之间形成了一条链条：学术论文 10-学术论文 6-学术论文 4-学术论文 2，即引文链。在图 2-1 中，共有 8 条引文链：一是学术论文 10-学术论文 6-学术论文 4-学术论文 2，二是学术论文 9-学术论文 7-学术论文 6-学术论文 4-学术论文 2，三是学术论文 9-学术论文 7-学术论文 5-学术论文 2，四是学术论文 9-学术论文 7-学术论文 5-学术论文 3-学术论文 1，五是学术论文 9-学术论文 8-学术论文 5-学术论文 2，六是学术论文 9-学术论文 8-学术论文 5-学术论文 3-学术论文 1，七是学术论文 9-学术论文 8-学术论文 5-学术论文 1，八是学术论文 9-学术论文 7-学术论文 5-学术论文 1。

由学术论文之间的引证与被引证关系形成的引文链刻画了学术论文引证与被引证的先后次序及主要路径，其反映了学术论文之间的基础知识、理论方法、研究思路等内容的继承与流向。因此，学术论文所形成的引文链在一定程度上能够反映学科领域知识生产、知识积累、知识创新等过程，其不仅有助于发现学科领域的未来研究趋势，还有助于实现学科领域知识的溯源。

3. 引文网络

在实际过程中，一篇学术论文可能成为多篇学术论文的引证文献，也可能成为多篇学术论文的被引证文献。因此，学术论文之间的引证与被引证关系是复杂的，并非简简单单的链状结构(引文链)，而是由多条不同的引文链相互交叉形成的复杂网状结构，即引文网络(citation network)。在图 2-1 中，学术论文 5 在创作过程中引证了学术论文 1、学术论文 2 和学术论文 3，学术论文 7 在创作过程中引证了学术论文 5 和学术论文 6，从而使多条引文链互相融合交叉，最终形成了如图 2-1 所示的引文网络。可见，引文网络是由学术论文之间的引证与被引证关系形成的一种网络，其在一定程度上能够较好地描绘学科领域的发展、学科间的关系。

引文网络具有以下特征：第一，引文网络是一种静态网络，而非动态网络，即不可在已有的引文网络中随意添加或删除代表引证或被引证的单向箭头，因为学术论文刊出后，学术论文之间的引证与被引证关系已经确定，无法更改或变动。第二，引文网络中的引证与被引证方向是单向的，而非双向的，即只能是后期刊出的学术论文引证前期刊出的学术论文，而前期刊出的学术论文不能够引证后期刊出的学术论文。第三，在引文网络中，一篇学术论文只能引证其他学术论文，而学术论文不存在自引的现象，自引现象一般出现在作者、机构、期刊、学科等学术论文知识单元中。第四，在引文网络中，学术论文的被引证时间可以说是固定的，即一篇学术论文引证其他学术论文是有固定时间的，这个时间是这篇学术论文被刊出的时间。第五，在引文网络中，学术论文所引证的文献呈现出集中性，因为在学术论文创作过程中，学术论文创作者通常引证同学科领域或相近领域或研究内容相近的学术文献（包括学术论文、图书等）。①

4. 引证动机与引证行为

在学术论文创作过程中，学术论文创作者所引证的其他学术文献均是为了本篇学术论文的写作而参考、查阅的。然而，在众多相关的学术文献中，学术论文创作者引证哪篇（哪本或哪条）学术文献作为该篇学术论文的参考文献，与学术论文创作者的心理动机密不可分。学术论文创作者的引证动机极易受到心理因素、所处环境等多方面的影响，从而在学术论文创作过程中体现出不同的引证行为。可见，引证动机是学术论文创作者的内在过程，而引证行为是学术论文创作者引证动机的外在体现。

学术论文创作者的引证动机有多方面的原因。温斯托克在进行系统归纳后指出，学术论文创作者的引证动机往往基于以下 15 种原因：①对开拓者表示尊重（paying homage to pioneers）；②对有关著作给予肯定（giving credit for related work）；③验证其所用的方法及仪器（identifying methodology，equipment，etc.）；④提供背景性材料（providing background reading）；⑤对自己的著作予以更正（correcting one's own work）；⑥对他人的著作予以更正（correcting the work of others）；⑦评价以前的著作（criticising the work of others）；⑧为自己的论点寻求充分的论证（substantiating claims）；⑨提供研究者现有的著作（alerting researchers to forthcoming work）；⑩对未被传播、很少被引用或未被引证的文献提供向导（providing leads to poorly disseminated，poorly indexed，or uncited work）；⑪验证数据及物理常数等（authenticating data and classes of fact-physical

① 邓中华．社会网络、引文网络和链接网络之比较[J]．图书馆杂志，2008，27(9)：6-10.

constants, etc.);⑫核查原始资料中某个观点或概念是否被讨论过(identifying original publications in which an idea or concept was discussed);⑬核查原始资料或其他著作中的起因人物的某个概念或名词(identifying the original publication describing an eponymic concept or term such as, e. g. Hodgkin's disease……);⑭否定他人的著作或观点(disclaiming work or ideas of others);⑮对他人的优先权提出异议(disputing priority claims of others)。[①] Brooks(1985)通过对爱荷华大学26位学者近期发表的学术文献进行调查，确定了7种引证动机：①新颖性(current scale)，引用最新的文献，彰显研究领域的进步；②负面评价(negative credit)，引用反面的证据批评、否定、反驳他人的作品；③操控信息(operational information)，沿用他人的学科研究方法、结果等；④说服(persuasiveness)，引用文献证明其研究方法和结果的正确性；⑤正面评价(positive credit)，引用者对其参考文献进行正面评价；⑥读者提醒(reader alert)，提醒读者注意研究背景、新进展；⑦社会共识(social consensus)，为得到其他科学研究人员的认同而引用。[②] 上述引证动机均属于正常的引用动机，其引证行为客观表征了科学知识交流与共享、继承与转移的情况，从而真实地反映出相关学术论文的影响力。

然而，在实际的引证活动中，也存在一些不规范的引证动机，从而出现了一些不恰当的引证行为，索恩(Thorne)将其归纳为以下五类：第一，为阿谀某人而引证；第二，为互相吹捧而带有偏见的引证；第三，以自诩为目的的引证；第四，为支持某一学术研究派别利益的不正当引证；第五，迫于权威压力的引证。[③] Thorne(1977)认为有操纵被引频次、将同一研究内容拆分连续出版、一

① Egghe L, Rousseau R. Introduction to informetrics: quantitative methods in library, documentation and information science[M]. Amsterdam: Elsevier Science Publishers, 1990: 211.

② Brooks T A. Private acts and public objects: an investigation of citer motivations[J]. Journal of the Association for Information Science & Technology, 1985, 36(4): 223-229.

③ 邱均平. 信息计量学[M]. 武汉：武汉大学出版社，2007：319.

稿多投等20种不恰当的引证动机与引证行为。① 上述不规范的引证动机不能客观地表征科学知识交流与共享、继承与转移的情况，阻碍了科学的进步。因此，学术论文创作者要树立学术规范意识，端正学术行为，提高自身学术素养：做到引文要以原始学术文献、第一手资料为原则，做到引而必注、注而必引。

学者们将在学术论文创作过程中所引证的学术论文情感倾向分为三类：一是正向引用，二是中性引用，三是负面引用。幸运的是：学者们的研究表明在一篇学术论文中，学术论文创作者的正向引用和中性引用占绝大多数，如Moravcsik(1988)对引文分类体系进行了修订，并形成了4个二分类(four dichotomous classifications)体系，其统计结果表明正向引证学术文献的比例占92%，负向引证学术论文的比例为8%。② 刘盛博等(2015)以Thomson等(1998)在*Science*上刊出的"Embryonic Stem Cell Lines Derived from Human Blastocysts"一文为研究对象，发现258篇学术论文引证了该篇学术论文，其中正向或中性引证的学术论文占99.19%，负向引证的学术论文仅占0.81%。③ 在学术论文创作过程中，学术论文创作者无论是正向引证、中性引证还是负向引证学术论文，均体现了对前人已有基础知识的继承、传承及创新，均促进了学科知识的向前发展，推动了科学的发展与进步。

2.1.3 引证广度与学术论文影响力的关系

学术论文的引证文献题录与学术论文的参考文献题录所含有的知识单元一致，均含有作者、文献类型、出版刊物名称、年卷期等知识单元。本研究认为：学术论文引证文献数量及知识单元可以从

---

① Thorne F C. The citation index: another case of spurious validity[J]. Journal of Clinical Psychology, 1977, 33(4): 1157-1161.

② Moravcsik M J. Citation context classification of a citation classic concerning citation context classification[J]. Social Studies of Science, 1988, 18(3): 515-521.

③ 刘盛博，丁堃，张春博. 基于引用内容性质的引文评价研究[J]. 情报理论与实践，2015，38(3)：77-81.

横向方面客观反映学术论文知识的影响范围，进而从“影响量”上达到客观量化学术论文影响力的目的。

1. 引证文献数量(被引频次)与学术论文影响力广度

自1927年以来，学术论文的被引频次就被学者们用于量化学术论文影响力，并将学术论文的被引频次作为量化学术论文影响力的基本指标。① 在学术论文创作过程中，学者们通常要借鉴或延伸前人已有的研究成果，如借鉴相关研究的基础知识、研究方法以及所取得的研究结果等，从而为自己的学术论文做理论基础、方法技术上的支撑，为自己从事相近的科研活动提供研究思路等。为了表示对前人所取得的研究成果的尊重与认可，学者们将前人已取得的研究成果以参考文献的形式在其学术论文中体现。因此，前人所取得的研究成果就具有一篇引证文献。当已有研究成果被多篇学术论文所引证，说明该研究成果得到了大量学者的认可与尊重，在相关研究领域具有重要价值，即其在研究内容或研究方法或研究结论中取得了较大突破，为后来的学者开展相应的科学研究提供了借鉴与参考，表现出了较高的学术价值和学术影响力。

学术论文引证文献数量(被引频次)从文献数量的角度量化了学术论文的学术价值、应用价值的影响力广度，即如果某篇学术论文被多篇学术论文所引证，那么“多篇”的量就可以用于描述该学术论文学术价值、应用价值的影响范围，即影响力广度。因此，学术论文的引证文献数量越多，该篇学术论文的影响力广度也就越大。

2. 引证文献类型数量与学术论文影响力广度

中华人民共和国国家质量监督检验检疫局和中国国家标准化管理委员会于2015年5月15日共同发布并于2015年12月1日实施的中华人民共和国国家标准(GB/T 7714—2015)——《信息与文献参考文献著录规则》明确给出了普通图书(M)、会议录(C)、汇编

① Pasterkamp G, Rotmans J I, Kleijn D V P D, et al. Citation frequency: a biased measure of research impact significantly influenced by the geographical origin of research articles[J]. Scientometrics, 2007, 70(1): 153-165.

(G)、报纸(N)、期刊(J)、学位论文(D)等 16 种参考文献类型。在实际的引用过程中，常见的参考文献类型有期刊论文、普通图书、会议论文集、学位论文、网络文献、报纸等。[①②] 对于学术论文的引证文献而言，常见的文献类型有期刊论文、普通图书、学位论文以及会议论文集等。文献类型不同，其文所具有的特点也不尽相同，在学术界中的作用也不一样，如期刊论文具有出版周期短、报道速度快、内容新颖、数量大、品种多等特征；普通图书具有内容系统成熟、论点可靠、出版周期长等特征；学位论文具有见解独特、论证全面、参文齐全等特征；会议论文集具有专业集中、针对性强、内容专深等特征。通过比较学术论文引证文献类型特征，可以发现不同文献类型在人类知识文明中所起的作用，因此，学术论文的引证文献类型数量全面量化了学术论文的学术价值、应用价值在不同知识载体上的影响力。

因此，学术论文被不同类型的引证文献所引证，体现了学术论文学术价值、应用价值在不同学术文献中所产生的价值。与学术论文被引频次相一致，学术论文的引证文献类型数量也从文献层面上量化了学术论文学术价值、应用价值的影响范围，即基于引证文献类型数量的影响广度。因此，学术论文的引证文献类型数量越多，该篇学术论文影响力广度也就越大。

3. 引证作者数量与学术论文影响力广度

学术论文创作者是学术论文的所有者，是学术知识的承载者、运用者，是科研活动的主体。就一篇引证文献而言，其同样也是一篇学术文献，一般由一位、两位或多位作者协助完成。因此，对于一篇引证文献而言，被引证文献含有的理论知识、所用的方法技术以及所取得的有用结果等将会被一位、两位甚至是多位学术文献的引证者所熟知、掌握并加以运用、创新。在此过程中，学术论文的

---

① 图书情报工作．论文模板/格式规范［EB/OL］.［2017-12-07］. http：//www. lis. ac. cn/CN/column/column81. shtml.

② 中国图书馆学报．投稿指南［EB/OL］.［2017-12-07］. http：//www. jlis. cn/jtlsc/ch/first_ menu. aspx？ parent_ id=20080416210958001.

引证作者数量客观体现了学术论文的学术价值、应用价值在作者层面的影响范围，即学术论文的引证作者数量越多，说明该篇学术论文所含有的研究内容、采用的研究方法、取得的研究结论等被越多学者所熟知、认可，从而表现出了较高的学术价值和学术影响力。

与用学术论文的被引频次量化学术论文影响力广度相比，学术论文的引证作者数量在更为细粒度的作者层面上量化了学术论文学术价值、应用价值的影响范围，即基于引证作者数量的影响力广度。因此，学术论文的引证作者数量越多，该篇学术论文的影响力广度也就越大。

4. 引证学科数量与学术论文影响力广度

随着信息技术的发展、科学知识的增长，在科学研究活动中，科研人员不仅需掌握本学科领域的知识，其他学科领域的知识也应有所涉及。然而，对于浩瀚的科学知识，科研人员很难有大量时间、精力全面掌握和了解在科学研究活动中所需要的全部知识。因此，进行知识交流并展开合作，尤其是进行跨学科知识交流并开展跨学科合作成为科研人员从事科学研究活动的重要方式之一。①

从学术文献的角度来看，在科学研究活动中，这种跨学科交流以引用不同学科的学术文献方式得以体现。因此，学术论文的引证学科数量在一定程度上反映了该篇学术论文的知识被不同学科的学者、研究人员所借鉴、使用，即基于引证学科数量的学术论文影响力广度。因此，与学术论文的被引频次、引证文献类型数量、引证作者数量相比，学术论文的引证学科数量从更为宏观的学科层面上量化了学术论文学术价值、应用价值的影响广度：学术论文的引证学科数量越多，该篇学术论文的影响力广度也就越大。

对于给定的学术论文的引证文献题录，如何判定学术论文引证文献所属学科是一个复杂的问题。为了快速判断出学术论文引证文献所属学科，本研究依据引证文献刊载期刊的所属学科、学位论文

① Xu H, Guo T, Yue Z, et al. Interdisciplinary topics of information science: a study based on the terms interdisciplinarity index series[J]. Scientometrics, 2016, 106(2): 583-601.

的学科中图分类号等确定引文文献的所属学科，从而实现对基于引证学科数量的学术论文影响力广度的分析。

2.1.4 引证深度与学术论文影响力的关系

一篇学术论文要成为被引证文献，其至少有一篇或多篇引证文献。当学术论文有多篇引证文献时，引证文献所含有的知识单元，如作者、文献类型、刊载期刊等均有重复出现的可能性。本研究认为：引证文献中，重复出现的知识单元次数可以从纵向方面客观反映出学术论文知识的影响程度，进而从“影响度”上达到客观量化学术论文影响力的目的。

然而，由于目前引文数据库的局限性，在研究过程中，本研究无法按照 CountX 方法①反映学术论文在引证文献中的实际提及次数，从而无法对基于被引频次表征学术论文影响力深度进行分析。因此，本研究认为：能够实现学术论文被提及次数的 CountX 统计的全文数据库(XML 格式数据)有待继续研发与完善。本研究仅对引证文献类型强度、引证作者强度和引证学科强度与学术论文影响力深度的关系进行相应的阐述。

1. 引证文献类型强度与学术论文影响力深度

引证文献类型数量从文献类型角度量化了学术论文影响力广度，而学术论文的引证文献类型次数反映了学术论文的理论知识、方法技术等在某特定文献类型的引证文献中的影响强度(影响程度)，即学术论文影响力深度。就某一篇学术论文而言，其引证文献所属某种学术文献类型的数量越多，说明学术论文相关的理论知识、方法技术等知识越易影响该种类型的学术文献。因此，该篇学术论文在该类型学术文献中具有较高的影响力深度。

2. 引证作者强度与学术论文影响力深度

当一篇学术论文所包含的理论知识、方法技术、研究思路以及

---

① Ding Y, Liu X, Guo C, et al. The distribution of references across texts: some implications for citation analysis[J]. Journal of Informetrics, 2013, 7(3): 583-592.

所取得的研究对某位学术论文创作者产生重大影响时，该学术论文创作者将会在一系列科学研究中运用这篇论文的理论知识、方法技术等，并在其学术论文中以参考文献（被引证文献）的形式予以对已有知识、技术等的尊重。因此，这篇学术论文就有了含有该学术论文创作者的多篇引证文献。对该学术论文创作者出现次数进行统计，能够在一定程度上量化这篇学术论文的理论知识、方法技术、研究思路等对该学术论文创作者的实际影响强度。在本研究中，将其称为引证作者强度，用于量化在作者层面的学术论文学术价值、应用价值的影响力深度。

然而，被引证文献含有一篇或多篇引证文献，而引证文献有一位或多位创作者，因此，对于某一篇学术论文而言，如何客观量化学术论文的引证作者强度以反映学术论文影响力深度成为一个重要问题。为了从作者层面来量化学术论文影响力深度，本研究认为通常有两种测度方式：一是在学术论文引证作者中选取引证强度最高的数值用于描述学术论文影响力深度；二是取平均值，即将学术论文中各引证作者强度进行汇总，然后除以学术论文引证作者数量。

而在此次研究中，本研究采用第一种方式，即以学术论文某一引证作者的最大引证次数作为该篇学术论文的引证作者强度，从而凸显学术论文学术价值、应用价值对引证作者的最大认可程度，即学术论文影响力深度。

3. 引证学科强度与学术论文影响力深度

引证学科数量从学科层面量化了学术论文影响力广度，而学术论文的引证学科强度反映了学术论文的理论知识、方法技术等在某特定学科引证文献中的扩散影响强度，即学术论文影响力深度。所属某学科的引证文献量越多，说明学术论文相关的理论知识、方法技术等越容易影响该学科的学术文献。因此，该篇学术论文对该学科的学术文献具有较高的影响力深度。

然而，被引证文献所含有的学术价值和应用价值可能影响一个或多个学科领域。因此，就某一篇学术论文而言，如何客观量化学术论文的引证学科强度以客观表征学术论文影响力深度成为一个重要问题。与基于引证作者强度来量化学术论文影响力深度一致，其也有两种不同的测度方式。为了进一步凸显被引证文献对学科领域的影响程度，本研究选择以学术论文某一引证学科的最大引证强度作为该篇学术论文的引证学科强度。

2.1.5 引证时间与学术论文影响力的关系

在评估学术期刊影响力时，加菲尔德提出了两种重要的指标：即年指标(Immediacy Index，IMI)、影响因子(Impact Factor，IF)。即年指标指的是某一学术期刊在某年内所刊出的学术论文在学术论文发表的第一年内(当年)的被引频次与学术期刊当年所刊出的学术论文总数的比值，① 其表征的是学术期刊即时反映速率，主要描述学术期刊所发表的学术论文在第一年内(当年)的被引证情况，以快速反映学术期刊栏目设置的新颖性、学术论文遴选的优质性等特征。影响因子指的是某一学术期刊前两年所刊出的学术论文在该年的被引频次与该学术期刊前两年刊出的学术论文总数的比值，②其克服了不同学术期刊由于刊出期数及刊出学术论文量不同所带来的偏差，从而达到评估和遴选学术期刊的目的。加菲尔德所提出的这两种学术期刊影响力测度指标均充分综合考虑了论文刊出时间、论文被引频次、学术期刊期数以及期刊学术论文数。

然而在实际过程中，由于不同学科领域的学科性质差异致使学术论文被引频次峰值出现较晚以及学术期刊的出版时滞等因素，期刊影响因子不能较好地衡量一些被引频次峰值出现较晚的学科领域期刊影响力。为了客观、公平、公正地量化学术期刊影响力，2008年，汤森路透集团将5年期影响因子(5-Year Impact Index)③引入学术期刊评估中。5年期影响因子指的是某一学术期刊前5年所刊出的学术论文在该年的被引频次总数与该学术期刊前5年刊出的学

① Heneberg P. Effects of print publication lag in dual format journals on scientometric indicators[J]. PLoS One，2013，8(4)：e59877.

② Garfield E. Journal impact factor：a brief review[J]. CMAJ：Canadian Medical Association Journal，1999，161(8)：979.

③ Erjen V N. The introduction of the 5-year impact factor：does it benefit statistics journals? [J]. Statistica Neerlandica，2010，64(1)：71-76.

术论文总数的比值，其主要克服了不同学科领域的学科性质差异导致的被引频次峰值出现较晚以及某些学术期刊的出版时滞较长的现象。

由上文可知，在评估学术期刊时，研究人员充分考虑了时间对学术期刊影响力的影响。同样，在评估学术论文影响力时，学术论文引证文献的引证时间也是不可忽略的问题。学术论文引证文献的引证时间在一定程度上客观反映了学术论文的影响力。高影响力学术论文的理论基础一般较为扎实，或研究内容一般较为前沿新颖，或研究方法、工具具有一定的代表性，或研究结果具有较强的应用价值等。高影响力学术论文一经发表，就展现了较高的学术影响力，具体表现为：在较短的时间范围内被大量的学者、研究人员所查阅、使用。从学术论文的引证文献数量上来看，高影响力学术论文能在较短时间内就成为被引证文献，且拥有一篇甚至是多篇引证文献。

2.2 文献信息统计分析理论与方法

2.2.1 文献信息增长规律

根据量变质变规律，事物的联系和发展有量变与质变两种状态和形式，量变是质变的必要准备，质变是量变的必然结果。① 学术论文的数量与质量共同决定了其影响力大小。文献信息增长规律是图书情报领域长期关注的问题，也是计量学的主要研究课题之一。② 通过对中国社会科学领域国际学术论文发表数量及其随时间增长而变化的趋势的研究，可以揭示中国社会科学学科国际化发展的特点和规律。

描述文献信息增长规律的模型主要有六种：①普赖斯文献信息

① 王利，王光明．量变与质变的辩证关系及现实意义[J]．南昌教育学院学报，2013(2)：15，17.

② 邱均平．信息计量学[M]．武汉：武汉大学出版社，2006：39.

指数增长模型；②文献信息逻辑增长模型；③线性增长模型；④Rescher分级滑动指数模型；⑤超越函数模型（或称吉-希增长模型）；⑥舍-布增长模型。[①] 其中，文献信息的指数增长模型与逻辑增长模型是科学文献增长规律研究中最突出的成果与进展。[②] 下面分别对其进行描述和说明。

1. 普赖斯文献信息指数增长模型

普赖斯在对大量资料进行统计分析后，以科学文献量为纵坐标，以年代为横坐标，绘制了文献数量与年代的散点图，并用一条光滑曲线把各点连接起来，这条曲线呈指数增长趋势，它十分近似地表征了科学文献随时间增长而变化的规律。[③] 模型表达式如下：

$$F(t) = ae^{bt}, \ (a > 0, \ b > 0)$$

其中，t 表示时间，单位为年；$F(t)$ 表示时间 t 时的文献量；a 、b 为常数，$a = F(0)$ 。

2. 文献信息逻辑增长模型

普赖斯文献信息指数增长模型没有考虑到诸多复杂因素对科学文献增长的影响与限制，存在一定的局限性。苏联学者弗·纳里莫夫和格·弗莱杜茨研究认为科学文献在经过急剧增长后会减慢增长的速度，因此并不是严格的指数增长过程，而应该是逻辑曲线式的增长过程。[④] 在这一研究基础上，他们提出了文献按逻辑曲线增长的理论模型，模型表达式如下：

$$F(t) = k/(1 + ae^{-kbt}), \ (b > 0)$$

其中，t 表示时间，单位为年；$F(t)$ 表示时间 t 时的文献累积量；k 为文献累积量的最大值；a 、b 为常数。

2.2.2 文献信息统计分析原则

文献信息统计分析法是通过统计学中的研究方法对文献信息进

① 孙洁．文献增长的机理分析[J]．情报学报，1996，15(4)：242-249.

② 邱均平．信息计量学(二)第二讲　文献信息增长规律与应用[J]．情报理论与实践，2000，23(2)：153-157.

③ 邱均平．信息计量学[M]．武汉：武汉大学出版社，2006：47.

④ 邱均平．信息计量学[M]．武汉：武汉大学出版社，2006：50-51.

行统计，以挖掘文献所含的数量特征和变化规律的分析方法，其原则要求归纳如下：①

①针对性：文献统计的内容、指标的设置、数据的处理方法等要根据研究目的而定。

②准确性：数据的准确性是前提，结果的准确性是目的。在文献信息统计过程中，要保障数据来源的广泛性，明确界定统计对象与指标，选取成熟的统计工具。从数据的获取、处理到分析都要保证准确。

③代表性：随着科学技术的发展，文献数量爆炸式增长，当前对文献信息的统计一般是抽样统计。只有选取的数据样本具有代表性，才能保障结果的可靠性。

④可比性：比较法是文献信息统计中常用的一种分析方法，在对文献指标数据进行比较时，只有数据具有可比性，才能得到有说服力的结论。

⑤累积性：在对文献信息进行统计时，常利用文献累积值说明问题，如布拉德福定律中的 $R(n)$ 。文献的累积值越大，累积时间越久，越有利于提高统计的准确性。

2.2.3 引文分析法

引文分析法就是利用数学及统计学方法和比较、归纳、抽象、概括等逻辑方法，对学术期刊、论文、著者等分析对象的引证和被引证现象进行分析，以揭示其数量特征和内在规律的一种文献计量学分析方法。②

任何一篇学术论文的产生，从问题的提出、资料的收集整理到观点的建立、论证的完成、结论的得出，都需要不断地查阅和参考大量的相关文献，都离不开对前人已有研究成果的借鉴和利用。公开发表的论文被同行引用，往往代表该论文或成果具有创

① 邱均平．信息计量学[M]．武汉：武汉大学出版社，2006：255.

② 邱均平．信息计量学[M]．武汉：武汉大学出版社，2006：316-317.

造性或前沿性。[①] 引文与学术成果之间具有互依性关系，引文的这一特性为利用引文分析法评价学术提供了前提条件。[②]

引文分析法常被用于对国家/地区、机构、期刊、学者以及学术成果科研水平的定量和定性评估，主要用到的引文指标有被引频次、影响因子、h指数等。但引文分析法在科学评价方面的应用存在诸多问题，如时滞过长、马太效应等，[③] 因此在科学评价中选择引文分析指标时要慎重。

2.3 评价学理论与方法

2.3.1 评价学理论

评价学理论是由多学科理论组成的集合，主要涉及价值理论、认知理论、比较理论与分类理论、数学与统计学理论、文献计量学理论、科学计量学理论、知识计量学和经济计量学理论等。[④] 学术评价活动是对学术价值的判断，价值理论作为评价的基础，其属于哲学范畴。认知理论也属于哲学范畴，评价与认识是不可分割的，作为认识的特殊形式，评价是对价值的一种认识，如弗·布罗日克所说，“评价与认识是主体和客体相互作用的两种特殊形式”[⑤]。两者相互联系又具有区别，认知理论是评价学的基础。科学评价与评价对象是分不开的，在进行评价时就要对评价对象进行分类或比较处理，这种分类与比较是评价学主要的逻辑思维方法，比较是分类

---

① 张静．引文、引文分析与学术论文评价[J]．社会科学管理与评论，2008(1)：33-38.

② 李冲．引文分析的本质与学术评价功能的条件性[J]．科学学研究，2013，31(8)：1121-1127.

③ 杨思洛．引文分析存在的问题及其原因探究[J]．中国图书馆学报，2011，37(3)：108-117.

④ 邱均平，文庭孝．评价学：理论·方法·实践[M]．北京：科学出版社，2010：52-58.

⑤ 弗·布罗日克．价值与评价[M]．北京：知识出版社，1988：45-58.

的基础，分类是比较的结果，两者具有相互制约的关系。根据评价对象的多样性、复杂性，在进行评价时会运用分类比较的理论与方法。数学与统计学理论是定量评价的基础，通过对评价对象的统计分析，计算评价指标的权重值，成为评价学不可忽视的重要理论基础。计量学与评价学的关系更为密切，从评价发展到定量评价时，评价学与计量学就有了潜移默化的渊源，威廉·汤姆逊·开尔文勋爵曾说过，“如果某事物不能测度，那么它就不那么重要”①。事物的测度与计量学、评价学是分不开的，事物的重要性是通过计量学对事物“质”和“量”的计量，而“质”与“量”也是评价的重要内容。可见，计量学理论对评价学发展具有重要作用。

影响力评价具有认识性，作为一种特殊的认识活动，在认识过程中反映研究对象的“质”和“量”。认识又来源于实践，与实践是分不开的，这也符合马克思主义认识论的基本观点。认识也是以实践为基础，在实践中不断发现和判断客体的价值，并通过实践过程检验评价的科学性、准确性和合理性。列宁曾指出：“所谓认识是由不知道的知识进行的转化。”②认识作为一个辩证过程，在评价中起到重要作用。评价是一种价值认识和判断行为，而评价过程是对评价对象的认识过程，在一定程度上属于认识行为。③ 可见，认知与评价之间具有密切的关系，认知是评价活动的基础。评价的本质是在事实和价值认识的基础上对评价对象进行合理的判断。

2.3.2 同行评议

同行评议(peer review)有着悠久的历史，早在1416年，威尼斯共和国就邀请学术同行开展专利的审查工作；1665年，英国皇家学会的《哲学会刊》开启了运用同行评议方法来评价遴选学术论文的先河；20世纪30年代，美国在科研项目经费评审中率先使用

---

① 盖斯勒．科学技术测度体系[M]．北京：科学技术文献出版社，2004：47-49.

② 列宁．列宁选集[M]．北京：人民出版社，2012：24-27.

③ 布罗夫．美学：问题和争论，美学论争的方法论原则[M]．北京：文化艺术出版社，1988：89-90.

了同行评议方法。① 此后，同行评议方法不断地完善，如今，同行评议已经成为学术界对科研项目和科研成果进行评价的一种方法，被广泛应用于科研管理工作之中。

尽管同行评议方法历史悠久，但是关于同行评议的概念，学者们暂未形成一个相对统一的定义。如在 OED（Oxford English Dictionary）中，同行评议是有相关领域专家对科学研究项目、学术论文等进行评估以判定科学研究项目的适宜性或研究价值的过程。② Lee 等（2013）认为同行评议是学术奖励制度和学术文献出版过程中既定的组成部分，它是在某特定领域中，专家对该领域或相近领域其他科研人员的科技著作的专业表现、创新性以及质量进行评价的方法。③ 而我国学者郭碧坚等（1994）认为：同行评议指的是某一或若干领域的专家采用一种评价标准，共同对涉及上述领域的一项事物进行评价的活动。④ 叶继元（2005）认为同行评议，即专家评审是指同一个学科或研究领域或同一个研究方向的专家按照一定的标准对研究成果进行评价的活动。⑤ 基于上述定义，本研究认为同行评议就是同学科、同领域、同方向的专家对其他研究人员的研究成果（如项目申请书、学术论文、书籍等）的学术质量及应用价值进行评估的过程。

然而，就一篇学术论文而言，其还未发表就首先经过了同行评议遴选的过程。一篇学术论文从撰写到收到学术期刊录用通知，再到在学术期刊上刊出是一个相对漫长的过程。在这期间，学术论文要经过外审环节（即同行评议）。学术期刊编辑部根据学术论文研

---

① 王国豫，朱晓林．同行评议与“外行”评议[J]．科学学研究，2015，33(8)：1121-1126.

② Oxford English Dictionary. Peer review, n. [EB/OL]. [2017-11-17]. http://www.oed.com/view/Entry/139736.

③ Lee C J, Sugimoto C R, Zhang G, et al. Bias in peer review[J]. Journal of the Association for Information Science & Technology, 2013, 64(1): 2-17.

④ 郭碧坚，韩宇．同行评议制——方法、理论、功能、指标[J]．科学学研究，1994(3)：2，63-73.

⑤ 叶继元．引文法既是定量又是定性的评价法[J]．图书馆，2005(1)：43-45.

究主题、研究方向、研究内容等，在专家库中遴选出2~3名相近研究主题、研究方向的专家作为外审专家，并将该篇学术论文以匿名的形式发送到专家手中。外审专家接收到该篇学术论文后，对该篇学术论文进行审阅，并按照学术期刊编辑部所提供的评审标准，对学术论文的质量、价值及其规范性等作出相应的评估，连同评审建议反馈给学术期刊编辑部。学术期刊编辑部将综合考虑多位外审专家的评价结果和评审建议，对学术论文的质量和价值作出相应评判，最终决定该篇学术论文是否直接录用、修改后录用、修改后再审甚至是做退稿处理。可见，同行评议方法在学术论文未见刊之前就已经对学术论文质量和应用价值做出了初步的评判，即初步对学术论文的影响力进行了评估。

虽然，同行评议被广泛应用于学术论文影响力(学术质量、应用价值等)的评审，但是同行评议也存在着一些弊端，有待进一步克服，如在外审专家对学术论文进行评审时，除了依靠外审专家的学术水平和科研能力之外，还难免在不同程度上受到外审专家的主观偏好、时间精力、人际关系等非学术影响因素的影响。此外，同行评议时间跨度长、成本相对较高等也成为制约同行评议方法使用的因素。

2.3.3 量化评价

学术论文影响力的量化评价方面主要包括以引文分析为基础的文献计量方法和以社交媒体数据为基础的 Altmetrics。

1. 文献计量方法

学术论文影响力评价的文献计量方法主要以引文分析法为研究基础。引文分析法主要从两个方面揭示学术论文影响力，一是基于被引频次的学术论文影响力评价；二是基于引文网络的学术论文影响力评价。

第一，基于被引频次的学术论文影响力评价。在学术界或科研管理中，学术论文的被引频次可以反映该篇学术论文被学者们所使用和受重视的情况，以及在学术交流中的作用和地位；一般认为学术论文被引用的频次越高，其学术影响力也较强；反之，则学术论文的影响力较弱。早在 1927 年，Gross 等就将被引频次作为评价科学研究重要性的依据；[①] 1955 年，Garfield 运用学术论文被引频次来评价学术论文的影响力。[②] 在随后的学术影响力评价研究中，学者们均将学术论文的被引频次作为评价学术论文影响力的重要依据或标准，并依次展开了诸多相应的科学研究活动，如验证学术论文的被引频次与学术论文质量的正相关关系；[③] 通过探寻学术论文相关参数与学术论文被引频次的相关关系，从而确定学术论文相关参数是否为影响学术论文影响力的要素；[④][⑤] 运用学术论文被引频次对学科领域的学术论文影响力进行评价，[⑥] 充分考虑学术论文被引频次和学术论文数量的 h 指数、g 指数，以及考虑被引时间的加权被引频次、[⑦] 学术论文引证因子，[⑧] 等等。

第二，基于引文网络的学术论文影响力评价。学术论文被引频次用于评价学术论文影响力的不足在于只考虑了引证文献的数量，

① Gross P L K, Gross E M. College libraries and chemical education[J]. Science, 1927, 66(1713): 385-389.

② Garfield E. Citation indexes for science: a new dimension in documentation through association of ideas[J]. Science, 1955, 122(3159): 108-111.

③ Virgo J A. A statistical procedure for evaluating the importance of scientific papers[J]. Library Quarterly Information Community Policy, 1977, 47(4): 415-430.

④ 肖学斌，柴艳菊．论文的相关参数与被引频次的关系研究[J]．现代图书情报技术，2016，32(6)：46-53.

⑤ Borsuk R M, Budden A E, Leimu R, et al. The influence of author gender, national language and number of authors on citation rate in ecology[J]. Open Ecology Journal, 2009, 2(1): 25-28.

⑥ 付雅静，钱俊龙．开放获取对科技期刊的影响——基于论文被引频次的探讨[J]．中国科技期刊研究，2014，25(9)：1117-1120.

⑦ 刘昌来，李燕文，王国栋，等．加权被引频次——科技期刊单篇论文短期的一种评价方法[J]．中国科技期刊研究，2014，25(7)：958-962.

⑧ 赵蓉英，魏绪秋．引证视角下的国内学术论文影响力评价——以 CNKI 中国引文数据库为例[J]．情报理论与实践，2017，40(8)：55-60.

而忽视了引证文献的质量对学术论文影响力的影响。① 基于此，网络思维及网络结果研究视角为学术论文影响力评价提供了新的方式。1999年，Page将被引次数表示学术论文影响力的观点运用到网页评价中，并提出了著名的PageRank算法。② 此后学者们将PageRank算法运用到学术论文影响力评价之中，如美国波士顿大学的Chen等(2007)运用谷歌PageRank算法对《物理评论》(*Physical Review*)系列期刊中学术论文的重要性进行评估，并认为可以发现一些期望的学术论文；③ 一些学者基于PageRank算法，提出了学术论文影响力的评价算法，如Su等(2011)提出的用于评价学术论文和期刊影响力的PrestigeRank算法，④ 李仲谋(2014)提出的用于评价学术论文影响力的ScholarRank算法。⑤ 此外，基于社会网络分析、复杂网络分析的点度中心性、中间中心性、接近中心性、结构洞、核心-边缘结构分析等网络节点或网络结构测度方法或测度数据，均可用于反映或表征学术论文在引文网络中的影响力，如王凌峰等(2012)提出了基于引文网络的单篇论文新评价指标——Hi指标，从而客观确定学术论文引文网络不同层次的节点评价值。⑥ 东南大学的宋歌(2017)以学术论文在引文网络中的节点出度与节点度(即节点入度和节点出度的和)的比值——S指数来表

---

① 杨京．基于研究水平的单篇学术论文创新力评价研究[D]．济南：山东理工大学，2016.

② Page L. The PageRank citation ranking: bringing order to the web[J]. Stanford Digital Libraries Working Paper, 1998, 9(1): 1-14.

③ Chen P, Xie H, Maslov S, et al. Finding scientific gems with Google's PageRank algorithm[J]. Journal of Informetrics, 2007, 1(1): 8-15.

④ Su C, Pan Y T, Zhen Y N, et al. PrestigeRank: a new evaluation method for papers and journals[J]. Journal of Informetrics, 2011, 5(1): 1-13.

⑤ 李仲谋．ScholarRank：一种新的评价学术论文影响力的方法[J]．情报理论与实践，2014，37(7)：102-105.

⑥ 王凌峰，张泽玺．基于引文网络的单篇论文新评价指标：Hi指标[J]．情报理论与实践，2012，35(11)：52-55.

征学术论文的创新力。①

此外，由加菲尔德提出的评价期刊的重要指标——影响因子，也常被用于衡量学术论文影响力。所谓影响因子，指的是某期刊前两年发表的学术论文在该年的被引证次数与该刊前两年发表的学术论文总数的比值。在科研管理过程中，科研管理人员根据科研人员发表的学术论文所在期刊的影响因子大小，对学术论文的影响力进行等级化处理，或根据数据库(SCI、SSCI、CSSCI 等)收录情况判断学术论文的影响力，从而完成对科研成果的管理或评价等繁琐工作。然而，有学者研究发现：学术期刊中的大多数学术论文与影响因子绝对标准距离较远，并对期刊影响因子做出负贡献。② 这使得影响因子在学术论文影响力评价活动中存在着一定的弊端。

2. Altmetrics

Web 2.0 时代，学术交流的方式随之转变：继书籍、期刊、数据库等，Facebook、Blog、Twitter 等社交媒体工具或平台也成为学术交流的另一种方式。为了便于及时、快速地进行学术知识交流、了解最新的科学研究动态，众多学者运用社交媒体工具对学术知识进行跟踪，并将学术知识收藏、推送或推荐给其他学者等。研究人员认为学者们的上述行为在一定程度上折射出学者们对学术知识的认可度，即学者们认为有价值的、有研究意义的学术知识或研究方法才加以收藏、推送或推荐等，并认为学者们的上述社交行为所产生的数据也可以看做学术论文影响力的一部分，亦可用于学术论文影响力评价。因此，基于社交媒体数据的学术论文影响力评价研究工作成为了学者们的另一大关注点。

2010 年，Priem 等基于 Web 2.0 所提供的实时动态数据，提出了“科学计量学 2.0”(Scientometrics 2.0)的概念；同年，Priem 等又提出了“Altmetrics”相关术语，将一个全新的理念引入了学术论文影响力评价之中。目前，我国学者也将利用 Altmetrics 评价学术

① 宋歌．“创新力-影响力-传承力”科研评价维度构建与实证[J]．图书情报工作，2017，61(10)：5-13.

② 林德明，郭银鑫，姜磊．单篇学术论文对影响因子的贡献率研究——基于 Nature 的定量分析[J]．中国科技期刊研究，2016，27(12)：1305-1309.

论文影响力这一理念引入到国内，但关于 Altmetrics 的译名暂未达成一致。目前，国内主要有三种表述方式：一是以由庆斌等为代表的补充计量学，① 二是以邱均平等为代表的代替计量学，② 三是以刘春丽为代表的选择性计量学。③

目前，Altmetrics 在揭示学术论文影响力方面的指标数据已多达 20 多种。④ 然而，针对将这 20 多种指标数据用于学术论文评价的研究，学者们主要存在着两种重要的研究分类：第一，探讨单一 Altmetrics 指标数据对学术论文影响力的作用，如 Mendeley 读者数⑤、Twitter 链接⑥等单一 Altmetrics 数据是否适用于评估学术论文影响力的研究。第二，综合 Altmetrics 多种数据对学术论文影响力的评价，如 Altmetric.com 网站所提供的 Altmetrics 分值等为测度学术论文影响力提供了一种新的途径。⑦

然而，Altmetrics 指标数据能否真正反映学术论文的影响力也饱受学者们的质疑。例如：Liu 等(2013)指出了 Altmetrics 所面临的挑战，即用什么类型的数据、如何准确地收集数据以及如何解释这些数据；⑧ Williams(2017)对 Altmetrics 数据的 10 个缺陷进行了

---

① 由庆斌，汤珊红．补充计量学及应用前景[J]．情报理论与实践，2013，36(12)：6-10.

② 邱均平，余厚强．替代计量学的提出过程与研究进展[J]．图书情报工作，2013，57(19)：5-12.

③ 刘春丽．Web 2.0 环境下的科学计量学：选择性计量学[J]．图书情报工作，2012，56(14)：52-56.

④ 王妍，郭舒，张建勇．学者影响力评价指标的相关性研究[J]．图书情报工作，2015，59(5)：106-112，127.

⑤ Aduku K J，Thelwall M，Kousha K. Do Mendeley reader counts reflect the scholarly impact of conference papers? An investigation of computer science and engineering[J]. Scientometrics，2017，112(1)：1-9.

⑥ Liu X Z，Fang H. What we can learn from tweets linking to research papers[J]. Scientometrics，2017，111(1)：1-21.

⑦ Syamili C，Rekha R V. Do altmetric correlate with citation? A study based on PLOS ONE journal [J]. Collnet Journal of Scientometrics and Information Management，2017，11(1)：103-117.

⑧ Liu J，Adie E. Five challenges in altmetrics：a toolmaker's perspective [J]. Bulletin of the American Society for Information Science & Technology，2013，39(4)：31-34.

归纳：Altmetrics 是基于被引频次等传统文献计量测度的补充而非代替；Altmetrics 数据具有可操控性以满足用户的期望；没有明确的研究证据表明 Altmetrics 指标与被引频次指标有着很强的关联性；公众对学术研究成果兴趣较低而对热门话题兴趣较高；很难定义在社交媒体上的提及、分享、推荐等学术活动；社交媒体工具或网络平台用户使用过程中，有着不同的动机和行为；Altmetrics 的理论有待完善成熟；Altmetrics 数据是动态的，可删除或改变，缺乏一致性、准确性和复制性；Altmetrics 数据未包括所有的数字媒体平台的数据；Altmetric. com 仅收集英语语种的社交媒体数据。①Altmetric. com 网站的开发者也不否认 Altmetrics 数据所存在的缺陷，即 Altmetrics 数据是补充而非代替，任何计量数据都具有可操控性，Altmetrics 是一个新概念，需进一步深入探讨与研究。②

2.3.4 综合评价

在学术论文影响力评价研究中，有学者认为：虽然，在学术评价活动中，同行评议和量化评价是两种普遍使用的评价手段和测度工具，但是，无论是同行评议方法还是量化评价方法，均或多或少存在缺陷或不足。因此，部分学者认为，可以将同行评议方法和量化评价方法相结合，同时应用于学术论文影响力的评价工作之中，以减少由于同行评议方法或量化评价方法的缺陷对学术论文影响力评价结果所造成的不良影响，从而在一定程度上保证客观、公平、公正地反映学术论文影响力。

目前，学者们通过对比分析同行评议与量化评价结果，或对同行评议、量化评价研究结果进行梳理，在结论中提出或论述同行评议与量化评价相结合的学术评价方式。例如：姜春林等(2014)认为科学合理的学术评价制度应当是基于同行评议的代表作制度与科

---

① Williams A E. Altmetrics: an overview and evaluation [J]. Online Information Review, 2017, 41(3): 311-317.

② Altmetrics. Limitations[EB/OL]. [2017-11-19]. https://www.altmetric.com/about-altmetrics/what-are-altmetrics/.

学计量评价方法的有效结合；① 杨瑞仙等(2017)在《学术评价方法研究进展》一文中认为将同行评议方法和量化评价(文献计量和替代计量)方法有机结合起来，才能全面评价学术成果影响力；② 赵丹群(2017)在《定量化学术评价研究的最新进展》一文中也提出了类似的建议：如何与定性评价相结合，以有效降低同行评议中的偏见，提高专家评价的质量；③ 万昊等(2017)对同行评议与文献计量在科研评价中的作用进行对比分析，认为同行评议和量化评价在学术评价结果上存在适度的正相关性，并认为在量化评价辅助基础之上构建的知情同行评价模式不仅有助于评价结果的客观透明，还额外增加了附加价值。④

在学术论文影响力评价方面，同行评议方法多用于学术论文的评审以及学术论文的写作过程，即评审专家在外审环节中对学术论文的创新性、前沿性、应用性等方面的初步评审阅，科研人员在撰写学术论文时决定要引用的学术文献均可以看做同行评议的过程；量化评价多用于科研管理之中，对科研人员的绩效进行考核，充分考虑学术论文所在期刊的影响因子以及其被引频次。然而，南京大学信息管理学院叶继元教授提出并论证了引文法既是定量评价法，又包含定性评价(同行评议)的观点。⑤ 这进一步说明了学术论文引证数据在评估与量化学术论文影响力中的重要性。

① 姜春林，张立伟，张春博．科学计量方法辅助代表作评价的探讨[J]．情报资料工作，2014(3)：31-36.

② 杨瑞仙，李贤，李志．学术评价方法研究进展[J]．情报杂志，2017，36(8)：106-112.

③ 赵丹群．定量化学术评价研究的最新进展[J]．情报理论与实践，2017，40(4)：133-137.

④ 万昊，谭宗颖，朱相丽．同行评议与文献计量在科研评价中的作用分析比较[J]．图书情报工作，2017，61(1)：134-152.

⑤ 叶继元．引文法既是定量又是定性的评价法[J]．图书馆，2005(1)：43-45.

2.3.5 科学评价基本原则

科学评价的原则体现了评价的基本思想、精神和理念，所谓评价的指导思想，即科学评价的原则。评价的指导思想不同，会得到不同的评价结果。科学评价的基本原则一般包括：客观与公开公正公平原则、系统与综合原则、定性评价与定量评价相结合原则、分类与可比性原则、科学原则、适度原则、实用与可操作性原则、导向合理原则等。①

①客观与公开公正公平原则。在评价过程中，要遵守评价的标准，实事求是、客观、公正地评价，不掺杂个人的主观臆断。对评价的结果不能主观夸大或缩小，公开公平公正的评价标准是对评价结果的保障。② 可见在评价过程中，评价的客观、公开、公正和公平是相互制约的，成为评价的准绳。

②系统与综合原则。要做到系统地评价，就要在整体上对评价对象进行评价，而不是做局部性评价。综合原则就是在评价过程中全面考虑评价对象涉及的要素，在建立评价指标体系时要从整体、各要素之间的联系出发，构建综合性评价指标体系。

③定性评价与定量评价相结合原则。定性评价主要是通过同行专家对评价结果进行把关，具有主观性。而定量评价是以数据为基础，通过数学、统计学等科学计量的方法对评价对象进行评价。由于评价活动的特殊性，有时定性评价是不可避免的，定性评价与定量评价相结合的方法是目前评价所采用的主要原则，③ 从而实现评价结果的科学性和准确性。

④分类与可比性原则。由于评价对象的特殊性，分类和比较是针对不同的评价对象而言的，评价是一个复杂的过程，包含多种要

---

① 邱均平，文庭孝．评价学：理论·方法·实践[M]．北京：科学出版社，2010：37-40.

② 李爱群，黄玉舫，邱均平．我国学术期刊文献计量评价体系的客观性与评价结果的准确性探讨[J]．中国科技期刊研究，2009，20(4)：609-613.

③ 高燕云．研究与开发评价[M]．西安：陕西科学技术出版社，1996：45-48.

素、多重关系。对于不具可比性的评价对象，在设计评价体系时要根据评价对象分类进行评价，确保对评价对象的科学、准确划分，唯此才能保证评价结果的科学性。[①]

⑤科学原则。对评价采用科学性的指标体系，遵循科学的评价规律，才能得出科学的评价结果。[②] 可重复性是检验评价活动科学性的标准，通过相同的评价过程、评价方法得出相同评价结果的概率越大，那么评价结果的科学性较强，得到的评价结果越科学。

⑥适度原则。评价活动要遵循自身的规律，在评价时间上不要超出一定的范围，保证评价应有的作用。在保证科学评价效果的同时，兼顾考虑科学研究活动的正常发展，才能做到科学评价的适度。

⑦实用与可操作性原则。评价在于指导学术科研实践活动，反映学术科研活动的价值。在评价过程中兼顾系统性时，还要考虑到实用性与可操作性，选择可获取的指标进行评价，在可控的时间范围内得出评价结果。在实际的评价活动中，很难做到面面俱到，所以在设计评价指标体系和评价过程中，应遵循实用与可操作性原则，使评价活动易操作，得到科学的结果。

⑧导向合理原则。科学评价的结果具有较强的导向性，不同的评价活动具有不同的导向。而所有的评价活动都是为了科研活动的健康、积极、良性发展，提高科研效率。在评价活动开始就要明确评价目标，[③] 遵守导向合理原则，这样才能避免对科学评价产生负面影响，提高评价活动的效率。

2.3.6　比较与分类理论

比较是分类的前提，分类是比较的结果，两者的关系极为密切：区分事物是认识事物的开端，比较是区分事物的手段，而要系统地

① 孙学范．科技活动分析与评价[M]．北京：石油工业出版社，1995：123-125.

② 袁红英．社会科学研究成果评价的基本原则[J]．社会科学管理与评论，2004(4)：61-63.

③ 文庭孝．科学评价的理论问题研究[D]．武汉：武汉大学，2006.

掌握和总结已知的各种事物，就要进一步通过比较进行分类。①

比较是人们根据一定的认识和实践目的，把一事物与其他事物的属性和特征加以比较，来确定事物之间的共同点和差异点的思维方法，其得以运用的客观依据是事物发展的普遍联系与事物发展变化的共同性和差异性的同时存在。②

根据标准和角度的不同，比较可分为同类比较和异类比较、简单比较和复杂比较、定性比较和定量比较、历史比较和现状比较、静态比较和动态比较、纵向比较和横向比较、全面比较和局部比较、宏观比较和微观比较等。③ 常用于科学评价的比较方法有设置对照组的比较方法、多角度比较方法等。

分类法是根据对象的共同点和差异点，把对象分为不同种类的逻辑思维方法，其客观依据是事物的共性与个性，共性使我们可以将事物进行归类，个性又使我们可以将事物进行区分。④

在使用分类法时，必须遵循两个原则，一是穷尽性原则，即确保所有评价对象都被分到了不同的类别，在分类完成时没有任何一个评价对象被遗漏；二是排他性原则，即在按照某标准进行分类时，任何一个评价对象能且只能被分到其中一个类别，不同类别之间的对象互不交叉。

结合上文，分类比较也是科学评价的基本原则之一，因此科学评价过程中经常用到分类和比较的理论与方法。

2.4 科学交流与开放获取理论

2.4.1 科学交流理论

萧伯纳曾说过："倘若你有一个苹果，我也有一个苹果，而我

---

① 刘金萍．谈比较与分类在定性分析中的应用[J]．沈阳大学学报(自然科学版)，1996(2)：42-45.

② 黎文虹，蔡向晖．比较与分类[J]．教育学报，1995(5)：17-20.

③ 邱均平，文庭孝．评价学：理论·方法·实践[M]．北京：科学出版社，2010：73.

④ 黎文虹，蔡向晖．比较与分类[J]．教育学报，1995(5)：17-20.

们彼此交换这些苹果，那么，你和我仍然是各有一个苹果。但是，倘若你有一种思想，我也有一种思想，而我们彼此交流这些思想，那么，我们每个人将各有两种思想。”

交流是指不同个体互换信息的过程，借助不同的符号系统进行信息或情报交流。在人类社会，提供、传递和获取科学情报的各种过程是科学赖以存在和发展的基本机制，这些过程的总和被称为科学交流。① 科学交流的过程包括直接对话、口头讲演、展览、出版物预印等。美国社会学家门泽尔把科学交流分成“正式”与“非正式”过程，其中科学家之间的直接对话、参观实验室、展览、口语演讲、交换书信和出版物预印本及单行本被归为非正式交流过程，而以科学文献为基础进行的交流被称为正式过程。② 广义的科学交流系统如图 2-2 所示，图中对正式过程和非正式过程进行了划分，

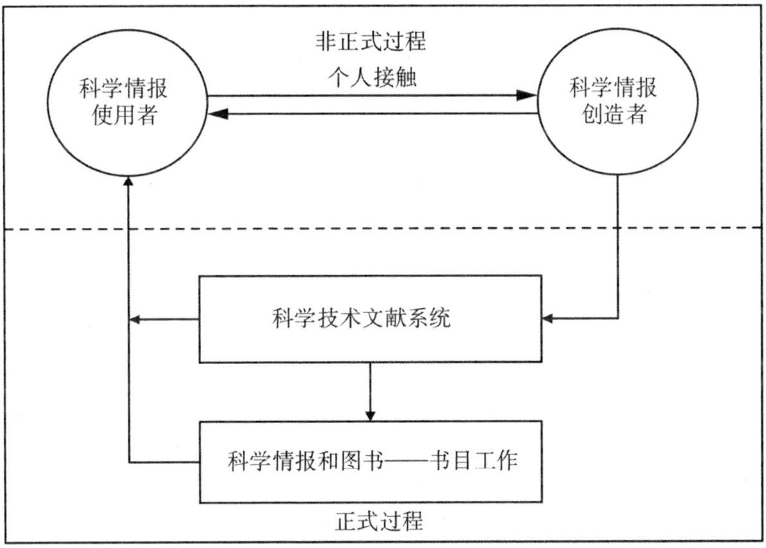

图 2-2　广义科学交流系统

① 米哈依洛夫 A И. 科学交流与情报学[M]. 北京：科学技术文献出版社，1988：53-56.

② Menzel H. Planned and unplanned scientific communication [C]// Proceedings of the International Conference on Scientific Information, 1959: 199-243.

由研究者本人来完成的过程属于科学交流的非正式过程，如彼此之间对其研究进行面对面交流、演讲等，通过文献载体进行交流的过程属于科学交流的正式过程。根据国外研究者的态度，很大一部分科学信息是通过非正式渠道进行传递的，并且这些渠道远比正式交流方式来得迅速。

哈尔伯特和阿克夫的研究表明，全部科学情报的1/3是通过非正式渠道传递的。[①] 但随着网络化的不断发展，科学交流的过程也发生了一些变化，目前，随着开放获取的发展，网络平台文献的预印电子文献已成为科学交流的正式过程。卡尔森在1965年对美国国防部科学情报来源进行分析，结果表明70%的场合他们通过非正式渠道进行交流，比正式方式获得了更多的信息。[②] 普赖斯认为科学交流的非正式过程具有更重大的意义，在正式报道之前80%的资料都是通过非正式渠道获取的。[③] 通过科学交流的非正式渠道可在最短的时间内获取需要的信息，其在信息的传播速度上具有较大的优势。创建于1991年的e印本文库成为网络数据库平台上的学术交流系统，作为科学交流的非正式过程，其对信息的传递和反馈具有实时性。加维和格里菲思认为科学交流系统是一种基于人们相互作用、有关社会团体发挥作用和服从于一定社会准则的广泛社会体系。[④]

① Halbert M H, Ackoff R L. An operations research study of the dissemination of scientific information[C]//Proceedings of the International Conference on Scientific Information, 1958, 1: 97-130.

② Carlson W M. Engineering information for national defense [C]. Engineering Societies and Their Literature Programs, New York, Engineers Joint Council, 1967: 41-45.

③ De S P D J. Communication in science: the ends-philosophy and forecast [C]//Ciba Foundation Symposium-Communication in Science: Documentation and Automation. Hoboken, N J: John Wiley & Sons, Ltd., 2008: 199-213.

④ Garvey W D, Griffith B C. Informal channels of communication in the behavioral sciences: their relevance in the structuring of formal or bibliographic communication[J]. Foundations of Access to Knowledge, 1968, 18(3): 228-243.

科学交流是学者充分利用科技文献的前提，避免科学研究出现不必要的重复。所谓科学交流，就是在人类社会中提出、传递、获取科学情报三种过程的总和，而这三种过程形成了科学生存和发展的基本结构。凯尔迪什指出，要迅速地利用科学成果成为时代发展的特点，把科学研究很好地组织起来以及在生产中利用科学研究成果，具有越来越重大的意义。① 在科技迅速发展的时代，走在科研前面的可能不是首先做出新科学发明的国家，而是能更好地将已有知识进行组织并应用于实践的国家。文献的开放获取避免了学者不充分利用科技文献的弊端，有利于提高学者单位生产率。随着相关学者数量的不断增多，单位生产率不断增加。根据普赖斯的统计，科学研究的费用与 n^2 成正比，n 代表参加研究工作的全体学者的人数，他们提供的“科研成果”的数量与 $\sqrt{n}$ 成正比。② 而一些重要的发明是在各种学科的边缘上取得的，因此在学者人数增加的基础上，提高自身劳动生产率的问题变得十分尖锐。

著名的美国经济学家格布拉特指出，现代科学和技术真正的成就在于专业窄而造诣深的最普通人们的知识，这些知识在其他团队或组织的帮助下，同其他普通学者的知识相结合发挥巨大的作用。③ 开放获取平台的发展为现代科学技术发展创新提供了新的契机，加强了学术成果的集成性。从“小”科学到“大”科学的发展过渡，使越来越多的学者被吸引到科学的领域，提高科学的生产率成为国际关注的问题。提高劳动生产率的基本方法是劳动分工，而现代学术领域已经走上了劳动分工的道路。分工是为了更好地交流，而科学情报之间的交流还存在很大的问题，急需提高现有科学交流

① M B 凯尔迪什，石树．科学的最高成就——为改造自然界创造可能性[J]．自然辩证法通讯，1964(2)：56-58.

② Price D D. Quarkonium production and polarisation with early data at atlas[C]//Fundamental Interactions. 2008：338-342.

③ 彭裕生．文献计量学与文献资源开发的优化[J]．图书与石油科技信息，1994(3)：43-46.

效率。学术成果的开放获取促进了科学交流发展，学者能在最短的时间获得新的科学知识。正如经济学原理一样，即资本周转得越快，资本所带来的利润就越多。随着科技的发展，科学交流体系也随之发生变化，科学交流体系的各个部分是紧密连在一起的。科学交流主要由社会、经济等方面来决定，每个部分的变化都会影响科学交流的变化。评价科学交流的正式与非正式过程产生的作用时，文献所起到的作用是不言而喻的，科学的结构建立在科学文献的基础上，研究者和科学家的发现和研究成为科学知识的过程，是在科学出版物系统内部进行的。

开放获取作为科学交流的新渠道，改变了传统科学交流方式。以 e 印本文库为代表，其在学术交流中发挥着重要的作用，而图书、纸质期刊的存储和知识传递在科学交流体系中占有特殊的地位。随着社会发展的需要和对科学交流的需求，人们对文献传递的速度要求越来越高，在一定程度上推动了科学交流的革新。新兴交流工具的出现成为推动科学交流的内在动力，如 1966 年 1 月 5 日《科学家杂志》在法国诞生，成为当时科学交流史崭新的一页。可见，每个科学发展时期都为科学交流提供了新的途径，而以往的科学交流方法和手段并没有被新的方法和手段所取代，而是为新的方法和手段所补充。开放获取学术论文的发展遵循科学交流规律的发展，成为已有科学交流体系的补充，而非替代以往的科学交流方法。在“小”科学时代，定期出版物成为科学交流的主要载体，而发展到“大”科学时代，科学交流载体不断丰富，以满足科学发展的需要。

科学交流系统具备三个特点：科学交流系统是一个广泛的系统，具有整体性，等级结构是科学交流系统最稳定的结构。[①] 而每当出现新的科学交流方式，人们就会对图书的命运表现出臆造的担

① 米哈依洛夫 A И. 科学交流与情报学[M]. 北京：科学技术文献出版社，1988：84-86.

忧，这种现象已成为历史例证。从科学交流的特点来看，其符合马歇尔·麦克勒恩提出的"麦克勒恩主义"交际工具哲学构想。他曾出版的《交流手段研究》①《古登堡银河》②和《认知的手段：人的能动性》③对科学交流产生了较大的影响。马歇尔·麦克勒恩第一个试图研究最新的交流手段在人类社会中的作用，分析最新交流手段所固有的特性及发展规律。在一定程度上，他扩大了科学交流的方式和应用范围。科学交流理论基于科学交流的过程，但不局限于对科学交流本身的事物和现象的研究，还包括其在科学史上、科学发展阶段中、科学发展前景中的作用。库恩曾提出科学交流不仅要在单一专业范围内交流，更应该在各学科的分布中表现出来④。

2.4.2 开放获取理论

开放获取发展的内在动因是学术交流的需要，作为研究人员发表学术成果的一种新的方式，促进了知识的产生和传播。从知识管理的角度来看，未来科学研究的进展，取决于当前知识存储、传播对未来科学研究的限制。⑤ 开放科学提供了全球学术研究的需求，同时也实现了研究成果的最大化利用。从科学的发展规律来看，只有得到社会群众的支持，才能符合实际的需求。开放获取发展符合开放获取伦理的要求，学术成果的开放符合信息服务发展的需要。尤其是 Web 2.0 时代，开放科学 2.0 不仅包括公众演讲、报告等，

---

① Carpenter C, McLuhan M. Explorations in communication: an anthology [M]. Boston: Beacon Press, 1960.

② McLucan M. The gutenberg galaxy: the making of typographie man[M]. Toronto: University of Toronto Press, 1962.

③ McLuhan M. Understanding media: the extensions of man [M]. Cambridge: MIT Press, 1994.

④ 库恩，哈金，金吾伦，等. 科学革命的结构[M]. 北京：北京大学出版社，2012：25-28.

⑤ 顾立平. 开放获取与信息服务[M]. 北京：科学技术文献出版社，2016：47-52.

最主要的形式为学术论文，不仅可以提高个人成果显示度，还能鼓励学术理论和工作实践交流。① 学术交流受到互联网发展的影响，开放获取无论是实现形式、使用手段还是学术交流的效果分析，与传统学术交流相比，都表现出无可比拟的优势。尤其是在社交媒体发展的时代，开放获取给学术发展注入了新的活力。学术论文的开放获取理念在 Web 2.0 时代表现出勃勃生机。学术论文的开放获取交流方式与传统学术交流方式相比具有较强的时效性、交互性、开放性和互操作性。

开放获取降低了科研人员获取信息的难度，改变了传统学术交流方式，方便了学术交流和传播。除了早期的 OA 期刊与 OA 知识库两种论文开放获取方式，随着 Web 2.0 时代的到来，个人网站和博客、论坛等都成为论文开放获取的主要方式之一。开放获取理念得到政府、科研机构、民间组织等的关注和支持，其影响力不断提升。开放获取学术论文已成为学术交流的发展趋势，对学术成果的传播发挥着巨大推动作用。

2.5 Altmetrics 的兴起与发展

随着网络技术的发展，文献计量学已经无法满足网络时代发展的需求。尤其到了 Web 2.0 时代，互动沟通成为 Web 2.0 范式发展的趋势，如微博、博客、个人网站等平台的出现。这些社交平台的快速发展及应用改变了科学交流方式，在线交流在科技创新中的作用越来越大。② 为了弥补传统计量指标的局限性，Altmetrics 应运而生。Altmetrics 是继文献计量学、信息计量学、科学计量学、

① Tacke O. Open Science 2.0：how research and education can benefit from open innovation and Web 2.0[J]. Advances in Intelligent & Soft Computing，2010，76：37-48.

② Chesbrough H W. Open innovation：the new imperative for creating and profiting from technology[M]. Harvard Business Press，2006.

网络计量学、知识计量学之后产生的，被国内研究者称为“补充计量学”①“科研发现计量学”②，也有学者称之为“替代计量学”③。Altmetrics 的发展适应大数据时代的需求，它更关注科研成果的在线传播和交流情况。从传统文献、期刊等以纸质出版为载体的形式发展到以网络信息、电子文献和数据等为载体的计量对象，对传统计量指标提出了挑战，而 Altmetrics 的提出弥补了传统计量指标的不足。Altmetrics 指标为 Web 2.0 环境下的信息获取、分享和传播等提供了新的测度标准，开放获取成为学术成果在线传播交流的趋势，丰富了 Altmetrics 的评价对象。Priem 提出 Altmetrics 并发表了“Altmetrics：A Manifesto”一文，在宣言中对 Altmetrics 的指标及在线工具进行描述。④ 在 2013 年举办的 ISSI(International Society for Scientometrics and Informetrics)会议上对 Altmetrics 进行了专题讨论和研究。⑤ 在 2010 年，Priem 等对科学计量学 2.0 进行了研究，介绍了书签、微博、博客、维基百科、文献管理工具及开放数据平台等相关的评价指标。⑥ 而后大量学者对 Altmetrics 的发展及应用进行研究，其中，Galligan、Dyas-Correia 对 Altmetrics 的概念、工具、应用前景等进行了阐述，⑦ 为相关学者的研究提供了借鉴。吴胜男

---

① 赵蓉英，汪少震，陈志毅．补充计量学及其分析工具之探究[J]．情报理论与实践，2015，38(6)：29-34.

② 刘春丽．Web 2.0 环境下的科学计量学：选择性计量学[J]．图书情报工作，2012，56(14)：52-56.

③ 邱均平，余厚强．论推动替代计量学发展的若干基本问题[J]．中国图书馆学报，2015，41(1)：4-15.

④ Priem J，Taraborelli D，Groth P，et al. Altmetrics：a manifesto[EB/OL]．[2017-11-16]．http：//altmetrics.org/manifesto/.

⑤ Groth P，Taraborelli D，Priem J. Altmetrics：tracking scholarly impact on the social Web[J]．ISSI Newsletter，2011，2：70-72.

⑥ Priem J，Hemminger B H. Scientometrics 2.0：new metrics of scholarly impact on the social Web[J/OL]．First Monday，2010，15(7)[2017-11-16]．https：//doi.org/10.5210/fm.v15i7.2874.

⑦ Galligan F，Dyas-Correia S. Altmetrics：rethinking the way we measure[J]．Serials Review，2013，39(1)：56-61.

等对 Altmetrics 工具的特征、优势以及不足进行了详细的分析，包括 Altmetric. com、Plum Analytics、ImpactStory、PLOS One Metrics、ReaderMeter、ScienceCard、PaperCritic 和 CitedIn。[①] 赵蓉英、魏明坤等对 Mendeley、Altmetric. com、ImpactStory、Plum Analytics 等进行了分析，[②] 这些工具推动了 Altmetrics 的发展，成为 Altmetrics 发展的重要组成部分。国外学者对 Altmetrics 的 16 种工具进行分析，研究其在影响力评价中的适用性，结果表明不同的 Altmetrics 工具在不同的数据环境下进行影响力评价存在差异，在评价过程中应针对数据环境选择不同的工具。[③] 根据 Priem 等的研究，PLoS 期刊中 80%的论文包含在 Mendeley 中，[④] Bar-Ilan 研究发现 97%的 JASIST 文献存在于 Mendeley 中，[⑤] Zahedi 等对 Web of Science 数据库数据进行随机抽样分析，发现 Mendeley 的文献覆盖率较高。[⑥] 可见，Altmetrics 工具存在一些差异，其中 Mendeley 具有更大的优势。Altmetrics 工具是随着 Web 2. 0 的发展而提出的，具有集成性、智能化和可视化等优势。所谓集成性是对各学科影响力通过在线平台进行评价，将每个学科集中在特定在线平台进行测量。可视化对大规模数据的处理和表现方式具有高效性和直观性，有学者称"一图

---

① 吴胜男，赵蓉英 . Altmetrics 应用工具的发展现状及趋势之分析[J]. 图书情报知识，2016(1)：84-93.

② 赵蓉英，魏明坤，汪少震 . Altmetrics 的发展动态探析[J]. 情报科学，2017(2)：171-176.

③ Wouters P，Costas R. Users，narcissism and control：tracking the impact of scholarly publications in the 21st century[M]. Utrecht：SURF Foundation，2012.

④ Priem J，Piwowar H A，Hemminger B M. Altmetrics in the wild：using social media to explore scholarly impact[J]. arXiv E-print，2012：1203. 4745.

⑤ Bar-Ilan J. JASIST 2001-2010 [J]. Bulletin of the Association for Information Science and Technology，2012，38(6)：24-28.

⑥ Zahedi Z，Costas R，Wouters P. How well developed are altmetrics? A cross-disciplinary analysis of the presence of "alternative metrics" in scientific publications[J]. Scientometrics，2014，101(2)：1491-1513.

谱春秋，一览无余；一图胜千言，一目了然”，① 可视化推动了知识图形化、信息可视化的发展，提高了信息传播的价值和效率。《论语·卫灵公》就有“工欲善其事，必先利其器”之见解，Altmetrics 工具的发展与完善对计量学的应用具有重要作用。

自 Altmetrics 引入我国以来，Altmetrics 的定义、研究方法、研究对象、计量工具和计量指标的使用引起大量研究者的关注，在科学评价与管理中存在不同的观点。② Altmetrics 已快速应用于不同领域，对在线学术成果的影响力进行评价。有学者基于 Altmetrics 指标对开源软件学术影响力进行评价，丰富了评价内容体系，开源软件是学术成果的主要内容之一，但对开源软件学术影响力的研究尚未引起研究者的足够重视。③ 也有学者针对国内流行的微信公众号进行研究，分析微信公众号在学术交流过程中的作用，通过 Altmerics 指标对关注度较高的微信公众号学术影响力进行评价，最后得出社交软件有利于提高学术影响力，成为 Web 2.0 时代影响力发展趋势的结论。④ 随着研究对象的不断扩大，Altmetrics 指标的研究备受关注，如 Bollen 等研究影响力的相关指标，通过主成分分析方法对现存的 39 个基于引文和使用日志的评估方法进行分析，并指出影响力是较为复杂的，单一指标不能对其进行全面衡量，其中影响因子应谨慎使用。⑤ 由庆斌等对 Altmetrics 指标的国外研究进行分析，指出 Altmetric Attention Score 与引用指标存在正相关性，

① 刘则渊，陈悦，侯海燕．科学知识图谱方法与应用[M]．北京：人民出版社，2008：234-238.

② 刘春丽．Altmetrics 指标在科研评价与管理方面的应用——争议、评论和评估[J]．科学学与科学技术管理，2016，37(6)：13-22.

③ 赵蓉英，魏明坤，汪少震．基于 Altmetrics 的开源软件学术影响力评价研究[J]．中国图书馆学报，2017，43(2)：80-95.

④ Zhao R，Wei M. Academic impact evaluation of Wechat in view of social media perspective[J]．Scientometrics，2017，112(3)：1777-1791.

⑤ Bollen J，Sompel H V D，Hagberg A，et al. A principal component analysis of 39 scientific impact measures[J]．PLoS One，2009，4(6)：e6022.

在文献评价中具有预测作用。①② 也有学者从元分析的角度对Altmetrics指标与引用指标进行分析，选取F1000、CiteULike、Mendeley与传统被引频次进行实证研究，结果表明Altmetrics指标与传统引用指标存在显著的正相关性。③ 刘艳民对文献的被引次数、期刊影响因子等采用因子分析、Pearson相关性分析，并对Altmetrics指标与传统文献计量指标进行分析，结果显示Altmetrics指标与被引次数、期刊影响因子呈弱相关，Altmetric Attention Score与引文分析反映不同方面的影响力，Altmetrics指标作为引文分析的补充工具，弥补了引文分析的不足。④ 刘晓娟、宋婉姿对Altmetrics指标适用性进行分析，对指标的覆盖率、稳定性、时效性和交叉性进行分析评价，结果表明Altmetrics指标具有多样性、广泛性，在覆盖率和稳定性上具有差异性，在进行评价时应根据评价需求构建指标体系。⑤ 随着Altmetrics的指标、研究对象、工具等不断发展，国内外学者对其的关注度不断增加，充分说明了Altmetrics在学术领域的价值。

有学者对基于Altmetrics的社交软件与影响力的关系进行分析，如Haustein等证明Twitter提及量不能有效对影响力进行预测，⑥ 而Shuai、Pepe等以开放获取平台的科研成果为评价对象，分析科研

---

① 由庆斌，汤珊红．补充计量学及应用前景[J]．情报理论与实践，2013，36(12)：6-10.

② 由庆斌，汤珊红．不同类型论文层面计量指标间的相关性研究[J]．图书情报工作，2014，58(8)：79-84.

③ 曹丽江，周毅．基于元分析的Altmetrics指标与传统引用指标相关性研究[J]．情报理论与实践，2016，39(8)：49-53.

④ 刘艳民．Altmetrics指标与传统文献计量指标相关性研究[J]．情报杂志，2017，36(9)：71-77.

⑤ 刘晓娟，宋婉姿．基于PLOS ALM的Altmetrics指标可用性分析[J]．图书情报工作，2016，60(4)：93-101.

⑥ Haustein S, Peters I, Sugimoto C R, et al. Tweeting biomedicine: an analysis of tweets and citations in the biomedical literature [J]. Journal of the Association for Information Science and Technology, 2014, 65(4): 656-669.

成果的用户关注量，得出社交媒体对提高科研成果的影响力发挥着重要作用。① Noorden 认为 Altmetrics 指标反映了在线科研成果的关注度和知名度情况，② 是在线学术平台和社交指标的结合。Altmetrics 的发展离不开在线平台的开发与应用，开放获取的在线学术交流平台在学术交流中的作用越来越大，对开放获取文献影响力的评价与 Altmetrics 指标具有密切的关系。Altmetrics 对在线学术成果评价有着突出的优势，提高了评价对象的时效性，拓展了评价的广度和深度。Altmetrics 的提出丰富了学术成果影响力的评价方法，尽管有些学者认为 Altmetrics 反映了学术成果的社会影响力，③④ 但事实上，无论反映的是学术影响力还是社会影响力，都是通过学术成果来反映的。随着学者将学术成果在网络平台进行传播，越来越多的网络学术成果实行开放获取，学术论文作为重要的学术成果的载体，对学术交流传播起到重要作用，所以这些开放获取的学术论文应纳入到学术成果的评价体系中。Altmetrics 不仅为计量学提供了新的评价方法，同时也扩大了评价对象的范围，丰富了计量学的理论与方法。

Altmetrics 是一个新兴的学术论文影响力评价指标，有些学者认为其反映的是社会影响力或网络影响力，本研究认为无论是社会影响还是网络影响，都是由学术论文而产生，都属于学术论文的影响力，只因评价的平台和形式而存在差异。用 Altmetrics 指标评价学术论文影响力是以网络平台为依托，通过读者对学术论文的浏览、保

---

① Shuai X，Pepe A，Bollen J. How the scientific community reacts to newly submitted preprints：article downloads，Twitter mentions，and citations[J]. PLoS One，2012，7(11)：e47523.

② Noorden R V. Twitter buzz about papers does not mean citations later[EB/OL]. [2017-11-19]. http：//www.nature.com/news/twitter-buzz-about-papers-does-not-mean-citations-later-1.14354.

③ 郭飞，游滨，薛婧媛. Altmetrics 热点论文传播特性及影响力分析[J]. 图书情报工作，2016(15)：86-93.

④ 邱均平，余厚强. 论推动替代计量学发展的若干基本问题[J]. 中国图书馆学报，2015，41(1)：4-15.

存、引用、推荐、分享、下载、转载、阅读等行为进行评价。目前应用较为广泛的工具包括 Altmetric. com、Plum Analytics、ImpactStory、ReaderMeter、ScienceCard 等,[①] 其中 Altmetric. com 公司还提供了 Altmetric Attention Score 来评价论文的关注情况。PLOS Article-Level Metrics 提供 Altmetric. com、Plum Analytics、ImpactStory、ReaderMeter、ScienceCard、PeerEvaluation 和 Research Scorecard 评价工具。

Plum Metrics 通过使用、抓取、提及、社交媒体、引用五个角度对评价对象进行测度，目前常用指标包括下载、浏览、转载、分享等。PLOS Article-Level Metrics 通过使用、引用、社会书签与发布活动、新媒体与博客覆盖、讨论对评价对象进行测度，其中使用类型的 PLOS 浏览、PDF 下载、XML 下载、PMC 浏览，社会书签与发布活动的 CiteULike、Mendeley、推特等成为学术论文影响力评价的常用测度指标。

Altmetrics 评价指标较传统评价指标来说，具有更快的特点，可即时获得测度结果，可得到更为翔实的学术论文下载、阅读与讨论数据，对社会化媒体传播情况有准确的了解，从而不仅可以获取学术领域的关注情况，还能了解一般学者对研究对象的关注情况。在使用 Altmetrics 评价指标时，也要根据评价对象选择适当的指标，如使用 Altmetric Attention Score 时要在相同专业之间进行比较，不同专业之间不具有可比性。

2.6　学术论文评价方法与指标

2.6.1　学术论文评价方法

学术论文评价方法形式多样，从广义角度来看主要有定性评价方法、定量评价方法以及定性与定量相结合的综合评价方法。

---

① 吴胜男，赵蓉英 . Altmetrics 应用工具的发展现状及趋势之分析[J]. 图书情报知识，2016(1)：84-93.

1. 定性评价方法

学术论文评价中的定性评价方法主要是利用同行评议的方法。同行评议(peer review)是学术系统中最盛行也最核心的审查和评价制度，诸如项目资助、职务晋升、学术奖励、论文和专著出版等，几乎无一例外地都必须要通过同行评议这一环节。①

学术论文评价中的同行评议方法有狭义和广义之分。狭义的同行评议，即作者投稿以后，由期刊主编或编辑邀请具有专业知识或造诣的学者，评议论文的学术水平和文字质量，并给出意见和判定，主编按评议的结果决定论文是否适合在本刊发表。广义的同行评议不止于此，还包括文章发表以后由专门组成的审议小组对文章发表后的交流和应用效果进行评议，近年来新兴的开放获取期刊的公开评议(open review)以及有些论文网站(paper database)采纳的自荐评议，也属于广义的同行评议。②

同行评议是科学评价的重要方式，也是各国政府、科学研究资助机构普遍采用的遴选项目的主要方法，在保证资助项目的质量方面发挥着至关重要的作用，有学术"看门人"之称。③ 但其也存在一些问题：同行专家的选择；评议结果主观性强，评价的不公正性是需要面对的最大问题；学术失范、学术腐败的存在；马太效应；成本高；评议周期长，等等。

2. 定量评价方法

定量评价方法主要是通过数量关系的研究达到评价学术论文目的。一般说来，定量评价方法比定性评价方法更客观、更具体、更精确、更具操作性。④ 学术论文评价中常用的定量方法有文献计量

---

① 阎光才．学术共同体内外的权力博弈与同行评议制度[J]．北京大学教育评论，2009，7(1)：124-138.

② 搜狗百科．同行评议[EB/OL]．[2016-11-28]．http：//baike.sogou.com/v69102542.htm？fromTitle=%E5%90%8C%E8%A1%8C%E8%AF%84%E8%AE%AE.

③ 龚旭．同行评议公正性的影响因素分析[J]．科学学研究，2004，22(6)：613-618.

④ 叶继元．引文法既是定量又是定性的评价法[J]．图书馆，2005(1)：43-45.

学和 Altmetrics。

文献计量学指标一直是学术论文评价的定量依据，从最初的发文量、被引频次、期刊影响因子等到论文 h 指数，以及从跨学科、科研生涯长短、自引、机构规模大小和论文合著者荣誉分配等多角度对 h 指数进行改进的 20 余种 h 类衍生指数，再到从文献施引角度建立的 ch 指数，以及综合多种常用引文评价指标并致力于消除学科差异影响的通用指标，进一步到网络科学影响下的引文网络相关评价指标迭出，如期刊特征因子与论文影响力指标、SJR 指数、作者引用网络中的类 PageRank 排名等，都是学者在文献计量学基础上对学术影响力评价指标不断改进、完善、追求卓越的结果。①

Altmetrics 指标主要是从学术论文的在线读者数，学术论文通过在线社交媒体进行科学交流过程中的推荐、评论等交互行为，以及传统媒介的社会传播深度来度量学术论文的影响力，该影响力偏向于社会关注度，作为文献计量学评价方法没有涉猎的在线科学交流模式层面的补充，Altmetrics 指标在一定程度上能起到预测高被引论文的作用。②

但学术论文评价，尤其是人文艺术与社会科学领域的学术论文评价，并不是所有影响都可以直接量化，不恰当地利用定量评价方法必然会导致评价结果有失客观。

3. 综合评价方法

综合评价方法是把定量评价方法与定性评价方法相结合的评价方法。定性评价与定量评价各有优势，也同时都有一定的局限性，但两种方法之间并不是对立关系，它们是分析评价事物的两个方面，定性评价是定量评价的基本前提，没有定性的定量是一种盲目的、毫无价值的定量；而没有定量的定性则是一种初步、表面、笼

---

① 王菲菲，杨辰毓妍．多维信息计量学视角下的学术影响力综合评价研究现状及展望[J]．情报资料工作，2016(2)：23-28.

② 赵蓉英，郭凤娇，谭洁．基于 Altmetrics 的学术论文影响力评价研究——以汉语言文学学科为例[J]．中国图书馆学报，2016，42(1)：96-108.

统、含糊的定性，定量可以使定性更加科学、准确。①

为了科学、客观、公正地评价学术论文，应该选取一些量化指标，对其定量化。然而，学术论文不是简单的算术题，无法完全量化，只有采取定性与定量相结合的综合评价方法，才能对学术论文做出最科学、客观的评价。

2.6.2 学术论文评价指标

通过前文的国内外研究现状综述可以发现，当前已有许多学者对学术论文评价进行了相关研究。已有研究中，比较常用且具有代表性的评价指标有如下几种。

1. 被引频次

学术论文的被引频次是一个既具体又客观的定量评价指标，是指某论文自发表以来根据特定年份统计的被引用总次数，其数值大小显示出该论文被使用和受研究者重视的程度，从历史的角度反映了该论文的学术影响力。② 在统计被引频次时，根据需要加上一定的限制条件，如统计年限、学科范围、统计源等。③ 被引用次数会随着限制条件的改变而发生变化，因此评价对象的被引频次需要在同等条件下进行统计。

此外，为了达到可以比较的目的，需要先计算平均被引频次或相对被引频次。如在对不同学科领域学术论文影响力进行比较时，由于学科属性的差异，单纯的被引频次值大小已失去比较意义，需要先消除不同学科学术论文被引的差异性。

2. ESI 高水平论文

一般来说，论文的引文量在论文发表后的第二、第三或第四年

---

① 叶继元．学术期刊的定性与定量评价[J]．图书馆论坛，2006，26(6)：54-58.

② 张静．引文、引文分析与学术论文评价[J]．社会科学管理与评论，2008(1)：33-38.

③ 金碧辉，刘雅娟．期刊评价与影响因子、被引频次[J]．中国科技期刊研究，1998，9(4)：239-241.

达到高峰，部分论文还会被持续引用许多年；一些论文因为论文的类型、所属的领域或者研究结果的性质等原因，在发表后的前些年不被引用；新发现型论文在发表后会迅速获得较高的引用，然后随着进一步阐述该发现的其他文章的发表，这类论文的被引用几率逐渐降低；方法或技术型论文的被引频次会随着方法或技术的扩散，并证明其效用而逐渐增加。①

ESI 高水平论文是在一定时间范围内，ESI(Essential Science Indicators)数据库通过设定阈值遴选出的每个学科领域内被引频次排名前列的学术论文，包含高被引论文(Highly Cited Papers)和热门论文(Hot Papers)两种类型论文。高被引论文是 ESI 数据库选出的在相应学科领域和年代中被引频次排在前 1%以内的论文。高被引论文的选择过程考虑到两个因素：学科领域影响，不同的学科领域间被引频次差异较大；时间影响，发表较早的论文会比发表较晚的论文得到更多的引用机会，如果仅考虑被引频次大小，对新发表的学术论文不公平。高被引论文的统计时间段一般为近 10 年时间范围内。被 ESI 遴选为高被引论文，代表其在相应学科领域有极高的学术影响力。

还有一小部分论文一经发表会迅速得到大量的引用，这些论文是领域内的关键论文，ESI 数据库称其为热门论文。热门论文是某学科领域发表在最近两年间的论文，且在最近两个月内被引频次排在学科领域前 0.1%以内。热门论文在很大程度上能反映论文的创新性，论文发表后快速被学术同行关注引用，并在两年内获得大量引用，表明该论文至少在某一方面有很大的创新。

3. 影响因子

影响因子(Impact Factor，IF)是加菲尔德在 1972 年提出的一个评价期刊的重要指标，其计算公式为：②

---

① Essential science indicators help[EB/OL]. [2016-11-28]. http://esi.webofknowledge.com/help/h_dathic.htm.

② 邱均平. 信息计量学[M]. 武汉：武汉大学出版社，2006：379.

$$IF=\frac{\text{某刊前两年发表的论文在该年的被引用次数}}{\text{该刊前两年发表论文总数}}$$

影响因子是抽样时间内某期刊发表论文的平均被引率(篇均被引频次),是对期刊发文进行整体概评的测度指标。[①] 由影响因子还可以延伸到即年指标、5 年期影响因子等。期刊是论文的载体,一个好的载体可以提升一篇论文的档次,期刊编辑与外审专家对论文的认可,属于一种潜在的定性评价。[②] 论文在某一期刊上发表前,都要经过编辑部的评审,质量越好的期刊,评审制度往往越严格;从理论上说,审稿制度越严格的期刊,其对所发表论文的评价性越强。[③] 影响因子在学术论文尚未积累足够被引次数的情况下,补充性地担当着衡量新发表论文潜在影响力的重任。[④]

虽然,直接用影响因子来评价或测度单篇学术论文影响力的做法一直存在较大争议,并受到很多学者抨击,但是当评价范围变大时,如对一位学者、一个机构、一个国家或地区的所有论文来说,若是一位或一些学者撰写的学术论文大多发表在其所属学科领域影响因子最高或较高的期刊上,则也可显示出该学者、机构、国家或地区在这个学科领域有较高学术影响力。罗式胜早在 1994 年就指出期刊影响因子的概念可以推广到著者影响因子、部门影响因子、地区(国家)影响因子、学术出版社影响因子等,并指出了这些影响因子在实践中的广泛应用前景。[⑤]

在对影响因子质疑的基础上,Bergstrom 和 West 共同创建和完

① 李洪建. 期刊评价中影响因子的引入[J]. 中国图书馆学报,1994(4):87-90.

② 邱均平,马瑞敏,程妮. 利用 SCI 进行科研工作者成果评价的新探索[J]. 中国图书馆学报,2007,33(4):11-16.

③ 叶继元,朱强. 论文评价与期刊评价——兼及核心期刊的概念[J]. 学术界,2001(3):63-71.

④ 王贤文,方志超,王虹茵. 连续、动态和复合的单篇论文评价体系构建研究[J]. 科学学与科学技术管理,2015,36(8):37-48.

⑤ 罗式胜. 文献计量学中影响因子的类型及其应用[J]. 图书情报知识,1994(4):15-17.

善了特征因子(Eigenfactor),① 其区别于影响因子的最大优势是它在考虑被引次数的基础上，又考虑到每次被引的质量。②③④ 因此，部分学者把该原理引入学术论文评价中，如 Yan 和 Ding 考虑到引用期刊和引用时间间隔的影响，给予每一次引用不同的权重，通过计算加权的被引总量来测度一篇文章的声望。⑤

4. Altmetric Attention Score

随着学者们对于 Altmetrics 应用研究的热情越来越高涨，Altmetrics 工具的开发与研究成为一个蓬勃发展的新方向，目前比较常见的 Altmetrics 应用工具有 Altmetric. com、Plum Analytics、ImpactStory 等,⑥ 当前中国学者应用最广泛的工具是 Altmetric. com。Altmetric. com 致力于评估单篇论文的网络关注度，目前提供 Reddit threads、Bloggers、Tweeters、Google + authors、F1000 reviews、Pinterest posts、News outlets、Book reviews、Q&A site users、Facebook walls、Weibo users、Peer review sites、Wikipedia pages、Policy documents、Mendeley readers、CiteULike readers 等十多个数据来源的指标追踪。

除了提供指标外，Altmetric. com 公司还设计权重制定了自己的评价体系，对追踪的每一篇论文给出了 Altmetric Attention Score 值。

---

① Eigenfactor. org. About the Eigenfactor® Project[EB/OL]. [2016-11-28]. http://www. eigenfactor. org/about. php.

② 任胜利 . 特征因子(Eigenfactor)：基于引证网络分析期刊和论文的重要性[J]. 中国科技期刊研究，2009，20(3)：415-418.

③ Bergstrom C T, West J D, Wiseman M A. The Eigenfactor metrics. [J]. Journal of Neuroscience the Official Journal of the Society for Neuroscience, 2008, 28(45)：11433-11434.

④ 窦曦骞，祁延莉 . 特征因子与论文影响力指标初探[J]. 大学图书馆学报，2009，27(6)：57-62.

⑤ Yan E, Ding Y. Weighted citation: an indicator of an article's prestige[J]. Journal of the Association for Information Science and Technology, 2010, 61(8)：1635-1643.

⑥ 吴胜男，赵蓉英 . Altmetrics 应用工具的发展现状及趋势之分析[J]. 图书情报知识，2016(1)：84-93.

通过对比 Altmetric Attention Score 值，可以比较学术论文的受网络关注程度。

5. 其他指标

(1)h 指数及类 h 指数。

h 指数是由美国物理学家 Hirsch 在 2005 年提出的，用于量化单个学者科研产出的累积影响，其定义为："一个学者有一个 h 指数，如果他或她的 N_p 篇论文中有 h 篇至少被引用了 h 次，其他(N_p-h)篇论文都被引用了不大于 h 次。"①

h 指数一经提出就迅速引起各学科领域学者的极大研究兴趣，尤其是图书情报领域，短时间内涌现出大量类 h 指数。如 Egghe 在对 h 指数改进的基础上提出了 g 指数，其定义为："一组论文有一个 g 指数，如果被引次数最高的 g 篇论文的被引次数和至少有 g^2 次，且被引次数最高的(g+1)篇论文的被引次数和小于$(g+1)^2$次。"②

此外，还有一些学者将 h 指数扩展到期刊 h 指数、机构 h 指数、单篇论文 h 指数等。Schubert 将单篇论文的 h 指数定义为：如果引用某论文的所有论著中有 n 篇论著每篇至少被引用了 n 次，则该论文的 h 指数就是 n。③④ 单篇论文的 h 指数不仅能体现论文的直接影响，也能反映论文的间接影响。

(2)论文质量指数。

邱均平等为了对不同学科科研工作者的成果进行评价，提出了某论文在某年的质量指数(Paper Quality Index，PQI)的概念，其计

① Hirsch J E. An index to quantify an individual's scientific research output[J]. PNAS, 2005, 102(46): 16569-16572.

② Egghe L. Theory and practice of the g-index[J]. Scientometrics, 2006, 69(1): 131-152.

③ 杨建林，严明. 单篇期刊论文 h 指数的实证研究——以图书情报学为例[J]. 图书情报工作，2010，54(12)：145-148.

④ Schubert A. Using the h-index for assessing single publications[J]. Scientometrics, 2009, 78(3): 559-565.

算公式为：①

$$PQI_{ij} = \frac{IF_{ij}}{\overline{IF}} \times \frac{TC_{ij}}{\overline{TC}}$$

公式中，IF_{ij} 表示刊登 i 论文的期刊在 j 年的影响因子，$\overline{IF}$ 表示刊登 i 论文的期刊所属学科所有期刊在 j 年的平均影响因子；TC_{ij} 表示 i 论文在 j 年的被引次数，$\overline{TC}$ 表示刊登 i 论文的期刊所属学科的所有论文在 j 年的平均被引次数。

(3)成功论文指数。

成功论文(successful paper，SP)的概念是由 Kosmulski 在 2011 年提出的，他认为：如果一篇文章被引用的次数大于文章中参考的文献数量，这篇文章就是一篇成功论文。②

Kosmulski 进一步以一名作者的成功论文篇数(the number of successful papers，NSP)作为该作者的学术水平评价依据。③ 同理，某个学科的成功论文篇数也可以作为该学科的学术水平衡量依据。

本章小结

本章在相关概念解释与界定的基础上，对引文分析理论与方法、文献信息统计理论与方法、评价学理论与方法、科学交流与开放获取理论、论文影响力及相关理论等进行了梳理，主要涉及科学交流理论、引文分析理论、开放获取理论、Altmetrics 的起源与发展、评价学理论、科学评价的原则等内容。

本章对引证与引文分析进行梳理，论述引证与学术论文影响力评价的关系，以及构建基于动态引证数据的学术论文影响力评价模

① 邱均平，马瑞敏，程妮．利用 SCI 进行科研工作者成果评价的新探索[J]．中国图书馆学报，2007，33(4)：11-16.

② Kosmulski M. Successful papers：a new idea in evaluation of scientific output[J]. Journal of Informetrics，2011，5(3)：481-485.

③ 张学梅．NSP：一种作者评价指标及其与 H 指数之比较[J]．图书情报工作，2014，58(21)：111-115.

型等。首先给出了引证相关概念，从而将学术论文划分为引证文献与被引证文献，以及由于学术论文间引证与被引证关系的存在，学术论文形成了引文链和引文网络两种知识结构，并对学术论文创作者的引证动机和引证行为进行了相关论述。其次对引文分析概念、引文分析发展、引文分析类型、引文分析应用进行了相关阐述，从而为基于动态引证数据评价学术论文影响力提供了相应的理论、方法。

本章在对相关术语进行界定的基础上，对科学交流的类型进行划分，并梳理了本书研究将用到的文献计量学相关理论、Altmetrics 的兴起与发展过程、学术论文评价的相关理论与方法，其中文献计量学理论包括文献信息增长规律、文献信息统计分析的原则以及引文分析法；学术论文评价的相关理论与方法包括科学评价的基本原则、比较与分类理论、学术论文评价方法、学术论文评价指标以及中国社会科学研究成果评价。本章对有关术语的界定、对科学交流类型的划分以及对相关理论的梳理将为后文的中国社会科学国际学术论文影响力评价奠定理论与方法基础。

第三章　中国社会科学国际学术论文影响力评价研究

3.1　中国社会科学国际学术论文影响力评价指标体系构建

本节将选取指标构建中国社会科学国际学术论文综合影响力评价指标体系。

3.1.1　评价指标选取

根据学术论文影响力的产生过程，对各种类型影响力的评价指标进行选取如下：

学术论文原生影响力：学术论文来源期刊的期刊影响因子；

学术论文线下影响力：学术论文的被引频次以及 ESI 高水平论文；

学术论文 Web 1.0 影响力：学术论文在电子文献数据库的使用次数；

学术论文 Web 2.0 影响力：追踪学术论文在在线社交媒体和网络平台上被传播和使用的 Altmetrics 得分。

对各类型影响力评价指标的具体说明见表 3-1。

表 3-1 **中国社会科学国际学术论文影响力评价指标说明**

类型	评价指标	指标说明
原生影响力	期刊影响因子	在具体分析时，会转化为相对影响因子，以消除学科差异
线下影响力	被引频次	学术论文的被引频次
	ESI 高水平论文	包括高被引论文和热门论文两个二级指标，高被引论文是所在学科领域近 10 年被引频次排在学科领域前 1%以内的论文；热门论文是某学科领域发表在最近两年间且在最近两个月内被引次数排在学科领域 0.1%以内的论文
Web 1.0 影响力	使用次数	包括 2013 年至今使用次数和最近 180 天使用次数两个二级指标，分别统计 2013 年至今和最近 180 天 WOS 用户点击了指向出版商处全文的链接，或者对论文进行了保存的次数总和
Web 2.0 影响力	Altmetrics 得分	包括两个二级指标，一是 Altmetric.com 公司选取指标、设计权重，计算出的学术论文影响力值 Altmetric Attention Score；二是根据学术论文 Altmetrics 指标特征，建立模型，得到的学术论文影响力值 AIF

中国社会科学国际学术论文影响力评价指标框架如图 3-1 所示。由图 3-1 可知，可以从学术论文的传统影响力和学术论文的在线影响力两个维度对中国社会科学国际学术论文影响力进行评价。在具体研究时，先分别研究中国社会科学国际学术论文传统影响力和中国社会科学国际学术论文在线影响力的表现情况，再融合两个维度对中国社会科学国际学术论文的综合影响力进行评价。

3.1.2 评价指标权重赋值

1. 因子分析法

因子分析法是研究如何以最少的信息丢失，将众多原始变量浓缩成少数几个因子变量，以及如何使因子变量具有较强的可解释性

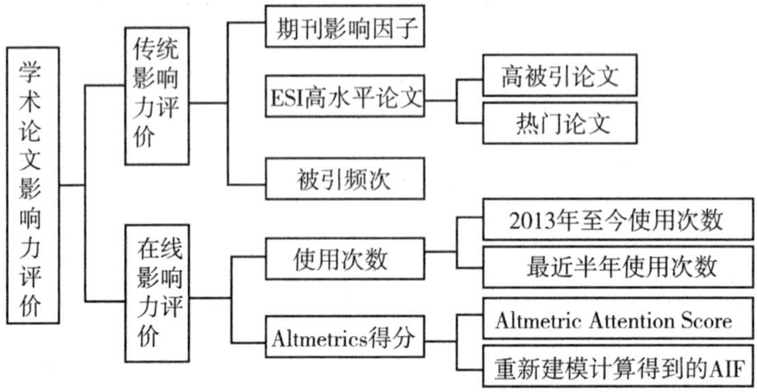

图 3-1　中国社会科学国际学术论文影响力评价指标框架

的一种多元统计分析方法。① 该方法的原理是通过对变量进行降维，达到用少数的因子解释原有变量的目的，适用于指标多且数据量大的数据样本，本书在基于 Altmetrics 的学术论文 Web 2.0 影响力模型构建中将采用因子分析法设置 Altmetrics 指标权重。因子分析法是一种纯定量方法，可以借助 SPSS 统计分析软件完成指标权重计算和模型构建，需要经过以下 3 个重要步骤：②

①因子提取。通过分析原始指标间的相互关系，从中提取出数量较少的因子，但同时能最大限度地解释原有指标。

②因子旋转。利用因子提取方法得到的结果虽保证了因子之间不相关，但因子对变量的解释能力可能较弱，不易解释和命名，因此就需要对因子模型进行旋转变换，使公共因子的载荷系数更接近于 1 或 0，从而使公共因子更容易对变量命名和解释。

③计算因子得分。通过计算因子得分矩阵，可以得知因子与原始指标数据的线性关系，从而可以利用因子表示原始指标。

以上 3 个步骤都可以通过 SPSS 统计分析软件的“Analyze→Data

① 王芳．主成分分析与因子分析的异同比较及应用[J]．统计教育，2003(5)：14-17.

② 张庆利．SPSS 宝典(第 2 版)[M]．北京：电子工业出版社，2011：388-389.

Reduction→Factor"路径实现。

2. 层次分析法

层次分析法①是运筹学家 Saaty 提出的一种定性与定量相结合的决策分析方法，本书利用层次分析法对综合影响力评价模型的指标权重进行赋值。具体步骤如下：

①构建各层次的判断矩阵。构建判断矩阵时，可引用数字 1~9 及其倒数作为标度来定义判断矩阵。② 判断矩阵标度具体含义见表 3-2。

表 3-2 **判断矩阵标度含义**

C_{ij}	含 义
1	C_i 与 C_j 相比，C_i 与 C_j 同样重要
3	C_i 与 C_j 相比，C_i 比 C_j 稍微重要
5	C_i 与 C_j 相比，C_i 比 C_j 比较重要
7	C_i 与 C_j 相比，C_i 比 C_j 强烈重要
9	C_i 与 C_j 相比，C_i 比 C_j 绝对重要
1/3	C_i 与 C_j 相比，C_i 比 C_j 稍微不重要
1/5	C_i 与 C_j 相比，C_i 比 C_j 比较不重要
1/7	C_i 与 C_j 相比，C_i 比 C_j 强烈不重要
1/9	C_i 与 C_j 相比，C_i 比 C_j 绝对不重要
2，4，6，8	上述两相邻判断的中间值
1/2，1/4，1/6，1/8	上述两相邻判断的中间值

注：纵行元素为 C_i，横行元素为 C_j。

②计算判断矩阵最大特征根 λ_{max} 对应的特征向量，对特征向量

① Saaty T L. Decision making for leaders: the analytical hierarchy process for decisions in a complex world[J]. European Journal of Operational Research, 1982, 42(1): 107-109.

② 邓雪，李家铭，曾浩健，等．层次分析法权重计算方法分析及其应用研究[J]．数学的实践与认识，2012，42(7)：93-100.

经归一化处理后得到的结果(ω_1, ω_2, …, ω_n)，即各评价因素的重要性排序，也就是权重分配，① 且在各层次中满足 $\omega_1+\omega_2+\cdots+\omega_n=1$，$n$ 为判断矩阵的阶数。

③通过一致性检验验证所得的权重分配是否有效。首先计算一致性指标 CI，$CI=(\lambda_{max}-n)/(n-1)$；然后计算一致性比例 CR，CR=CI/RI，RI 表示平均随机一致性比例；当 CR<0.1 时，就表示通过层次分析法得到的权重是可以接受的，否则需修正判断矩阵。其中，不同阶的判断矩阵的 RI 取值见表 3-3。

表 3-3　**不同阶的判断矩阵的 RI 取值**

n	1	2	3	4	5	6	7	8	9	10	11	12	13	14
RI	0	0	0.52	0.89	1.12	1.24	1.36	1.41	1.46	1.49	1.52	1.54	1.56	1.58

3.1.3　评价指标体系融合

得到各层次的指标权重后，即可融合评价指标和权重，形成评价指标体系，如图 3-2 所示。

根据图 3-2 的学术论文综合影响力评价指标体系，可构建中国社会科学国际学术论文综合影响力的评价模型，学术论文综合影响力的影响力得分值(Influence Value，IV)的计算公式如下：

$$IV=\omega_1\times CP+\omega_2\times(\omega_{21}HCP+\omega_{22}HP)+\omega_3\times RIF+\omega_4\times(\omega_{41}U_2+\omega_{42}U_1)+\omega_5\times(\omega_{51}AAScore+\omega_{52}AIF)$$

其中，IV 表示影响力得分值；CP 表示归一化后的被引频次；HCP 表示归一化后的高被引论文、HP 表示归一化后的热门论文；RIF 表示归一化后的相对影响因子；U_2 表示归一化后的发表至今使用次数、U_1 表示归一化后的最近 180 天使用次数；AAScore 表示归一化后的 Altmetric Attention Score、AIF 表示归一化后的 AIF。

当评价每个研究机构的学术论文综合影响力时，直接对研究机

① 常建娥，蒋太立．层次分析法确定权重的研究[J]．武汉理工大学学报(信息与管理工程版)，2007，29(1)：153-156.

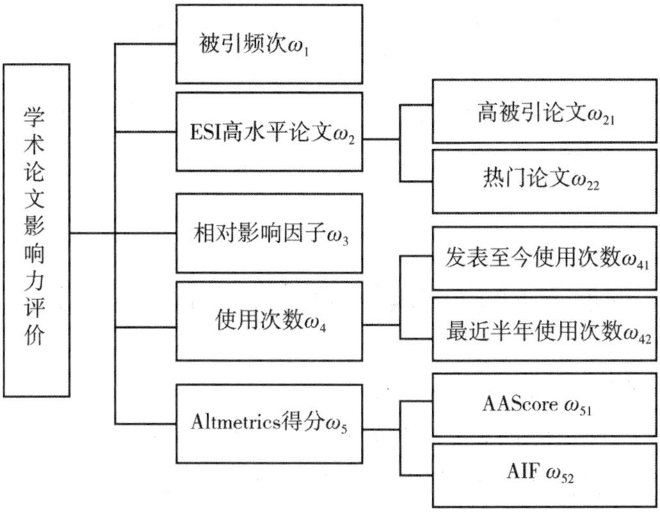

图 3-2 中国社会科学国际学术论文综合影响力评价指标体系

构发表的所有学术论文的影响力得分求和，其评价模型公式为：

$$\mathrm{IIV} = \sum_{i=1}^{n} \mathrm{IV}_i$$

其中，IIV 表示研究机构的学术论文影响力得分总和，n 表示研究机构发表的学术论文数量。

当评价每个学科领域的学术论文影响力得分时，由于学科大小不一致，对学科领域发表的所有学术论文的影响力求和后再求平均值，其评价模型公式为：

$$\mathrm{DIV} = 1/n \sum_{i=1}^{n} \mathrm{IV}_i$$

其中，DIV 表示学科领域的学术论文相对影响力得分，n 表示学科领域发表的学术论文数量。

3.1.4 小结

本节主要对学术论文影响力及中国社会科学国际学术论文影响力评价框架进行了分析，主要做的研究工作有：首先，对学术论文影响力的内涵进行了定义，按学术论文影响力的产生时间和科学交流类型两次对学术论文影响力类型进行了划分，并阐述了学术论文影响力的产生过程；其次，对学术论文影响力的原生影响因素和次生影响因素进行了分析，并构建了中国社会科学国际学术论文影响力的影响因素框架；再次，构建了中国社会科学国际学术论文影响力评价指标体系。本章节为后文的研究起到了指导研究思路的作用。

3.2 中国社会科学国际学术论文传统影响力分析

本节将对中国社会科学国际学术论文的传统影响力表现进行分析，学术论文传统影响力包括原生影响力和线下影响力两种类型，原生影响力通过学术论文的出版发表体现出学术论文的学术价值被认可的程度，线下影响力通过被其他学术论文引用体现出学术论文的学术价值被吸收的程度，其中学术论文被认可产生的原生影响力将用期刊影响因子进行分析，学术论文被吸收产生的线下影响力将用被引频次和ESI高水平论文两个指标进行分析。并分别讨论学术论文评价的原生影响因素(发表时间、研究机构、论文篇幅、基金资助以及参考文献数量)与期刊影响因子、被引频次和ESI高水平论文间的影响关系，通过对影响关系的分析，提出提升中国社会科学国际学术论文传统影响力的措施以供参考。

3.2.1 基于期刊影响因子的学术论文原生影响力

期刊是论文的载体，一个好的载体可以提升一篇论文的档次,① 论文在某一期刊上发表时，都要经过期刊编辑部与外审专家的评审，质量越好的期刊，评审制度往往越严格，从而对发表论文的评价性越强。② 期刊影响因子是对学术论文原生影响力的反映。

---

① 邱均平，马瑞敏，程妮．利用SCI进行科研工作者成果评价的新探索[J]．中国图书馆学报，2007，33(4)：11-16.

② 叶继元，朱强．论文评价与期刊评价——兼及核心期刊的概念[J]．学术界，2001(3)：63-71.

对于一个国家在一个学科领域内发表的大量学术论文来说，若全部学术论文或者大多数学术论文被发表在本学科领域影响因子最高的期刊上，则表明该国家在这个学科领域发表的学术论文整体档次高、质量好。因此，对中国社会科学国际学术论文来源期刊影响因子的分析有助于了解来源期刊的质量，从而了解中国社会科学国际学术论文的原生影响力。

1. 期刊影响因子的相对转化

期刊影响因子可通过期刊引证报告(Journal Citation Reports，JCR)获取，但由于不同学科间的期刊拥有不同的半衰期和引文密度，直接把影响因子用于不同学科间期刊的评价比较是不公平的，为此引进了相对影响因子(Relative Impact Factor，RIF)的概念，[①]其计算公式为：

$$\mathrm{RIF}=\frac{\mathrm{IF}}{\overline{\mathrm{IF}}}$$

其中，$\overline{\mathrm{IF}}$表示期刊分类(Journal Categories)中所有期刊的平均影响因子，期刊的相对影响因子越大，表示期刊在期刊分类中的排名越靠前，相对影响因子值为 1 时，表示期刊的影响因子恰好等于所在分类所有期刊影响因子的平均水平。

因此，对于每一种来源期刊，要想求得其相对影响因子，除了查询其当年的影响因子，还要找到来源期刊所属期刊分类(对于同属多个期刊分类的期刊，再根据论文内容选择其中最相关的一个分类)，并计算当年期刊分类内所有期刊的平均影响因子。由于数据查找过程繁琐，受时间与人力所限，本节仅选取 2012—2016 年近 5 年的学术论文数据进行分析，共包含45 891篇学术论文，占学术论文总量的 59.47%。

由于部分期刊在全部或个别年份的影响因子查询不到，最终获得44 458篇学术论文来源期刊的相对影响因子，占查询论文总量的

① 马云彤．相对影响因子在高校学报评价中的应用——以《西安文理学院学报》(自然科学版)为分析对象[J]．西安文理学院学报(社会科学版)，2009，12(6)：69-72.

96.88%。经统计，44 458篇学术论文来源期刊的相对影响因子累积总和为43 121.218，平均相对影响因子为0.970，小于世界平均水平，其中，相对影响因子最小值为0，最大值为13.131。对相对影响因子按数值大小进行区间划分，并统计每个区间的相对影响频次，以及每个区间内学术论文数量占论文总量的百分比，绘制了相对影响因子的区间分布柱状图，如图3-3所示。

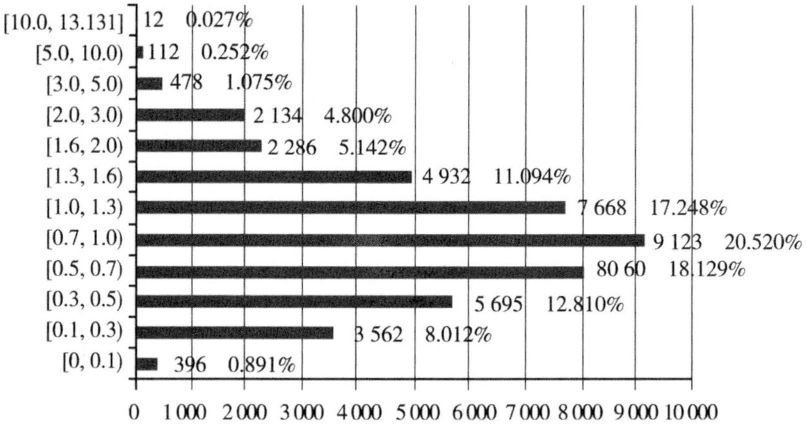

图3-3 相对影响因子的区间分布柱状图

由图3-3分析可得，近5年中国社会科学国际学术论文来源期刊的相对影响因子主要集中在0.3~1.6，位于这个范围的五个区间的学术论文数量占到论文总量的79.801%。

一般来说，相对影响因子大于3的期刊都属于相应学科前5%的期刊，大于2的期刊则属于相应学科前10%的期刊。①② 由图3-3可以发现，占论文总量6.154%的学术论文来源期刊的相对影响因子大于2，仅占论文总量1.354%的学术论文来源期刊的相对影响因子大于3，可见只有小部分的中国社会科学国际学术论文是发

① 熊晓英．相对影响因子及其意义[J]．中国科技期刊研究，2005，16(6)：912-914.

② 杨兵，彭超群，袁赛前，等．相对影响因子在期刊评价和科研评价中的应用[J]．编辑学报，2008，20(5)：466-468.

表在社会科学领域影响力较大的顶级国际期刊中。

大多数中国社会科学国际学术论文的来源期刊在所属期刊分类中的排名居于中下游水平，其中来源期刊的相对影响因子小于1的学术论文数量占到论文总量的60.364%，即约占论文总量60%的学术论文来源期刊在其所属期刊分类中处于平均水平以下。

2. 发表时间对平均相对影响因子的影响

按发表时间统计当年学术论文来源期刊的相对影响因子，并计算当年学术论文来源期刊的平均相对影响因子，当年学术论文来源期刊的相对影响因子区间分布情况见表3-4。为了清晰展示当年相对影响因子各区间学术论文数占当年学术论文总数的百分比变化，绘制了折线变化图，如图3-4所示。

表3-4　**当年学术论文来源期刊的相对影响因子区间分布情况**

	2012年	2013年	2014年	2015年	2016年
[0, 0.1)	84	67	81	115	49
[0.1, 0.3)	480	630	881	805	766
[0.3, 0.5)	980	1 022	1 129	1 379	1 185
[0.5, 0.7)	906	1 171	1 604	2 123	2 256
[0.7, 1.0)	1 231	1 711	1 907	2 169	2 105
[1.0, 1.3)	1 055	1 208	1 449	1 884	2 072
[1.3, 1.6)	737	810	865	1 143	1 377
[1.6, 2.0)	300	517	585	415	469
[2.0, 3.0)	356	347	432	575	424
[3.0, 5.0)	121	109	98	91	59
[5.0, 10.0)	12	24	26	21	29
[10.0, 13.131]	0	1	1	4	6
总计	6 262	7 617	9 058	10 724	10 797
平均RIF	1.001	0.993	0.957	0.955	0.961

对表3-4及图3-4进行分析，可以发现：

从各年学术论文来源期刊的平均相对影响因子大小来看，2012年发表的学术论文的来源期刊平均相对影响因子最大，为1.001，

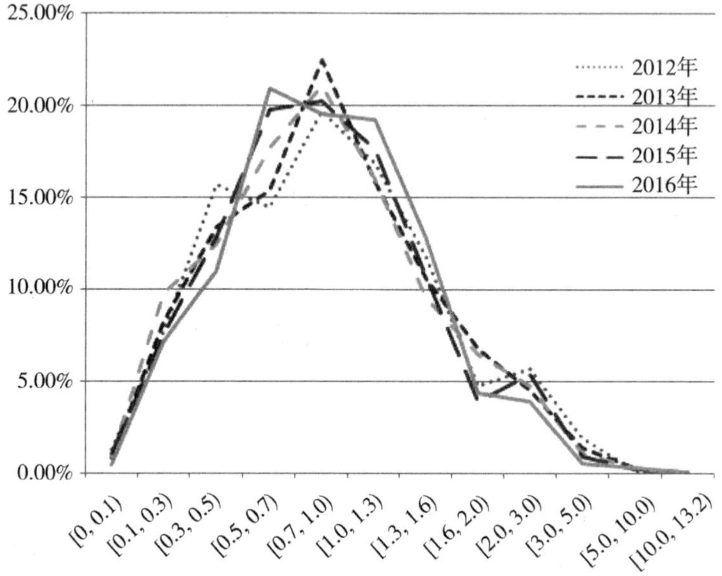

图 3-4 相对影响因子各区间学术论文量占当年学术论文总量的百分比变化折线图

即该年的学术论文在平均水平上发表在社会科学领域排名前 50%的期刊上。除 2012 年之外，其他 4 年的平均相对影响因子都小于 1，且在 2012—2015 年，平均相对影响因子持续下降，直到 2016 年略有上升。可见，近 5 年中国社会科学国际学术论文的数量虽持续快速增加，但是学术论文来源期刊的整体质量却略有下降。

从各年不同相对影响因子区间的学术论文量占当年论文总量的百分比变化来看，最近 5 年的变化趋势大体一致，百分比较高的来源期刊相对影响因子主要集中在 0. 3～1. 6。其中，2012 年相对于其他年份，来源期刊相对影响因子在 2～5 的学术论文量占比较高；2013 年相对于其他年份，相对影响因子在 0. 7～1. 0 的学术论文量占比较高；2014 年相对于其他年份，相对影响因子在 0. 1～0. 3 的学术论文量占比较高；2015 年相对于其他年份，各区间的学术论文量占比都不突出；2016 年相对于其他年份，相对影响因子在 0. 5～0. 7 以及 1. 0～1. 3 的学术论文量占比相对较突出。

3. 研究机构对相对影响因子的影响

同时对相对影响因子和研究机构进行分析，可了解来源期刊质量是否与作者所在研究机构存在相互关系。由于数据量较大，本书不对具体研究机构的相对影响因子情况进行研究，只对不同第一作者研究机构和通讯作者研究机构情形下的相对影响因子及不同研究机构数情形下的相对影响因子进行分析。

(1)第一/通讯作者研究机构对相对影响因子的影响。

对不同第一/通讯作者研究机构情形下的学术论文来源期刊的相对影响因子进行统计，具体情况见表3-5。

表3-5　**不同第一/通讯作者研究机构情形下学术论文来源期刊的相对影响因子情况**

第一作者研究机构国别	通讯作者研究机构国别	论文数量	最高RIF值	RIF值总和	平均RIF值
中国	中国	33 176	10.722	30 272.354	0.912
中国	非中国	2 353	10.722	2 445.848	1.039
非中国	中国	1 418	10.722	1 468.924	1.036
非中国	非中国	7 511	13.131	8 934.205	1.189

分析表3-5可以发现，通过对最高相对影响因子值的统计来看，非中国研究机构学者同时作为第一作者和通讯作者情形下的最高相对影响因子值要大于其他三种情形，而其他三种情形的最高相对影响因子值恰好相等，可见个别学术论文来源期刊的相对影响因子不受第一作者研究机构和通讯作者研究机构的影响。

通过对评价相对影响因子值的统计发现，中国研究机构学者同时作为第一作者和通讯作者情形下的平均相对影响因子值最小，且小于全部统计论文来源期刊的平均相对影响因子0.970；非中国研究机构学者同时作为第一作者和通讯作者情形下的平均相对影响因子值最大，中国研究机构学者和非中国研究机构学者分别作为第一作者和通讯作者情形下的平均相对影响因子值也都大于1。可见第一作者研究机构和通讯作者研究机构与来源期刊之间存在关系，整体上，中国研究机构学者作为第一/通讯作者发表学术论文的来源期刊的平均质量要低于非中国研究机构学者作为第一作者/通讯作者发表学术论文的来源期刊质量。

继续对第一作者研究机构和通讯作者研究机构都为中国研究机构的情形进行具体研究，以了解研究机构分别位于中国内地、香港地区和澳门地区时学术论文来源期刊的相对影响因子表现。具体情况见表 3-6。

表 3-6　**中国不同地区研究机构学者作为第一/通讯作者情形下学术论文来源期刊的相对影响因子情况**

第一作者研究机构地区	通讯作者研究机构地区	论文数量	最高 RIF 值	RIF 值总和	平均 RIF 值
中国内地	中国内地	25 441	10. 722	22 415. 173	0. 881
中国内地	中国香港	378	3. 743	400. 759	1. 060
中国内地	中国澳门	41	2. 252	30. 670	0. 748
中国香港	中国香港	6 452	8. 232	6 579. 011	1. 020
中国香港	中国内地	331	3. 614	380. 780	1. 150
中国香港	中国澳门	10	1. 312	7. 465	0. 747
中国澳门	中国澳门	483	4. 281	417. 358	0. 864
中国澳门	中国内地	28	2. 188	27. 696	0. 989
中国澳门	中国香港	12	2. 150	13. 441	1. 120

对表 3-6 进行分析发现，不同情形下的最高相对影响因子值与第一作者和通讯作者研究机构所在地区没有明显关系，即个别学术论文来源期刊的相对影响因子不受研究机构所在地区的影响，各地区研究机构都有可能在顶级国际期刊上发表学术论文。对于中国不同地区研究机构的平均相对影响因子值来说，香港地区研究机构学者发表学术论文的来源期刊质量在平均水平上要高于中国内地和澳门地区研究机构发表的学术论文的来源期刊质量，且无论是对中国内地研究机构还是对澳门地区研究机构来说，与香港地区研究机构合作会更可能在高影响因子期刊上发表学术论文，从而也获得更大

的相对影响因子。此外，中国内地研究机构和澳门地区研究机构以及两个地区合作发表的学术论文来源期刊的相对影响因子都小于1，说明这两个地区大多数学术论文发表在期刊分类中排名靠后的期刊上。

(2)研究机构数对相对影响因子的影响。

对相对影响因子和研究机构数同时进行研究，可了解研究机构间的合作是否对学术论文的来源期刊质量产生影响，对不同研究机构数情形下学术论文来源期刊的相对影响因子进行统计，具体情况见表3-7。

表3-7　**不同研究机构数情形下学术论文来源期刊的相对影响因子情况**

研究机构数	论文数量	最高 RIF 值	RIF 值总和	平均 RIF 值
1	9 395	7.545	7 803.394	0.831
2	13 651	8.232	12 620.931	0.925
3	10 376	7.545	10 171.930	0.980
4	5 569	10.771	5 892.125	1.058
5	2 511	13.131	2 682.726	1.068
不小于 6	2 956	10.771	3 950.225	1.336

由表3-7可知，最高相对影响因子值与研究机构数之间一直呈波动趋势，表明个别学术论文不管有几个研究机构，都可能被发表在影响因子很高的期刊上。而学术论文来源期刊的平均相对影响因子值随着研究机构数增加呈上升趋势，表明对于整体学术论文而言，合作的研究机构数增加，被发表在高影响因子期刊上的可能性增大。因此，学术论文的研究机构数与来源期刊的影响因子之间存在正向影响关系。

4. 学术论文篇幅对相对影响因子的影响

学术论文篇幅是指一篇学术论文从起始页到结束页一共有多少页，同时对来源期刊的相对影响因子和学术论文的篇幅进行分析，可了解学术论文来源期刊的质量与学术论文篇幅大小是否存在关系。44 458篇学术论文中，篇幅最长的达到 127 页，其来源期刊的相对影响因子为 0. 378；来源期刊的相对影响因子值最高的一篇学术论文高达 13. 131，论文篇幅仅有 10 页。对相对影响因子各区间的学术论文篇幅进行统计，基本情况见表 3-8。

表 3-8　　**相对影响因子各区间的学术论文篇幅情况**

	论文数量	最小篇幅	最大篇幅	总篇幅	平均篇幅
[0, 0.1)	396	2	93	6 776	17. 1
[0. 1, 0. 3)	3 562	2	67	51 690	14. 5
[0. 3, 0. 5)	5 695	2	127	82 889	14. 6
[0. 5, 0. 7)	8 060	1	84	111 397	13. 8
[0. 7, 1. 0)	9 123	2	61	124 155	13. 6
[1. 0, 1. 3)	7 668	1	65	98 351	12. 8
[1. 3, 1. 6)	4 932	1	76	63 323	12. 8
[1. 6, 2. 0)	2 286	1	120	33 447	14. 6
[2. 0, 3. 0)	2 134	2	72	32 328	15. 1
[3. 0, 5. 0)	478	2	91	9 379	19. 6
[5. 0, 10. 0)	112	4	66	1 518	13. 6
[10. 0, 13. 131]	12	8	22	157	13. 1

由表 3-8 中对每一个区间学术论文的最小篇幅和最大篇幅的统计可以发现，社会科学领域的国际期刊不论影响因子大小，对学术论文的篇幅要求不高，既会发表一两页内容的小篇幅论文，也会发表数十页的大篇幅论文。因此，对于个别学术论文来说，其篇幅大小与所在期刊的影响因子高低之间没有影响关系。

同时，由表中对每一个区间学术论文的平均篇幅的统计发现，社会科学领域国际期刊发表的学术论文的平均篇幅在 12～20 页，随着期刊相对影响因子的增大，期刊发表学术论文的平均篇幅呈先减小再增大再又减小的波动趋势。利用 SPSS 软件对相对影响因子与论文篇幅进行 Spearman 相关分析发现，两者的相关系数为 -0. 036，接近于 0，表明学术论文的篇幅大小不影响其被发表的期刊质量。

5. 基金资助情况对相对影响因子的影响

同时对相对影响因子和基金资助情况进行分析，可了解学术论文来源期刊质量是否受基金资助情况的影响。本节在统计每篇学术论文的基金时，只统计基金种数，不考虑个数，如“973 Program [2006CB910600，2010CB529600，2007CB914703，2007CB947300]；863 Program[2006AA02A407，2009AA022701]”只算 2 种基金。经统计，不同种类基金资助情形下学术论文来源期刊的相对影响因子情况见表 3-9。

表 3-9 不同基金资助情形下学术论文来源期刊的相对影响因子情况

基金资助种数	论文数量	最高 RIF 值	RIF 值总和	平均 RIF 值
0	19 097	10.771	17 522.892	0.918
1	8 685	10.722	8 380.836	0.965
2	6 816	10.722	6 663.894	0.978
3	4 544	10.320	4 595.600	1.011
4	2 616	9.815	2 726.806	1.042
5 种及以上	2 700	13.131	3 231.304	1.197

由表 3-9 中对最高相对影响因子值的统计，可以发现其与基金资助种数之间没有关系，即对于个别质量高的学术论文，不管其是否受到基金资助或受多少种基金资助，都能发表在影响因子很高的期刊上。通过对平均相对影响因子值的统计，发现来源期刊的相对影响因子随着基金资助种数的增多呈逐渐递增趋势，这表明来源期刊质量与基金资助种数之间存在相关关系，对于整体学术论文而言，学术论文受资助的基金种数越多，发表在高影响因子期刊上的可能性越大。

6. 参考文献数量对相对影响因子的影响

对相对影响因子和参考文献数量同时进行分析，可了解学术论文来源期刊质量与其参考文献数量之间的关系。其中，来源期刊相对影响因子最高的学术论文含 42 篇参考文献；参考文献数量最多的一篇学术论文有 452 篇，其来源期刊的相对影响因子为 5.722。对相对影响因子各区间的学术论文的参考文献数量进行统计，基本情况见表 3-10。

表 3-10　**相对影响因子各区间的学术论文参考文献数量分布情况**

	论文数量	最小量	最大量	总量	篇均量
[0, 0.1)	396	0	193	13 213	33
[0.1, 0.3)	3562	0	178	127 174	36
[0.3, 0.5)	5695	0	369	222 239	39
[0.5, 0.7)	8060	0	191	345 397	43
[0.7, 1.0)	9123	0	303	410 201	45
[1.0, 1.3)	7668	0	308	372 165	49
[1.3, 1.6)	4932	0	270	248 469	50
[1.6, 2.0)	2286	0	433	117 066	51
[2.0, 3.0)	2134	0	360	112 716	53
[3.0, 5.0)	478	4	274	31 096	65
[5.0, 10.0)	112	19	452	7 278	65
[10.0, 13.131]	12	29	142	771	64

由表 3-10 中对相对影响因子各区间学术论文的参考文献最小量与最大量的统计可以发现，不论期刊的影响因子大小，其都发表了含参考文献数量较少的学术论文，也发表了含参考文献数量较多的学术论文。对个别学术论文来说，其含有的参考文献数量与其被发表的学术期刊之间没有相互关系。

由表 3-10 中对相对影响因子各区间学术论文的篇均参考文献量的统计可以发现，随着来源期刊相对影响因子的增大，其发表的学术论文的篇均参考文献数量也增加了。即期刊的影响因子越大，其发表的学术论文一般含有更多的参考文献。利用 SPSS 软件对相对影响因子与参考文献数量进行 Spearman 相关分析发现，二者的相关系数为 0.433，二者低度相关。综合以上分析，对于整体学术论文而言，参考文献数量对来源期刊相对影响因子产生正向影响。

3.2.2 基于被引频次的学术论文线下影响力

自从20世纪50年代加菲尔德提出被引频次可以用于衡量学术影响力，半个多世纪以来，被引频次一直是学术影响力评价的重要指标之一，被广泛用于学术论文、学者、期刊、学科领域、研究机构以及国家/地区等评价对象的学术影响力评价研究中，被引频次是反映学术论文线下影响力的最重要指标之一。

本书数据共含77 168篇学术论文，其中57 175篇学术论文被引用过，即中国社会科学国际学术论文的被引率为74.09%。计算同时间范围内的日本社会科学国际学术论文的被引率为75.51%，美国社会科学国际学术论文被引率为81.52%。考虑到引文存在时滞，新发表的学术论文的被引率会拉低整体论文的被引率，因此排除最新发表的学术论文数据后的引文率可能更能反映现实情况。经统计，当排除2016年的论文数据后，中国社会科学国际学术论文的被引率上升到82.95%，当排除2015年、2016年的论文数据后，中国社会科学国际学术论文被引率达到87.89%。综合以上分析可知，中国社会科学国际学术论文的被引率比较高，且与世界发达国家美国和日本的学术论文被引率相比差距较小。

57 175篇被引用过的学术论文一共被引用了806 980次，平均每篇学术论文被引用14.12次。继续对学术论文被引频次的频次进行统计，发现被引频次为1的学术论文有9 564篇，被引频次超过1 000的学术论文有11篇，被引频次最高的一篇学术论文被引用了2 754次。为了清晰展示被引频次的频次分布情况，绘制了学术论文被引频次的频次区间分布柱状图，如图3-5所示。

由图3-5可以发现，在被引用过的学术论文中，绝大多数学术论文的被引频次较低，其中被引频次低于平均值14.12的学术论文数量达到42 833篇，占被引用过的学术论文总数的74.92%；而被引频次在100篇以上的学术论文只有841篇，占被引用过的学术论文总数的1.47%，被引频次在250篇以上的学术论文只有108篇，仅占被引用过的学术论文总数的0.19%。

由以上分析可知，虽然中国社会科学国际学术论文的被引率比

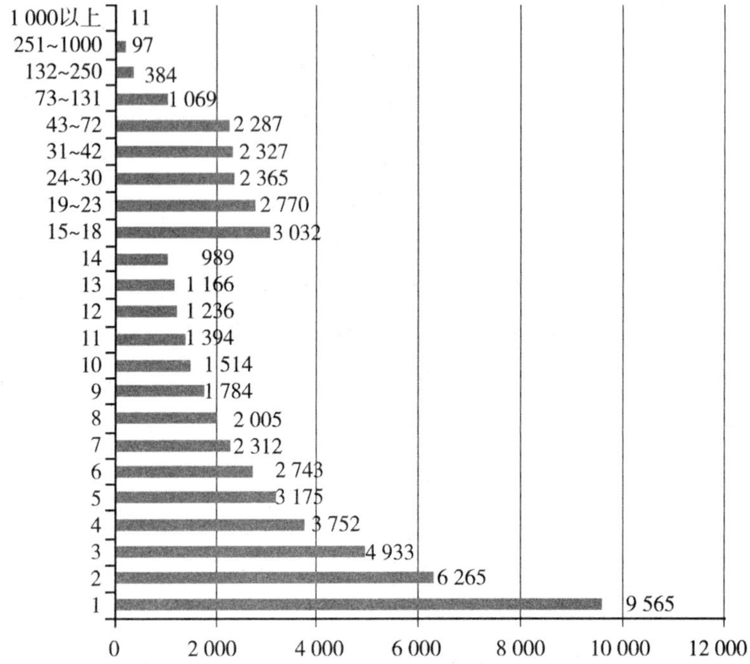

图 3-5　学术论文被引频次的频次区间分布柱状图

较高，但是绝大多数被引用过的学术论文的被引频次不高，只有占总量极小比例的学术论文被高频引用。中国社会科学国际学术论文的被引频次受哪些内在因素影响呢？以下将具体讨论。

1. 发表时间对篇均被引频次的影响

按年份统计当年学术论文的总被引频次，并计算当年学术论文的篇均被引频次，为了清晰展示学术论文的当年篇均被引频次的变化趋势，绘制当年篇均被引次数的折线图，如图 3-6 所示。

由图 3-6 中折线的变化趋势，可以看出：

在 1978 年之前，学术论文的当年篇均被引频次一直波动变化，无明显趋势。这主要是因为学术论文的被引频次分布比较分散，而这一时期每一年的学术论文数量又少，因此平均作用不明显。篇均被引频次较高的个别年份，既有可能是因为当年的某一篇学术论文的被引频次较高拉大了平均值，也可能是因为当年所有学术论文的

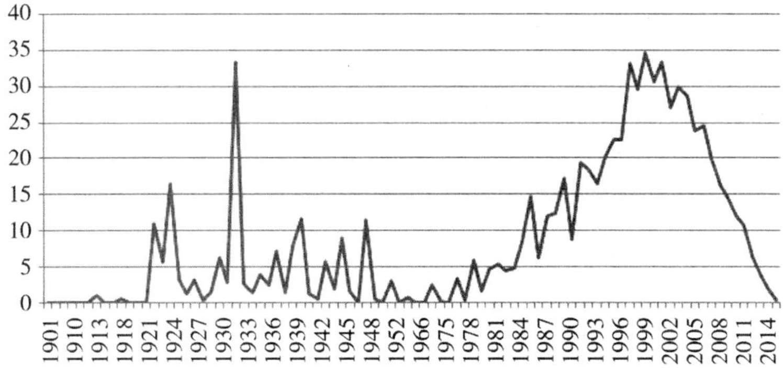

图 3-6 学术论文的当年篇均被引频次变化趋势折线图

被引频次都比较高。

在 1978 年之后，学术论文的当年篇均被引频次先是呈上升趋势，一直到 2000 年达到最高值后，又开始呈快速下降趋势。当年篇均被引频次的上升趋势说明随着时间演进，中国社会科学国际学术论文越来越受到学术共同体的认可，学术共同体增加了对中国社会科学国际学术论文的引用，中国社会科学国际学术论文的学术影响不断增强。2000 年后，当年篇均被引频次开始下降，但并不一定是中国社会科学国际学术论文的学术影响力减弱，可能的原因有：一是中国社会科学国际学术论文的数量急剧增加，论文数量增长的速度大于论文被引次数增长的速度，导致篇均被引频次逐渐减小；二是中国社会科学国际学术论文的引文时滞较长，2000 年后(尤其是最近几年)发表的学术论文逐渐被引用，但还没有到达被引用的高峰期，被引频次普遍较低，导致篇均被引频次减小；三是中国社会科学国际学术论文的学术影响力减弱，学术共同体对中国社会科学国际学术论文的认可度降低，从而减少了对学术论文的引用；四是以上三个原因的综合，中国研究机构在这一时期为了追求社会科学国际学术论文数量的增加，降低了对学术论文质量的要求，使得学术论文的学术影响力降低，从而使学术共同体减少了对学术论文的引用。

因此，被引频次随时间发展变化可以分三个阶段讨论：改革开放之前，由于发表的学术论文数量较少，且学术论文的被引频次也比较分散，因此二者之间关系不突出；1978—2000 年，当年篇均被引频次随时间发展呈逐渐上升趋势，中国社会科学国际学术论文的学术影响力逐渐增强；2000 年之后，当年篇均被引频次随时间发展呈逐渐下降趋势，但这一时期由于学术论文数量快速增加，且近年的学术论文还没有达到被引用的高峰期，因此这一时期中国社会科学国际学术论文的学术影响力的变化情况还需要进行深层次挖掘。

2. 研究机构对被引频次的影响

同时对被引频次和研究机构进行分析，可了解被引频次是否受作者所在研究机构变化的影响。由于数据量较大，本书不对具体研究机构的被引频次变化进行研究，只对不同第一/通讯作者研究机构情形下的被引频次及不同研究机构数情形下的被引频次进行分析。

(1)第一/通讯作者研究机构对被引频次的影响。

被引频次超过 1 000 的 11 篇学术论文，除其中一篇的第一作者和通讯作者研究机构都是中国香港地区以外，其他 10 篇学术论文的第一作者和通讯作者都是非中国研究机构的学者。对不同第一/通讯作者研究机构情形下学术论文的被引频次进行统计，具体情况见表 3-11。

表 3-11　**不同第一/通讯作者研究机构情形下学术论文的被引频次情况**

第一作者研究机构国别	通讯作者研究机构国别	数量	被引用论文量	最高被引频次	总被引频次	被引率	总篇均被引频次	篇均被引频次
中国	中国	56 558	40 801	2 728	503 106	72. 14%	8. 90	12. 33
中国	非中国	3 042	2 038	455	21 172	67. 00%	6. 96	10. 39
非中国	中国	1 841	1 084	400	10 130	58. 88%	5. 50	9. 35
非中国	非中国	15 375	12 967	2 754	266 562	84. 34%	17. 34	20. 56

表 3-11 中，总篇均被引频次是全部学术论文的篇均被引频次；篇均被引频次是被引用论文的篇均被引频次。由表 3-11 可知，在被引率上，第一/通讯作者都是非中国研究机构学者的学术论文的被引率最高，第一/通讯作者都是中国研究机构学者的学术论文的被引率次之，而第一作者和通讯作者分别是中国研究机构学者和非中国研究机构学者的学术论文的被引率要高于第一作者和通讯作者分别是非中国研究机构学者和中国研究机构学者的学术论文。总篇均被引频次与篇均被引频次的排名情况与被引率的排名一致。由此可见，被引频次受研究机构一定影响，中国研究机构学者作为第一作者或通讯作者的学术论文的被引率与平均被引频次都要落后于非中国研究机构学者同时作为第一作者和通讯作者的学术论文。

继续对第一作者研究机构和通讯作者研究机构都为中国研究机构的情形进行具体研究，以了解研究机构分别位于中国内地、香港地区和澳门地区时学术论文的被引频次表现。具体情况见表 3-12。

表 3-12　**中国不同地区研究机构学者作为第一/通讯作者情形下学术论文的被引频次情况**

第一作者研究机构地区	通讯作者研究机构地区	数量	被引用论文量	最高被引频次	总被引频次	被引率	总篇均被引频次	篇均被引频次
中国内地	中国内地	38 128	27 552	725	287 460	72.26%	7.54	10.43
中国内地	中国香港	416	266	104	1 824	63.94%	4.38	6.86
中国内地	中国澳门	43	23	16	69	53.49%	1.60	3.00
中国香港	中国香港	16 655	13 857	2 728	225 112	83.20%	13.52	16.25
中国香港	中国内地	559	416	132	5 524	74.42%	9.88	13.28
中国香港	中国澳门	10	3	5	9	30.00%	0.90	3.00
中国澳门	中国澳门	703	514	155	5 386	73.12%	7.66	10.48
中国澳门	中国内地	32	17	38	84	53.13%	2.63	4.94
中国澳门	中国香港	12	7	8	30	58.33%	2.50	4.29

由表 3-12 可知，当第一作者研究机构和通讯作者研究机构都

为中国研究机构时，研究机构的地区对被引频次也有影响。其中，第一作者和通讯作者研究机构都位于香港地区时，学术论文的被引率、总篇均被引频次及篇均被引频次都表现最优；第一作者和通讯作者研究机构分别位于香港地区和内地时，学术论文的被引率、总篇均被引频次及篇均被引频次都表现次之；第一作者和通讯作者研究机构都位于澳门地区时，学术论文的被引率、总篇均被引频次及篇均被引频次表现排在第3名；中国内地研究机构同时为第一作者和通讯作者的研究机构时，学术论文的被引率、总篇均被引频次及篇均被引频次排在第4名。可见，整体上中国内地研究机构发表的社会科学国际学术论文的被引频次表现情况要落后于香港地区研究机构和澳门地区研究机构。

(2)研究机构数对被引频次的影响。

对被引频次和研究机构数同时进行研究，可了解研究机构间的合作是否对学术论文的被引频次产生影响。研究机构数最多的一篇学术论文有461个研究机构，该学术论文共被引用了18次，对不同研究机构数情形下学术论文的被引频次进行统计，具体情况见表3-13。

表3-13 **不同研究机构数情形下学术论文的被引频次情况**

研究机构数	数量	被引用论文量	最高被引频次	总被引频次	被引率	总篇均被引频次	篇均被引频次
1	20 430	14 501	945	168 907	70.98%	8.27	11.65
2	23 977	18 002	2 728	256 266	75.08%	10.69	14.24
3	16 702	12 484	713	181 952	74.75%	10.89	14.57
4	8 337	6 300	1 032	87 189	75.57%	10.46	13.84
5	3 620	2 742	1 129	40 771	75.75%	11.26	14.87
不小于6	4 102	3 146	2 754	71 895	76.69%	17.53	22.85

由表3-13可知，由最高被引频次统计发现，个别学术论文的被引用情况不受研究机构数的影响；但是对学术论文的被引率和两个篇均被引频次的统计发现，整体学术论文的被引率和篇均被引频次随着研究机构数增多呈上升趋势，即当学术论文的研究机构数增

多时，学术论文获得引用的可能性也随之增加。

3. 学术论文篇幅对被引频次的影响

同时对被引频次和学术论文的篇幅进行分析，可了解被引频次是否受学术论文篇幅大小的影响。论文数据中有32篇学术论文仅得到起始页码数据，没有得到结束页码数据，且无法获取原文，又考虑到引文时滞问题，故本节只对发表在2014年之前的剩下的55 191篇学术论文的论文篇幅与被引频次间的关系进行研究。55 191篇学术论文中，篇幅最长的一篇有151页，仅被引用了7次；被引频次最高的一篇被引用了2 754次，篇幅有34页；篇幅在30页以下的学术论文有53 423篇，占论文总量的96.80%。利用SPSS软件的绘图功能，绘制这55 191篇学术论文的篇幅与被引频次关系的散点图，如图3-7所示。

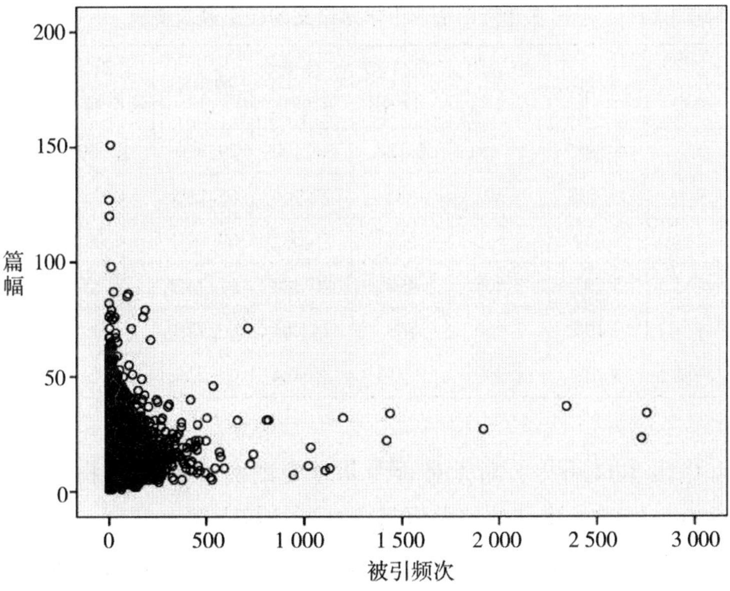

图3-7 论文篇幅与被引频次关系的散点图

由图3-7可以看出，少量篇幅很大的学术论文的被引频次较小，少量被引频次很大的学术论文的篇幅也不突出，除此之外绝大数学术论文的篇幅与被引频次之间的关系不明显。继续用 SPSS 软件的 Spearman 相关分析法求得二者之间的相关系数为-0.005，几乎不相关，由此可以说明中国社会科学国际学术论文的篇幅大小与被引频次之间不存在关系，即篇幅的大小不影响学术论文的被引用。

4. 基金资助情况对被引频次的影响

同时对被引频次和基金资助情况进行分析，可了解被引频次是否受基金资助情况的影响。本节在统计每篇学术论文的基金时，只统计基金种数，不考虑个数，如“973 Program[2006CB910600, 2010CB529600, 2007CB914703, 2007CB947300]; 863 Program [2006AA02A407, 2009AA022701]”只算 2 种基金。不同种数基金资助情形下学术论文的被引频次情况见表 3-14。

表 3-14 **不同基金资助情形下学术论文的被引频次情况**

基金资助种数	数量	被引用论文量	最高被引频次	总被引频次	被引率	总篇均被引频次	篇均被引频次
0	44 895	35 858	2 728	569 883	79.87%	12.69	15.89
1	11 498	7 501	455	79 960	65.24%	6.95	10.66
2	8 634	5 525	591	56 062	63.99%	6.49	10.15
3	5 703	3 805	494	40 384	67.74%	8.33	12.29
4	3 199	2 160	573	24 267	66.72%	7.08	10.61
5 种及以上	3 239	2 259	2 754	36 424	67.52%	7.59	11.23

由表 3-14 可得，对于是否受基金资助的学术论文来说，不受基金资助的学术论文的被引率与两个篇均被引频次都高于受基金资助的学术论文；对于有基金资助的学术论文来说，基金资助的种数与被引率和篇均被引频次无明显关系；从最高被引频次的统计来看，个别学术论文的被引用情况与是否受基金资助以及受基金资助种数之间无明显关系。因此，对于中国社会科学国际学术论文来说，被引频次大小与是否受基金资助以及受几种基金资助没有直接相关关系。

5. 参考文献数量对被引频次的影响

客观、真实地应用参考文献可以反映论文的科学性、权威性。① 对被引频次和参考文献数量同时进行分析，可了解学术论文被引频次的大小是否受参考文献数量多少的影响。考虑到学术论文的引文量一般在发表两年后逐渐达到高峰，因此本节只对发表在2014 年及之前的55 223篇学术论文的参考文献数量与被引频次间的关系进行研究。55 223篇学术论文共有2 157 816篇参考文献，共被引用了784 031次，平均每篇学术论文有 39 篇参考文献，被引用了14 次。其中，被引频次最高的学术论文被引用了2 754次，有 110 篇参考文献；参考文献数量最多的一篇学术论文有 452 篇，被引用了 73 次。利用 SPSS 软件的绘图功能，绘制这55 223篇学术论文的参考文献数量与被引频次关系的散点图，如图 3-8 所示。

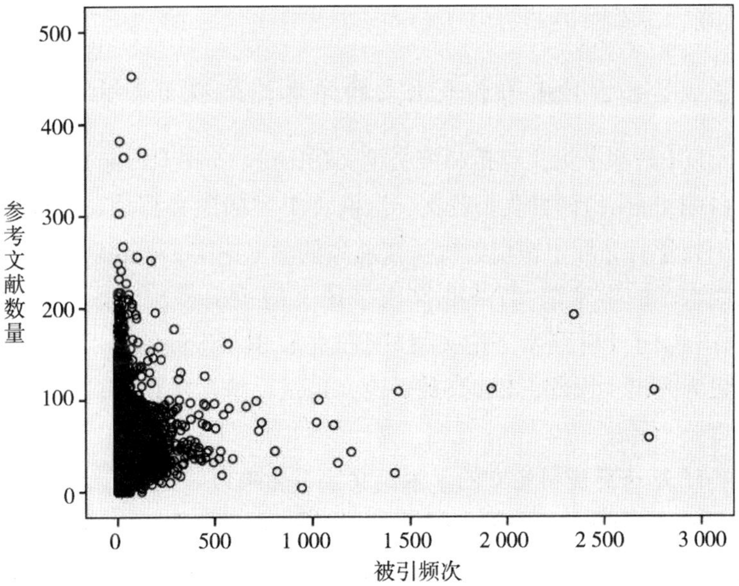

图 3-8　参考文献数量与被引频次关系的散点图

① 陆遐．参考文献在论文写作中的合理应用及思考[J]．价值工程，2014(28)：250-251.

由图3-8可以发现，参考文献数量超过200篇的学术论文有27篇，这27篇学术论文的被引频次小于200次；被引频次超过500的学术论文有26篇，这26篇学术论文的参考文献数量都在200篇以下；绝大多数学术论文的参考文献数量和被引频次集中在200和500以下区间内，参考文献数量与被引频次之间的关系不明显。继续用SPSS软件的Spearman相关分析法求得二者之间的相关系数为0.224，呈弱相关关系，由此可以说明中国社会科学国际学术论文的参考文献数量与被引频次之间没有直接关系，参考文献数量的多少不影响学术论文的被引用。

Kosmulski在2011年提出，如果一篇文章被引用的次数大于文章中参考文献的数量，这篇文章就是一篇成功论文(successful paper)。[①] 经统计，截至2014年的55 223篇学术论文中，有5 695篇学术论文的被引频次大于参考文献数量，成功论文约占论文总量的10.31%。

3.2.3　基于ESI高水平论文的学术论文线下影响力

ESI高水平论文包括高被引论文(Highly Cited Papers)和热门论文(Hot Papers)两种类型论文，这两种类型的论文都是在遴选时间范围内学科领域中被引频次排在前列的学术论文，且相对于其他被引频次高的学术论文，ESI高水平论文的被引频次的累积速度更快，表明了ESI高水平论文相对于其他被引频次高的学术论文影响力更为突出。因此，ESI高被引论文也是反映学术论文线下影响力的重要指标之一。

1. 基于高被引论文的学术论文线下影响力

2006—2016年，共有642篇中国社会科学国际学术论文被ESI数据库遴选为高被引论文，约占该时间范围内学术论文总量(67 342篇)的1%。642篇高被引论文累积被引用66 582次，平均每篇高被引论文被引用103.71次。被引频次最高的一篇高被引论

---

① Kosmulski M. Successful papers: a new idea in evaluation of scientific output[J]. Journal of Informetrics, 2011, 5(3): 481-485.

文发表在 2012 年 12 月，被引用了2 754次，被引频次最低的一篇高被引论文发表在 2016 年 10 月，被引用了 2 次。结合论文的发表时间，对高被引论文的被引频次进行统计，具体情况见表 3-15。

表 3-15　　**高被引论文被引频次的时间分布情况**

	2006	2007	2008	2009	2010	2011	2012	2013	2014	2015	2016	合计
2~10	0	0	0	0	0	0	0	0	0	**10**	**57**	67
11~50	0	0	0	0	0	**1**	**4**	**26**	**84**	**100**	**24**	239
51~103	0	0	0	0	**9**	**23**	**49**	**28**	**26**	**9**	**2**	146
104~200	**3**	**4**	**12**	**19**	**28**	**19**	**18**	**13**	**2**	**2**	0	120
201~831	**4**	**19**	**12**	**7**	**3**	**8**	**5**	**3**	**2**	**2**	0	65
>831	0	0	0	0	**1**	0	**4**	0	0	0	0	5
合计	7	23	24	26	41	51	80	70	114	123	83	642

对表 3-15 进行分析，可以发现：

从高被引论文的被引频次大小来看，绝大多数高被引论文的被引频次处于低频次区间。被引频次低于平均值(103.71，表中虚线以上部分)的高被引论文就有 452 篇，占高被引论文总量的 70.4%，被引频次在 200 次以上的高被引论文只有 70 篇，仅占高被引论文总量的 10.9%。

从高被引论文的年代分布来看，高被引论文主要分布在最近的几年，且随着时间演进，高被引论文的被引频次所在区间呈阶梯状下降。2011 年以后的高被引论文有 521 篇，占高被引论文总量的 81.15%，近三年的高被引论文数量就占到高被引论文总量的一半。2011 年之前的高被引论文的被引频次主要处在高频次区间，2012 年开始则主要处在低频次区间，其中 2009 年之前的高被引论文的被引频次都高于平均值，2016 年的高被引论文的被引频次均低于平均值。

对高被引论文的第一作者研究机构和通讯作者研究机构进行分析发现：第一作者研究机构是中国研究机构的高被引论文有 384 篇，占高被引论文总量的 59.81%；通讯作者研究机构是中国研究机构的高被引论文有 368 篇，占高被引论文总量的 57.32%；第一作者研究机构和通讯作者研究机构都是中国研究机构的高被引论文有 363 篇，占高被引论文总量的 56.54%；第一作者研究机构和通讯作者研究机构都是非中国研究机构的高被引论文有 252 篇，占高被引论文总量的 39.25%。对不同第一/通讯作者研究机构情形下高被引论文的篇均被引频次进行统计，具体情况见表 3-16。

表 3-16　**不同第一/通讯作者研究机构情形下高被引论文的篇均被引频次**

第一作者研究机构国别	通讯作者研究机构国别	数量	占总量百分比	总被引频次	篇均被引频次
中国	中国	363	56.54%	25 815	71.12
中国	非中国	22	3.43%	1 296	58.91
非中国	中国	5	0.78%	512	102.4
非中国	非中国	252	39.25%	38 959	154.60

由表 3-16 可知，非中国研究机构学者同时作为第一作者和通讯作者的高被引论文的篇均被引频次高达 154.60 次，远超过其他三种情形；而中国研究机构学者同时作为第一作者和通讯作者的高被引论文的篇均被引频次还不足前种情形的 1/2，且与全部高被引论文的篇均被引频次（103.71 次）也有一定差距；第一作者和通讯作者研究机构国别一方是中国一方是非中国的高被引论文数量较少，篇均被引频次也都小于全部高被引论文的篇均被引频次（103.71 次），但非中国研究机构学者作为第一作者的高被引论文的篇均被引频次更高，且接近于总体平均值。整体上看，非中国研究机构学者作为第一作者的高被引论文要比中国研究机构学者作为第一作者的高被引论文表现更为突出。

对第一作者和通讯作者研究机构国别都为中国的 363 篇高被引论文继续分析发现：299 篇高被引论文的第一/通讯作者研究机构位于内地，篇均被引 62.76 次；55 篇高被引论文的第一/通讯作者研究机构位于香港地区，篇均被引 117.04 次；2 篇高被引论文的第一/通讯作者研究机构位于澳门地区，一篇被引用 10 次，一篇被引用 289 次。可见，内地研究机构在高被引论文的数量上虽占优势，但在质量上落后于港澳地区研究机构。

对高被引论文的研究机构数、论文篇幅进行研究，绘制了不同研究机构数和论文篇幅下的高被引论文数量变化折线图，如图 3-9 所示。

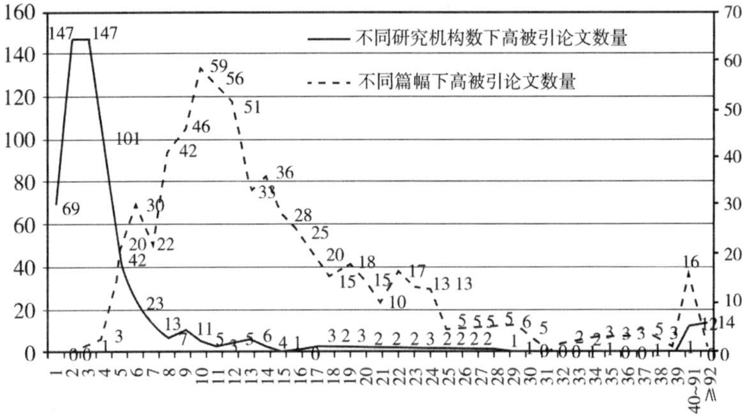

图 3-9　不同研究机构数和论文篇幅下的高被引论文数量变化折线图

由图 3-9 中不同研究机构数下的高被引论文数量变化折线图可知，绝大多数高被引论文的研究机构数都在 10 个以下，其中有 2 个研究机构和 3 个研究机构的高被引论文数量最多，都为 147 篇，超过 10 个研究机构数的高被引论文只有 77 篇，占高被引论文总量的近 12%。

从图 3-9 中不同篇幅下的高被引论文数量变化折线图可以看出，绝大多数高被引论文的篇幅都在 5 页及以上，24 页及以下。篇幅小于 5 页的高被引论文只有 4 篇，篇幅大于 24 页的高被引论文有 69 篇。

综合图 3-9 可知，高被引论文的研究机构数一般不多，以 1～4 个最为常见；论文的篇幅一般在 25 页以下，并不是篇幅越多成为高被引论文的可能性越大。

对高被引论文的基金资助情况进行研究，发现253篇高被引论文没有受到基金资助，篇均被引105.20次；受基金资助的高被引论文有389篇，占高被引论文总量的60%以上，共被引用39 966次，篇均被引102.74次。

对高被引论文的参考文献数进行研究，绘制了不同参考文献区间的高被引论文数量柱状图，如图3-10所示。由图3-10可知，绝大多数高被引论文的参考文献数量都在20~90篇，参考文献数低于10篇的高被引论文只有2篇，可见高被引论文都有丰富的理论基础。

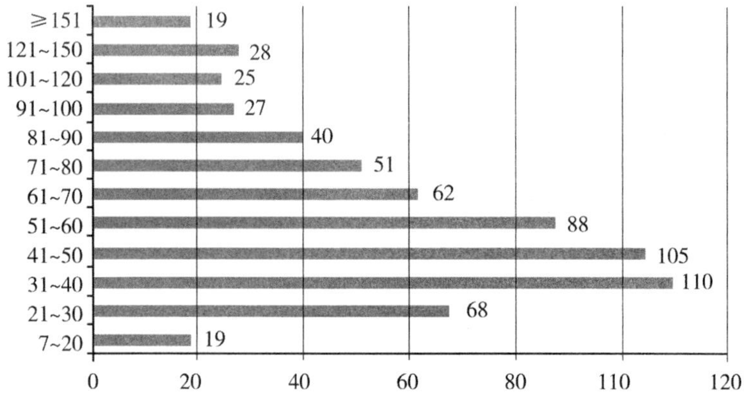

图3-10　不同参考文献区间的高被引论文数量柱状图

2. 基于热门论文的学术论文线下影响力

2014年11月至2016年期间，共有23篇中国社会科学国际学术论文被ESI数据库遴选为热门论文，约占该时间范围内学术论文总量(23 304篇)的0.1%。23篇热门论文共被引用了2 045次，平均每篇热门论文被引用88.91次；被引频次最高的一篇热门论文发表在2015年1月，被引用了831次，被引频次最低的一篇热门论文发表在2015年10月，被引用了4次。结合论文的发表时间，对热门论文的被引频次进行统计，并绘制热门论文被引频次的频次分布雷达图，如图3-11所示。

由图3-11可知，23篇热门论文中有4篇热门论文的被引频次

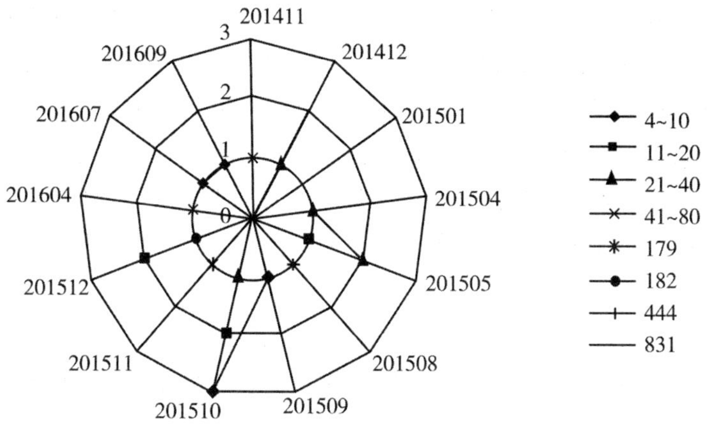

图 3-11 热门论文被引频次的频次分布雷达图

过百，从大到小分别发表在 2015 年 1 月、2015 年 8 月、2015 年 12 月和 2015 年 11 月。其他 19 篇热门论文的被引频次被划分成 4 个区间，但被引频次在 4～10 区间的最多有 7 篇，在 11～20 和 21～40 区间的各有 5 篇，在 41～80 区间的只有 2 篇。从每个时间段内热门论文的数量来看，2015 年 10 月热门论文数量最多，有 6 篇，2015 年 5 月有 4 篇热门论文，2015 年 12 月有 3 篇热门论文，其他时间段各有 1 篇热门论文。综上分析，虽然是在近两年的时间范围内遴选热门论文，但 2015 年的热门论文数量最多，且被引频次最高的 4 篇热门论文都发表在 2015 年。

对不同第一/通讯作者研究机构情形下的热门论文情况进行统计，如表 3-17 所示。

表 3-17 **不同第一/通讯作者研究机构情形下热门论文情况**

第一作者研究机构国别	通讯作者研究机构国别	数量	占总量百分比	总被引频次	篇均被引频次
中国	中国	10	43.48%	244	24.4
中国	非中国	2	8.69%	34	17
非中国	中国	0	0	0	—
非中国	非中国	11	47.83%	1 767	160.64

由表3-17可知，23篇热门论文中，由中国研究机构学者作为第一作者发表的论文数量占一半以上，以1篇的优势领先于非中国研究机构学者作为第一作者的热门论文数；但是中国研究机构学者作为第一作者的热门论文的被引情况却远不及非中国研究机构学者作为第一作者的热门论文表现。此外，中国研究机构学者同时作为第一作者和通讯作者发表的10篇热门论文均是由中国内地研究机构学者发表。

继续对热门论文的研究机构数、论文篇幅及参考文献数进行研究，发现研究机构数在1~5个的热门论文有11篇，6~10个研究机构的热门论文有4篇，11~20个研究机构的热门论文有4篇，研究机构数超过20个的热门论文有4篇；论文篇幅在4~10页的热门论文有11篇，11~18页的热门论文有8篇，篇幅超过20页的热门论文有4篇；参考文献数不足20篇的热门论文有2篇，21~40篇的热门论文有11篇，41~60篇的热门论文有4篇，超过60篇的热门论文有6篇。由于热门论文数量较少，研究机构数、论文篇幅及参考文献数对热门论文的影响不突出。

对于基金资助情况，23篇热门论文中有20篇受到基金资助，基金资助率达到87%，且受资助的热门论文篇均被引100.4次；3篇没有被资助的热门论文都发表在2015年，共被引用37次。可见基金资助情况对热门论文有影响。

另外同时发现，23篇热门论文中有16篇同时是高被引论文，论文情况见表3-18。从表中可以发现非中国研究机构学者作为第一作者的热门论文，无论是在数量上还是在被引频次上都领先于中国研究机构学者作为第一作者的热门论文表现。

表3-18 **同时是高被引论文和热门论文的论文基本情况**

第一作者研究机构国别	通讯作者研究机构国别	数量	占总量百分比	总被引频次	篇均被引频次
中国	中国	6	37.5%	204	34
中国	非中国	1	6.25%	29	29

续表

第一作者研究机构国别	通讯作者研究机构国别	数量	占总量百分比	总被引频次	篇均被引频次
非中国	中国	0	0	0	—
非中国	非中国	9	56. 25%	1 743	193. 67

3.2.4 提高中国社会科学国际学术论文传统影响力的建议

前文对中国社会科学国际学术论文传统影响力的 3 个测度指标期刊影响因子、被引频次和 ESI 高水平论文进行了分析，并分别探讨了学术论文的发表时间、研究机构、论文篇幅、基金资助以及参考文献数 5 个学术论文评价的原生影响因素对各指标的影响，详见表 3-19。

表 3-19　**原生影响因素对学术论文传统影响力测度指标的影响**

项目		期刊影响因子	被引频次	ESI 高水平论文	
				高被引论文	热门论文
发表时间		有影响	有影响	有影响	有影响
研究机构	第一/通讯作者研究机构国别	有影响	有影响	有影响	有影响
	中国研究机构地区	有影响	有影响	有影响	—
	研究机构数	有影响	有影响	—	—
论文篇幅		无影响	无影响	—	—
基金资助		有影响	无影响	无影响	有影响
参考文献数		有影响	无影响	—	—

表 3-19 中，内容为“—”的表格表示根据现有数据，无法判断两个因素之间是否有影响关系。根据学术论文评价的原生影响因素对中国社会科学国际学术论文传统影响力测度指标的影响，本书认为可以通过以下措施提高中国社会科学国际学术论文传统影响力。

(1)提高学术论文来源期刊质量的措施：①促进与国外研究机构的合作，争取参与到国外研究机构的社会科学研究中。非中国研究机构学者作为第一作者或通讯作者发表的学术论文来源期刊的平均质量都高于中国研究机构学者同时作为第一作者和通讯作者发表的学术论文来源期刊质量，因此在促进中国研究机构与非中国研究机构合作的同时，中国研究机构学者个人也应寻找机会参与到国外研究机构的研究中。②促进与香港地区研究机构间的合作。内地/澳门地区研究机构与香港地区研究机构合作发表的学术论文来源期刊的平均质量高于它们独自发表的学术论文来源期刊质量，因此应促进不同地区间的合作研究。③鼓励跨机构的合作研究。随着研究机构数的增加，学术论文来源期刊的平均相对影响因子逐渐增大，即学术论文更有可能发表在影响因子高的高质量期刊上，故应鼓励不同机构间的广泛合作。④研究机构应积极申请获得更多基金项目资助，国家相关部门也应加大社会科学研究的基金资助力度。对于整体学术论文而言，学术论文受资助的基金种数越多，发表在高影响因子期刊上的可能性越大。⑤学者在撰写论文时，应全面调研，广泛参考已有研究成果，确保论文有丰富的研究基础。随着来源期刊影响因子增大，期刊发表的学术论文的平均参考文献数量也增多，因此高质量期刊上发表的学术论文普遍引用了较多的参考文献。

此外，学术论文的发表时间与期刊影响因子之间也有影响关系，但发表时间影响的是期刊影响因子测量结果，在本质上无法提高期刊影响因子。同理，发表时间对被引频次、ESI 高水平论文的影响也是仅影响测量结果，不能产生实质的改变。

(2)提高学术论文被引频次的措施：①国际方面，争取参与国外研究机构的社会科学研究。非中国研究机构学者同时作为第一作者和通讯作者发表的学术论文在被引率和篇均被引频次上都高于中国研究机构学者作为第一作者或通讯作者发表的学术论文，中国研究机构学者应寻找机会多参与国外研究机构的社会科学研究。②在国内，促进与香港地区研究机构间合作。香港地区研究机构学者同时作为第一作者和通讯作者发表的学术论文的被引率和篇均被引频次都高于整体内地研究机构发表的学术论文，应促进内地、澳门地区研究机构学者参与到香港地区研究机构的社会科学研究。③增加合作的研究机构数，能有效提高学术论文的被引频次。随着研究机构数的增加，学术论文的被引率与被引频次都呈递增趋势，因此社会科学研究中应寻求更多的研究机构进行合作。

(3)提高 ESI 高水平论文数量与质量的措施：ESI 高水平论文是在一定时间范围内被引频次排在学科领域前列(前 1%或前 0.1%)的论文，要想提高 ESI 高水平论文的数量与质量，首先要提高学术论文的被引频次，因此以上提高学术论文被引频次的三点措施都适用，即：①争取参与国外研究机构的社会科学研究。②促进与香港地区研究机构间合作。③增加合作的研究机构数。④社会科学领域的研究机构还应积极申请以获得更多基金资助。60%以上的高被引论文、87%以上的热门论文受到基金资助，且受基金资助的热门论文的篇均被引频次远大于不受基金资助的热门论文。

3.3 中国社会科学国际学术论文在线影响力分析

中国社会科学国际学术论文在线影响力通过学术论文在电子文献数据库中的被使用和在在线社交媒体和网络平台的被传播体现出的学术论文的知识信息满足用户信息需求和获得大众群体关注的程度来反映。其中，由学术论文的知识信息满足用户信息需求产生的 Web 1.0 影响力将用学术论文在 Web of Science 数据库的使用次数来进行测度，由学术论文的知识信息获得大众群体关注产生的 Web 2.0 影响力将用 Altmetrics 指标进行测度。并分别讨论学术论文评价的原生影响因素(发表时间、研究机构、论文篇幅、基金资助以及参考文献数量)与使用次数、Altmetrics 指标间的影响关系，通过对影响关系的分析，提出提升在线科学交流模式下的中国社会科学国际学术论文影响力的措施。

3.3.1 基于使用次数的学术论文 Web 1.0 影响力

Web of Science 核心合集记录了学术论文在“最近 180 天”和

“2013年至今”两个时间段内的使用次数，使用次数可以衡量用户对于 Web of Science 平台上一个特定项目的关注程度，该计数反映了学术论文满足用户信息需要的次数，具体表现为用户点击了指向出版商处全文的链接(通过直接链接或 Open URL)，或是对论文进行了保存以便在题录管理工具中使用(直接导出或保存为可以在之后重新导入的其他格式)。① 学术论文被引用的前提就是被使用，因此使用次数在一定程度上能预测学术论文在未来一段时间内的被引用情况，一篇学术论文的使用次数越高，未来一段时间内被引用的可能性就越大。使用次数是衡量学术论文 Web 1.0 影响力的重要指标。

经统计，最近180天，有54 795篇学术论文被使用过，占学术论文总量的70.23%，共被使用了218 199次，平均每篇被使用过的学术论文被使用了3.98次；2013年至今，有73 436篇学术论文被使用过，占学术论文总量的95.16%，共被使用了1 204 750次，平均每篇被使用过的学术论文被使用了16.41次。

1. 发表时间对篇均使用次数的影响

按发表时间统计当年学术论文的总使用频次，并计算当年学术论文的篇均使用次数，为了清晰地展示学术论文的当年篇均使用次数的变化趋势，绘制当年学术论文最近180天和2013年至今的篇均使用次数的折线图，如图3-12所示。

由图3-12可知，发表在1978年之前的学术论文只有少数几篇在最近180天和2013年至今两个时间段内被使用过，且使用次数非常少。从1978年开始，学术论文在最近180天的年均使用次数呈逐渐上升趋势，且2010年之后，上升趋势加快。从1978年开始，学术论文在2013年至今的年均使用次数先呈快速上升趋势，在2013年达到顶点后又快速下降，下降的原因是2014年之后发表

① Web of Science 核心合集帮助．使用次数[EB/OL]．[2017-01-12]．http：//images. webofknowledge. com/WOKRS523_2R2/help/zh_CN/WOS/hp_usage_score. html.

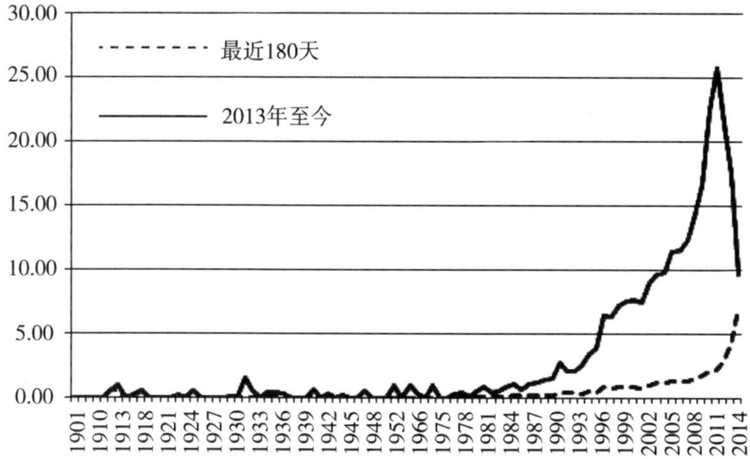

图 3-12 学术论文最近 180 天和 2013 年至今的当年篇均使用次数折线图

的学术论文由于发表时间不长，使用次数积累时间尚短，故平均值无法与之前比较。

通过图 3-12 的两条篇均使用次数曲线也可以看出，使用次数受学术论文的发表时间影响，一般发表较早的学术论文被使用的可能性降低，科研工作者更倾向于使用新发表的学术论文。

2. 研究机构对使用次数的影响

同时对使用次数和研究机构进行分析，可了解学术论文的使用次数是否受作者所在研究机构变化的影响。由于数据量较大，本书不对具体研究机构的使用次数变化进行研究，只对不同第一/通讯作者研究机构情形下学术论文的使用次数情况及不同研究机构数情形下学术论文的使用次数情形进行分析。

(1)第一/通讯作者研究机构对学术论文使用次数的影响。

对不同第一/通讯作者研究机构情形下学术论文的使用次数进行统计，具体情况见表 3-20，其中定义学术论文在最近 180 天的使用次数为 U_1，学术论文从 2013 年至今的使用次数为 U_2。

表 3-20　**不同第一/通讯作者研究机构情形下学术论文的使用次数情况**

第一作者研究机构国别	通讯作者研究机构国别	数量	U_1非0论文量	最高使用次数	总使用次数	使用率	总篇均使用次数	篇均使用次数
中国	中国	56 558	40 347	285	160 064	71.34%	2.83	3.97
中国	非中国	3 042	2 215	165	10 966	72.81%	3.60	4.95
非中国	中国	1 841	1 382	65	7 108	75.07%	3.86	5.14
非中国	非中国	15 375	10 712	188	39 723	69.67%	2.58	3.71
第一作者研究机构国别	通讯作者研究机构国别	数量	U_2非0论文量	最高使用次数	总使用次数	使用率	总篇均使用次数	篇均使用次数
中国	中国	56 558	53 687	2 305	859 428	94.92%	15.20	16.01
中国	非中国	3 042	2 842	323	49 191	93.43%	16.17	17.31
非中国	中国	1 841	1 685	206	25 961	91.53%	14.10	15.41
非中国	非中国	15 375	14 946	1 223	268 023	97.21%	17.43	17.93

由表 3-20 可知，从对 U_1的统计来看，中国研究机构学者和非中国研究机构学者分别作为第一作者或通讯作者的学术论文在使用率和篇均使用次数上要优于中国研究机构学者/非中国研究机构学者同时作为第一作者和通讯作者的学术论文；但从最高使用次数的统计来看，中国研究机构学者/非中国研究机构学者同时作为第一作者和通讯作者的学术论文要优于中国研究机构学者或非中国研究机构学者分别作为第一作者和通讯作者的学术论文。

从对 U_2的统计来看，非中国研究机构学者同时作为第一作者和通讯作者的学术论文在使用率和篇均使用次数上要优于其他三种情形；中国研究机构学者同时作为第一作者和通讯作者的学术论文的最高使用次数远大于其他三种情形，使用率仅次于非中国研究机构学者同时作为第一作者和通讯作者的学术论文，但篇均使用次数在四种情形中仅排第三位。

继续对中国研究机构学者同时作为第一作者和通讯作者的

56 558篇学术论文进行分析，不同地区情形下的使用次数见表3-21。

表 3-21　　中国不同地区研究机构学者作为第一/通讯作者情形下学术论文的使用次数情况

第一作者研究机构地区	通讯作者研究机构地区	数量	U_1非0论文量	最高使用次数	总使用次数	使用率	总篇均使用次数	篇均使用次数
中国内地	中国内地	38 128	28 680	285	122 870	75.22%	3.22	4.28
中国内地	中国香港	416	340	50	1 990	81.73%	4.78	5.85
中国内地	中国澳门	43	39	20	199	90.70%	4.63	5.10
中国香港	中国香港	16 655	10 332	85	31 187	62.04%	1.87	3.02
中国香港	中国内地	559	337	65	1 464	60.29%	2.62	4.34
中国香港	中国澳门	10	9	13	48	90.00%	4.80	5.33
中国澳门	中国澳门	703	574	38	2 041	81.65%	2.90	3.56
中国澳门	中国内地	32	27	16	191	84.38%	5.97	7.07
中国澳门	中国香港	12	10	42	74	83.33%	6.17	7.40
第一作者研究机构地区	通讯作者研究机构地区	数量	U_2非0论文量	最高使用次数	总使用次数	使用率	总篇均使用次数	篇均使用次数
中国内地	中国内地	38 128	36 051	942	615 698	94.55%	16.15	17.08
中国内地	中国香港	416	401	197	7 714	96.39%	18.54	19.24
中国内地	中国澳门	43	43	103	469	100%	10.91	10.91
中国香港	中国香港	16 655	15 925	2 305	216 479	95.62%	13.00	13.59
中国香港	中国内地	559	532	99	7 374	95.17%	13.19	13.86
中国香港	中国澳门	10	9	31	113	90.00%	11.30	12.56
中国澳门	中国澳门	703	684	205	10 749	97.30%	15.29	15.71
中国澳门	中国内地	32	31	132	573	96.88%	17.91	18.48
中国澳门	中国香港	12	12	54	259	100%	21.58	21.58

由表3-21中对最近180天使用次数U_1的统计可以发现：最高使用次数与研究机构所在地区没有直接关系；在学术论文使用率

上，澳门地区研究机构学者作为第一作者或通讯作者发表的学术论文的使用率整体上高于内地和香港地区研究机构学者作为第一作者或通讯作者发表的学术论文；在篇均使用次数上，中国内地、香港地区、澳门地区研究机构学者同时作为第一作者和通讯作者发表的学术论文的篇均使用次数都低于它们互相合作发表的学术论文。

由表3-21中对2013年至今的使用次数 U_2 的统计可以发现：在最高使用次数上，中国内地、香港地区和澳门地区研究机构学者同时作为第一作者和通讯作者的学术论文要高于三者之间互相合作发表的学术论文；在学术论文使用率上，澳门地区研究机构学者作为第一作者发表的学术论文要高于内地和香港地区研究机构学者作为第一作者发表的学术论文；在篇均使用次数上，内地和香港地区合作发表的学术论文要优于内地和香港地区独自发表的学术论文。

(2)研究机构数对学术论文使用次数的影响。

研究机构数最多的一篇学术论文有461个研究机构，在最近180天被使用了49次，2013年至今被使用了103次；最近180天使用次数最多的一篇学术论文被使用了285次，2013年至今使用次数最多的一篇学术论文被使用了2 305次，但两篇学术论文都只有2个研究机构。研究机构数会对学术论文的使用次数有影响吗?对不同研究机构数情形下学术论文的 U_1 与 U_2 进行统计，具体情况见表3-22。

表3-22　**不同研究机构数情形下学术论文的使用次数情况**

研究机构数	数量	U_1 非0论文量	最高使用次数	总使用次数	使用率	总篇均使用次数	篇均使用次数
1	20 430	12 733	82	41 973	62.33%	2.05	3.30
2	23 977	17 417	285	67 901	72.64%	2.83	3.90
3	16 702	12 545	165	53 983	75.11%	3.23	4.30
4	8 337	6 354	126	28 039	76.21%	3.36	4.41
5	3 620	2 703	63	12 169	74.67%	3.36	4.50
不小于6个	4 102	3 043	188	14 134	74.18%	3.45	4.64

续表

研究机构数	数量	U_2非0论文量	最高使用次数	总使用次数	使用率	总篇均使用次数	篇均使用次数
1	20 430	18 450	862	239 855	90.31%	11.74	13.00
2	23 977	23 142	2 305	386 222	96.52%	16.11	16.69
3	16 702	16 240	351	292 690	97.23%	17.52	18.02
4	8 337	8 113	481	148 297	97.31%	17.79	18.28
5	3 620	3 507	209	61 913	96.88%	17.10	17.65
不小于6个	4 102	3 985	1 223	75 773	97.15%	18.47	19.01

分析表3-22，由最高使用次数统计发现，个别学术论文的被使用情况不受研究机构数的影响；由使用率统计发现，学术论文的U_1与U_2先是随着研究机构数增加而增加，在有4个研究机构时达到最大使用率，随后U_1逐渐下降，U_2先下降又略有回升；由对两个篇均使用次数的统计发现，U_1的两个值随着研究机构数增加一直递增，而U_2的两个值也是基本呈递增趋势，除了在5个研究机构时略有下降。

从整体上看，第一作者研究机构和通讯作者研究机构对U_1与U_2的影响不显著，研究机构数对学术论文的使用次数有一定影响，有多个研究机构的学术论文比只有一个研究机构的学术论文获得使用的几率增大。

3. 基金资助情况对使用次数的影响

同时对使用次数和基金资助情况进行分析，可了解使用次数是否受基金资助情况的影响。本节在统计每篇学术论文的基金时，依然只统计基金种数，不考虑个数，如“973 Program[2006CB910600, 2010CB529600, 2007CB914703, 2007CB947300]; 863 Program[2006AA02A407, 2009AA022701]”只算2种基金。不同种数基金资助情形下学术论文的使用次数情况见表3-23。

表 3-23　不同基金资助情形下学术论文的使用次数情况

基金资助种数	数量	U_1非 0 论文量	最高使用次数	总使用次数	使用率	总篇均使用次数	篇均使用次数
0	44 895	28 963	166	91 110	64.51%	2.03	3.15
1	11 498	8 942	285	41 526	77.77%	3.61	4.64
2	8 634	6 940	181	34 452	80.38%	3.99	4.96
3	5 703	4 670	102	22 756	81.89%	3.99	4.87
4	3 199	2 649	85	14 226	82.81%	4.45	5.37
5 种及以上	3 239	2 631	188	14 129	81.23%	4.36	5.37
基金资助种数	数量	U_2非 0 论文量	最高使用次数	总使用次数	使用率	总篇均使用次数	篇均使用次数
0	44 895	42 094	518	641 810	93.76%	14.30	15.25
1	11 498	11 127	2 305	178 911	96.77%	15.56	16.08
2	8 634	8 395	351	149 093	97.23%	17.27	17.76
3	5 703	5 547	796	105 877	97.26%	18.57	19.09
4	3 199	3 115	481	62 438	97.37%	19.52	20.04
5 种及以上	3 239	3 158	1 223	66 621	97.50%	20.57	21.10

由表 3-23 可知，从对 U_1与 U_2的最高使用次数统计来看，个别学术论文的被使用情况不受基金资助种数的影响；从对 U_1 的使用率与两个篇均使用次数的统计来看，有基金资助的学术论文的使用率和篇均使用次数比没有基金资助的学术论文的使用率和篇均使用次数都高，对于有基金资助的学术论文来说，学术论文的使用率和两个篇均使用次数随着基金资助种数的增加大致呈递增趋势。从对 U_2的使用率与两个篇均使用次数的统计来看，有基金资助的学术论文的使用率和篇均使用次数比没有基金资助的学术论文的使用率和篇均使用次数都高，对于有基金资助的学术论文来说，学术论文的使用率和两个篇均使用次数随着基金资助种数的增加严格呈递增趋势。故在本书数据中，基金资助种数对中国社会科学国际学术论文的使用次数有正向影响作用，有基金资助会增加学术论文被使用的几率。

4. 学术论文篇幅与参考文献数量对使用次数的影响

此外，继续用 SPSS 软件的 Spearman 相关分析法分别求得学术论文的篇幅与 U_1 和 U_2 的相关系数分别是 0.122 和-0.019，学术论文的参考文献数量与 U_1 和 U_2 的相关系数分别是 0.312 和 0.170，可见学术论文的篇幅和参考文献数量与 U_1 和 U_2 之间只存在弱相关关系。

学术论文的篇幅大小与参考文献数量多少基本不对学术论文的被使用产生影响。

3.3.2 基于 Altmetrics 的学术论文 Web 2.0 影响力

从文献检索到阅读标注，从想法形成到具体实施，直至撰写学术论文，科学家进行了一系列的学术行为，在数字时代，这些学术行为的轨迹被记录在科学家使用的工具和平台里，构成海量数据。① 学术论文在在线社交媒体、传统媒体等工具和平台上被包含科研工作者在内的社会大众传播、获取和利用的轨迹，为学术论文在在线社交媒体和网络平台的影响力测度奠定了数据基础。

在大数据的环境背景下，网络数据呈现出数据量庞大、数据多态、繁杂、异构的特征，单靠人工方式去收集是不可能的，所以必须依靠相关的工具通过 API 接口从相关的数据源获取数据。② 伴随着 Altmetrics 的诞生，也涌现出了多种 Altmetrics 应用工具，其中使用较多、影响力较大的有 Altmetric. com、ImpactStory 等。本节将利用 Altmetric. com 公司的 Altmetric Explore③ 获取学术论文的 Altmetrics 指标数据，并通过学术论文的 Altmetrics 指标数据对中国社会科学国际学术论文获得大众群体关注的情况进行分析。

获取学术论文的 Altmetrics 指标数据的具体做法是先提取论文

---

① 余厚强，Bradley M Hemminger，肖婷婷，等. 新浪微博替代计量指标特征分析[J]. 中国图书馆学报，2016，42(4)：20-36.

② 吴胜男，赵蓉英. Altmetrics 应用工具的发展现状及趋势之分析[J]. 图书情报知识，2016(1)：84-93.

③ Altmetric Explorer [EB/OL]. [2017-03-07]. https：//www. altmetric. com/explorer/outputs.

数据的 DOI 字段，然后把 DOI 导入 Altmetric Explore 进行查询，最后在个人机构库中保存查询结果并输出。

本书77 168条论文数据中，部分论文的 DOI 字段值缺失，其中含 DOI 的学术论文共有69 543篇，占学术论文总量的 90.12%。将69 543篇学术论文的 DOI 分批导入 Altmetric Explore 进行检索，共获得含 Altmetrics 指标数据的24 173篇学术论文，保存并输出，数据最后更新于 2017 年 3 月 7 日。

下文中，将 Altmetric Explore 输出结果中的学术论文简称为 Altmetrics 论文。

1. Altmetrics 论文的数量发展影响

(1) Altmetrics 论文的年代分布。

对 Altmetrics 论文的发表时间进行统计，学术论文的年代分布情况见表 3-24。为了更直观地展示 Altmetrics 论文的年代分布情况，绘制了年代分布趋势图，如图 3-24 所示。

表 3-24　**Altmetrics 论文的年代分布情况**

年份	篇数	百分比	年份	篇数	百分比	年份	篇数	百分比
1945	1	25%	1995	15	7.98%	2007	352	15.53%
1982	2	2.67%	1996	12	7.10%	2008	538	18.67%
1983	1	1.61%	1997	14	7.04%	2009	664	16.58%
1986	4	5.13%	1998	44	12.50%	2010	1 129	23.42%
1987	2	1.33%	1999	35	7.95%	2011	1 619	28.30%
1988	4	3.10%	2000	87	10.20%	2012	2 444	37.00%
1989	5	4.10%	2001	118	11.16%	2013	3 229	40.74%
1990	4	2.99%	2002	142	13.25%	2014	3 842	40.81%
1991	8	5.19%	2003	136	12.16%	2015	4 550	41.39%
1992	4	3.67%	2004	187	14.91%	2016	4 490	41.00%
1993	13	9.09%	2005	216	15.33%			
1994	6	4.48%	2006	256	14.54%			

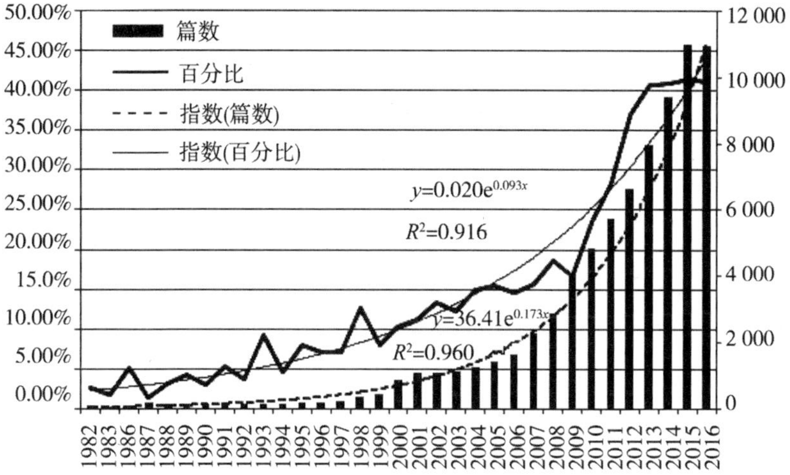

图 3-13 Altmetrics 论文的年份分布及百分比趋势图

表 3-24 中，百分比是 Altmetrics 论文占当年中国社会科学国际学术论文总量的百分比。由表 3-24 和图 3-13 可以发现，除一篇 Altmetrics 论文发表在 1945 年外，其他 Altmetrics 论文都发表在 1982 年以后。

在数量上，Altmetrics 论文数量随着时间演进呈指数趋势快速增长，2000 年之前，Altmetrics 论文数量的增长低于拟合的指数趋势线增长，但自 2008 年以后，Altmetrics 论文数量的增长已超过拟合的指数趋势线增长；在所占百分比上，Altmetrics 论文数量占当年中国社会科学国际学术论文总量的百分比随着时间演进也呈指数趋势波动态增长。

Altmetric. com 开发于 2011 年，主要从三大来源收集指标数据：在线社交媒体、传统主流媒体和特定科学杂志、在线文献管理工具。在线社交媒体和在线文献管理软件兴起时间都比较晚，如 Facebook 在 2004 年上线，Twitter 于 2006 年开始服务，CiteULike 创建于 2004 年，而学术论文发表后随着时间演进逐渐老化很难再获得学者关注，故发表时间越早的学术论文获得在线关注的可能性也越小。

（2）Altmetrics 论文的期刊分布。

对 Altmetrics 论文的来源期刊进行分析，可以了解学术论文在在线社交媒体、在线文献管理软件等网络平台和工具上的传播是否受来源期刊的影响。经统计，24 173篇 Altmetrics 论文共来源于3 031种期刊，约占中国社会科学国际学术论文来源期刊总数（4 999种）的61%，平均每种期刊有 7.98 篇 Altmetrics 论文，可见 Altmetrics 论文的来源期刊广泛且比较分散。

3 031种期刊中，Altmetrics 论文数量在 10 篇及以下的有2 511种期刊，约占来源期刊总量的 83%，其中只有 1 篇 Altmetrics 论文的期刊就有 997 种，约占来源期刊总量的 33%。Altmetrics 论文数量在 100 篇及以上的期刊有 20 种，具体期刊名称、论文数量及所属领域见表 3-25。

表 3-25 **Altmetrics 论文数量超过 100 篇的来源期刊**

期刊名称	篇数	领域	期刊名称	篇数	领域
PLoS One	968	综合交叉	Accident Analysis and Prevention	152	公共、环境与职业健康
Frontiers in Psychology	258	心理学	Journal of Business Ethics	152	商业
European Journal of Operational Research	223	运筹与管理	Transportation Research Part B-Methodological	121	经济
BMC Public Health	200	公共、环境与职业健康	Decision Support systems	120	计算机与人工智能
Journal of Affective Disorders	191	精神病	Schizophrenia Research	116	精神病
Sustainability	176	环境研究	Scientometrics	116	图书情报
Energy Policy	174	环境研究	International Journal of Production Research	109	运筹与管理

续表

期刊名称	篇数	领域	期刊名称	篇数	领域
Psychiatry Research	168	精神病	Journal of Clinical Nursing	109	临床护理
Journal of Banking & Finance	159	经济	China Economic Review	103	经济
Scientific Reports	159	综合交叉	Management Science	100	管理

结合前文对中国社会科学国际学术论文来源期刊的统计，表3-25中的20种期刊都属于学术论文总量排名前66的期刊，且其中的10种期刊属于学术论文总量排名前19的期刊(即学术论文数量超过300的期刊)。另外，表3-25中的*PLoS One*、*Frontiers in Psychology*、*BMC Public Health*、*Sustainability*、*Scientific Reports*属于开放获取期刊，开放获取期刊的性质使得社会大众能及时、免费、不受任何限制地通过网络获取其出版的学术文献,[①] 在很大程度上促进了学术论文的传播。从期刊所覆盖的研究领域来看，健康与卫生保健、环境、商业、经济、管理以及综合交叉领域的学术论文相对更容易获得社会大众群体的关注。

2. Altmetrics 论文的指标特征

对 Altmetrics 论文的指标特征进行研究，一方面可以了解受到在线关注的中国社会科学国际学术论文主要在哪些社交媒体和网络平台上被关注以及在各社交媒体和网络平台上的具体被关注情况；另一方面还可以根据对指标覆盖率的统计，初步淘汰掉覆盖率非常低的 Altmetrics 指标。

考虑到 Altmetric. com 公司成立于2011年，数据回溯的时间不确定，以及考虑到学术论文的老化现象，发表时间较早的学术论文很难再获得关注，本节仅选取发表于2012—2016年的18 555篇

---

① 搜狗百科．开放获取[EB/OL]．[2017-03-07]．http：//baike. sogou. com/v38060. htm? fromTitle=%E5%BC%80%E6%94%BE%E5%AD%98%E5%8F%96.

Altmetrics 论文数据进行研究，占 Altmetrics 论文总量的 76.76%。

(1)指标分类及各类指标基本情况。

当前版本的 Altmetric Explore 包含 number of news stories(新闻报道数)、number of Blog posts(博客帖子数)、number of policy documents(政策文件数)、number of tweets(推文数)、number of peer reviews(同行评审数)、number of Weibo posts(微博帖子数)、number of Facebook posts(脸书网帖子数)、number of Wikipedia pages(维基百科页面数)、number of Google+ posts(谷歌帖子数)、number of LinkedIn posts(领英帖子数)、number of Reddit posts(红迪网帖子数)、number of pins(订阅数)、number of research highlight platforms(研究推荐平台数)、number of Q&A threads(Q&A 问答数)、number of videos(音像数)、number of Syllabi(开放教学大纲数)以及 number of Mendeley readers(Mendeley 读者数)17 个指标，为便于对指标特征的分析，按照指标数据的来源性质，把以上 17 个指标划分为在线社交媒体类指标、在线政策文件与主流媒体类指标、在线文献管理软件类指标以及其他在线资源类指标四个类别，每一类别包含的具体 Altmetrics 指标见表 3-26。

表 3-26 **按照数据来源性质划分的 Altmetrics 指标分类**

指标数据来源	指　　标
在线社交媒体	博客帖子数、推文数、微博帖子数、脸书网帖子数、谷歌帖子数、领英帖子数、红迪网帖子数
在线政策文件与主流媒体	新闻报道数、政策文件数
在线文献管理软件	Mendeley 读者数
其他在线资源	同行评审数、维基百科页面数、订阅数 、研究推荐平台数、Q&A 问答数、音像数、开放教学大纲数

以下将对 18 555 篇 Altmetrics 论文四个类别的 Altmetrics 指标的基本情况及影响因素的影响情况进行分别统计和研究。

① 在线社交媒体类指标。

对7种在线社交媒体类Altmetrics指标的最大值、最小值、指标值总和、指标值为非0的论文数以及各指标覆盖率进行统计，基本情况见表3-27。

表3-27 **在线社交媒体类Altmetrics指标的基本情况**

指标	最大值	最小值	总和	非0值论文数	覆盖率
博客帖子数	124	0	2 185	1 032	5.56%
推文数	2 320	0	81 965	14 071	75.83%
微博帖子数	369	0	739	131	0.71%
脸书网帖子数	240	0	6 088	3 143	16.94%
谷歌帖子数	58	0	1 152	542	2.92%
领英帖子数	1	0	4	4	0.02%
红迪网帖子数	11	0	337	225	1.21%

由表3-27可知，7种在线社交媒体类Altmetrics指标中，推文数的覆盖率最高，达到75.83%，即获得关注的学术论文中有近3/4的学术论文在推特上被推送、引用或者转发，Altmetric公司对推特数据的收集不包括收藏(favorites)的次数，并对该指标进行实时更新。覆盖率次之的是脸书网帖子数，Altmetric公司对脸书网数据的收集仅限于公共页面的帖子数，不包含个人的时间线帖子以及喜欢量(likes)，对该指标进行日更新。博客帖子数的覆盖率排在第三，Altmetric公司每天对9 000多种人工精选出的学术博客和非学术博客进行浏览收集数据，对该指标进行日更新。谷歌帖子数的覆盖率只有2.92%，Altmetric公司对谷歌数据的追踪仅限于谷歌公共页面的帖子数，对该指标进行日更新。红迪网帖子数的覆盖率只有1.21%，Altmetric公司对红迪网数据的追踪还包括红迪网的子网，但是仅追踪原创帖子，不包括评论，对该指标进行日更新。微博帖子数也是日更新数据，该指标的覆盖率比较低，不足1%，且新浪微博已不再对Altmetric公司开放数据，因此现有数据都是历史数据，后文研究中不再考虑这个指标。领英帖子数的覆盖率最

低，主要原因是领英已经关闭了它的数据流，因此 Altmetric 公司已无法再获得领英的关注数据，目前已有的数据只是领英关闭数据流之前的历史数据,[①] 后文研究中不再考虑该指标。

② 在线政策文件与主流媒体类指标。

对 2 种在线政策文件与主流媒体类 Altmetrics 指标的最大值、最小值、指标值总和、指标值为非 0 的论文数进行统计，基本情况见表 3-28。

表 3-28　**在线政策文件与主流媒体类 Altmetrics 指标的基本情况**

指标	最大值	最小值	总和	非 0 值论文数	覆盖率
新闻报道数	202	0	5 493	975	5.25%
政策文件数	6	0	413	354	1.91%

由表 3-28 可知，新闻报道数的覆盖率大于政策文件数的覆盖率，与社交媒体类指标相比，新闻报道数和政策文件数两个指标数据的来源更具权威性，这两个指标是影响力评价中比较重要的两个指标。新闻报道数是 Altmetric 公司通过追踪全球 2000 多个/种英语和非英语的新闻媒体和杂志获得的学术论文在这些新闻媒体和杂志中被提及的次数，Altmetric 公司对该指标进行实时更新。政策文件数是 Altmetric 公司通过追踪全球政府组织和非政府组织的政策性、指导线文件获得的学术论文在这些文件中被标记为参考文献的次数，Altmetric 公司对该指标进行日更新。

③ 在线文献管理软件类指标。

在线文献管理软件类 Altmetrics 指标在本书数据中只有 Mendeley 读者数一个指标，对 Mendeley 读者数的最大值、最小值、指标值总和、指标值为非 0 的论文数进行统计，基本情况见表 3-29。

① Altmetric Support. What outputs and sources does Altmetric track? [EB/OL]. [2017-02-07]. https://help.altmetric.com/support/solutions/articles/6000060968-what-data-sources-does-altmetric-track-.

表 3-29 **在线文献管理软件类 Altmetrics 指标的基本情况**

指标	最大值	最小值	总和	非 0 值论文数	覆盖率
Mendeley 读者数	667	0	447 338	17 600	94.85%

Mendeley 是一款免费的跨平台文献管理软件，可一键抓取网页上的文献信息添加到个人图书馆中，还可安装 MS Word 和 Open Office 插件，方便用户在文字编辑器中插入和管理参考文献。① 由表 3-29 可知，Mendeley 读者数的覆盖率高达 94.85%，可见这是影响力评价中必不可少的一个重要指标。Altmetric 公司对 Mendeley 读者数的计量仅限于下载了目标文献的 Mendeley 用户数量，不包括对学术论文打分的用户数，Altmetric 公司对该指标进行日更新。

④ 其他在线资源类指标。

对 7 种其他在线资源类 Altmetrics 指标的最大值、最小值、指标值总和、指标值为非 0 的论文数进行统计，基本情况见表 3-30。

表 3-30 **其他在线资源类 Altmetrics 指标的基本情况**

指标	最大值	最小值	总和	非 0 值论文数	覆盖率
同行评审数	10	0	486	415	2.24%
维基百科页面数	9	0	312	235	1.27%
订阅数	1	0	1	1	0.01%
研究推荐平台数	2	0	41	40	0.22%
Q&A 问答数	3	0	15	13	0.07%
音像数	5	0	54	38	0.20%
开放教学大纲数	0	0	0	0	0

由表 3-30 可知，7 种其他在线资源类 Altmetrics 指标中，维基百科页面数和同行评审数的覆盖率相对较高，开放教学大纲数的覆

① 搜狗百科 . Mendeley [EB/OL]. [2017-02-07]. http://baike.sogou.com/v69445887.htm? fromTitle=mendeley.

盖率最低，直接为0。维基百科页面数是一个实时更新的指标，Altmetric公司只对英文版的维基百科进行追踪，主要是获得有多少个维基百科页面的参考文献中引用了目标文献。同行评审数是Altmetric公司追踪的两个公开的出版后同行评审论坛(PubPeer和Publons)中有多少贡献者对目标文献进行了评价，该指标日更新。研究推荐平台数、音像数、Q&A问答数以及订阅数的覆盖率都非常低，不足1%，后文研究中也不再考虑这4项指标。其中，研究推荐平台数是Altmetric公司追踪的F1000中有多少位学者对目标文献进行了评价，该指标日更新；音像数是Altmetric公司追踪的包含目标文献评论内容的音频和视频的链接个数，该指标日更新；Q&A问答数是Altmetric公司追踪的包含目标文献内容的网页链接数，该指标日更新；订阅数是Altmetric公司追踪的目标文献被传播者标记为追踪的次数，该指标日更新。本书数据中，开放教学大纲数的覆盖率为0，后文研究中也不再考虑这项指标，它是Altmetric公司追踪的含目标文献内容的开放教学大纲的数量，该指标的更新频率相对其他指标非常低，按季度更新。

(2)Altmetrics指标与被引频次。

在以上对Altmetrics指标基本情况分析中，通过统计各类别Altmetrics指标的非0值论文数，发现绝大多数Altmetrics论文的微博帖子数、领英帖子数、研究推荐平台数、音像数、Q&A问答数、订阅数以及开放教学大纲数7个指标的值都为0，指标覆盖率不足1%，因此后续研究中都不再考虑这7个指标。对于剩下的10个Altmetrics指标，分别研究每个指标以及每类指标与被引频次的关系，可了解Altmetrics指标是否与传统科学交流过程中的学术论文影响力测度指标存在相互关系。

在对Altmetrics指标和被引频次进行相关性分析时，为了选择适合的相关性分析方法，需要对10个Altmetrics指标以及被引频次进行非参数检验，以验证这11个指标的数据分布是否符合正态分布。利用SPSS软件，对11个指标的数据进行K-S单样本非参数正态分布检验，检验结果见表3-31。

由表3-31的检验结果可知，11个指标的渐进显著性水平都为

0，拒绝原假设，故 11 个指标均不符合正态分布，因此应选用 Spearman 相关分析方法对 11 个指标进行分析。

继续利用 SPSS 软件，对 11 个指标进行 Spearman 相关分析，得到各指标的相关系数矩阵，见表 3-32。

由表 3-32 中各 Altmetrics 指标与被引频次的相关系数，可以发现 Mendeley 读者数与被引频次的相关性最高，达到 0.524，其他 9 个指标与被引频次的相关系数都较小，接近于 0。由此可见，本书的 10 个 Altmetrics 指标中，只有 Mendeley 读者数能在一定程度上反映预测学术论文的被引频次。

另外，通过 10 个 Altmetrics 指标之间的相互系数，可以发现各指标之间的相关系数都很小，指标之间呈弱相关关系，即 10 个指标都没有共变趋势，不存在重复可替代的指标。

3. Altmetrics 论文的 Altmetric Attention Score

通过 Altmetric Explorer 不仅可获取文献的各指标数值，还能得到 Altmetric.com 公司自身对目标文献进行评价给出的评价值 Altmetric Attention Score。Altmetric Attention Score 是对目标文献受到的"Attention"的数量和质量的定量测量，具体数值的计量是在给定的指标权重基础上通过一个自动算法完成的。Altmetric.com 公司在设计指标权重时主要考虑到不同类型数据源的相对重要程度，如一篇学术论文出现在新闻报道中比出现在推文中更能引起人们关注。Altmetric.com 公司在 2017 年 1 月 20 日对 Altmetric Explorer 进行了改版，新改版后的指标数据源有 News、Blogs、Policy Documents、Twitter、Peer Reviews、Weibo、Facebook、Wikipedia、Google +、LinkedIn、Reddit、Pins、Research Highlight Platforms、Q&A、Videos、Open Syllabus、Mendeley 共 17 个，但并不是所有的指标数据都会参与到评分中，如 Mendeley 读者数。目前在官网上没有找到新改版后的数据源指标权重，其改版前的指标权重见表 3-33。①

① Altmetric Support. How is the Altmetric Attention Score calculated? [EB/OL]. [2017-03-07]. https://help.altmetric.com/support/solutions/articles/6000060969-how-is-the-altmetric-score-calculated-.

表 3-31　　**单一样本 Kolmogorov-Smirnov 检验**

项目		博客帖子数	推文数	脸书网帖子数	谷歌帖子数	红迪网帖子数	新闻报道数	政策文件数	Mendeley读者数	同行评审数	维基百科页面数	被引频次
N		18 555	18 555	18 555	18 555	18 555	18 555	18 555	18 555	18 555	18 555	18 555
正态参数 a，b	均值	.12	4.42	.33	.06	.02	.30	.02	24.11	.03	.02	4.74
	标准差	1.245	30.012	2.316	.761	.215	3.837	.179	33.400	.206	.184	10.564
最极端差别	绝对值	.482	.441	.444	.503	.521	.478	.531	.235	.528	.524	.327
	正	.482	.367	.387	.503	.521	.478	.531	.195	.528	.524	.245
	负	-.462	-.441	-.444	-.468	-.466	-.469	-.450	-.235	-.449	-.464	-.327
K-S Z		.482	.441	.444	.503	.521	.478	.531	.235	.528	.524	.327
Asymp. Sig.		.000	.000	.000	.000	.000	.000	.000	.000	.000	.000	.000

a. 检验分布为正态分布。

b. 根据数据计算得到。

表 3-32　**Spearman 相关分析结果**

项目		博客帖子数	推文数	脸书网帖子数	谷歌帖子数	红迪网帖子数	新闻报道数	政策文件数	Mendeley读者数	同行评审数	维基百科页面数	被引频次
B	相关系数	1.000	.156**	.145**	.202**	.128**	.365**	.044**	.116**	.032**	.089**	.081**
	Sig.（双尾）	.	.000	.000	.000	.000	.000	.000	.000	.000	.000	.000
	N	18 555	18 555	18 555	18 555	18 555	18 555	18 555	18 555	18 555	18 555	18 555
T	相关系数	.156**	1.000	.237**	.144**	.108**	.150**	-.028**	.060**	-.036**	.016*	-.051**
	Sig.（双尾）	.000	.	.000	.000	.000	.000	.000	.000	.000	.029	.000
	N	18 555	18 555	18 555	18 555	18 555	18 555	18 555	18 555	18 555	18 555	18 555
F	相关系数	.145**	.237**	1.000	.203**	.091**	.159**	.002	.046**	-.025**	.032**	.002
	Sig.（双尾）	.000	.000	.	.000	.000	.000	.772	.000	.001	.000	.766
	N	18 555	18 555	18 555	18 555	18 555	18 555	18 555	18 555	18 555	18 555	18 555
G	相关系数	.202**	.144**	.203**	1.000	.144**	.196**	.032**	.074**	.004	.082**	.050**
	Sig.（双尾）	.000	.000	.000	.	.000	.000	.000	.000	.573	.000	.000
	N	18 555	18 555	18 555	18 555	18 555	18 555	18 555	18 555	18 555	18 555	18 555

续表

项目		博客帖子数	推文数	脸书网帖子数	谷歌帖子数	红迪网帖子数	新闻报道数	政策文件数	Mendeley读者数	同行评审数	维基百科页面数	被引频次
R	相关系数	.128**	.108**	.091**	.144**	1.000	.148**	.014	.033**	.003	.050**	.015*
	Sig.（双尾）	.000	.000	.000	.000	.	.000	.065	.000	.654	.000	.037
	N	18 555	18 555	18 555	18 555	18 555	18 555	18 555	18 555	18 555	18 555	18 555
N	相关系数	.365**	.150**	.159**	.196**	.148**	1.000	.039**	.120**	.025**	.080**	.067**
	Sig.（双尾）	.000	.000	.000	.000	.000	.	.000	.000	.001	.000	.000
	N	18 555	18 555	18 555	18 555	18 555	18 555	18 555	18 555	18 555	18 555	18 555
D	相关系数	.044**	-.028**	.002	.032**	.014	.039**	1.000	.087**	-.005	.005	.121**
	Sig.（双尾）	.000	.000	.772	.000	.065	.000	.	.000	.505	.454	.000
	N	18 555	18 555	18 555	18 555	18 555	18 555	18 555	18 555	18 555	18 555	18 555
M	相关系数	.116**	.060**	.046**	.074**	.033**	.120**	.087**	1.000	.045**	.058**	.524**
	Sig.（双尾）	.000	.000	.000	.000	.000	.000	.000	.	.000	.000	.000
	N	18 555	18 555	18 555	18 555	18 555	18 555	18 555	18 555	18 555	18 555	18 555

续表

项目		博客帖子数	推文数	脸书网帖子数	谷歌帖子数	红迪网帖子数	新闻报道数	政策文件数	Mendeley读者数	同行评审数	维基百科页面数	被引频次
P	相关系数	.032**	-.036**	-.025**	.004	.003	.025**	-.005	.045**	1.000	-.001	.040**
	Sig.(双尾)	.000	.000	.001	.573	.654	.001	.505	.000	.	.903	.000
	N	18 555	18 555	18 555	18 555	18 555	18 555	18 555	18 555	18 555	18 555	18 555
W	相关系数	.089**	.016*	.032**	.082**	.050**	.080**	.005	.058**	-.001	1.000	.077**
	Sig.(双尾)	.000	.029	.000	.000	.000	.000	.454	.000	.903	.	.000
	N	18 555	18 555	18 555	18 555	18 555	18 555	18 555	18 555	18 555	18 555	18 555
C	相关系数	.081**	-.051**	.002	.050**	.015*	.067**	.121**	.524**	.040**	.077**	1.000
	Sig.(双尾)	.000	.000	.766	.000	.037	.000	.000	.000	.000	.000	.
	N	18 555	18 555	18 555	18 555	18 555	18 555	18 555	18 555	18 555	18 555	18 555

**. 在 0.01 水平(双尾)上显著相关。

*. 在 0.05 水平(双尾)上显著相关。

表 3-33　**Altmetric Explorer 不同数据源的指标权重**

数据源	权重	数据源	权重
News	8	Q&A	0. 25
Blogs	5	F1000/Publons/PubPeer	1
Twitter	1	YouTube	0. 25
Facebook	0. 25	Reddit/Pinterest	0. 25
Sina Weibo	1	LinkedIn	0. 5
Wikipedia	3	Open Syllabus	1
Policy Documents(per source)	3	Google+	1

对 Altmetrics 论文的 Altmetric Attention Score 进行分析，可以了解中国社会科学国际学术论文在在线社交媒体等平台和工具上的受关注情况。24 173篇 Altmetrics 论文的受关注值总分为127 535，平均受关注分为 5. 28，受关注最高的一篇学术论文的 Altmetric Attention Score 达到3 041。Altmetrics 论文的 Altmetric Attention Score 区间分布情况如图 3-14 所示。

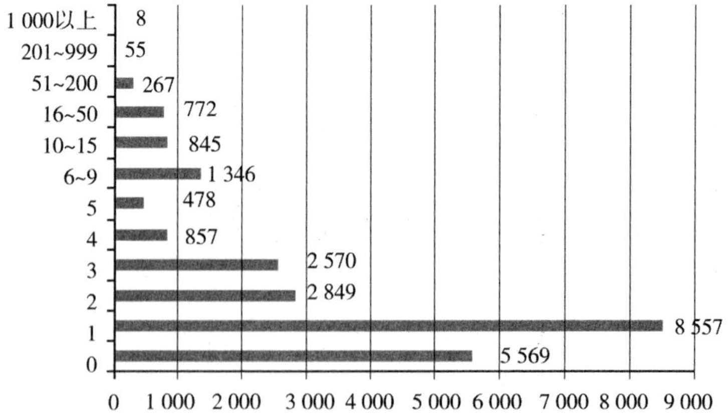

图 3-14　Altmetric Attention Score 的区间分布情况

首先需要特别说明的是 Altmetric Attention Score 为 0 的情况，这些论文是 Altmetric Explore 用户请求这些论文需要被追踪或者用户已添加到自己的机构数据库，已经有了有效的元数据(如 DOI)去追踪论文的被关注情况，但是至今还没有获得关注的学术论文;① 在本书中，笔者默认 Altmetric Attention Score 为 0 的学术论文比在 Altmetric Explore 中检索不到数据的学术论文的影响力更大。

由图 3-14 可知，绝大多数 Altmetrics 论文的 Altmetric Attention Score 值为 1 或者 0，其中值为 1 的论文数量占 Altmetrics 论文总量的 35.40%，值为 0 的论文数量占 Altmetrics 论文总量的 23.04%。Altmetrics Attention Score 值小于平均值 5.28 的学术论文有20 880篇，占到 Altmetrics 论文总量的 86.38%。Altmetric Attention Score 值大于平均值的 Altmetrics 论文也主要位于低区间 6~15，Altmetric Attention Score 值高于 200 的学术论文数量仅占 Altmetrics 论文总量的 0.26%。由此可见，虽然已有部分中国社会科学国际学术论文获得在线关注，但是这些学术论文的受关注程度普遍较低，而且其中大多数仅仅是受到“关注”。

(1)当年 Altmetric Attention Score 平均值变化。

继续按年统计 Altmetrics 论文的 Altmetric Attention Score 平均值，其中 1945 年只有一篇 Altmetrics 论文，值为 3；1982 年 2 篇 Altmetrics 论文的平均值也为 3；1983 年 1 篇 Altmetrics 论文的值为 0。绘制 1986—2016 年 Altmetrics 论文的 Altmetric Attention Score 平均值折线趋势图，如图 3-15 所示。

由图 3-15 可知，在 2010 年之前 Altmetrics 论文每年的 Altmetric Attention Score 平均值随时间演进一直呈上下波动趋势，除 1987 年和 1988 年两年的 Altmetric Attention Score 平均值较大，高于整体 Altmetric Attention Score 平均值以外，其他年份的 Altmetric Attention Score 平均值都低于整体 Altmetric Attention Score 平均值且上下波动不大。自 2010 年开始，Altmetrics 论文每年的 Altmetric Attention

① Altmetric Support. How is the Altmetric Attention Score calculated? [EB/OL]. [2017-03-07]. https://help.altmetric.com/support/solutions/articles/6000060969-how-is-the-altmetric-score-calculated-.

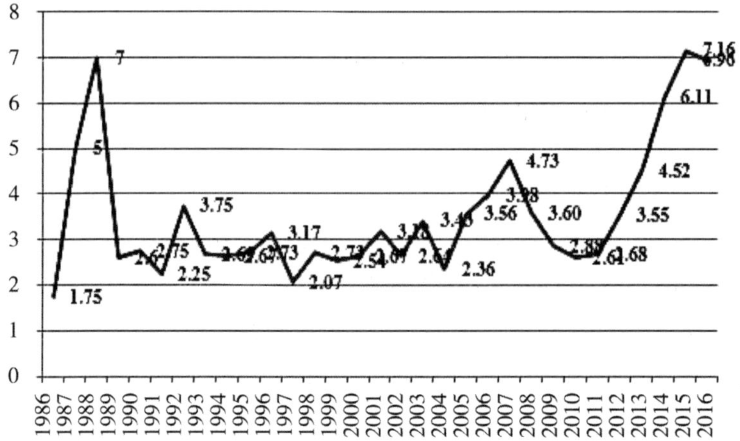

图 3-15　Altmetrics 论文的当年 Altmetric Attention Score 平均值变化趋势折线图

Score 平均值随时间演进开始逐渐上升，这一方面表明越来越多的中国社会科学国际学术论文受到社会大众的在线关注，而且受到关注的学术论文的受关注程度也逐渐增强；另一方面也表明学术论文受在线关注的时滞较短，学术论文发表后就可以立即获得转发、评论等，克服了以引文为主要衡量指标的传统学术论文影响力评价方法时滞过长的缺陷。

(2)研究机构对 Altmetric Attention Score 的影响。

①第一/通讯作者研究机构。

对 Altmetrics 论文的第一作者研究机构和通讯作者研究机构进行分析，可挖掘学术论文在在线社交媒体、在线文献管理软件等平台和工具上的传播是否受学术论文的主要作者所在研究机构的影响。由于数据量较大，涉及的学科领域广泛，本书不对具体研究机构的 Altmetrics 论文进行研究，只对第一/通讯作者研究机构国别是否为中国，以及中国研究机构学者同时作为第一作者和通讯作者时研究机构所属地区的不同情形下的 Altmetrics 论文进行分析。

首先，对第一作者研究机构和通讯作者研究机构的国别是否为中国的 4 种情形下 Altmetrics 论文的 Altmetric Attention Score 总分和平均分进行统计，以了解中国与非中国对 Altmetrics 论文的影响，具体情况见表 3-34。

表 3-34 第一/通讯作者研究机构的国别对 Altmetrics 论文的影响

第一作者研究机构国别	通讯作者研究机构国别	数量	占总量百分比	AAScore 总分	AAScore 平均分
中国	中国	15 551	64.33%	54 878	3.53
中国	非中国	1 232	5.10%	7 111	5.77
非中国	中国	758	3.14%	4 971	6.56
非中国	非中国	6 632	27.43%	60 575	9.13

由表 3-34 可知，虽然中国研究机构学者同时作为第一作者和通讯作者的 Altmetrics 论文数量最多，约占到 Altmetrics 论文总量的 2/3，但是论文的 Altmetric Attention Score 平均值表现最差，且低于整体 Altmetrics 论文的 Altmetric Attention Score 平均分；中国研究机构学者或非中国研究机构学者分别作为第一作者和通讯作者的 Altmetrics 论文数量较少，两种情形仅占 Altmetrics 论文总量的 8.24%，论文的 Altmetric Attention Score 平均值表现较中国研究机构学者同时作为第一作者和通讯作者的情形有较大提升，且第一作者研究机构为非中国研究机构的 Altmetrics 论文表现优于第一作者研究机构为中国研究机构的 Altmetrics 论文表现；第一作者和通讯作者研究机构同时为非中国研究机构的 Altmetrics 论文数量占 Altmetrics 论文总量的 1/4 以上，但是论文的 Altmetric Attention Score 平均值相对其他三种情形十分突出。

继续对第一作者和通讯作者都为中国研究机构学者的情形进行具体研究，以了解研究机构分别位于中国内地、香港地区和澳门地区时，Altmetrics 论文的 Altmetric Attention Score 表现，具体情况见表 3-35。

表 3-35　**中国不同地区研究机构学者作为第一/通讯作者情形下 Altmetrics 论文的表现**

第一作者研究机构地区	通讯作者研究机构地区	数量	占总量百分比	AAScore 总分	AAScore 平均分
中国内地	中国内地	10 422	67.02%	37 866	3.63
中国内地	中国香港	149	0.96%	321	2.15
中国内地	中国澳门	22	0.14%	70	3.18
中国香港	中国香港	4 520	29.06%	15 242	3.37
中国香港	中国内地	199	1.28%	919	4.62
中国香港	中国澳门	5	0.03%	5	1.00
中国澳门	中国澳门	222	1.43%	436	1.96
中国澳门	中国内地	7	0.05%	15	2.14
中国澳门	中国香港	5	0.03%	4	0.80

由表 3-35 可以发现：在第一作者研究机构和通讯作者研究机构都为中国研究机构的 Altmetrics 论文中，第一作者和通讯作者研究机构同时为内地研究机构的论文数量最多，占总量的 2/3；第一作者和通讯作者研究机构同时为香港地区研究机构的论文数量次之，占论文总量的 29.06%；其他情形的论文数量都较少。从不同情形下 Altmetrics 论文的 Altmetric Attention Score 平均分来看，香港研究机构学者作为第一作者、内地研究机构学者作为通讯作者的 Altmetrics 论文平均获得更多的关注，但这部分论文数量较少；其次是内地研究机构学者同时作为第一作者和通讯作者的 Altmetrics 论文，其他情形下的 Altmetric Attention Score 平均分都低于中国研究机构的整体平均分。可见中国不同地区间研究机构的合作模式对学术论文获得在线关注的影响不显著。

② 研究机构数。

继续对 Altmetrics 论文的研究机构数进行分析，以了解不同研究机构数情形下的 Altmetrics 论文表现情况，具体统计见表 3-36。

表 3-36 **不同研究机构数情形下 Altmetrics 论文表现情况**

研究机构数	数量	占总量百分比	AAScore 总分	AAScore 平均分
1	3 767	15.58%	11 536	3.06
2	6 858	28.37%	22 463	3.28
3	5 826	24.10%	21 705	3.73
4	3 446	14.26%	16 944	4.92
5	1 678	6.94%	9 552	5.69
不小于 6 个	2 598	10.75%	45 335	17.45

由表 3-36 可得，Altmetrics 论文的研究机构数为 2 个的最多，超过 5 个研究机构的 Altmetrics 论文仅占总量的 10.75%。从 Altmetrics 论文的 Altmetric Attention Score 平均分统计来看，随着研究机构数的增加，Altmetric Attention Score 平均分也不断增加，且研究机构数大于 5 个的 Altmetrics 论文的 Altmetric Attention Score 平均分远大于研究机构数在 5 个以下的 Altmetrics 论文的 Altmetric Attention Score 平均分，可见增加合作的研究机构数能有效提高学术论文的在线受关注程度。

(3)论文篇幅对 Altmetric Attention Score 的影响。

对 Altmetrics 论文的篇幅大小进行分析，可以了解学术论文在在线社交媒体、在线文献管理软件等网络平台和工具上的传播是否受篇幅大小的影响。对 Altmetric Attention Score 各区间的学术论文篇幅进行统计，基本情况见表 3-37。

表 3-37 **Altmetric Attention Score 各区间的论文篇幅情况**

	论文数量	最小篇幅	最大篇幅	总篇幅	平均篇幅
0	5 569	2	59	83 787	15.05
1	8 557	1	67	111 023	12.97
2	2 849	2	77	36 437	12.79
3	2 570	2	91	35 557	13.84

续表

	论文数量	最小篇幅	最大篇幅	总篇幅	平均篇幅
4	857	3	55	10 955	12.78
5	478	2	51	6 003	12.56
6~9	1 346	2	120	17 967	13.35
10~15	845	2	79	11 134	13.18
16~50	772	2	56	9 809	12.71
51~200	267	3	54	3 021	11.31
201~999	55	5	61	656	11.93
1 000 以上	8	4	18	74	9.25

由表 3-37 中对 Altmetrics 论文的最小篇幅和最大篇幅的统计可以看出，不论 Altmetric Attention Score 大小，在每个区间都存在篇幅很小和篇幅很大的学术论文，个别学术论文的篇幅大小与其能获得的在线关注程度之间没有关系。通过对平均篇幅的统计可以发现，Altmetrics 论文的平均篇幅都在 10~16 页(不满 1 页的按 1 页来算)，篇幅大小与 Altmetric Attention Score 大小之间没有明显关系，但是 Altmetric Attention Score 在1 000以上的 Altmetrics 论文的最大篇幅与平均篇幅相较其他区间都最小。继续利用 SPSS 软件，计算可得 Altmetric Attention Score 与论文篇幅大小的 Spearman 相关系数为-0.109，两者之间非常微弱的负相关关系可忽略，表明学术论文的篇幅大小不影响其能获得的在线关注度。

(4)基金资助情况对 Altmetric Attention Score 的影响。

对 Altmetrics 论文的基金资助情况进行分析，可以了解学术论文在在线社交媒体、在线文献管理软件等网络平台和工具上的传播是否受基金资助的影响。本节在统计每篇 Altmetrics 论文的基金时，只统计基金种数，不考虑个数，不同基金种数资助情形下的 Altmetrics 论文具体情况见表 3-38。

表 3-38 **不同基金资助情形下 Altmetrics 论文表现情况**

基金资助种数	论文数量	占总量百分比	AAScore 总分	AAScore 平均分
0	11 856	26.41%	40 780	3.44
1	4 447	38.68%	23 803	5.35
2	3 111	36.03%	19 315	6.21
3	2 046	35.88%	12 211	5.97
4	1 223	38.23%	10 126	8.28
5 种及以上	1 490	46.00%	21 300	14.30

表 3-38 中第 3 列“占总量百分比”，是指占本书总数据77 168篇学术论文中对应基金种数下学术论文总量的百分比，如总数据中，受 5 种及以上基金资助的学术论文有3 239篇，受 5 种及以上基金资助的 Altmetrics 论文占总量的 46%。由表 3-38 可以发现，受基金资助的学术论文相对不受基金资助的学术论文更容易获得在线关注，且 Altmetrics 论文的 Altmetric Attention Score 平均分随着基金资助种数的增加不断增大。由此可见，基金资助有助于学术论文获得在线关注。

(5)参考文献数对 Altmetric Attention Score 的影响。

对 Altmetrics 论文的参考文献数进行分析，可以了解学术论文在在线社交媒体、在线文献管理软件等网络平台和工具上的传播是否受参考文献数量大小的影响。对 Altmetric Attention Score 各区间的学术论文参考文献数进行统计，基本情况见表 3-39。

表 3-39 **Altmetric Attention Score 各区间学术论文的参考文献数分布**

	论文数量	最小量	最大量	总量	篇均量
0	5 569	0	369	258 836	46
1	8 557	0	364	395 990	46
2	2 849	0	433	139 211	49
3	2 570	0	274	112 948	44

续表

	论文数量	最小量	最大量	总量	篇均量
4	857	0	256	41 204	48
5	478	6	249	23 879	50
6~9	1 346	0	218	63 345	47
10~15	845	0	382	43 039	51
16~50	772	3	270	41 346	54
51~200	267	4	225	14 814	55
201~999	55	16	201	2 920	53
1 000 以上	8	28	70	307	38

由表 3-39 中对各区间参考文献最小量和最大量的统计可以发现，当 Altmetric Attention Score 在 200 分以下时，在每个区间都存在含极少参考文献和大量参考文献的学术论文，个别学术论文的参考文献数量多少与其能获得的在线关注程度之间没有关系；当 Altmetric Attention Score 大于 200 分时，学术论文一般都含一定数量的参考文献。通过对篇均参考文献数量的统计可以发现，Altmetrics 论文的平均参考文献数量都在 38 篇以上，篇均参考文献数量与 Altmetric Attention Score 各区间没有明显的关系。继续利用 SPSS 软件，计算得到 Altmetric Attention Score 与参考文献数量的 Spearman 相关系数为 0. 039，两者之间的相关性可忽略，再次验证学术论文的参考文献数量多少不影响其能获得的在线关注度。

(6) Altmetric Attention Score 与被引频次的相互关系。

被引频次是测度传统科学交流模式下学术论文学术影响力的常用指标，同时对 Altmetric Attention Score 和被引频次进行研究，可以了解在线关注度高的 Altmetrics 论文是否同时在传统科学交流中具有较高的学术影响力。考虑到存在引文时滞，本小节仅对发表在 2014 年及之前的15 133篇 Altmetrics 论文进行研究。其中，被引频次最高的一篇学术论文被引用了1 197次，其 Altmetric Attention Score 值为 9；Altmetric Attention Score 最高的学术论文的值为 1 015，被引用了 173 次。对 Altmetric Attention Score 各区间的学术论文的被引频次进行统计，基本情况见表 3-40。

表 3-40 **Altmetric Attention Score 各区间学术论文的被引频次分布**

	论文数量	最小被引	最大被引	总被引	篇均被引
0	4 567	0	568	67 580	15
1	4 756	0	504	52 968	11
2	1 348	0	1 129	13 419	10
3	1 821	0	2 728	56 349	31
4	463	0	433	9 106	20
5	255	0	286	4 101	16
6~9	837	0	1 197	26 270	31
10~15	473	0	400	11 085	23
16~50	439	0	1 106	16 729	38
51~200	145	0	346	7 252	50
201~938	28	0	375	2 022	72
1 000 以上	1	—	173	173	173

由表 3-40 中对 Altmetric Attention Score 各区间学术论文的最小被引频次和最大被引频次的统计可以发现，无论 Altmetric Attention Score 大小，在每个区间都含有 0 被引及被引频次很高的学术论文；通过对篇均被引频次的统计可以发现，随着 Altmetric Attention Score 区间值的增大，篇均被引频次上下波动趋势不明显。继续利用 SPSS 软件，计算得到 Altmetric Attention Score 与被引频次间的 Spearman 相关系数为 0.089，两者之间的相关性微弱到可忽略。综合以上分析，学术论文的被引频次与 Altmetric Attention Score 不相关，因此，通过学术论文获得的在线关注情况无法预测学术论文在传统科学交流中的被引情况。

4. 基于 Altmetrics 指标的学术论文 Web 2.0 影响力评价

Altmetric.com 公司虽然自己选取指标、设计权重，计算出目标文献的在线关注影响力值 Altmetric Attention Score，但 Altmetric.com

公司在设计指标权重体系时考虑的是指标数据来源的权威性，而没有考虑学术论文的特征，且指标覆盖率比较高的如 Mendeley 读者数等一些指标并未被纳入指标体系中。因此，Altmetric Attention Score 无法全面测度中国社会科学国际学术论文获得的大众群体关注情况，需基于获取的 Altmetrics 指标和数据，重新构建适用于中国社会科学国际学术论文特征的 Web 2.0 影响力评价模型，计算得到中国社会科学国际学术论文在在线社交媒体和网络平台的 Web 2.0 影响力。

通过上一小节对 Altmetrics 指标的覆盖率统计，排除了覆盖率小于 1%的 5 个指标，对于剩下的 10 个指标，通过表 3-37 的相关性分析可以确认 10 个指标之间都没有共变趋势，不存在可替代指标，因此 10 个指标都用于本节的模型构建。另外，本节仍选取发表于 2012—2016 年的18 555篇 Altmetrics 论文数据进行建模与评价。

(1)数据处理。

首先，对 10 个指标数据进行标准化处理，消除量纲差距，然后通过因子分析，得到 10 个指标的相关系数矩阵，见表 6-22，从而了解各指标之间的关系。由表 6-22 可以看出各指标间具有一定的相关性，且有些指标间的相关性较强，表示可以通过因子分析降维。

表 3-41 **相关系数矩阵**

项目	博客帖子数	推文数	脸书网帖子数	谷歌帖子数	红迪网帖子数	新闻报道数	政策文件数	Mendeley读者数	同行评审数	维基百科页面数
博客帖子数	1.000	.695	.357	.498	.364	.718	.068	.152	.025	.352
推文数	.695	1.000	.452	.650	.544	.610	.064	.177	.064	.234
脸书网帖子数	.357	.452	1.000	.434	.389	.332	.037	.104	-.001	.125

续表

项目	博客帖子数	推文数	脸书网帖子数	谷歌帖子数	红迪网帖子数	新闻报道数	政策文件数	Mendeley读者数	同行评审数	维基百科页面数
谷歌帖子数	.498	.650	.434	1.000	.463	.476	.035	.131	.057	.240
红迪网帖子数	.364	.544	.389	.463	1.000	.306	.029	.073	.037	.105
新闻报道数	.718	.610	.332	.476	.306	1.000	.055	.158	.021	.323
政策文件数	.068	.064	.037	.035	.029	.055	1.000	.105	.006	.010
Mendeley读者数	.152	.177	.104	.131	.073	.158	.105	1.000	.049	.072
同行评审数	.025	.064	-.001	.057	.037	.021	.006	.049	1.000	-.005
维基百科页面数	.352	.234	.125	.240	.105	.323	.010	.072	-.005	1.000

为了再次验证指标是否适合做因子分析，用 KMO 和 Bartlett 的球形度进行检验，结果见表 3-42。从表 3-42 所示的结果中可以看到 KMO 检验值为 0.845，且显著性水平为 0.000，在 0.01 层面上拒绝原假设。一般情况下 KMO 检验值在 0~1，而且越接近 1 说明指标间的共同因子越多，共性越强，越容易提取公因子。因此，可以对 10 个指标数据提取公因子，并进行主成分分析。

表 3-42 **KMO and Bartlett 检验**

取足够度的 Kaiser-Meyer-Olkin 度量		.845
Bartlett 的球形度检验	近似卡方	53893.872
	df	45
	Sig.	.000

虽然样本数据能够进行主成分分析，各指标间也具有共性，但这些共性能否准确反映各指标的原始信息还需要进行验证。如何选取主成分将各强关联的指标聚类到一起是关键、核心问题，直接决定评价模型的构建。各指标的公因子方差见表3-43，可以看到各指标提取的公因子方差介于0.5~1.0，表明提取出的公因子基本能够反映各指标的原始信息。

表3-43　　**公因子方差表**

项　　目	起始	提取
博客帖子数	1.000	.746
推文数	1.000	.773
脸书网帖子数	1.000	.529
谷歌帖子数	1.000	.625
红迪网帖子数	1.000	.622
新闻报道数	1.000	.689
政策文件数	1.000	.997
Mendeley 读者数	1.000	.993
同行评审数	1.000	.992
维基百科页面数	1.000	.683

表3-44是各指标解释的总方差。从解释的总方差表中可以看到，有3个成分的初始特征值大于1，但这3个成分的累积方差还没有达到60%，而第4个成分的初始特征值为0.991，接近1，前4个成分旋转后的累积方差达到66.428%，第5个成分的初始特征值也较大，且前5个成分旋转后的累积方差达到76.484%，因此提取5个主成分更合理，故本节的10个原始指标将被划分到5个主成分中。

表 3-44　　　　　　　　**总方差解释表**

成分	起始特征值			提取平方和载入			旋转平方和载入		
	总计	方差的%	累加%	总计	方差的%	累加%	总计	方差的%	累加%
1	3. 651	36. 514	36. 514	3. 651	36. 514	36. 514	2. 788	27. 882	27. 882
2	1. 081	10. 815	47. 328	1. 081	10. 815	47. 328	1. 829	18. 287	46. 169
3	1. 048	10. 481	57. 809	1. 048	10. 481	57. 809	1. 018	10. 180	56. 349
4	. 991	9. 912	67. 721	. 991	9. 912	67. 721	1. 008	10. 079	66. 428
5	. 876	8. 762	76. 484	. 876	8. 762	76. 484	1. 006	10. 056	76. 484
6	. 705	7. 053	83. 537						
7	. 618	6. 181	89. 718						
8	. 487	4. 866	94. 584						
9	. 310	3. 103	97. 687						
10	. 231	2. 313	100. 00						

(2)模型构建。

在利用 SPSS 进行因子分析时，可同时得到各变量与主成分之间的相关系数矩阵即载荷矩阵，通过系数值的大小可以确定各主成分所应包含的指标，成分结构见表 3-45。从表 3-45 中可以看到推文数、脸书网帖子数、谷歌帖子数、红迪网帖子数 4 个指标与主成分 1 密切相关，博客帖子数、新闻报道数、维基百科页面数这 3 个指标与主成分 2 的相关系数较高，Mendeley 读者数与主成分 3 最相关，同行评审数与主成分 4 最相关，政策文件数与主成分 5 最相关。同时还发现主成分 1 中所包含的指标主要是测度学术论文在在线社交媒体中，通过在线社交过程中的交互行为以及媒介传播所产生的影响力，可以认为是媒介传播因子；主成分 2 包含的指标主要是由于使用了学术论文的内容而对学术论文进行了引用标记，可以看做是论文使用因子；主成分 3 包含的指标则是对学术文献所拥有的读者数的查询，可以认为是读者数量因子；主成分 4 是专家对学术论文的评价，反映出学术论文的质量，可以看成是论文质量因子；主成分 5 是政府部门和非政府组织在制定相关政策时对学术论文的引用，可以看成是公信力因子。由此得到基于 Altmetrics 指标的学术论文 Web 2.0 影响力评价模型，如图 3-16 所示。

表 3-45　**旋转成分矩阵**

项　目	成　分				
	1	2	3	4	5
博客帖子数	.539	.667	.081	.017	.063
推文数	.771	.402	.101	.067	.046
脸书网帖子数	.720	.021	.061	-.079	.006
谷歌帖子数	.726	.302	.052	.065	-.002
红迪网帖子数	.787	-.018	-.034	.035	.004
新闻报道数	.479	.668	.104	.010	.048
政策文件数	.021	.015	.049	.002	.997
Mendeley 读者数	.077	.061	.990	.024	.050
同行评审数	.021	-.004	.024	.995	.002
维基百科页面数	-.047	.825	-.011	-.018	-.030

提取方法：主成分分析。

旋转方法：具有 Kaiser 正规化的最大旋转法。

由图 3-16 可以知道，基于 Altmetrics 指标的学术论文 Web 2.0 影响力评价模型含媒介传播、论文使用、读者数量、论文质量和公信力 5 个一级指标，包含推文数、脸书网帖子数等 10 个二级评价指标。

通过主成分分析得到各成分的得分系数矩阵，见表 3-46。由此可以写出各成分的得分公式，本书将基于 Altmetrics 指标的学术论文 Web 2.0 影响得分记为 AIF，5 个成分因子分别记为 AIF_1、AIF_2、AIF_3、AIF_4、AIF_5，10 个指标用其英文名称首字母代替，如 B 表示博客帖子数，由于政策文件(policy documents)和同行评审(peer reviews)首字母相同，政策文件取第二个单词首字母 D 来表示。

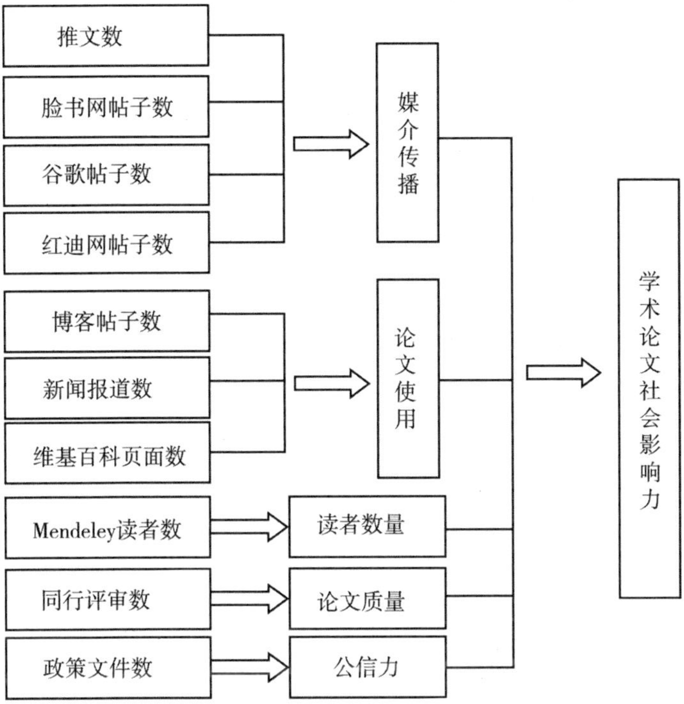

图 3-16　基于 Altmetrics 指标的学术论文 Web 2.0 影响力评价模型

表 3-46　**成分得分系数矩阵**

项　目	成　分				
	1	2	3	4	5
博客帖子数(B)	.054	.330	-.016	-.003	.030
推文数(T)	.250	.057	.008	.037	.008
脸书网帖子数(F)	.352	-.213	.012	-.106	-.020
谷歌帖子数(G)	.263	.000	-.026	.038	-.032
红迪网帖子数(R)	.400	-.255	-.094	.009	-.014
新闻报道数(N)	.023	.348	.014	-.009	.014
政策文件数(D)	-.025	-.016	-.053	-.001	1.002
Mendeley 读者数(M)	-.056	-.057	1.009	-.022	-.053

续表

项　目	成　分				
	1	2	3	4	5
同行评审数(P)	-.025	-.008	-.021	.992	-.001
维基百科页面数(W)	-.277	.640	-.069	-.013	-.042

提取方法：主成分分析。

旋转方法：具有 Kaiser 正规化的最大旋转法。

通过表 3-46，可以得到 AIF_1、AIF_2、AIF_3、AIF_4、AIF_5的得分公式，分别如下：

$AIF_1=0.054B+0.25T+0.352F+0.263G+0.4R+0.023N-0.025D-0.056M-0.025P-0.277W$

$AIF_2=0.33B+0.057T-0.213F-0.255R+0.348N-0.016D-0.057M-0.008P+0.64W$

$AIF_3=-0.016B+0.008T+0.012F-0.026G-0.094R+0.014N-0.053D+1.009M-0.021P-0.069W$

$AIF_4=-0.003B+0.037T-0.106F+0.038G+0.009R-0.009N-0.001D-0.022M+0.992P-0.013W$

$AIF_5=0.03B+0.008T-0.02F-0.032G-0.014R+0.014N+1.002D-0.053M-0.001P-0.042W$

表 3-47 是 5 个成分的得分协方差矩阵，可见 5 个成分之间的相关系数彼此都是 0，表明提取的 5 个成分之间没有相关性，实现了因子分析降维的目的。

表 3-47　　　　**成分得分协方差矩阵**

成分	1	2	3	4	5
1	1.000	.000	.000	.000	.000
2	.000	1.000	.000	.000	.000
3	.000	.000	1.000	.000	.000

续表

成分	1	2	3	4	5
4	.000	.000	.000	1.000	.000
5	.000	.000	.000	.000	1.000

提取方法：主成分。

旋转法：具有 Kaiser 标准化的正交旋转法。

通过表 3-44 计算每个成分因子的方差占累积方差的比例，即可得每个成分因子的权重系数，计算得 AIF_1 的权重系数 $\lambda_1=0.365$，AIF_2的权重系数 $\lambda_2=0.239$，AIF_3的权重系数 $\lambda_3=0.133$，AIF_4的权重系数 $\lambda_4=0.132$，AIF_5的权重系数 $\lambda_5=0.131$。

综合以上分析，基于 Altmetrics 的学术论文影响力 AIF 的计算公式如下：

$$AIF=0.365\times AIF_1+0.239\times AIF_2+0.133\times AIF_3+0.132\times AIF_4+0.131\times AIF_5$$

(3)评价结果分析。

通过新建的模型，得到 Altmetrics 论文的 AIF 得分后，按 AIF 值大小和 Altmetric Attention Score 值大小分别对 Altmetrics 论文排序，得到两组排名，并分别记为 AIF 排名和 AAScore 排名。利用 Spearman 等级相关系数检验 AIF 排名和 AAScore 排名的一致性，结果见表 3-48。

表 3-48　**AIF 排名和 AAScore 排名的相关性检验结果**

项　目			AAScore 排名	AIF 排名
Spearman 的 rho	AAScore 排名	相关系数	1.000	.452**
		显著性(双尾)	.	.000
		N	18 555	18 555
	AIF 排名	相关系数	.452**	1.000
		显著性(双尾)	.000	.
		N	18 555	18 555

* *. 相关性在 0.01 水平(双尾)上显著。

由表3-48，可以发现两种排名之间具有一定相关性，但是相关程度不高，仅属于中度相关范围。由此可见，通过新建模型得到的AIF排名在很大程度上对Altmetrics论文的关注度大小进行了重新排序。Altmetric.com公司在计算Altmetric Attention Score时，重视的是指标数据来源的权威性，尤其是新闻报道、博客、维基百科和政策文件等来源，且没有把Mendeley读者数计入得分体系。而在本书数据中，新闻报道数、博客帖子数、维基百科页面数和政策文件数的覆盖率都不高，Mendeley读者数的覆盖率高达94%以上，且与被引频次的相关性最高，能起到预测高被引学术论文的作用，因此把其加入评价指标体系能更加全面地反映学术论文在在线社交媒体和网络平台上的影响力。AIF排名前10名的Altmetrics论文的各指标数值情况见表3-49。

表3-49　**AIF排名前10名的Altmetrics论文指标情况**

AIF排名	博客帖子数	推文数	脸书网帖子数	谷歌帖子数	红迪网帖子数	新闻报道数	政策文件数	Mendeley读者数	同行评审数	维基百科页面数	AAScore排名
1	124	2 133	53	24	7	188	0	0	0	6	1
2	22	2 320	23	58	11	88	1	348	3	0	2
3	13	572	240	28	8	17	0	88	0	0	16
4	27	226	13	25	0	148	0	101	0	5	5
5	17	380	10	24	2	124	0	273	0	2	6
6	43	269	13	2	0	130	1	610	0	0	8
7	13	552	52	7	2	145	0	55	0	3	3
8	37	189	23	7	2	82	3	101	0	0	9
9	30	228	14	12	0	101	0	22	0	9	10
10	21	742	15	2	2	122	0	54	0	1	4

由表3-49可知，AIF排名前10名的10篇Altmetrics论文中有9篇同时是AAScore排名前10名的Altmetrics论文，且两个排名对

前两名 Altmetrics 论文的排名一致。AIF 排名第 3 名的 Altmetrics 论文较原 AAScore 排名上升 13 个名次，AIF 排名第 7 名和第 10 名的 Altmetrics 论文较原 AAScore 排名分别下降 4 和 6 个名次。AIF 值相较于 Altmetric Attention Score 是否更适用于中国社会科学国际学术论文的 Web 2.0 影响力评价呢?

继续对 AIF 值和被引频次进行研究，以了解高 AIF 值论文是否同时具有较高的被引频次。考虑到存在引文时滞，依然仅选择发表在 2012—2014 年的9 515篇 Altmetrics 论文进行研究。对 AIF 各区间的学术论文的被引频次进行统计，基本情况见表 3-50。AIF 值出现负值是因为在因子分析时，对原指标数据进行了标准化，因此最后得出的 AIF 值有正有负，且平均值为 0。

表 3-50　　**AIF 各区间论文的被引频次分布情况**

	论文数量	最小被引	最大被引	总被引	篇均被引
[-0.16，-0.10)	2 955	0	102	11 234	3.80
[-0.10，-0.05)	2 710	0	80	15 719	5.80
[-0.05，0)	1 281	0	221	11 089	8.66
[0，0.1)	1 096	0	89	11 643	10.62
[0.1，0.5)	903	0	135	12 771	14.14
[0.5，1.0)	417	0	448	8 082	19.38
[1.0，5.0)	144	0	212	5 153	35.78
[5.0，10.13]	9	1	230	742	82.44

由表 3-50 中对 AIF 各区间学术论文最小被引频次和最大被引频次的统计，可以发现无论 AIF 值大小，各区间都存在低被引和高被引的学术论文，对于个别学术论文来说，它的被引频次和获得的在线关注度之间没有关系。但通过对各区间的篇均被引频次的统计可以发现，随着 AIF 值区间值的增大，学术论文的篇均被引频次也不断增大，因此 AIF 值与被引频次之间存在关系。继续利用 SPSS 对两者关系进行研究，通过对 AIF 值和被引频次进行 K-S 单样本非参数正态分布检验，发现两者均不符合正态分布，因此选用

Spearman 相关性分析方法对两者的相关性进行研究，结果见表 3-51。

由表 3-51，可见被引频次与 AIF 值中度正相关，相关系数为 0.446。这也说明基于 Altmetrics 的学术论文影响力评价既弥补了传统科学交流模式下的学术论文影响力评价没有涉猎的对学术论文在在线社交媒体和网络平台产生的影响力的测度，也能在一定程度上预测学术论文的被引情况，因此通过新建模型得到的 AIF 值比 Altmetric. com 公司的 Altmetric Attention Score 更加适于测度中国社会科学国际学术论文 Web 2. 0 影响力。

表 3-51　　**被引频次与 AIF 的相关分析结果**

			被引频次	AIF
Spearman 的 rho	被引频次	相关系数	1. 000	. 446**
		Sig.（双侧）	.	. 000
		N	9515	9515
	AIF	相关系数	. 446**	1. 000
		Sig.（双侧）	. 000	.
		N	9515	9515

＊＊. 在置信度(双侧)为 0. 01 时，相关性是显著的。

3. 3. 3　提高中国社会科学国际学术论文在线影响力的建议

前文对使用次数和 Altmetric Attention Score 进行了研究，并分别探讨了发表时间、研究机构、论文篇幅、基金资助以及参考文献数对使用次数和 Altmetric Attention Score 的影响，详细情况见表 3-52。

根据学术论文评价的原生影响因素对中国社会科学国际学术论文在线影响力测度指标的影响，本书认为可以通过以下措施提高中国社会科学国际学术论文在线影响力。

（1）提高学术论文使用次数的措施有：①促进与国外研究机构学者的合作。通过对最近 180 天使用次数和 2013 年至今使用次数的统计发现，和非中国研究机构学者合作能提高学术论文的使用率和篇均使用次数。②加强内地、香港和澳门地区研究机构间的合作。通过对中国不同地区间研究机构情形下的学术论文使用情况的统计发现，3 个地区间的合作能有效提高学术论文的使用率与篇均使用次数。③鼓励跨机构的合作研究。随着研究机构数的增加，学术论文在两个统计时间段的使用率与篇均使用次数都呈现递增趋势，因此应鼓励社会科学领域学者寻求不同研究机构间的合作。④研究机构应积极申请获得更多基金项目资助，国家相关部门也应加大社会科学研究的基金资助力度。随着基金资助种数的增多，学术论文在两个统计时间段的使用率与篇均使用次数也都呈现递增趋势，基金资助会增加学术论文被使用的几率。

表 3-52 **原生影响因素对学术论文在线影响力测度指标的影响**

<table>
<tr><th colspan="2" rowspan="2"></th><th colspan="2">使用次数</th><th rowspan="2">Altmetric Attention Score</th></tr>
<tr><th>最近 180 天</th><th>2013 年至今</th></tr>
<tr><td colspan="2">发表时间</td><td>有影响</td><td>有影响</td><td>有影响</td></tr>
<tr><td rowspan="3">研究机构</td><td>第一/通讯作者研究机构国别</td><td>有影响</td><td>有影响</td><td>有影响</td></tr>
<tr><td>中国研究机构地区</td><td>有影响</td><td>有影响</td><td>无影响</td></tr>
<tr><td>研究机构数</td><td>有影响</td><td>有影响</td><td>有影响</td></tr>
<tr><td colspan="2">论文篇幅</td><td>无影响</td><td>无影响</td><td>无影响</td></tr>
<tr><td colspan="2">基金资助</td><td>有影响</td><td>有影响</td><td>有影响</td></tr>
<tr><td colspan="2">参考文献数</td><td>无影响</td><td>无影响</td><td>无影响</td></tr>
</table>

(2)提高学术论文 Altmetric Attention Score 的措施有：①在第一作者和通讯作者研究机构国别方面，可以加强中国研究机构与国外同领域研究机构间的合作，同时鼓励中国研究机构学者积极参与国外研究机构的社会科学研究。②在研究机构数方面，增加社会科学研究中合作的研究机构个数，可以是跨国、跨地区或者跨机构的合作研究。③在基金资助方面，研究机构应积极申请争取获得更多基金项目资助，国家相关部门也应加大社会科学研究的基金资助

力度。

学术论文的发表时间与使用次数和获得的社会关注度之间虽有影响关系，但发表时间影响的是使用次数和 Altmetric Attention Score 测量结果，本质上无法提高学术论文的使用次数和 Altmetric Attention Score 值。

3.4　中国社会科学国际学术论文影响力评价实证分析

前文分别通过期刊影响因子、被引频次、ESI 高水平论文以及使用次数、Altmetrics 指标对中国社会科学国际学术论文传统影响力和在线影响力表现情况进行了分析，本节将在已有研究基础上，融合两种模式下的指标，构建中国社会科学国际学术论文的影响力评价模型，对学术论文影响力进行评价，挖掘出影响力得分高的学术论文、研究机构和学科领域。

通过前文分析已经发现，非中国研究机构学者同时作为第一作者和通讯作者的学术论文影响力都优于中国研究机构学者同时作为第一作者和通讯作者的学术论文，而且发表在不同年份的学术论文由于其指标的累积时间不同而不具可比性。因此，为了更客观地反映中国社会科学国际学术论文的影响力，本节将对发表在 2015 年的两组论文数据进行评价并对比分析，其中第 1 组数据由第一作者和通讯作者研究机构同时为中国研究机构的学术论文组成，下文简称数据组 1；第 2 组数据由第一作者和通讯作者研究机构同时为非中国研究机构的学术论文组成，下文简称数据组 2。

经统计，数据组 1 包含7 986篇学术论文，数据组 2 包含1 692篇学术论文。

3.4.1　学术论文影响力评价指标与模型

1. 影响力评价指标体系

中国社会科学国际学术论文影响力评价的指标体系，包含 5 个一级指标：被引频次、ESI 高水平论文、相对影响因子、使用次数以及 Altmetrics 得分。其中，ESI 高水平论文又包括高被引论文和热门论文两个二级指标；使用次数包括 2013 年至今的使用次数，也即发表至今的使用次数和最近 180 天的使用次数两个二级指标；Altmetrics 得分包括 Altmetric Attention Score 和 AIF 两个二级指标。详细指标体系及指标说明见表 3-53。

表 3-53 **中国社会科学国际学术论文影响力评价指标体系及指标说明**

一级指标	二级指标	指标说明
被引频次	被引频次	学术论文在 WOS、BCI、CSCD 中的被引次数
ESI 高水平论文	高被引论文	在所在学科领域近 10 年被引频次排在学科领域前 1%以内的论文
	热门论文	某学科领域发表在最近两年间且在最近两个月内被引次数排在学科领域 0.1%以内的论文
相对影响因子	相对影响因子	学术论文来源期刊的影响因子与所属期刊分类所有期刊平均影响因子的比值
使用次数	发表至今使用次数	发表至今，WOS 用户点击了指向出版商处全文的链接，或是对论文进行了保存的次数总和
	最近 180 天使用次数	最近半年，WOS 用户点击了指向出版商处全文的链接，或是对论文进行了保存的次数总和
Altmetrics 得分	Altmetric Attention Score	Altmetric. com 公司选取指标、设计权重，计算出的学术论文影响力值
	AIF	根据学术论文 Altmetrics 指标特征，建立模型，得到的学术论文影响力值

假设有 n 篇学术论文待评价，评价指标集 $U=\{U_1, U_2, U_3, U_4, U_5\}$ 中的每个指标子集 U_i 都应包含 n 个元素。对于各指标子集中元素取值的说明如下：被引频次、发表至今使用次数、最近 180 天使用次数以及相对影响因子分别取它们的客观数值。对于 ESI 高水平论文，由于只有少量的学术论文被遴选成为高被引论文和热门

论文，因此当学术论文是高被引论文或热门论文时，元素值取 1，否则为 0。Altmetrics 得分的两个二级指标则比较复杂，当前 Altmetric Attention Score 的最小值是 0，而 AIF 最小值是负值，因此首先通过线性函数方法对这两个指标数据进行归一化处理，使数值转换到 0~1 范围。前文已说明本书默认 Altmetric Attention Score 为 0 的学术论文比在 Altmetric Explore 中检索不到数据的学术论文的影响力更大，但在 Altmetric Attention Score 值上不会大于 1，不妨直接认定两者在 Altmetric Attention Score 值上相差 0.5。标准化后的 Altmetric Attention Score 和 AIF 在最小值和次小值上的差距分别为 0.000329 和 0.000089，因此两组数据分别统一加上 0.000165 和 0.000045，即为对应的元素取值，而没有得到 Altmetrics 指标数据的学术论文的对应元素值为 0。另外，在建模计算时，其他指标数据也都要进行归一化处理，以消除量纲差距。

2. 影响力评价指标权重赋值

利用层次分析法对指标权重进行赋值。对相关研究领域的学者进行问卷调查，分别获得他们对一级指标和二级指标的判断矩阵，并分别计算得到一级指标和二级指标的权重分配。经验证，所得的判断矩阵均通过一致性检验。本书假设各位学者给出的权重具有同等重要性，因此再对从每个判断矩阵计算得到的一级指标和二级指标的权重分配分别求它们的算术平均值，计算结果即为最终的各级指标权重系数，如图 3-17 所示。

3. 影响力评价模型构建

得到指标权重体系后，通过加权求和的方法计算得到每篇待评价学术论文的影响力得分（influence value，IV），评价模型的公式为：

$$\begin{aligned} IV = {} & 0.303812 \times CP + 0.471470 \times (0.25HCP + 0.75HP) + \\ & 0.053111 \times (0.333333U_2 + 0.666667U_1) + 0.135821 \times RIF + \\ & 0.035786 \times (0.333333AAScore + 0.666667AIF) \end{aligned}$$

其中，IV 表示影响力得分值；CP 表示归一化后的被引频次；HCP 表示归一化后的高被引论文，HP 表示归一化后的热门论文；U_2 表示归一化后的发表至今使用次数，U_1 表示归一化后的最近 180

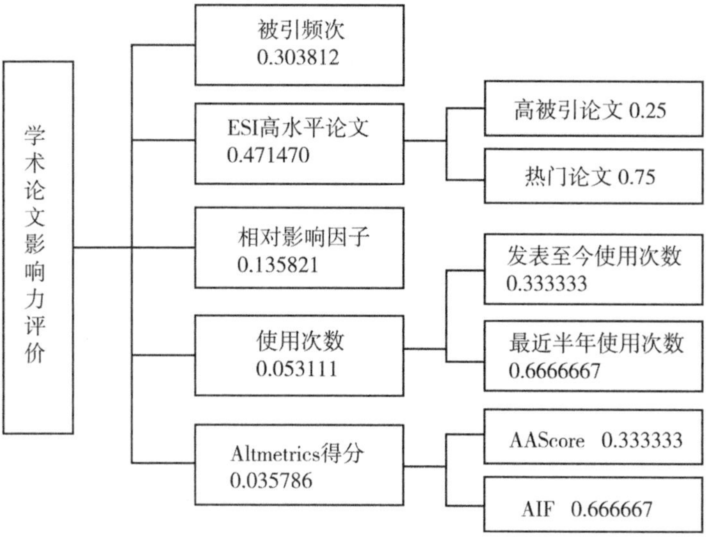

图 3-17 中国社会科学国际学术论文影响力评价指标权重体系

天使用次数；AAScore 表示归一化后的 Altmetric Attention Score，AIF 表示归一化后的 AIF。

3.4.2 学术论文影响力评价结果分析

由于所有指标数据都通过线性函数方法进行了归一化处理，因此最后得到的待评价学术论文的综合影响力得分都在 0~1 的范围，为了更符合常规思维，结果分析时进一步把影响力得分转变为百分制。

1. 影响力与评价指标的相关性

首先，对 8 个二级评价指标与计算得到的影响力得分进行非参数检验，以验证指标是否符合正态分布。利用 SPSS 软件，对 8 个指标及影响力得分数据进行 K-S 单样本非参数正态分布检验，检验结果见表 3-54。由表 3-54 可知，8 个指标及影响力得分的渐进显著性水平都为 0，因此拒绝原假设，即 8 个指标及影响力得分数据均不符合正态分布，因此选用 Spearman 相关性分析方法对 8 个评价指标及影响力得分进行分析，从而得到各指标与影响力的相关系数矩阵，见表 3-55。

表 3-54　影响力得分与评价指标的单样本 Kolmogorov-Smirnov 检验

		被引频次	高被引论文	热门论文	U_2	U_1	相对影响因子	AAScore	AIF	得分
N		7 986	7 986	7 986	7 986	7 986	7 986	7 986	7 986	7 986
正态参数 a,b	均值	.023	.009	.002	.019	.0509	.082	.0004	.001	2.153
	标准差	.038	.094	.032	.026	.047	.054	.003	.004	2.770
最极端差别	绝对值	.278	.529	.512	.238	.168	.094	.423	.375	.232
	正	.254	.529	.512	.187	.168	.094	.343	.262	.202
	负	-.278	-.462	-.487	-.238	-.141	-.077	-.423	-.375	-.232
Kolmogorov-Smirnov Z		24.833	47.259	45.721	21.241	14.987	8.423	37.773	33.491	20.691
渐近显著性(双侧)		.000	.000	.000	.000	.000	.000	.000	.000	.000

a. 检验分布为正态分布。

b. 根据数据计算得到。

表 3-55　影响力得分与评价指标的 Spearman 相关分析结果

		被引频次	高被引论文	热门论文	U_2	U_1	相对影响因子	AAScore	AIF	得分
被引频次	相关系数	1.000	.170**	.054**	.353**	.137**	.339**	.135**	.170**	.779**
	Sig.(双侧)	.	.000	.000	.000	.000	.000	.000	.000	.000
	N	7 986	7 986	7 986	7 986	7 986	7 986	7 986	7 986	7 986
高被引论文	相关系数	.170**	1.000	.166**	.115**	.099**	.099**	.007	.017	.162**
	Sig.(双侧)	.000	.	.000	.000	.000	.000	.505	.140	.000
	N	7 986	7 986	7 986	7 986	7 986	7 986	7 986	7 986	7 986
热门论文	相关系数	.054**	.166**	1.000	.025*	.032**	.034**	.010	.010	.055**
	Sig.(双侧)	.000	.000	.	.023	.005	.003	.376	.351	.000
	N	7 986	7 986	7 986	7 986	7 986	7 986	7 986	7 986	7 986

续表

		被引频次	高被引论文	热门论文	U_2	U_1	相对影响因子	AAScore	AIF	得分
U_2	相关系数	.353**	.115**	.025*	1.000	.701**	.286**	.034**	.081**	.483**
	Sig.(双侧)	.000	.000	.023	.	.000	.000	.003	.000	.000
	N	7 986	7 986	7 986	7 986	7 986	7 986	7 986	7 986	7 986
U_1	相关系数	.137**	.099**	.032**	.701**	1.000	.160**	-.041**	-.011	.307**
	Sig.(双侧)	.000	.000	.005	.000	.	.000	.000	.328	.000
	N	7 986	7 986	7 986	7 986	7 986	7 986	7 986	7 986	7 986
相对影响因子	相关系数	.339**	.099**	.034**	.286**	.160**	1.000	.187**	.223**	.801**
	Sig.(双侧)	.000	.000	.003	.000	.000	.	.000	.000	.000
	N	7 986	7 986	7 986	7 986	7 986	7 986	7 986	7 986	7 986
AAScore	相关系数	.135**	.007	.010	.034**	-.041**	.187**	1.000	.963**	.191**
	Sig.(双侧)	.000	.505	.376	.003	.000	.000	.	.000	.000
	N	7 986	7 986	7 986	7 986	7 986	7 986	7 986	7 986	7 986
AIF	相关系数	.170**	.017	.010	.081**	-.011	.223**	.963**	1.000	.235**
	Sig.(双侧)	.000	.140	.351	.000	.328	.000	.000	.	.000
	N	7 986	7 986	7 986	7 986	7 986	7 986	7 986	7 986	7 986
得分	相关系数	.779**	.162**	.055**	.483**	.307**	.801**	.191**	.235**	1.000
	Sig.(双侧)	.000	.000	.000	.000	.000	.000	.000	.000	.
	N	7 986	7 986	7 986	7 986	7 986	7 986	7 986	7 986	7 986

* *. 在置信度(双侧)为 0.01 时，相关性是显著的。

*. 在置信度(双侧)为 0.05 时，相关性是显著的。

由表 3-55 可知，影响力得分与 8 个评价指标之间都具有一定程度的相关性，其中相关程度最高的指标是期刊相对影响因子，二者之间的相关系数为 0.801，属于高度相关范围，这也表明用期刊相对影响因子评价中国社会科学国际学术论文是合理的；相关程度次之的指标是学术论文的被引频次，二者间的相关系数是 0.779，相关程度也很高，再次验证了用被引频次评价学术论文的可靠性；

相关程度再次之的是发表至今的使用次数 U_2 与最近 180 天的使用次数 U_1 两个指标，相关系数分别为 0.483 和 0.307，处于中度相关范围，表明用学术论文的使用次数评价学术论文是有效的；Altmetric Attention Score 和 AIF 两个指标与综合影响力得分的相关系数分别为 0.191 和 0.235，属于低度相关范围，表明学术论文在在线社交媒体和网络平台产生的影响力虽然仅是其影响力的一小部分，但是也不能忽视对其的测度；高被引论文和热门论文与影响力得分的相关系数分别为 0.162 和 0.055，前者与影响力低度相关，后者与影响力的相关性可忽略，虽然在一级指标中，ESI 高水平论文的权重系数最大，但是由于在本节数据中高被引论文和热门论文的论文数量都非常少，绝大多数指元素值为 0，因此导致高被引论文、热门论文与影响力得分的相关程度都非常低。

2. 学术论文影响力分析

对数据组 1 和数据组 2 中学术论文的影响力得分情况进行统计，基本情况见表 3-56。

表 3-56　**数据组 1 和数据组 2 中学术论文的影响力得分情况**

	论文量	最小得分	最大得分	得分总和	平均得分
数据组 1	7 986	0.0316	62.7500	17 192.4417	2.1528
数据组 2	1 692	0.0314	58.3450	5 250.6943	3.1032

其中，数据组 1 即中国研究机构学者同时作为第一作者和通讯作者的学术论文；数据组 2 即非中国研究机构学者同时作为第一作者和通讯作者的学术论文。分析表 3-56 可以发现，数据组 1 中学术论文的影响力最小得分和最大得分都高于数据组 2 中学术论文的影响力最小得分和最大得分。但是数据组 1 中学术论文的影响力平均得分与数据组 2 中学术论文的影响力平均得分相差较大，前者仅达到后者的 2/3，这表明数据组 1 中学术论文的影响力在整体水平上与数据组 2 中学术论文的影响力相比还有不小差距。此外，从两组数据中学术论文影响力的最小得分、最大得分和平均得分三组数据来看，大多数学术论文的影响力得分较低，两组数据中学术论文

影响力的趋势线都呈右偏态势。

为了进一步详细了解学术论文的影响力得分分布情况，分区间对数据组 1 和数据组 2 中学术论文的影响力得分进行统计，详细情况见表 3-57。

表 3-57 **学术论文影响力得分的区间分布情况**

得分区间	数据组 1			数据组 2		
	论文数量	百分比	累积百分比	论文数量	百分比	累积百分比
大于 60.0	1	0.01%	0.01%	0	0.00%	0.00%
[50.0, 60.0)	3	0.04%	0.05%	6	0.35%	0.35%
[40.0, 50.0)	2	0.03%	0.08%	4	0.24%	0.59%
[30.0, 40.0)	4	0.05%	0.13%	8	0.47%	1.06%
[20.0, 30.0)	41	0.51%	0.64%	13	0.77%	1.83%
[10.0, 20.0)	34	0.42%	1.06%	19	1.12%	2.95%
[7.0, 10.0)	50	0.63%	1.69%	32	1.89%	4.84%
[5.0, 7.0)	236	2.96%	4.65%	68	4.02%	8.86%
[3.0, 5.0)	1 064	13.32%	17.97%	334	19.74%	28.60%
[1.0, 3.0)	4 485	56.16%	74.13%	951	56.21%	84.81%
[0.5, 1.0)	1 475	18.47%	92.60%	199	11.76%	96.57%
[0, 0.5)	591	7.40%	100.00%	58	3.43%	100.00%

通过表 3-57 中的统计数据可以发现：两个数据组中的学术论文影响力得分都主要集中在 0.5~5.0 区间，数据组 1 在这个区间的学术论文数量占论文总量的 87.95%，数据组 2 在这个区间的学术论文数量占论文总量的 87.71%，两个数据组相差不大。对比每个区间的学术论文数量百分比，发现当得分在 1.0~60.0 时，数据组 1 在每个区间的学术论文占总量的百分比都低于数据组 2；而在得分小于 1.0 的两个区间，数据组 1 在每个区间的学术论文占总量的百分比都高于数据组 2。

可见，与非中国研究机构学者同时作为第一作者和通讯作者的学术论文相比，中国研究机构学者同时作为第一作者和通讯作者的学术论文在平均得分和各高得分区间的学术论文占论文总量的百分比上都落后于前者。

还可以通过统计并排序得到每个学科领域影响力得分最高的学术论文，如心理学、经济学以及图书情报学 3 个学科的影响力得分排名前 5 的学术论文见表 3-58。

表 3-58 **心理学、经济学及图书情报学学科的影响力 top5 学术论文**

学科	学术论文信息	影响力
心理学	Fang X, Fry D A, Brown D S, et al. The burden of child maltreatment in the East Asia and Pacific region[J]. Child Abuse & Neglect, 2015, 42: 146-162.	17.585 4
	Zhang X, Gao Y, Yan X, et al. From e-learning to social-learning: mapping development of studies on social media-supported knowledge management [J]. Computers in Human Behavior, 2015, 51: 803-811.	8.714 5
	Wen Z, Fan X. Monotonicity of effect sizes: questioning kappa-squared as mediation effect size measure[J]. Psychol Methods. 2015, 20(2): 193-203.	8.000 7
	Luo S, Ma Y, Liu Y, et al. Interaction between oxytocin receptor polymorphism and interdependent culture values on human empathy[J]. Social Cognitive & Affective Neuroscience, 2015, 10(9): 1273.	7.129 2
	Song Y, Lu H, Hu S, et al. Regulating emotion to improve physical health through the amygdala [J]. Social Cognitive & Affective Neuroscience, 2015, 10(4): 523.	7.068 2
经济学	Li K, Lin B. Metafroniter energy efficiency with CO 2, emissions and its convergence analysis for China[J]. Energy Economics, 2015, 48: 230-241.	22.449 0

续表

学科	学术论文信息	影响力
经济学	Xu B, Lin B. How industrialization and urbanization process impacts on CO 2, emissions in China: evidence from nonparametric additive regression models[J]. Energy Economics, 2015, 48: 188-202.	21.962 9
	Wang Z, Feng C. Sources of production inefficiency and productivity growth in China: a global data envelopment analysis [J]. Energy Economics, 2015, 49: 380-389.	20.887 8
	Yu M. Processing trade, tariff reductions and firm productivity: evidence from Chinese firms[J]. The Economic Journal, 2015, 125 (585): 943-988.	19.878 0
	Perez Linde A J, Chinthalapalli S, Carnevale D, et al. Energy savings potential in China's industrial sector: from the perspectives of factor price distortion and allocative inefficiency [J]. Energy Economics, 2015, 48(9): 117-126.	18.968 2
图书情报学	Zhou X, Zhao G. Global liposome research in the period of 1995-2014: a bibliometric analysis[J]. Scientometrics, 2015, 105(1): 231-248.	39.435 3
	Lowry P B, Posey C, Bennett R B J, et al. Leveraging fairness and reactance theories to deter reactive computer abuse following enhanced organisational information security policies: an empirical study of the influence of counterfactual reasoning and organisational trust [J]. Information Systems Journal, 2015, 25(3): 193-230.	18.588 3
	Liu Z, Yin Y, Liu W, et al. Visualizing the intellectual structure and evolution of innovation systems research: a bibliometric analysis[J]. Scientometrics, 2015, 103(1): 135-158.	7.407 1
	Tian F, Xu S X. How do enterprise resource planning systems affect firm risk? Post-implementation impact[J]. Mis Quarterly, 2015, 39 (1): 39-60.	7.064 4
	Wang X, Liu C, Mao W, et al. The open access advantage considering citation, article usage and social media attention [J]. Scientometrics, 2015, 103(2): 555-564.	5.768 7

与单独用学术论文的被引频次或者期刊影响因子等指标测度学术论文影响力的方法相比，融合来源期刊质量、被引频次、ESI 高水平论文、使用次数以及社会关注度指标的学术论文影响力得分能更全面、客观地反映学术论文的真实影响力大小。

3. 研究机构的学术论文影响力

对学术论文的研究机构与影响力得分同时进行分析，可以了解在社会科学领域国际研究中，各研究机构发表的学术论文的综合影响力表现，并挖掘出综合影响力高的中国研究机构。本节仅对第一作者研究机构和通讯作者研究机构进行分析，并假设第一作者研究机构与通讯作者研究机构在 1 篇学术论文中具有同等重要地位，因此，第一作者研究机构与通讯作者研究机构平均分配该学术论文的影响力得分。

经统计，数据组 1 包含的7 986篇学术论文共涉及 929 个研究机构，其中影响力总得分排名前 50 的研究机构情况见表 3-59。

由表 3-59 可以发现，影响力总得分最高的前两个研究机构分别是香港大学和中国科学院，且这两个研究机构的总得分仅相差 0.1271 分，但是高于排名第 3 的北京大学 231 分多；第 4 名和第 5 名分别是香港中文大学和香港理工大学，这两个研究机构的总得分差距也不大，不到 6 分；第 6 名清华大学的总得分也在 500 分以上；第 7 名和第 8 名浙江大学和北京师范大学的总得分相差 3 分多，但是浙江大学与清华大学相差近 80 分；接下来第 9 名四川大学与第 10 名香港城市大学的总得分差距不到 1 分。

在 Excel 表格中，绘制表 3-59 中 50 个研究机构的影响力总得分的散点图，并添加趋势线，发现当添加指数趋势线时，拟合程度最高，判定系数 R^2 达到 0.9613，如图 3-18 所示。由图 3-18 可知，影响力得分最高的 50 个研究机构的影响力得分按指数趋势递减。

此外，对排名前 50 名的研究机构所处地区进行分析发现，50 个研究机构中共含有 7 个香港地区研究机构、1 个澳门地区研究机构和 42 个内地研究机构；其中香港地区研究机构的排名相对靠前，1 个澳门地区研究机构即澳门大学排在 22 名，大体处于中间水平。

表 3-59 **学术论文影响力总得分排名前 50 的中国研究机构**

序号	研究机构	总得分	序号	研究机构	总得分
1	香港大学	858.127 0	26	北京理工大学	169.642 0
2	中国科学院	857.999 9	27	山东大学	163.662 2
3	北京大学	626.751 9	28	东南大学	162.284 8
4	香港中文大学	565.482 8	29	西南大学	161.491 3
5	香港理工大学	559.694 7	30	华南师范大学	157.942 0
6	清华大学	506.436 2	31	中国科技大学	152.864 6
7	浙江大学	426.772 8	32	同济大学	144.633 7
8	北京师范大学	423.750 8	33	西安交通大学	141.197 7
9	四川大学	412.543 2	34	中国电子科技大学	135.328 2
10	香港城市大学	411.888 7	35	华东师范大学	128.600 8
11	上海交通大学	378.167 4	36	香港浸会大学	112.620 6
12	复旦大学	362.954 9	37	首都医科大学	109.034 1
13	中南大学	299.621 9	38	中国地质大学	106.965 1
14	南京大学	291.432 6	39	哈尔滨工业大学	106.868 0
15	中山大学	270.799 3	40	上海财经大学	97.329 8
16	武汉大学	255.869 7	41	湖南大学	96.145 3
17	厦门大学	244.597 0	42	中央财经大学	89.482 0
18	华中科技大学	222.966 9	43	南开大学	85.900 0
19	天津大学	204.382 1	44	大连理工大学	80.091 1
20	香港教育学院	191.346 5	45	西南财经大学	80.036 2
21	中国人民大学	190.767 1	46	江西财经大学	78.879 4
22	澳门大学	177.956 1	47	重庆大学	77.097 9
23	北京航空航天大学	173.457 1	48	华北电力大学	77.052 0
24	香港科技大学	172.632 8	49	上海大学	71.906 6
25	北京交通大学	170.787 9	50	安徽医科大学	71.757 4

对研究机构的性质进行分析发现，除中国科学院外，其他 49 个研究机构都是高校，可见高校是中国社会科学国际研究的主要力量。

继续分学科领域统计各研究机构的影响力得分，可以挖掘出每

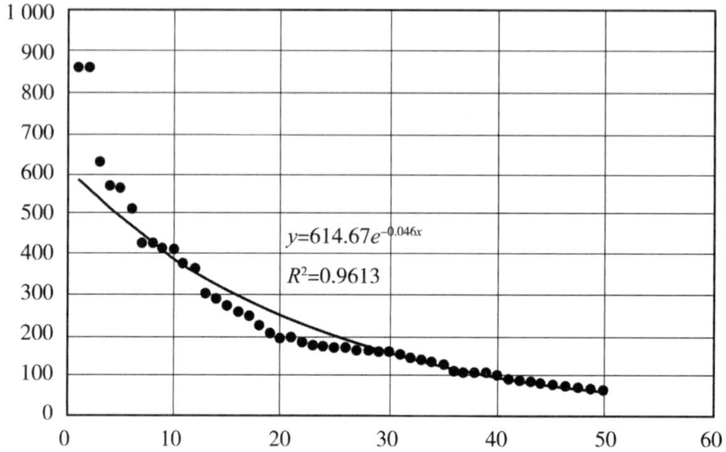

图 3-18　top50 研究机构的影响力总得分散点图

个学科领域影响力得分最高的研究机构。以心理学、经济学以及图书情报学 3 个学科为例，经统计，这 3 个学科影响力总得分排名前 10 的研究机构见表 3-60。

表 3-60　**心理学、经济学及图书情报学学科的影响力总得分 top10 研究机构**

心理学		经济学		图书情报学	
研究机构	总得分	研究机构	总得分	研究机构	总得分
中国科学院	120. 101 3	北京大学	81. 987 9	武汉大学	54. 963 5
西南大学	99. 702 2	厦门大学	80. 659 1	中国科学院	51. 688 5
北京师范大学	95. 298 2	上海交通大学	64. 604 3	香港城市大学	37. 971 0
北京大学	89. 717 0	中国人民大学	51. 694 5	浙江大学	25. 812 5
华南师范大学	82. 738 5	香港科技大学	49. 398 6	中国科学院大学	18. 357 5
香港大学	82. 177 9	浙江大学	48. 096 0	大连理工大学	18. 345 9
香港中文大学	74. 082 7	中国科学院	47. 814 2	复旦大学	15. 103 8

续表

心理学		经济学		图书情报学	
澳门大学	54.724 6	中央财经大学	47.273 1	香港科技大学	14.697 6
浙江大学	50.035 6	香港大学	46.787 6	中山大学	13.830 8
香港教育学院	49.812 2	上海财经大学	42.667 7	清华大学	13.086 5

用相同的处理方法可以得到社会科学领域其他所有学科的研究机构的影响力表现，从而对中国社会科学领域各研究机构的国际学术论文产出的影响力水平有客观了解。

4. 学科领域的学术论文影响力

对学术论文所属的学科领域与影响力得分同时进行分析，可以了解中国研究机构在社会科学国际研究中各学科领域的影响力表现，挖掘出影响力高的学科领域。

在前文对学术论文的学科结构和研究方向分析中，已经发现多数学术论文的 Web of Science 类别字段和学科类别字段同时含多个学科领域和研究方向。因此，在对学科领域影响力进行分析时，本书将按照学术论文来源期刊所属的期刊分类对学科领域进行划分，且对部分期刊分类进行合并，如“Psychology，Applied”“Psychology，Biological”“Psychology，Clinical”“Psychology，Developmental”“Psychology，Educational”“Psychology，Experimental”“Psychology，Multidisciplinary”以及“Psychology，Social”8个分类都合并为 Psychology。

经统计，数据组 1 的7 986篇学术论文共来自 97 个学科领域，数据组 2 的1 692篇学术论文共来自 79 个学科领域，而且数据组 1 同时覆盖数据组 2 的 79 个学科领域，由于是对照分析，因此本节只对两个数据组同时覆盖的 79 个学科领域进行分析。其中，两个数据组论文数量最多的前 10 个学科见表 3-61。

由表 3-61 可以发现，两个数据组中论文数量最多的前 10 个学科仅在排名上有差异，而学科领域一致相同。由各学科领域中学术论文数量占论文总量的百分比可以看出，2015 年中国研究机构学者在环境学（Environmental Sciences）、心理学（Psychology）和经济学（Economics）3 个学科领域的国际期刊上发表了较多的学术论文，每个学科的论文数量都超过论文总量的 10%，远远超过其他学科领域的论文数量。

表 3-61 **数据组 1 和数据组 2 中论文数量最多的 top10 学科**

学科名称（数据组 1）	数量	百分比	学科名称（数据组 2）	数量	百分比
Environmental Sciences	866	10. 84%	Economics	278	16. 43%
Psychology	821	10. 28%	Psychology	223	13. 18%
Economics	808	10. 12%	Business	131	7. 74%
Management	430	5. 38%	Management	130	7. 68%
Multidisciplinary Sciences	406	5. 08%	Environmental Sciences	107	6. 32%
Psychiatry	384	4. 81%	Public, Environmental & Occupational Health	96	5. 67%
Public, Environmental & Occupational Health	358	4. 48%	Psychiatry	64	3. 78%
Education & Educational Research	316	3. 96%	Information Science & Library Science	52	3. 07%
Business	299	3. 74%	Multidisciplinary Sciences	52	3. 07%
Information Science & Library Science	244	3. 06%	Education & Educational Research	47	2. 78%

数据组 1 和数据组 2 在以上 10 个学科领域的学术论文影响力得分情况见表 3-62。

表 3-62　　**top10 学科的学术论文影响力得分情况**

学科名称	数据组	论文量	最小得分	最大得分	得分总和	平均得分
Environmental Sciences	1	866	0.086 2	**62.750 0**	2 418.115 8	2.792 3
	2	107	0.446 8	51.909 7	566.320 8	5.292 7
Psychology	1	821	0.079 4	**17.585 4**	1 650.089 2	2.009 9
	2	223	0.241 2	9.080 4	558.996 7	2.506 7
Economics	1	808	0.083 7	22.449 0	1 580.535 9	1.956 1
	2	278	0.113 0	25.899 9	706.296 8	2.540 6
Management	1	430	0.232 0	**48.712 5**	1 197.230 6	2.784 3
	2	130	0.314 6	21.455 8	443.080 7	3.408 3
Multidisciplinary Sciences	1	406	0.233 9	8.459 2	589.783 8	1.452 7
	2	52	0.806 1	51.576 9	205.151 0	3.945 2
Psychiatry	1	384	0.151 0	23.038 3	813.135 6	2.117 5
	2	64	0.284 7	47.146 2	223.285 1	3.488 8
Public, Environmental & Occupational Health	1	358	0.148 8	**57.775 3**	684.324 2	1.9115
	2	96	0.413 3	28.503 9	288.177 9	3.001 9
Education & Educational Research	1	316	0.144 3	8.142 1	604.133 5	1.911 8
	2	47	0.756 2	9.450 5	102.188 6	2.174 2
Business	1	299	0.254 5	18.199 7	635.132 3	2.124 2
	2	131	0.410 1	58.345 0	464.985 1	3.549 5
Information Science & Library Science	1	244	0.188 2	**39.435 3**	628.534 4	2.576 0
	2	52	0.456 9	9.623 8	159.328 7	3.064 0

由表 3-62 可以发现，10 个学科的数据组 1 中学术论文影响力的最小得分都小于数据组 2 中学术论文影响力的最小得分；有 5 个学科的数据组 1 中学术论文影响力的最大得分大于数据组 2 中学术论文影响力的最大得分，分别是环境学、心理学、管理学、公共环境和职业健康以及图书情报学；10 个学科的数据组 1 中学术论文影响力的平均得分都小于数据组 2 中学术论文影响力的平均得分，其中平均得分差距较大的学科有环境学和综合科学，平均得分差距

最小的学科是教育与教育研究。由以上分析可知，在发文数量最多的前 10 个学科的学术论文影响力平均表现上，数据组 1 都落后于数据组 2。

继续完成两个数据组在剩余 69 个相同学科的学术论文影响力平均得分的统计，并分别计算这 79 个学科的数据组 1 中学术论文影响力平均得分 V_1与数据组 2 中学术论文影响力平均得分 V_2的比值 $R_{1,2}$。比值 $R_{1,2}$大于 1 则说明在该学科领域，中国研究机构学者发表的国际学术论文平均影响力高于非中国研究机构学者发表的学术论文平均影响力，$R_{1,2}$越大，中国研究机构在该学科领域的影响力越高；反之，$R_{1,2}$小于 1 则表明在该学科领域中国研究机构学者发表的国际学术论文平均影响力低于非中国研究机构学者发表的学术论文平均影响力，且 $R_{1,2}$越小，中国研究机构在该学科领域的影响力越低。

经统计，79 个学科中，有 24 个学科的 $R_{1,2}$大于 1，其他 55 个学科的 $R_{1,2}$ 都小于 1，其中 $R_{1,2}$ 最大的学科为风湿病学（Rheumatology），达到 3.5719。为了更直观地反映中国研究机构相对非中国研究机构在这 79 个学科领域的影响力表现，本书按照 $R_{1,2}$的大小，对中国研究机构在各学科领域的影响力大小进行分类，定义 $R_{1,2}>2.0$ 的学科为 5 星级学科；$1.3< R_{1,2}\leqslant 2.0$ 的学科为 4 星级学科；$1.0< R_{1,2}\leqslant 1.3$ 的学科为 3 星级学科；$0.7< R_{1,2}\leqslant 1.0$ 的学科为 2 星级学科；$0.3< R_{1,2}\leqslant 0.7$ 的学科为 1 星级学科；$R_{1,2}\leqslant 0.3$ 的学科为 0 星级学科。各类别的学科分布情况见表 3-63。

表 3-63　　**不同类别影响力的学科分布情况**

分类	学　　科
5 星级学科(4)	Rheumatology、Sport Sciences、Political Science、Geriatrics & Gerontology
4 星级学科(4)	Endocrinology & Metabolism、Computer Science、Planning & Development、Sociology

续表

分类	学 科
3 星级学科 (16)	Operations Research & Management Science、Transportation Science & Technology、Engineering、Transportation、Ergonomics、Forestry、Agriculture, Multidisciplinary、Mathematics、Public Administration、Rehabilitation、Nursing、Industrial Relations & Labor、Health Policy & Services、Demography、Clinical Neurology、Ophthalmology
2 星级学科 (21)	History、Geography、Water Resources、Social Sciences、Infectious Diseases、Education & Educational Research、Medical Informatics、Urban Studies、Obstetrics & Gynecology、Information Science & Library Science、Substance Abuse、Management、Psychology、Dermatology、Health Care Sciences & Services、Social Issues、Economics、Acoustics、Gerontology、Hospitality, Leisure, Sport & Tourism、Area Studies
1 星级学科 (28)	Social Work、Ethics、History & Philosophy of Science、Neurosciences、Cultural Studies、Pediatrics、Nutrition & Dietetics、Women's Studies、Neuroimaging、Law、Public, Environmental & Occupational Health、Communication、Construction & Building Technology、Psychiatry、Remote Sensing、Business、Criminology & Penology、Statistics & Probability、Linguistics、Environmental Sciences、Cardiac & Cardiovascular Systems、International Relations、Family Studies、Energy & Fuels、Physics、Multidisciplinary Sciences、Food Science & Technology、Emergency Medicine
0 星级学科 (6)	Oncology、Ecology、Anthropology、Medicine、Biology、Biochemistry & Molecular Biology

表 3-63 第 1 列括号中的数字表示该类别包含的学科数。由上表可以看出，中国研究机构在绝大多数学科领域发表的国际学术论文的平均综合影响力低于同学科领域非中国研究机构发表的学术论文的平均综合影响力，中国研究机构只在少数几个学科有相对优势。

3.4.3　提高中国社会科学国际学术论文影响力的对策建议

根据对中国社会科学国际学术论文影响力得分与评价指标数据相关性的分析，以及结合前文研究得到的提高中国社会科学国际学术论文传统影响力和在线影响力的建议，本书认为可以通过以下对策提高中国社会科学国际学术论文的影响力。

(1)促进中国社会科学领域研究机构与国外同领域研究机构的合作，同时鼓励中国研究机构学者通过出国访学等各种形式参与到国外研究机构的研究中。中国研究机构学者同时作为第一作者和通讯作者的学术论文综合影响力落后于非中国研究机构学者同时作为第一作者和通讯作者的学术论文综合影响力，因此通过促进中国社会科学领域研究机构或者个别学者与国外同领域研究机构间的合作，能有效提高学术论文影响力。

(2)加强中国内地、澳门地区社会科学领域研究机构与香港地区同领域研究机构间的合作。在对研究机构的学术论文综合影响力进行分析时发现，香港地区研究机构的学术论文综合影响力更为突出，因此加强内地、澳门地区研究机构与香港地区研究机构的合作能有效提升内地和澳门地区研究机构的学术论文影响力。

(3)提高社会科学国际研究的合作度，倡导跨机构的合作研究。研究机构数的增加能有效提高学术论文的期刊影响因子、被引频次、使用次数和 Altmetric Attention Score，因此对于研究机构来说，在进行科学研究时应寻求更多的研究机构进行合作。

(4)在基金资助方面，研究机构需积极申请获得更多基金项目资助，国家相关部门也应加大社会科学研究的基金资助力度。基金资助种数的增加能有效提高学术论文的期刊影响因子、使用次数和 Altmetric Attention Score，因此应增加社会科学国际研究的基金资助力度。

(5)中国社会科学领域研究机构在进行国际研究时，应全面调研国内外相关主题研究现状，充分吸收现有研究的先进理论和研究方法，确保有扎实的研究基础。

本章小结

本章对中国社会科学国际学术论文传统影响力的测度指标期刊影响因子、被引频次和ESI高水平论文进行了分析，对中国社会科学国际学术论文在线影响力的测度指标使用次数和Altmetrics指标进行了分析，并构建了中国社会科学国际学术论文的影响力评价模型，对发表在2015年且第一作者研究机构和通讯作者研究机构同时是中国研究机构和非中国研究机构的两组论文数据进行了实证，并得出以下一系列结论。

论文篇幅和学术论文来源期刊质量之间不存在相关关系，而学术论文的参考文献数量对来源期刊相对影响因子产生正向影响。随着研究机构数或基金资助种数的增加，学术论文的使用率和篇均使用次数都增加；学术论文的篇幅和参考文献数对学术论文的使用率没有影响。在时间上，中国社会科学国际学术论文中的Altmetrics论文数量随时间呈指数趋势增长；在期刊分布上，Altmetrics论文的来源期刊广泛，从期刊所覆盖的研究领域来看，健康与卫生保健、环境、商业、经济、管理以及综合交叉领域的学术论文更容易获得在线关注。

综合各原生影响因素对中国社会科学国际学术论文传统影响力测度指标的影响，提出提高学术论文学术影响力的措施有：促进中国研究机构与国外研究机构间的合作，鼓励中国研究机构学者参与到国外研究机构的研究中；积极开展内地、香港地区和澳门地区研究机构间的合作；寻求更多的研究机构进行合作，倡导跨研究机构的合作研究；研究机构需积极申请获得更多基金项目资助，国家相关部门也应加大社会科学研究的基金资助力度；社会科学研究应全面调研，确保有扎实的研究基础。

第四章　开放获取学术论文影响力评价研究

4.1　开放获取学术论文影响力评价框架

论文作为学术成果传播的主要方式之一，以论文形式为主的交流可以促进知识的传播，避免学术壁垒带来的信息鸿沟。为了加快学术知识、科研成果的共享，提倡通过论文开放获取来解决学术交流的障碍。随着网络技术的发展，开放获取成为信息服务的主要方式。开放获取学术论文有利于提高信息服务水平，2014 年，李克强在全球研究理事会第三次峰会上提出："应采取多种方式，促进科学知识的广泛传播与共享，实现科学价值的最大化，不断增进人类福祉。"①论文的开放获取在促进科学知识传播与共享的同时，也提高了开放获取学术论文的影响力。本章对开放获取学术论文影响力进行研究，分析开放获取学术论文影响力的产生过程、类型，并对开放获取学术论文影响力的影响要素及要素之间的关系进行分析，选取开放获取学术论文影响力的评价指标，构建开放获取学术论文影响力评价框架。

---

① 田宏．全球研究理事会(GRC)2014 年全体大会在北京召开[J]．中国科技期刊研究，2014，25(6)：862.

4.1.1 开放获取学术论文影响力的要素与评价指标

对开放获取学术论文影响力进行全面评价，需要掌握论文的要素。姜磊(2014)对学术论文质量的外部和内部影响因素进行了分析，并对其存在的不足进行修正。① 研究开放获取学术论文影响力，需要对开放获取学术论文的要素进行分析，有助于开放获取学术论文影响力评价指标体系的构建。从已有研究来分析，研究单篇学术论文影响力是从论文的自身要素和外部影响要素进行分析。开放获取学术论文与传统论文既有区别又有相似之处，开放获取学术论文具有一般论文的特点，如题目、作者、作者单位、摘要、关键词、正文、基金资助、合作规模、参考文献等内容。这些内容属于论文固有的要素，不会因为出版方式不同而有所变动。开放获取学术论文的外部影响要素与传统论文有所区别，不仅包含传统出版模式论文的外部要素，如被引频次，还包括论文的下载次数、评论、链接等要素。这些外部影响要素会随着时间的变化不断变化，具有不确定性，其带来的影响力也随之变化。本书根据开放获取学术论文影响力的作用，将开放获取学术论文影响力要素分为原生影响要素和次生影响要素。

1. 开放获取学术论文原生影响要素

开放获取学术论文改变了传统论文的出版方式，以网络为平台对论文进行开放获取。在对论文进行开放获取时，有些要素是不以开放为转移的，这些不以开放为转移的要素称为开放获取学术论文的原生影响要素。而这些原生影响要素与论文的影响力评价又有直接的关系，也是次生影响力产生的基础。因此在对开放获取学术论文影响力进行分析之前厘清开放获取学术论文的原生影响要素和次生影响要素，有利于对开放获取学术论文影响力的深入研究。

(1)作者。

作者作为一篇论文的重要组成部分，不同作者的影响又具有区

① 姜磊．单篇学术论文的评价指标体系研究[D]．大连：大连理工大学，2014.

别。作者的顺序对论文的意义也不尽相同，主要体现在作者的合作模式，不同的合作模式会产生不同的影响。其中合作范围、合作领域以及作者数量等内容，都是与作者具有直接关系的影响要素。每个学科领域都有学术声望突出的研究者，其学术地位也较为突出，对所在研究领域的学术贡献较为突出，产生的影响力也较大。这样的作者的开放获取学术论文影响力明显高于一般研究者的影响力。国内学者段庆锋等认为作者与文献的影响呈正相关性。① 邱均平等以图书情报学领域为研究对象，得出高影响力作者的发文量与 h 指数都具有明显优势。② 刘俊婉等对当选中国科学院院士之前和之后的作者影响力进行比较，发现当选院士后的论文影响力明显高于当选前论文影响力。③ 徐飞、汪士以诺贝尔奖获得者与中国科学院院士为研究对象，对其影响力进行比较，发现不同职位在不同阶段的影响力不尽相同。④ 可见，学者声望对影响力具有潜在的影响，有利于影响力的提升。

与作者影响要素最直接相关的还包括作者之间的合作，其被视为论文原生影响要素的主要内容，随着学科交叉化发展，科学分工对提高科研绩效发挥着重要作用。这也符合萨缪尔森提出的经济分工原理，分工合作可以提高经济效益。⑤ 在科学技术快速发展的时代，作者之间的合作能有效地提高科研产出率，侯海燕等就高校科研合作对论文产出质量的影响进行分析，得出作者之间的合作有利

---

① 段庆锋，朱东华．基于合著与引文混合网络的协同评价方法[J]．情报学报，2012，31(2)：189-195.

② 邱均平，周春雷．发文量和 h 指数结合的高影响力作者评选方法研究——以图书情报学为例的实证分析[J]．图书馆论坛，2008，28(6)：44-49.

③ 刘俊婉，郑晓敏，王菲菲，等．科学精英科研生产力和影响力的社会年龄分析——以中国科学院院士为例[J]．情报杂志，2015(11)：30-35.

④ 徐飞，汪士．杰出科学家行政任职对科研创新的影响——以诺贝尔奖获得者与中国科学院院士比较为例[J]．科学学研究，2010，28(7)：981-985.

⑤ 卡尔·E 凯斯，雷·C 菲尔，等．经济学原理：微观经济学[M]．北京：清华大学出版社，2011：175-178.

于提升论文的质量，还可提升论文的被引频次。① 邱均平等也从作者合作角度与影响力进行了分析，得出作者合作与影响力之间呈正相关。② 杜建等对作者合作关系与影响力测度进行了研究，发现作者合作与被引次数、h 指数、g 指数均呈正相关，并得出合作的作者数量与合作强度与影响力都具有直接的关系。③ 苏芳荔以图书情报领域期刊为研究对象，发现作者合作数量多的论文影响力高于单独作者论文的影响力。可见，作者合作模式与开放获取学术论文影响力具有直接的关系。

(2)基金项目。

根据基金资助统计数据显示，近年来基金支持力度不断加大，国内学者王海龙等对国家自然科学基金分布进行分析，发现基金资助与科学发展具有直接关系，与论文产出具有潜在关系。④ 戚尔鹏等以 Web of Science 数据库收录的论文为研究对象，分析一定时间内基金资助论文与非基金资助论文的影响情况，通过论文被引频次统计，发现受到基金资助的论文影响力明显高于未被基金资助的论文。⑤ 杨红艳对人文社会科学论文质量进行分析，发现基金资助级别越高，优质论文数量越多。⑥ 张凤对科技论文得到基金资助的影

① 何海燕，李芳．高校科研合作对论文产出质量的影响——基于国家重点实验室分析[J]．北京理工大学学报(社会科学版)，2017，19(5)：162-167.

② 邱均平，温芳芳．作者合作程度与科研产出的相关性分析——基于“图书情报档案学”高产作者的计量分析[J]．科技进步与对策，2011，28(5)：1-5.

③ 杜建，张玢，唐小利．基于作者引用与合作关系的学术影响力测度研究进展[J]．图书情报工作，2013，57(8)：135-140.

④ 王海龙，王敏昱．国家自然科学基金地区科学基金资助情况及影响分析[J]．科技进步与对策，2016，33(9)：30-34.

⑤ 戚尔鹏，叶鹰．基础学科论文的基金资助引用优势研究[J]．大学图书馆学报，2015，33(6)：11-16.

⑥ 杨红艳．基金资助对我国人文社会科学论文质量的影响——基于《复印报刊资料》转载论文评分数据[J]．情报理论与实践，2012，35(8)：101-106.

响进行研究，发现得到基金资助的论文质量较高，论文的影响力也较大。[①] 俞征鹿等对科研资助项目论文产出和影响力进行分析，发现受到基金项目资助产出论文质量高于国内平均水平，同时受到资助论文的影响力较突出。[②] 马建霞等对 NSFC 国家杰出青年科学基金项目的论文产出与影响力进行分析，发现杰青基金项目论文的影响力正在赶超国际相应学科基金论文影响力，论文在得到一定基金资助时，影响力相对较高。[③] 由此可知，基金资助与论文的影响力具有很强的关系，对提高论文的影响力具有不可替代的作用。

(3)研究机构。

研究机构作为一篇文章的必要组成部分，不同的研究机构具有不同的影响力，邱均平等在 2009 年对世界一流大学与科研及机构学科进行研究，对世界一流大学和科研机构进行排名，[④] 不同排名的科研机构具有不同的影响力。参考作者合作分析，机构之间也存在合作，机构的合作模式构成了论文影响力的直接要素，不同机构之间的合作产生的影响广度较大，而相同机构之间的合作体现了合作的强度较大，无论机构合作的广度还是合作的强度，都是论文影响要素的体现方式。

周萍对中国科研机构的知识生产力和影响力与国际进行比较分析，发现国外研究机构论文质量高于国内，中国机构影响力与国外相比还存在一定差距。[⑤] 卢东以图书情报领域为研究对象对国内香

---

① 张风．科技资助对科技论文影响力的研究[D]．长春：吉林大学，2015.

② 俞征鹿，马峥，郭红，等．中国科技计划项目论文产出和影响力分析[J]．情报杂志，2013(4)：1-5.

③ 马建霞，张志强，刘静，等．2007—2013 年 NSFC 国家杰出青年科学基金项目的论文产出与影响力分析[J]．中国科学基金，2015(2)：108-115.

④ 邱均平，杨瑞仙，丁敬达，等．竞争与卓越——2009 年世界一流大学与科研机构学科排行榜出炉[J]．高教发展与评估，2009，25(5)：1-12.

⑤ 周萍，曹燕．中国科研机构知识生产力与影响力的国际比较研究[J]．科技进步与对策，2012，29(19)：111-114.

港地区高校进行比较，得出不同机构间合作广度越大，其论文质量越高。① 张冬玲对研究机构间合作与论文产出进行研究，运用社会网络分析法从国际机构合作和国内机构合作两个角度分析，发现学术论文质量与合作模式具有直接关系，并通过二者之间的关系证明了科学生产力与科学生产关系之间的联系。② 苏芳荔研究机构合作与论文被引频次之间的关系，得出二者呈正相关性。③ 可见，研究机构对论文影响力具有直接关系，在论文被收录时其影响力就已赋予其中。

(4)论文正文。

论文正文部分是一篇文章的核心，作为学术知识的载体，成为学术交流的主要内容，是评价论文选题、研究对象等的重要载体。论文正文按研究对象类型有所区别，如文献综述型、研究型、述评、进展报告、会议报告等，不同论文形式其正文结构不尽相同，产生的作用效果也存在区别，同时具有不同的影响力。一般一篇论文主体包含研究目的或意义、研究方法、研究结论等，这些是对一篇文章内容进行评价的主要对象。沈小玲等就论文内容研究论文的影响力，得出论文内容是评价网络科技论文影响力的基本指标。④ 对论文内容影响的评价主要由专家、同行评议来确定论文的质量，通过论文主体产生的作用效果属于论文的原生影响力。论文正文不仅包括论文的结构，还包括论文的篇幅，每篇论文根据自身研究对象的不同，在阐述、论证等方面实际篇幅也各具差别。王全金等针对科技论文篇幅对论文质量的影响进行了分析，得出科技论文不仅包括引言、方法、结果等，还要保障研究内容的完整性，有效提高

① 卢东．图书情报学领域作者合著方式对科研质量的影响分析——基于 SciVal 对中国高产机构的样本分析[J]．现代情报，2015，35(9)：111-115.

② 张冬玲．中国科学论文产出与合作状况的计量研究[D]．大连：大连理工大学，2009.

③ 苏芳荔．科研合作对期刊论文被引频次的影响[J]．图书情报工作，2011，55(10)：144-148.

④ 沈小玲，严卫中．网络科技论文学术影响力评价指标的选择[J]．图书情报工作，2013，57(3)：69-77.

论文的质量，论文篇幅与论文质量存在一定的关系。①

论文正文在开放获取学术论文原生影响要素中占有主导地位，也是论文影响力评价的主要对象，其内容不会随着发表时间的延长而变化，在论文发表后其内容不可随意进行编辑。其质量的衡量标准主要是通过同行评议来把关，对论文的影响力评价具有重要作用。

(5)参考文献。

参考文献作为一篇论文的主要部分，是对前人研究成果的借鉴和吸收，对论文具有重要影响。根据《学术规范导论》与《学术规范通论》的阐述，参考文献是在学术研究过程中，对某一著作或论文、会议记录等的参考或借鉴。②③ 按照 GB/T 7714—2015《信息与文献参考文献著录规则》的定义，参考文献是“为撰写或编辑论文和著作而引用的有关文献信息资源”④，随着学术规范的发展，参考文献成为论文不可分割的部分。不同类型参考文献对论文产生的影响不尽相同，有学者对参考文献对文献影响力评价的作用进行了分析，认为参考文献可作为论文影响力的评价指标。⑤ 肖元春研究了参考文献对学术期刊论文质量的影响，得出参考文献可以用来评价论文的可信度和学术水平，作为判断论文质量的辅助方式。⑥

参考文献对论文影响力具有重要作用，而参考文献数量也成为研究者关注的焦点。毛大胜等就参考文献数量与论文质量的关系进

① 王全金，吴泽九，李萍，等．科技论文引文量及篇幅对论文质量的影响分析[J]．华东交通大学学报，2010，27(3)：107-111.

② 杨玉圣．学术规范导论[M]．北京：高等教育出版社，2004：46-47.

③ 叶继元．学术规范通论[M]．上海：华东师范大学出版社，2005：53-55.

④ 百度百科．参考文献[EB/OL]．[2017-12-06]．https：//baike.baidu.com/item/%E5%8F%82%E8%80%83%E6%96%87%E7%8C%AE/5145126? fr=aladdin.

⑤ 姜磊，林德明．参考文献对论文被引频次的影响研究[J]．科研管理，2015，36(1)：121-126.

⑥ 肖元春．从参考文献评价学术期刊论文质量探析[J]．传播与版权，2015(2)：62-63.

行分析，得出参考文献的数量反映了论文的学术水平，[①] 可见参考文献是衡量论文影响力的重要指标。

2. 开放获取学术论文次生影响要素

开放获取学术论文次生影响要素是论文在交流、传播过程中，随着时间发展而产生的，并随着时间发展而不断变化。对于开放获取学术论文而言，次生影响要素主要包括开放获取时间、被引频次、社交媒体、Altmetrics 指标等内容，这些次生影响要素以不改变论文内容为基础作为论文价值的衡量指标。开放获取学术论文具有传播、交流的优势，成为提高论文影响力的主要方式。

(1)开放获取时间。

开放获取学术论文的开放获取时间对提高论文影响力具有重要作用，也是开放获取学术论文影响力的次生要素。不同的开放获取时间对论文产生不同的影响，陈静等对开放获取时间对发表学术信息的影响进行了研究，并提出开放获取时间权重的定量计算方法，证明论文开放获取时间与提高论文传播速度、广度和利用度之间具有直接关系。[②] 孔繁军和游苏宁在 2005 年就对开放获取出版模式进行研究，通过调查问卷对《中华口腔医学杂志》的作者群进行调查，证明论文实行开放获取明显提高了传播的速度。[③] 可见开放获取时间与论文的传播、使用等都具有直接关系，相对于传统出版模式而言，开放获取为提高论文影响力提供了有利条件，成为提高开放获取学术论文影响力不可忽视的次生影响要素之一。

(2)链接数。

开放获取是以网络平台为基础，每篇论文都有属于自己的网络链接地址，通过链接数量分析论文在网络平台的入链数、出链数以

---

① 毛大胜，周菁菁．参考文献数量与论文质量的关系[J]．中国科技期刊研究，2003，14(1)：4-36.

② 陈静，蔡德英，梅智胜，等．学术期刊不同开放存取时间对科研工作者获取和发表学术信息的影响[J]．中国科技期刊研究，2013，24(4)：671-674.

③ 孔繁军，游苏宁．关于开放存取出版模式的问卷调查[J]．中国科技期刊研究，2005，16(5)：48-49.

及论文的网络影响因子来评价论文的影响力。早在 20 世纪末，Rodríguezgairín 就对网络影响因子进行了初步研究，[①] Ingwersen 借鉴期刊影响因子提出了 WIF(网络影响因子)，[②] 为网站信息资源评价提供了有价值的指标。链接数作为衡量开放获取学术论文影响力的次生影响要素，利用入链数与出链数进行测度。论文的入链数越高，反映出其被关注和认可的程度越高，影响力也就越大；论文入链数较低，反映其影响力相对较小。论文的出链数反映信息被吸收的能力，从知识被吸收的角度反映论文的影响力。

通过链接指标进行分析有利于评价开放获取学术论文的信息关注度和被吸收能力，刘雁书与方平将链接分为推链接、合作链接、相关链接、资源链接等，[③] 通过链接之间存在的关系，得出论文之间存在的相关性，方便论文影响力的评价。尤其是在 Web 2.0 时代，学术的网络化成为一种不可阻挡的趋势，通过链接分析可快速获取论文的关注情况，成为开放获取学术论文影响力的重要影响要素。

(3)被引频次。

被引频次是评价开放获取学术论文影响力的次生要素，是衡量论文在学术价值方面的测度指标。被引文献的类型、被引频次的多少等都会产生不同的影响力。刘昌来等通过被引频次的加权来评价科技论文短期影响，发现此种方法可以对论文进行评价，了解其在归属领域中的影响力。[④] 王海涛等对论文被引频次影响因素进行研究，得出被引频次受到论文质量之外的因素影响，但不应忽略被引

① Rodríguezgairín J M. Valoración del impacto de la información en Internet: Altavista, el "Citation Index" de la red[J]. Revista Española De Documentación Científica, 1997, 20(2): 175-181.

② Ingwersen P. The calculation of web impact factors [J]. Journal of Documentation, 1998, 54(2): 236-243.

③ 刘雁书，方平 . Web 网站站外链接类型与特征调查——链接分析法可行性研究[J]. 大学图书馆学报，2001，19(5)：65-68.

④ 刘昌来，李燕文，王国栋，等 . 加权被引频次——科技期刊单篇论文短期的一种评价方法[J]. 中国科技期刊研究，2014，25(7)：958-962.

频次在科研评估中的重要性。① 被引频次在一定程度上反映了论文被利用的广度和深度，被引频次越大，受重视程度越高，影响力越大。方卿等通过总被引频次对开放获取期刊学术质量进行评价，得出不同学科的开放获取期刊因收录的论文的质量存在差异。② 胡德华等通过被引频次的均值修正来测量生物学领域开放获取期刊和非开放获取期刊论文的质量和影响力。③ Bornmann 通过博客、参考文献管理软件和 CiteULike 研究被引频次与 Altmetrics 指标之间的相关性，并认为被引频次对影响力的影响不应被忽视。④ Garfield 认为作为传统评价指标的被引频次在影响力评价中具有普适性，被公认为成本较低且有效客观的科学评价。⑤

可见，被引频次作为开放获取学术论文影响力的次生影响要素，随着时间的变化被引频次有所不同，同时其体现的影响力也不尽相同。被引频次与论文开放获取时间具有相关性，刘趁对开放获取学术论文进行多重计量指标分析，得出开放获取时间是论文引用优势的关键要素。⑥

(4)使用次数。

开放获取学术论文的使用次数是通过论文的浏览、下载、阅读、评论、标引等行为来衡量，使用次数多少反映开放获取学术论文影响力的大小，具体可将使用次数分为论文的引用与非引用行

① 王海涛，谭宗颖，陈挺．论文被引频次影响因素研究——兼论被引频次评估科研质量的合理性[J]．科学学研究，2016，34(2)：171-177.

② 方卿，王珏．开放存取期刊学术质量评价(一)——基于总被引频次视角的分析[J]．出版科学，2011，19(6)：67-70.

③ 胡德华，常小婉．开放存取期刊论文质量和影响力的评价研究[J]．图书情报工作，2008，52(2)：61-64.

④ Erdt M，Nagarajan A，Sin S C J，et al. Altmetrics：an analysis of the state-of-the-art in measuring research impact on social media[J]．Scientometrics，2016，109(2)：1117-1166.

⑤ Garfield E. Is citation analysis a legitimate evaluation tool? [J]．Scientometrics，1980，2(1)：91-94.

⑥ 刘趁．基于多重计量指标的论文开放获取优势研究[D]．大连：大连理工大学，2016.

为，其中非引用行为包括对论文的浏览、下载、评论、标引、注释等，均视为用户的使用数据。论文引用行为作为典型的论文使用，前文已进行了分析，而非引用行为的论文使用次数是在论文开放获取时，用户对其进行浏览、阅读、评论等行为的记录统计。这些论文使用次数具有即时性，随着时间的发展而不断变化。

在论文使用行为中，林佳瑜对论文下载次数与阅读次数进行调查分析，得出论文的下载与论文被引之间不呈正相关，论文的下载不能代表论文被引情况。① 郭强等对论文的下载次数与被引频次之间的关系进行研究，认为两者具有对立统一的关系，用来衡量文献被使用程度。② 万锦堃等对论文的被引次数与下载次数进行比较研究，得出论文的下载指标与被引用指标不完全一致，应该分别作为独立评价指标。③ 孔秋丽研究论文被引次数和下载次数的相关性，发现论文的下载次数与被引频次呈弱相关。④ 可见，使用次数作为开放获取学术论文影响力的次生影响要素，在具体评价过程中对使用次数指标要分别进行统计，才能对开放获取学术论文影响力具有较客观的评价。

(5) Altmetrics 指标。

社交媒体是 Web 2.0 时代发展的产物，随着网络技术的发展而不断多样化，从信息的单向流通发展到信息的多向交流。科学交流也随着网络的发展改变了原有交流方式，尤其是社交媒体、社会标签、社会网络的快速发展使得开放获取学术论文具有更广泛的传播方式，同时产生了不同的数据，这些数据在一定程度上反映了开放获取学术论文在网络平台产生的影响。Altmetrics 的发展为网络

① 林佳瑜. 论文下载次数与阅读使用次数的调查分析[J]. 图书馆杂志，2012(3)：36-39.

② 郭强，赵瑾，刘思源，等. 下载次数与被引次数的统计关系研究[J]. 图书馆理论与实践，2010(9)：30-35.

③ 万锦堃，花平寰，孙秀坤. 期刊论文被引用及其 Web 全文下载的文献计量分析[J]. 现代图书情报技术，2005(4)：58-62.

④ 孔秋丽. 期刊影响因子、论文被引次数和下载次数的关系研究[D]. 桂林：广西师范大学，2015.

平台计量提供了便捷，在某种程度上 Altmetrics 具有同行评议的特性，它对社交媒体、社会网络、其他网络平台的用户行为，如浏览、下载、推文、评论等数据进行统计。

Neylon 认为 Article-Level Metrics 可提供最新的、不同类型影响力的信息，了解研究对象的实时价值。① 这些新型的学术交流模式得到 Altmetrics 的支持，Altmetrics 指标可将用户不同行为产生的数据以可视化方式呈现出来。② 王贤文等对社交网络环境下的论文传播进行了研究，证明其除了具有学术价值外还会因为论文选题的新颖性被广泛传播交流。③ 在开放获取环境下，Altmetrics 指标对网络论文的阅读（viewed）、下载（download）、引用（如 PubMed、CrossRef、Scopus、Wikipedia、DOI、WOS 等）、使用（如 GitHub）、共享（如 Facebook、Twitter）、评论（如 Twitter、Mendeley、Blogs、Wikipedia 等）等行为的数据进行计算。④ 赵蓉英与魏明坤对学术信息在微信公众号中的传播影响进行了分析，发现下载、阅读、分享行为体现了学术价值，对影响力评价具有重要作用。⑤

基于网络平台和社交媒体的影响力被越来越多的研究者所关注，开放获取学术论文作为学术交流的在线形式，已与开放系统集成化。通过 Altmetrics 指标，可计算开放获取学术论文不同指标产生的数据，丰富其影响力的评价体系。Altmetrics 指标对开放获取学术论文的评价是开放获取学术论文影响力次生影响要素的重要组成部分，体现了开放获取学术论文的价值。

---

① Neylon C，Wu S. Article-level metrics and the evolution of scientific impact[J]. PLoS Biology，2009，7(11)：e1000242.

② Priem J，Taraborelli D，Groth P，et al. Altmetrics：a manifesto[EB/OL]. [2017-12-11]. http：//altmetrics. org/manifesto/.

③ 王贤文，方志超，王虹茵 . 连续、动态和复合的单篇论文评价体系构建研究[J]. 科学学与科学技术管理，2015，36(8)：37-48.

④ Konkiel S. Altmetrics：an App review [EB/OL]. [2017-12-12]. https：//www. researchgate. net/publication/235707873_Altmetrics_An_App_Review.

⑤ Zhao R，Wei M. Academic impact evaluation of Wechat in view of social media perspective[J]. Scientometrics，2017，112(3)：1777-1791.

4.1.2　开放获取学术论文影响力的要素与评价指标关系

开放获取学术论文影响力的原生影响要素与次生影响要素决定开放获取学术论文影响力的大小，原生影响要素产生的影响力为原生影响力，次生影响要素产生的影响力为次生影响力，二者具有对立统一的关系，是开放获取学术论文影响力评价的组成部分。在评价过程中原生影响要素具有相对稳定性，不容易发生改变，而次生影响要素是论文实行开放获取后对科研活动产生的作用，其影响力表现为对后续研究产生作用的大小。开放获取学术论文影响力(I_a)是原生影响力(N_f)与次生影响力(E_f)之和。而原生影响要素具有不变性，即在开放获取学术论文原生影响力一定的条件下，开放获取学术论文影响力(I_a)与开放获取学术论文次生影响力(E_f)成正比，与开放获取程度(D_o)成正比，与其他学科的距离(R_a)成反比，即与其他学科之间亲密关系程度，学科之间的联系越紧密则距离越短，学科之间的联系疏远则距离越长，与其他学科之间距离(R_s)成反比。为了保持开放获取学术论文影响力公式两边之间的对等关系，用系数 L 表示它们之间的对等关系，用公式可表述为：

$$I_a = L\times(N_f+E_f)\times D_o/(R_a\times R_s)$$

该公式体现了开放获取学术论文影响力的大小与原生影响要素和次生影响要素之间的关系，也体现了原生影响要素与次生影响要素之间的关系。开放获取学术论文与其他学术成果的关系以及其他学科之间的关系由开放获取原生影响要素决定。原生影响要素与次生影响要素具有密切的关系，原生影响要素体现开放获取学术论文的质量，而次生影响要素体现开放获取学术论文的价值。基于原生影响要素和次生影响要素，构建开放获取学术论文影响力的影响要素关系图，如图 4-1 所示。

在开放获取学术论文影响力的影响要素关系图中，原生影响要素中的不同学术地位的作者会产生不同的影响。基金项目按级别也可分为校级、省级、国家级等类型，拥有不同级别基金项目资助的论文影响力也不尽相同，在具体量化指标中应按类型进行划分。在次生影响要素中，被引频次可以根据被引数量高低划分为高被引学

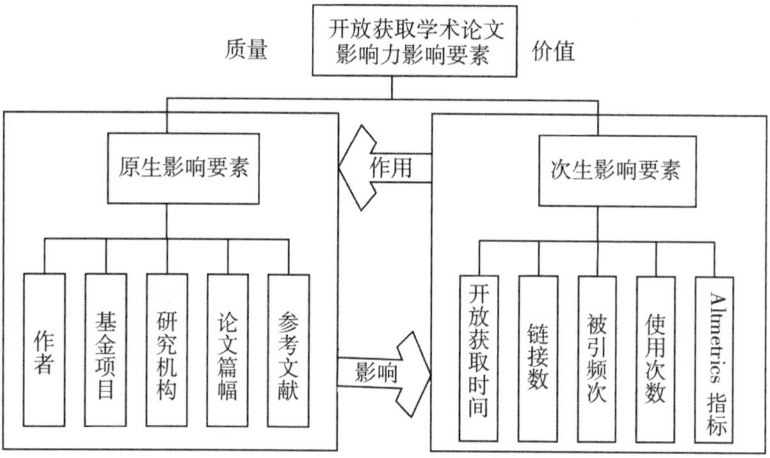

图 4-1 开放获取学术论文影响力的影响要素关系图

术论文、热点论文等类型，不同类型的论文会产生不同的影响力，目前 ESI 高水平论文成为用来衡量国际论文学术水平的重要指标。通过对原生影响要素与次生影响要素的分析，原生影响要素是论文质量的体现，对次生影响要素产生影响；而次生影响要素是论文价值的体现，会对原生影响要素产生不同的作用。原生影响要素与次生影响要素产生的影响力构成了开放获取学术论文影响力。

4.1.3 开放获取学术论文影响力评价体系框架

为了对开放获取学术论文影响力进行综合的评价，构建开放获取学术论文影响力评价体系是必不可少的。根据上文对开放获取学术论文影响力的类型、影响要素以及影响力的产生进行评价指标选取，并通过分析评价指标的相关性对不同评价指标进行权重赋值，以测度开放获取学术论文影响力。

1. 评价指标选取原则及指标选取

(1)评价指标的选取原则。

评价指标的选取是根据评价目的，针对评价对象的特征选取具有代表性、适用性的、可行性的指标，从不同方面反映评价对象的某种特性。而指标体系是由一系列相互联系的指标所组成的有机整体，从不同角度客观反映评价对象的总体情况。结合开放获取学术论文的特点，构建科学、合理的评价指标体系，应遵循以下原则：

①系统性原则。所选取指标之间具有一定的逻辑关系，它们从不同方面反映评价对象的价值、质量，而且还要反映学术成果之间的内在联系。每个子系统由一组指标组成，各指标之间相互独立，又彼此具有联系，构成一个有机系统。在构建评价指标体系时，应按照自上而下，从宏观到微观的顺序，最终形成一个具有层次性、不可分割的体系。

②可行性原则。对所选取的指标在实际操作过程中可获取有效数据，或可通过间接方式获取评价指标的数据，便于进行计算和分析，对于不可获得数据的指标不应采用。

③适用性原则。在建立评价指标体系时，在考虑系统性原则的同时，还要考虑指标的适用性。根据评价对象的特点，验证指标是否适用于评价对象，与评价目的是否具有一致性。

④典型性原则。确保评价指标具有非重复性，选取的每个评价指标具有典型代表性，尽可能选取准确反映特定目的、涵盖评价对象所有影响要素的综合性指标。方便评价的操作，尽量做到指标体系的简洁。

(2)评价指标的选取。

根据开放获取学术论文的特性，将开放获取学术论文影响力划分 Web 1.0 影响力和 Web 2.0 影响力。在对 Web 1.0 影响力评价时，选取被引频次、ESI 高水平论文，EIS 高水平论文包括高被引论文和热点论文。这些指标基于被引频次对开放获取学术论文影响力进行测度，反映论文的学术价值，从学术价值层面反映开放获取学术论文影响力。对 Web 2.0 影响力评价时，选取论文使用次数和 Altmetrics 指标。论文的使用次数和 Altmetrics 指标测度是开放获取学术论文在交流、传播过程中，从用户感知和知识交流来反映开放获取学术论文的影响力。通过对次生影响要素的分析，本研究选取浏览指数、下载次数、Altmetric Attention Score。其中，使用次数根据 WOS 数据库的使用指标，选取 2013 年至今的使用次数和最近

180 天使用次数两个二级指标。① 最近 180 天使用次数是论文在最近 180 天内该文献的全文得到访问或对记录进行保存的次数，该使用次数实时更新，随着时间的发展而变化。2013 年至今使用次数是从 2013 年 2 月 1 日开始对文献的全文访问或保存的次数，该使用次数会随着时间不断变大，或保持不变。Altmetric Attention Score 是根据 Altmetric.com 公司选取的指标。通过 Web 1.0 影响力和 Web 2.0 影响力对开放获取学术论文影响力进行评价，如图 4-2 所示。

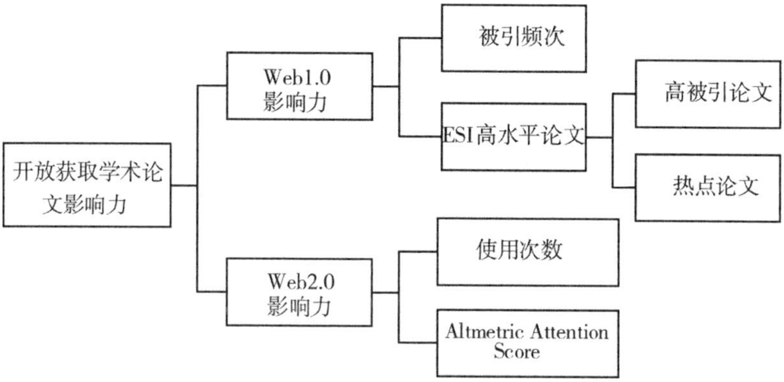

图 4-2　开放获取学术论文影响力评价框架

2. 评价指标权重赋值

(1) 构造判断矩阵。根据构建的评价框架，采用层次分析法根据每层次指标的重要性进行判断。通过对各层次指标以数值进行表示，形成矩阵。该评价指标体系权重赋值根据 Saaty 提出的 1~9 标度法进行标度,② 构建判断矩阵。各级标度含义如表 4-1 所示。

① Web of Science 核心集合. 使用次数[EB/OL]. [2017-12-15]. http://images.webofknowledge.com/WOKRS523_2R2/help/zh_CN/WOS/hp_usage_score.html.

② Saaty T L. Decision making for leaders: the analytic hierarchy process for decisions in a complex world[J]. European Journal of Operational Research, 2013, 42(1): 107-109.

表 4-1　　**判断矩阵各级标度含义**

标度	定义	含　义
1	同样重要	两个要素对某准则同样重要
3	稍微重要	两个因素对某准则，一个因素比另一个因素稍微重要
5	明显重要	两个因素对某准则，一个因素比另一个因素明显重要
7	强烈重要	两个因素对某准则，一个因素比另一个因素强烈重要
9	极端重要	两个因素对某准则，一个因素比另一个因素极端重要
2、4、6、8	相邻标度中间值	相邻两个标度取中间值
以上标度倒数	反比较	因素 i 与因素 j 重要性之比为 a_{ij}，那么因素 j 与因素 i 重要性之比为 $a_{ji}=1/a_{ij}$

(2)确定各层次指标权重。根据确定判断矩阵各层次指标权重的方法，本书采用和法对各层指标权重进行赋值。第一步，对矩阵的每一列进行归一化处理：

$$\bar{a}=\frac{a_{ij}}{\sum_{k=1}^{n} a_{kj}},\ i\,j=1,\ 2,\ 3,\ \cdots,\ n$$

第二步，对归一化处理的矩阵每一列按行进行相加：

$$p_i=\sum_{k=1}^{n}\overline{a_{ij}},\ i=1,\ 2,\ \cdots,\ n$$

第三步，对向量 $p=(p_1,\ p_2,\ \cdots,\ p_n)^T$ 归一化处理：

$$W_i=\frac{P_i}{\sum_{j=1}^{n} p_j},\ i=1,\ 2,\ \cdots,\ n$$

得到最大特征值向量：

$$W=(W_1,\ W_2,\ \cdots,\ W_n)^T$$

第四步，求矩阵 A 的最大特征值：

$$\lambda_{max} = \frac{1}{n}\sum_{i=1}^{n}\frac{(AW)_i}{W_i}$$

为了保证判断矩阵的一致性，用一致性指标 CI(Consistency Index)来建立判断矩阵的一致性，$CI=(\lambda_{max}-n)/(n-1)$。然后计算一致性比例 CR，CR=CI/RI，RI(Random Index)为随机性指标，是预先给定的常数，如表 4-2 所示。CR<0.1 时，认为判断矩阵的一致性满足要求，层次排序的结果是合理的；CR>0.1 时，则判断矩阵的一致性不能满足要求，需要修正判断矩阵。

表 4-2　**判断矩阵的随机性指标**

阶数(n)	1	2	3	4	5	6	7	8	9	10	11	12
RI	0	0	0.52	0.89	1.12	1.26	1.36	1.41	1.46	1.49	1.52	1.54

3. 评价指标体系构建

通过层次分析法确定各层指标权重，对评价指标进行量化权重，构造开放获取学术论文影响力评价指标体系，如图 4-3 所示。

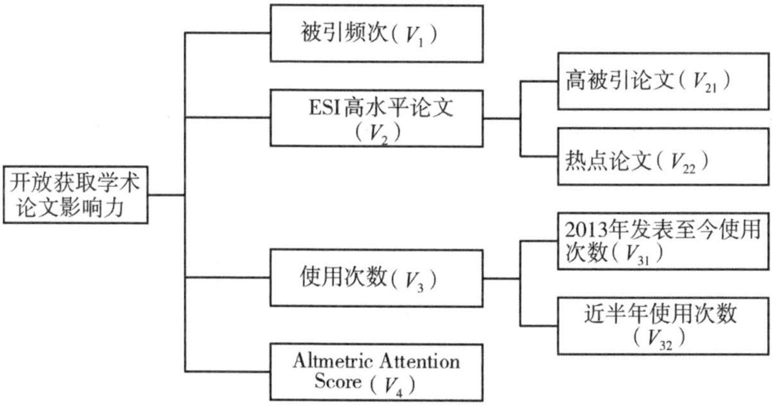

图 4-3　开放获取学术论文影响力评价指标体系

根据开放获取学术论文评价指标体系及权重赋值，计算开放获取学术论文影响力分值(impact value，IV)：

$$IV = V_1 \times TC + V_2 \times (V_{21}HC + V_{22}HP) + V_3 \times (V_{31}U_2 + V_{32}U_1) + V_4AAS$$

其中，IV 表示影响力的值；TC 表示归一化后的被引频次；HC 表示归一化后的高被引学术论文值，HP 表示归一化后的热点论文值；RI 表示归一化后的读者认同度；U_2 代表 2013 年发表至今论文使用次数归一化的值，U_1 代表近 180 天发表论文使用次数归一化的值；AAS 代表归一化后的 Altmetric Attention Score 值。当评价不同国家的开放获取学术论文影响力时，对国家发表的开放获取学术论文影响力值求和，其影响力公式为：

$$CIV = \sum_{i=1}^{n} IV_i$$

其中，CIV 代表国家的开放获取学术论文影响力值，n 代表国家的开放获取学术论文发文量。

当对不同研究机构的开放获取学术论文影响力评价时，计算研究机构发表的开放获取学术论文影响力值，其影响力公式为：

$$IIV = \sum_{i=1}^{n} IV_i$$

其中，IIV 代表研究机构开放获取学术论文影响力值，n 表示研究机构的开放获取学术论文发文量。

4.2　开放获取学术论文 Web 1.0 影响力分析

开放获取的发展经历了从 Web 1.0 到 Web 2.0 的发展，每个阶段的发展都具有不同的特征，这些特征与开放获取学术论文的影响力具有直接或间接的关系。通过前文对开放获取学术论文影响力的划分，本节对开放获取学术论文的 Web 1.0 影响力进行分析，开放获取学术论文发展到 Web 2.0 时代，其影响力并非仅包含 Web 2.0 发展产生的影响力，还包括 Web 1.0 阶段产生的影响力，Web 2.0 产生的影响力是对开放获取学术论文在 Web 1.0 阶段产生的影响力的补充和完善。对开放获取学术论文 Web 1.0 影响力进行分析时，被引频次和 ESI 高水平论文作为衡量开放获取学术论文

Web 1.0 影响力的测度指标，这些次生要素从论文价值层面体现开放获取学术论文影响力。为了对开放获取学术论文 Web 1.0 影响力进行分析，首先，对开放获取学术论文的原生影响要素分布进行分析，找出与非开放获取学术论文相比存在的优势，分别从开放获取学术论文的国家/地区、学科领域、基金资助、参考文献等方面进行比较分析。其次，对被引频次与影响要素之间的关系进行分析，从影响要素的视角对开放获取学术论文影响力进行分析。最后，对 Web 1.0 影响力对开放获取学术论文影响力的作用进行分析，为提高开放获取学术论文影响力提供参考。

4.2.1 基于数据分析的开放获取学术论文影响力

随着开放获取学术论文数量的增长，大数据时代已经进入我们的科研活动中，无论是数据的获取、收集、整理还是分析，数据都成为评价影响力的新手段。开放获取学术论文影响力成为学术领域关心的问题，有些学者对开放获取期刊进行研究，其评价停留在开放获取期刊层面上，对开放获取学术论文进行深入和系统的研究还较为缺乏，对开放获取期刊的评价尚不能揭示开放获取学术论文在网络环境下对学术交流和科学研究产生的影响。开放获取学术论文为学者提供了及时的学术知识，从国际层面对开放获取学术论文影响力进行评价显得尤为重要，也成为开放获取学术论文发展所关心的问题。目前，开放获取的学术交流方式受到不同研究者的青睐，通过前文对开放获取学术论文的年度统计，发现开放获取学术论文的数量在逐年增加，为了深入分析开放获取学术论文 Web 1.0 影响力，从各学科领域分析开放获取学术论文的优势，成为开放获取学术论文 Web 1.0 影响力评价的重要方面，也是开放获取学术论文 Web 1.0 影响力评价的重要组成部分。对开放获取学术论文的国家/地区分布、研究机构分布、基金资助分布等内容的分析，成为开放获取学术论文 Web 1.0 影响力的研究基础。

对开放获取学术论文影响力评价是对开放获取学术论文的国

家/地区、研究机构、作者等的作用作出新的判断，开放获取学术论文的发表是一种“数字化”，是一种源生信息。开放获取学术论文的原生影响要素都可作为具体的知识单元被解析与描述，通过对原生影响要素的解析与描述，有利于促进学术信息交流，提高其原生影响力。

1. 学科领域的开放获取学术论文数据分析

开放获取学术论文的学科分布是对开放获取学术论文覆盖广度测量的整体分析，开放获取学术论文覆盖的学科领域越多，开放获取学术论文影响力的幅度越大。为了深入分析开放获取学术论文影响力的幅度，本节对 Web of Science 中 2000 年至 2017 年发表的开放获取学术论文进行统计分析，共检索到5 955 753篇论文，占非开放获取学术论文的 20. 54%。随着时间的发展，开放获取学术论文在各学科领域的论文数量呈现逐渐上升趋势，如图 4-4 所示。其中 2017 年数据不完整，不能完全反映 2017 年的总体情况。根据图中开放获取学术论文增长趋势指数曲线，可以得出 R^2 为 0. 898，增长趋势明显，呈现逐年递增趋势。

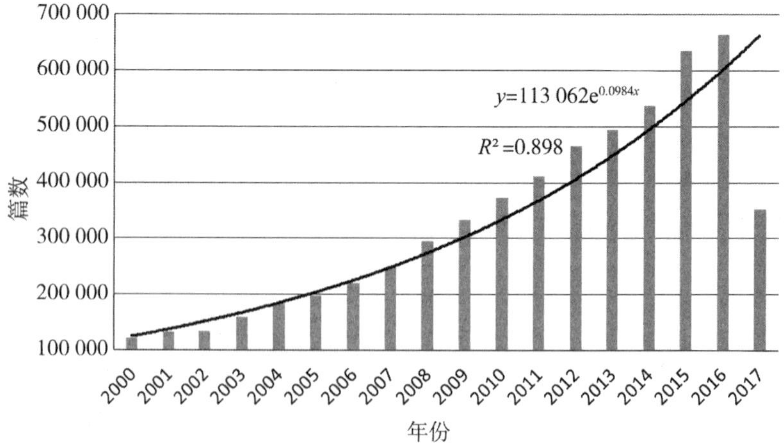

图 4-4　2000—2017 年开放获取学术论文年度数据统计

表 4-3 对 2000 年到 2017 年开放获取学术论文与非开放获取学术论文发文数进行对比，发现开放获取学术论文占非开放获取学术论文的比例逐渐在增大。从 2000 年到 2016 年，开放获取学术论文从121 131篇增长到665 376篇，可见近年来在学科领域中，开放获取学术论文的数量得到明显提升，开放获取学术论文在论文总数中的占比不断提高。为了进一步深入分析各学科领域开放获取学术论文的发展优势，对检索到的开放获取学术论文按学科领域进行分析。

表 4-3　**2000—2017 年开放获取学术论文与非开放获取学术论文比例**

年份	开放获取学术论文数	非开放获取学术论文数	比率(%)
2000	121 131	1 226 796	9.87
2001	132 335	1 194 525	11.08
2002	133 644	1 238 866	10.79
2003	159 340	1 271 035	12.54
2004	183 161	1 339 193	13.68
2005	197 244	1 421 427	13.88
2006	219 882	1 475 332	14.9
2007	249 181	1 581 474	15.76
2008	294 547	1 635 023	18.01
2009	332 629	1 690 957	19.67
2010	372 816	1 667 551	22.36
2011	411 061	1 718 060	23.93
2012	465 146	1 784 023	26.07
2013	493 595	1 843 356	26.78
2014	536 522	1 882 758	28.5
2015	636 155	2 063 840	30.82
2016	665 376	2 138 952	31.11
2017	351 988	1 816 208	19.38

图 4-5 对 2000 年到 2017 年开放获取学术论文在各个学科领域的发文数据进行统计，其中，临床医学、微生物学、综合交叉学科、免疫学在 22 个学科领域中发文量居于榜首。其中开放获取学术论文占比超过 10%的学科领域分别为临床医学、微生物学和综合交叉学科，这些学科的开放获取学术论文较多，表明其学术开放交流化程度较高。从学科的数据统计来分析，开放获取学术论文已经覆盖全部学科领域，其中开放获取学术论文数量较少的为空间科学、农业科学、经济与商业。

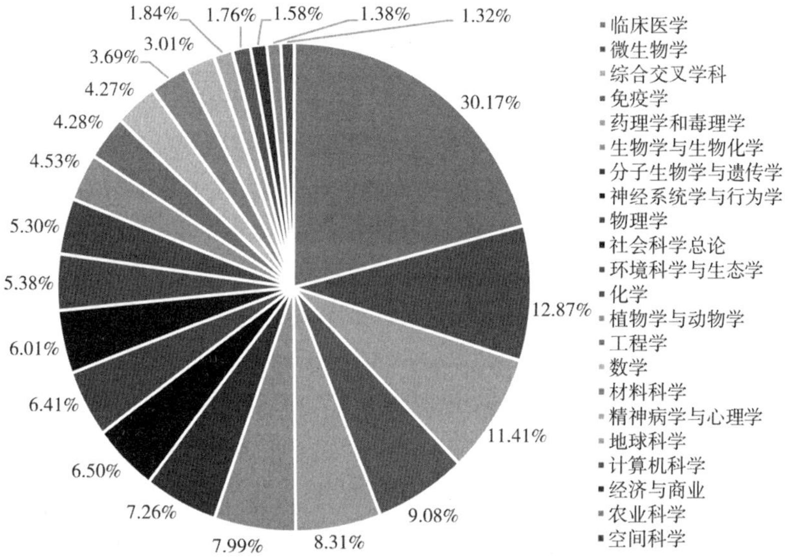

图 4-5　各学科领域开放获取学术论文数据分析

为了对各学科领域开放获取学术论文数与非开放获取学术论文量有更清晰的了解，对 2000 年至 2017 年非开放获取学术论文数量进行统计，并与开放获取学术论文数进行对比，如表 4-4 所示。表 4-4 对 22 个学科领域的开放获取学术论文数及每个学科领域发表的开放获取学术论文占非开放获取学术论文总数的比例进行了统计。

根据表 4-4 的统计数据可知，每个学科领域发表的开放获取学术论文与非开放获取学术论文的比重都大于 4%，其中占比最高的为微生物学，占比为 54.91%，已超过半数。除了计算机科学、工程学、化学、材料科学、经济与商业学科外，其余学科的开放获取学术论文占比超过了 10%，可见开放获取学术论文的国际化水平明显提高。从学科的角度对开放获取学术论文进行数据分析，有利于对开放获取学术论文影响力进行深入评价。

表 4-4 开放获取学术论文与非开放获取学术论文的学科领域及占比

学科领域	开放获取学术论文数	非开放获取学术论文数	比率(%)
微生物学	766 430	1 395 744	54.91
生物学与生物化学	475 907	1 010 001	47.12
免疫学	540 705	1 457 362	37.1
分子生物学与遗传学	432 531	1 182 729	36.57
药理学和毒理学	495 158	1 383 924	35.78
空间科学	78 536	261 573	30.02
神经系统学与行为学	387 120	1 356 130	28.55
临床医学	1 797 205	6 630 587	27.1
植物学与动物学	269 767	1 116 292	24.17
环境科学与生态学	320 411	1 344 570	23.83
数学	254 294	1 079 565	23.56
综合交叉学科	679 452	3 381 431	20.09
地球科学	109 499	563 531	19.43
精神病学与心理学	179 516	1 084 047	16.56
农业科学	82 324	516 244	15.95
物理学	381 697	2 808 680	13.59
社会科学总论	357 745	3 179 560	11.25
经济与商业	94 368	982 041	9.61
材料科学	219 948	2 487 923	8.84
化学	315 500	5 712 814	5.52
工程学	255 146	5 072 010	5.03
计算机科学	104 669	2 572 349	4.07

2. 国家/地区的开放获取学术论文数据分析

国家/地区的科研水平与国家或地区的科研投入和产出具有相关性，论文作为科研产出的体现形式，各国或地区的数据不尽相同。而开放获取学术论文占非开放获取学术论文的比重逐渐增大，分析开放获取学术论文的国家或地区分布是衡量开放获取学术论文影响力的重要方面。对开放获取学术论文按国家/地区分布进行统计，由于版面所限，本研究只统计开放获取学术论文前20个国家或地区的数据，如图4-6所示。通过图示可以观察出开放获取学术论文数量较多的国家或地区包括美国、英国、中国、德国、日本等，其中美国的开放获取学术论文数量占总量的36.78%，居于榜首，其次为英国，占总量的9.14%，排在第二位，中国为8.57%，位居第三位，德国与日本分别为7.29%、6.97%。

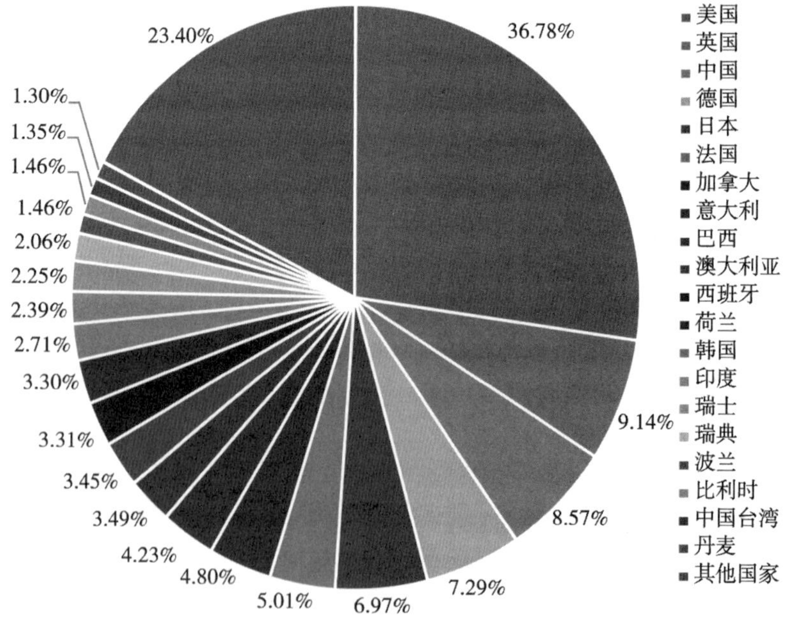

图4-6　国家/地区开放获取学术论文占比的数据统计

根据图 4-6，对前 20 个国家的开放获取学术论文数与非开放获取学术论文数占比进行统计，如表 4-5 所示。其中，中国的开放获取学术论文数已经超过非开放获取学术论文数，日本的开放获取论文数超过非开放获取学术论文数。剩余国家或地区中有 11 个开放获取学术论文数超过了 20%，有 5 个超过了 10%，可见国家或地区对开放获取学术论文的发展越来越重视。国家或地区层面开放获取学术论文数量多少体现了开放获取学术论文影响力的强弱程度。国家或地区对开放获取学术论文的支持力度越大，开放获取学术论文的发展速度也越快，更容易实现开放获取学术论文影响力的提升。

表 4-5 开放获取学术论文与非开放获取学术论文的国家/地区及占比

序 号	国家/地区	开放获取学术论文数	非开放获取学术论文数	比率(%)
1	中国	510 492	49 187	1 037.86
2	日本	415 176	344 936	120.36
3	德国	434 054	563 382	77.04
4	西班牙	197 123	298 789	65.97
5	英国	544 213	1 001 169	54.36
6	巴西	207 967	476 384	43.66
7	瑞士	134 199	372 485	36.03
8	瑞典	122 738	425 653	28.84
9	美国	2 190 966	7 637 058	28.69
10	比利时	86 886	329 734	26.35
11	加拿大	285 773	1 108 897	25.77
12	澳大利亚	205 662	827 935	24.84
13	中国台湾	80 441	395 379	20.35
14	韩国	161 174	905 558	17.8

续表

序 号	国家/地区	开放获取学术论文数	非开放获取学术论文数	比率(%)
15	法国	298 103	1 960 334	15.21
16	意大利	251 691	1 693 390	14.86
17	印度	142 348	1 191 916	11.94
18	波兰	87 001	795 035	10.94
19	荷兰	196 477	3 511 683	5.59
20	丹麦	77 147	2 213 676	3.49
21	其他国家	1 393 381	6 095 894	22.86

3. 基金资助的开放获取学术论文数据分析

基金资助作为开放获取学术论文影响力的基础，对开放获取学术论文 Web 1.0 影响力具有重要作用。研究开放获取学术论文的基金资助，对研究开放获取学术论文影响力具有理论和现实意义。杨红艳就基金资助对人文社会科学论文质量的影响进行研究，发现基金资助级别越高，优质论文的数量越多。① 针对基金资助情况分析开放获取学术论文的发展，研究获得基金资助的开放获取学术论文与未获得基金资助的开放获取学术论文，如图 4-7 所示。深色柱状图和浅色柱状图分别代表获得基金资助的开放获取学术论文和未获得基金资助的开放获取学术论文数据。通过图示可以观察到获得基金资助的开放获取学术论文数在不断上升，由于获取数据时间原因，2017 年数据不完整，尚不能代表其发展趋势。通过观察开放获取学术论文获得基金资助与不含基金资助的开放获取学术论文的比率曲线，发现获得基金资助的开放获取学术论文数在不断增加。总体而言，开放获取学术论文获得基金资助的总数已初见规模，在

① 杨红艳．基金资助对我国人文社会科学论文质量的影响——基于《复印报刊资料》转载论文评分数据[J]．情报理论与实践，2012，35(8)：101-106.

一定程度促进了开放获取学术论文影响力的提升。

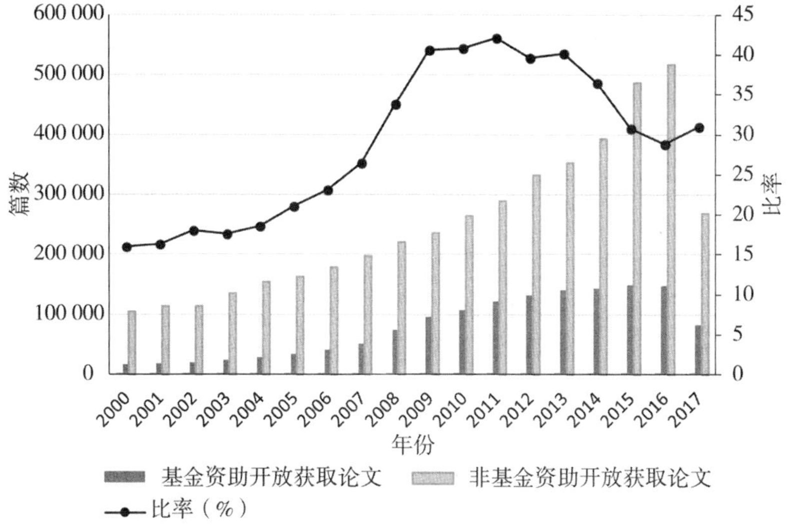

图 4-7 开放获取学术论文与非开放获取学术论文的基金资助对比

通过对比获得基金资助的开放获取学术论文与未获得基金资助的开放获取学术论文，发现获得基金资助的开放获取学术论文数量随着时间的发展不断增加，比重也在变大。对比基金资助的开放获论文与非开放获取学术论文之间的分析，研究两者之间存在的差异，有利于对开放获取学术论文 Web 1.0 影响力的理解。获得基金资助的论文有利于获得更高的被引率，赵静就基金资助论文的被引情况进行分析，发现基金资助论文的被引率高于不含基金资助的论文。①

图 4-8 对 2000 年至 2017 年基金资助的开放获取学术论文及非开放获取学术论文进行了对比，深色柱状图代表基金资助的开放获取学术论文，浅色柱状图代表基金资助的非开放获取学术论文，黑

① 赵静，接雅俐，杜志波．基金资助论文与无基金资助论文被引情况分析：以部分高水平医学期刊为例[J]．南京医科大学学报(社会科学版)，2012，12(6)：499-501.

色曲线代表二者之间的占比情况。通过图示可观察到基金资助的开放获取学术论文随着时间的发展，资助力度不断加大。对于非开放获取学术论文而言，2009 年之后基金资助的开放获取学术论文与非开放获取学术论文的占比明显下降，表明非开放获取学术论文得到基金资助的力度较大。

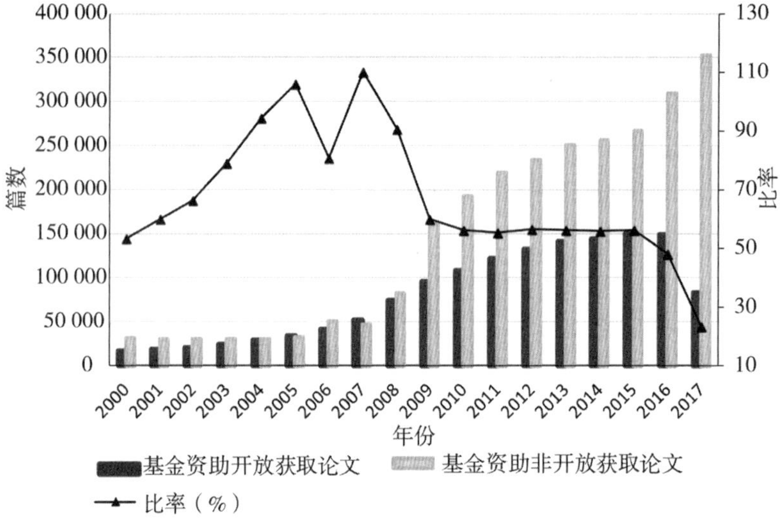

图 4-8 开放获取学术论文与非开放获取学术论文的基金资助对比

表 4-6 统计了近 18 年的开放获取学术论文与非开放获取学术论文的基金资助论文数量，并对二者的比率进行统计。2017 年数据不全，尚不能代表其总体趋势，其他年份比率都在 45% 以上，说明开放获取学术论文获得基金资助数量具有一定优势。基金资助的开放获取学术论文数量不断提升，在一定程度上提高了开放获取学术论文的质量。得到基金资助的开放获取学术论文数量越多，越有利于开放获取学术论文影响力的提高。

开放获取学术论文的基金资助数据统计是从开放获取学术论文原生影响要素来分析开放获取学术论文的 Web 1.0 影响力。获得基金资助的开放获取学术论文数量越多，开放获取学术论文中的优质论文量也会随之增加，其影响力也会提高。鼓励开放获取学术论文的基金资助，成为提高开放获取学术论文影响力的方法之一，对开放获取学术论文的质量提升具有重要作用。

表 4-6 开放获取学术论文与非开放获取学术论文的基金资助及其比率

年份	基金资助开放获取学术论文数	基金资助非开放获取学术论文数	比率(%)
2000	16 687	31 316	53.29
2001	18 495	30 853	59.95
2002	20 403	30 792	66.26
2003	23 838	30 180	78.99
2004	28 741	30 438	94.42
2005	34 226	32 252	106.12
2006	41 193	51 025	80.73
2007	52 067	47 338	109.99
2008	74 471	82 211	90.59
2009	96 118	160 619	59.84
2010	108 090	192 482	56.16
2011	121 694	219 409	55.46
2012	132 097	233 929	56.47
2013	141 297	250 845	56.33
2014	143 489	256 302	55.98
2015	149 698	266 493	56.17
2016	148 747	309 165	48.11
2017	83 295	353 012	23.6

4. 参考文献的开放获取学术论文数据分析

参考文献是开放获取学术论文的重要组成部分，分析开放获取学术论文参考文献的数据统计具有重要意义，有利于对 Web 1.0 影响力的分析。由于 2000 年至 2017 年数据量较大，根据上文对学科领域分布的统计数据，本节选取农业科学领域作为分析对象。对 2000 年至 2017 年开放获取学术论文参考文献数量与非开放获取学术论文参考文献数量进行统计对比分析，如图 4-9 所示。浅色柱状图代表开放获取学术论文参考文献的平均数，深色柱状图代表非开放获取学术论文参考文献的平均数。通过图示可观察到除了 2007 年，其余年份的开放获取学术论文参考文献数量均低于非开放获取学术论文的参考文献数量，而开放获取学术论文参考文献的平均数与非开放获取学术论文参考文献的平均数占比在 60%～110%。对开放获取学术论文与非开放获取学术论文参考文献的平均数及占比数据更具体地分析，如表 4-7 所示。

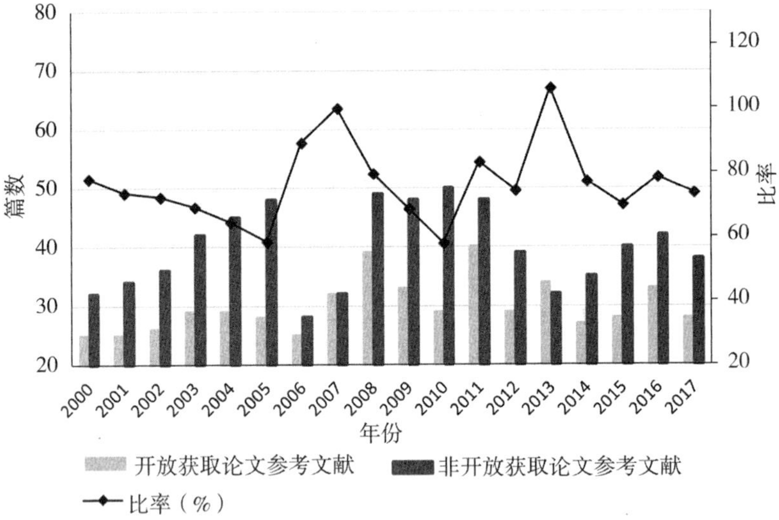

图 4-9　开放获取学术论文与非开放获取学术论文参考文献对比

表 4-7　　**开放获取学术论文参考文献数据统计**

年份	开放获取学术论文参考文献/篇	非开放获取学术论文参考文献/篇	比率(%)
2000	25	32	78. 13
2001	25	34	73. 53
2002	26	36	72. 22
2003	29	42	69. 05

续表

年份	开放获取学术论文参考文献/篇	非开放获取学术论文参考文献/篇	比率(%)
2004	29	45	64.44
2005	28	48	58.33
2006	25	28	89.29
2007	32	32	100
2008	39	49	79.59
2009	33	48	68.75
2010	29	50	58
2011	40	48	83.33
2012	29	39	74.36
2013	34	32	106.25
2014	27	35	77.14
2015	28	40	70
2016	33	42	78.57
2017	28	38	73.68

从表中可以发现，开放获取学术论文的年平均参考文献最高包含 40 条，最低包含 25 条。非开放获取学术论文的年平均参考文献数最高达到 50 条，最低包含 28 条。其中，2007 年与 2013 年开放获取学术论文参考文献的平均值大于等于非开放获取学术论文参考文献的平均值，其余年份均小于非开放获取学术论文参考文献的平均值。从整体分析，开放获取学术论文参考文献的平均值占比在 50%以上。本研究对开放获取学术论文与非开放获取学术论文的参考文献平均数均值进行 t 检验，发现开放获取学术论文参考文献占比并不存在优势。可见，参考文献对开放获取学术论文影响力具有重要意义。

4.2.2 基于被引频次的开放获取学术论文影响力

基于被引频次研究学术成果的影响力是文献计量学的重要应用

领域，自 1927 年第一篇引文分析法论文被发表以来，① 引文分析法成为研究文献使用情况、科研评价、科学预测的重要方法。② Garfield 利用被引频次对期刊进行评价，衡量期刊的分布特征，③ 之后被引频次得到广泛应用，被引频次成为评价论文影响力的重要指标。

国际论文被引峰值一般在发表后 3~5 年，④ 本研究根据上文国家开放获取学术论文的分布，选取中国、美国、日本、加拿大以及丹麦 5 个国家作为分析对象。由于文献数量较大，根据被引峰值的时间要求，统计 2013 年至 2017 年的被引频次，满足了研究的需求。如图 4-10 所示，对 5 个国家开放获取学术论文与非开放获取

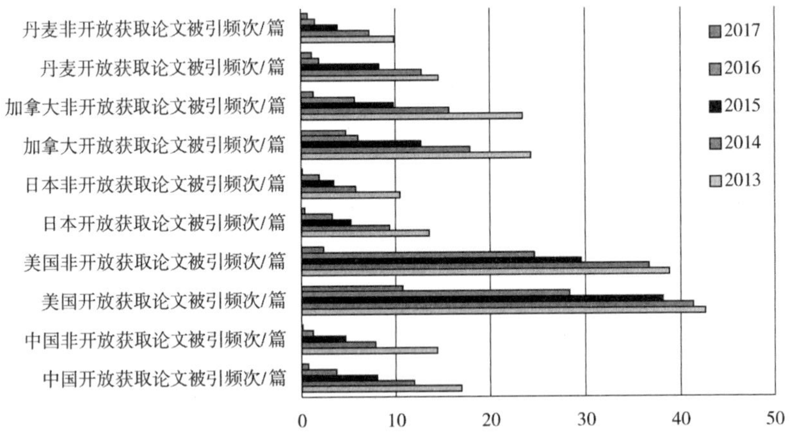

图 4-10　开放获取学术论文与非开放获取学术论文篇均被引频次对比

① 武夷山．从 Scientometrics 载文看引文分析研究的现状[J]．情报学报，1990(4)：263-272.

② 邱均平．文献计量学[M]．北京：科学技术文献出版社，1988：237-243.

③ Garfield E. Citation analysis as a tool in journal evaluation[J]. Science, 1972, 178(4060): 471-479.

④ 方红玲．国外期刊论文被引峰值年代及其影响因素研究——以 SSCI 收录图书情报学期刊为例[J]．中国科技期刊研究，2015，26(11)：1200-1204.

学术论文被引频次进行对比，从各年来看，开放获取学术论文的篇均被引频次高于非开放获取学术论文的篇均被引频次。对开放获取学术论文的篇均被引频次与非开放获取学术论文篇均被引频次之差的进行 t 检验，p 值为 0，拒绝原假设，两者存在显著差异，开放获取学术论文被引频次存在显著优势。可见，被引频次对开放获取学术论文影响力评价具有适用性，成为衡量影响力的重要指标。

2013 年中国开放获取学术论文篇均被引频次达到 16.94，而超过篇均被引值的共有10 676篇论文，占该年度开放获取学术论文总数的 20.8%，被引频次最高达到3 420次；2014 年开放获取学术论文被引频次最高为2 237次，超过篇均被引频次 11.91 的有13 935篇，占该年度论文的 22.96%；2015 年开放获取学术论文篇均被引频次为 7.99，超过篇均被引频次的有14 856篇，占该年度开放获取学术论文总数的 19.47%，其中被引频次最高为1 497次；2016 年开放获取学术论文的篇均被引频次为 3.7，超出篇均被引频次的开放获取学术论文为19 465篇，占该年度开放获取学术论文总数的 22.03%，其中被引频次最高值为1 502；2017年开放获取学术论文的篇均被引频次为 0.69，大于篇均被引频次的开放获取学术论文有16 826篇，占该年度开放获取学术论文总数的 24.16%，其中被引频次最大值为 125。通过以上对中国 2013 年至 2017 年开放获取论文被引频次的分析，得出开放获取学术论文被引频次大于篇均被引频次的占开放获取学术论文总数的 20%以上。对其他几个国家进行分析，最后得出开放获取学术论文的被引频次大于篇均被引频次的占开放获取学术论文总数的 18%以上，这些被引频次较高的论文在学术领域具有较大的参考价值，发挥着较大的作用，对影响力的提高具有显著的优势。

为了进一步分析开放获取学术论文影响力，对开放获取学术论文与非开放获取学术论文的篇均被引频次比率进行计算，对比之间的优势，如表 4-8 所示。通过表中统计的数据发现，与非开放获取学术论文被引相比，开放获取学术论文被引占有绝对优势。开放获取学术论文发表的第一年被引优势较大，与非开放获取学术论文相比具有明显的优势。随着时间的发展，开放获取学术论文被引频次

表 4-8　**开放获取学术论文与非开放获取学术论文篇均被引频次比率**

年份	开放获取学术论文与非开放获取学术论文被引频次比率				
	中国	美国	日本	加拿大	丹麦
2013	1.18	1.1	1.29	1.04	1.48
2014	1.53	1.13	1.63	1.14	1.77
2015	1.71	1.29	1.53	1.29	2.11
2016	3.01	1.15	1.75	1.06	1.33
2017	17.25	4.63	20.5	3.51	1.67

与非开放获取学术论文被引频次之间的差距逐渐缩小，但开放获取学术论文在被引频次上仍存在相对优势，其体现的影响力也较为突出。王贤文对 *Nature Communications* 发表在 2012 年至 2013 年的 428 篇开放获取学术论文与 771 篇非开放获取学术论文进行分析，得出开放获取学术论文在引用上存在优势。① 从表 4-8 观察到，在论文发表初期，开放获取学术论文在被引频次上具有明显优势。2017 年各国发表的开放获取学术论文被引频次与非开放获取学术论文被引频次之差较大，说明开放获取学术论文被引频次较大，在短期内对影响力的影响较大。通过上文对国家开放获取学术论文与非开放获取学术论文数量的统计分析发现，美国、英国、日本、中国为开放获取学术论文数量较多的国家。在开放获取学术论文占比上，中国开放获取学术论文数量超过了非开放获取学术论文数量，成为论文开放程度最大的国家，从表 4-8 发现中国的开放获取学术论文占非开放获取学术论文被引频次比率较大。日本在开放获取学术论文的国家分布统计中，论文的开放程度排在第二位，开放获取学术论文与非开放获取学术论文占比为 120.36%，日本成为开放获取学术论文数量超过非开放获取学术论文数量的国家之一。通过

① 王贤文．科学计量大数据及其应用[M]．北京：科学出版社，2016：58-63.

观察表 4-8，发现其开放获取学术论文占非开放获取学术论文被引频次比率也随之升高，通过 SPSS 软件，对二者相关性进行分析，发现论文开放程度变大，其论文的被引频次随之增加，二者呈正相关。由此可知，开放获取学术论文可提高其被引频次，有利于提高其影响力。

为了对 2013 年至 2017 年开放获取学术论文比率的变化趋势有清晰的认识，用图 4-11 展示了以时间为横轴的 5 个国家的开放获取学术论文被引频次比率变化趋势。从图中观察到随着时间的发展，开放获取学术论文占比不断增加，在 2016 年增幅较大，其中日本、丹麦、加拿大的增幅较大，体现了这些国家对开放获取学术论文的重视程度越来越高。开放获取学术论文成为影响力提升的方式之一，由于开放获取学术论文数量与其被引频次呈正相关，因此这些国家开放获取学术论文占比增加的同时，其影响力也随之提升。

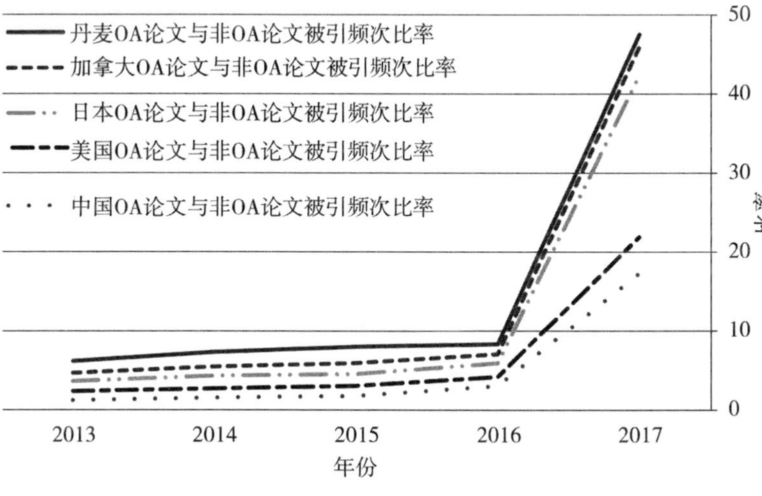

图 4-11　开放获取学术论文与非开放获取学术论文被引频次对比

通过以上分析可知，尽管大部分国家的开放获取学术论文数量占论文总量的比率还不高，但开放获取学术论文的被引频次与非开放获取学术论文相比具有绝对优势。在论文发表初期，开放获取学术论文的引用优势较为显著，有利于开放获取学术论文影响力的提升。开放获取学术论文被引频次的增加与论文的开放获取具有相关性，其中涉及一些其他要素的影响。研究其他要素与开放获取学术论文被引频次之间的关系，对提高开放获取学术论文影响力具有十分重要的现实意义。

1. 研究机构对被引频次的影响

研究机构作为每篇开放获取学术论文的构成要素，不同研究机构的开放获取学术论文具有不同的被引频次，二者之间存在什么样的关系，对开放获取学术论文影响力起到什么作用是本节研究的主要内容。本节对不同研究机构的开放获取学术论文与被引频次进行分析。由于开放获取学术论文研究机构的数量较大，本研究选取7个研究机构作为分析对象，包括中国科学院大学、约翰霍普金斯大学、多伦多大学、华盛顿大学、斯坦福大学、东京大学和上海交通大学。选取这些研究机构第一作者或通讯作者发表的开放获取学术论文作为分析对象。表4-9统计了2013年7个研究机构开放获取学术论文数与被引频次，从表中可以观察出中国科学院大学开放获取学术论文数量较高，篇均被引偏低。上海交通大学开放获取学术论文的篇均被引为15.69，是研究对象中篇均被引频次最低的机构。从统计数据来分析，国外开放获取学术论文的单篇论文最高被引频次高于国内开放获取学术论文的最高被引频次，每个研究机构的开放获取学术论文篇均被引不尽相同。可见，研究机构影响开放获取学术论文的被引频次。

表4-10对2014年各研究机构开放获取学术论文被引频次及单篇论文的高被引进行统计，其中国外机构篇均被引频次较高。从研究机构发表的开放获取学术论文数来分析，中国科学院大学发表的论文数最多，而总被引相对偏低，单篇论文的最高被引频次与国外其他研究机构相比还存在一定差距。从表中统计的数据可观察出篇均被引频次较高的研究机构为斯坦福大学，篇均频次达到26.85，其次为华盛顿大学，篇均被引频次为21.57，上海交通大学篇均被

引频次为 12.14，单篇论文的高被引频次相对较低。国内机构开放获取学术论文篇均被引频次相对较低，对开放获取学术论文影响力水平具有直接影响。

表 4-9 **2013 年研究机构开放获取学术论文被引频次统计**

机构名称	开放获取学术论文数	总被引频次	最高被引频次	篇均被引频次
中国科学院大学	6 596	114 302	829	17.33
约翰霍普金斯大学	6 238	165 547	2 791	26.54
多伦多大学	5 468	146 404	2 400	26.77
华盛顿大学	5 183	136 012	1 345	26.24
斯坦福大学	4 472	144 566	1 198	32.33
东京大学	3 399	64 812	1 927	19.07
上海交通大学	2 223	34 875	829	15.69

表 4-10 **2014 年研究机构开放获取学术论文被引频次统计**

机构名称	开放获取学术论文数	总被引频次	最高被引频次	篇均被引频次
中国科学院大学	7 467	100 237	1 634	13.42
约翰霍普金斯大学	6 719	139 056	2 705	20.7
多伦多大学	6 017	120 445	4 893	20.02
华盛顿大学	5 372	115 877	2 705	21.57
斯坦福大学	4 925	132 302	4 893	26.86
东京大学	3 839	56 381	2 237	14.69
上海交通大学	2 511	30 486	282	12.14

表 4-11 对 2015 年不同研究机构论文被引频次进行了对比，发现开放获取时间对开放获取学术论文被引频次具有较大的影响，通过篇均被引频次分析，发现开放获取学术论文被引频次与开放获取时间呈正相关性，开放时间越长其论文被引频次越大，反之，其被

引频次较小。与2014年相比，篇均被引频次明显较小，而不同机构之间论文的被引频次仍存在差距，其中国内论文篇均被引频次相对较低，上海交通大学与中国科学院大学的篇均被引频次较低。

表4-11　**2015年研究机构开放获取学术论文被引频次统计**

机构名称	开放获取学术论文数	总被引频次	最高被引频次	篇均被引频次
中国科学院大学	9 650	39 700	774	4.11
约翰霍普金斯大学	6 732	42 983	1 003	6.38
多伦多大学	6 226	43 664	1 502	7.01
华盛顿大学	5 709	40 419	1 502	7.08
斯坦福大学	5 475	46 191	1 502	8.44
东京大学	3 880	19 743	931	5.09
上海交通大学	3 499	13 548	774	3.87

表4-12对2016年不同研究机构开放获取学术论文被引频次进行统计，发现机构篇均被引频次不尽相同，其中国内研究机构的中国科学院大学与上海交通大学篇均被引频次较低，分别为9.34、8.21，其次是东京大学为8.52，其余研究机构的被引频次大于10。国内研究机构的开放获取学术论文被引频次低于国外研究机构的开放获取学术论文篇均被引频次。

表4-12　**2016年研究机构开放获取学术论文被引频次统计**

机构名称	开放获取学术论文数	总被引频次	最高被引频次	篇均被引频次
中国科学院大学	8 923	83 305	700	9.34
约翰霍普金斯大学	7 173	100 896	2 723	14.07
多伦多大学	6 239	78 627	1 092	12.6
华盛顿大学	5 744	81 911	2 723	14.26
斯坦福大学	5 495	90 993	2 723	16.56
东京大学	2 688	22 907	463	8.52
上海交通大学	3 173	26 060	1 007	8.21

表 4-13 是对 2017 年不同研究机构开放获取学术论文被引频次进行统计，其中获取论文数据不完整，获取论文数不能代表该年度发表论文水平，但对篇均被引影响较小，通过统计的数据可观察到国内研究机构的篇均被引频次低于国外论文的篇均被引频次，其中中国科学院大学与上海交通大学的篇均被引频次小于 1，而其他机构的篇均被引频次均大于 1。从单篇论文最高被引频次分析，国内机构的篇均被引频次小于国外机构的篇均被引频次。

表 4-13 **2017 年研究机构开放获取学术论文被引频次统计**

机构名称	开放获取学术论文数	总被引频次	最高被引频次	篇均被引频次
中国科学院大学	7 259	5 781	63	0.8
约翰霍普金斯大学	2 945	4 129	89	1.4
多伦多大学	3 255	4 308	125	1.32
华盛顿大学	2 346	4 184	125	1.78
斯坦福大学	2 550	4 403	125	1.73
东京大学	1 545	1 572	159	1.02
上海交通大学	2 685	1 655	32	0.62

在对研究机构开放获取学术论文被引频次分析中，开放获取学术论文的研究机构数量与被引频次存在一定关系。为了对研究机构数量与被引频次进行分析，对 2013 年至 2017 年研究机构数量不同的开放获取学术论文被引频次进行统计分析，如表 4-14 所示。通过表可观察出具有单独研究机构的开放获取学术论文篇均被引频次为 14.67，具有 2 个研究机构的论文篇均被引频次为 17.34，明显高于单独机构的开放获取学术论文篇均被引频次，而研究机构大于等于 6 个的开放获取学术论文篇均被引频次为 24.65，明显高于仅有一个研究机构的开放获取学术论文篇均被引频次。

表 4-14 不同研究机构数量的开放获取学术论文被引频次统计

研究机构数	开放获取学术论文数	被引论文数量	总被引频次	被引率(%)	总篇均被引频次	篇均被引频次
1	710 485	589 560	8 021 376	82.98	11.29	14.67
2	833 837	709 429	11 498 612	85.08	13.79	17.34
3	580 838	492 260	7 980 714	84.75	13.74	17.42
4	289 932	248 037	3 893 787	85.55	13.43	16.81
5	125 891	107 700	1 542 165	85.55	12.25	15.86
大于等于 6	142 653	124 294	2 757 482	87.13	19.33	24.65

通过以上对不同研究机构数量的开放获取学术论文被引频次的分析，发现研究机构数量与开放获取学术论文被引频次具有相关性，决定开放获取学术论文影响力的大小。在分析中，发现个别开放获取学术论文的被引情况不受研究机构数量的影响，但对不同数量的开放获取学术论文被引频次进行分析，发现论文的被引率、篇均被引频次与论文的研究机构数量具有相关性。随着开放获取学术论文研究机构量的增加，其被引率与篇均被引频次也随之增加，进一步提升开放获取学术论文的影响力。

2. 施引文献对被引频次的影响

作为开放获取学术论文的重要组成部分，参考文献是组成开放获取学术论文原生影响要素的主要内容，而与参考文献相对的则是施引文献。施引文献作为实施被引行为的主动者，施引文献数量体现其在学科领域的地位。分析论文施引文献数量与论文被引频次的关系，对研究论文影响力具有重要意义。对 2013 年至 2017 年不同研究机构的开放获取学术论文施引文献的数量进行统计，计算开放获取学术论文篇均被引频次与施引文献之间的皮尔逊相关系数(Pearson Correlation Coefficient)。计算公式如下：①

① Abe H, Tsumoto S. Analyzing behavior of objective rule evaluation indices based on pearson product-moment correlation coefficient[J]. 2008, 4994(6929): 84-89.

$$\rho(X,\ Y)=\frac{\operatorname{cov}(X,\ Y)}{\sigma X\sigma Y}=\frac{E((X-\mu X)(Y-\mu Y))}{\sigma X\sigma Y}$$
$$=\frac{E(XY)-E(X)E(Y)}{\sqrt{E(X^2)-E^2(X)}\ \sqrt{E(E^2)-E^2(Y)}}$$

X、Y 为皮尔逊相关系数的两个变量，其相关系数 $\rho(X,\ Y)$ 为它们之间的协方差 $\operatorname{cov}(X,\ Y)$ 除以它们各自标准差的乘积 $\sigma X\sigma Y$。

表 4-15 统计了 2013 年 7 个研究机构开放获取学术论文被引频次与施引文献数量，通过开放获取学术论文数量与施引文献总数，计算每篇开放获取学术论文施引文献的均值，以及论文的篇均被引频次。通过计算篇均被引频次与每篇论文施引文平均数的皮尔逊相关系数，对二者存在的关系进行分析。

表 4-15　**2013 年开放获取学术论文被引频次与施引文献数统计对比**

机构名称	开放获取学术论文数	总被引频次	施引文献总数	施引文献数/篇	篇均被引频次
中国科学院大学	6 596	114 302	98 594	14.95	17.33
约翰霍普金斯大学	6 238	165 547	140 679	22.55	26.54
多伦多大学	5 468	146 404	128 984	23.59	26.77
华盛顿大学	5 183	136 012	117 945	22.76	26.24
斯坦福大学	4 472	144 566	124 393	27.82	32.33
东京大学	3 399	64 812	56 238	16.55	19.07
上海交通大学	2 223	34 875	32 188	14.48	15.69

对二者的皮尔逊系数进行计算，结果如表 4-16 所示。表中 p 值小于 0.01，证明二者之间存在显著的相关性，其中二者的皮尔逊相关系数为 0.997，说明论文施引文献的均值与篇均被引频次具有较高的相关性。从开放获取学术论文的施引文献统计分析，论文被引频次与论文施引文献具有直接影响，论文被引频次的多少直接反映论文影响力。

表 4-16　**施引文献的平均数与篇均被引频次皮尔逊相关系数矩阵**

		施引文献平均数	篇均被引频次
施引文献平均数	Pearson 相关性	1	.997**
	显著性(双侧)		.000
	N	7	7
篇均被引频次	Pearson 相关性	.997**	1
	显著性(双侧)	.000	
	N	7	7

**. 在 0.01 水平(双侧)上显著相关。

表 4-17 统计了 2014 年不同研究机构开放获取学术论文被引频次与施引文献数量，通过开放获取学术论文数量与施引文献总数，计算每篇开放获取学术论文施引文献的均值，以及论文的篇均被引频次。通过分析统计的数据，发现篇均被引频次随着施引文献的均值增大而变大。可见，开放获取学术论文施引文献数量对被引频次具有一定影响。

表 4-17　**2014 年开放获取学术论文被引频次与施引文献数统计对比**

机构名称	开放获取学术论文数	总被引频次	施引文献总数	施引文献数/篇	篇均被引频次
中国科学院大学	7 467	100 237	85 597	11.46	13.42
约翰霍普金斯大学	6 719	139 056	118 248	17.6	20.7
多伦多大学	6 017	120 445	102 794	17.08	20.02
华盛顿大学	5 372	115 877	100 646	18.74	21.57
斯坦福大学	4 925	132 302	110 436	22.42	26.86
东京大学	3 839	56 381	49 452	12.88	14.69
上海交通大学	2 511	30 486	27 596	10.99	12.14

为了深入分析施引文献与被引频次之间的关系，对二者的平均值进行皮尔逊系数分析，结果如表 4-18 所示。表中 p 值小于 0.01，证明二者存在显著的相关性，其中二者的皮尔逊相关系数为

0.998，说明论文施引文献的均值与篇均被引频次具有较高的相关性。论文被引频次的多少与论文的施引文献具有正相关性，论文施引文献数对提升其影响力具有重要作用。

表 4-18 **施引文献的平均数与篇均被引频次皮尔逊相关系数矩阵**

		施引文献平均数	篇均被引频次
施引文献平均数	Pearson 相关性	1	.998**
	显著性(双侧)		.000
	N	7	7
篇均被引频次	Pearson 相关性	.998**	1
	显著性(双侧)	.000	
	N	7	7

**. 在 0.01 水平(双侧)上显著相关。

根据以上分析步骤，对 2015 年、2016 年以及 2017 年开放获取学术论文施引文献与被引频次进行分析，计算施引文献平均数与篇均被引频次的皮尔逊相关系数，分别为 0.998、0.996、0.998，p 值均小于 0.01，证明施引文献均值与篇均被引频次存在显著的正相关性。由此可见，开放获取学术论文的施引文献数量与被引频次呈正相关。

3. 基金资助对被引频次的影响

通过上文对开放获取学术论文基金资助数据的统计，得出被基金资助的论文越多，优质论文也会增加，而未对论文基金资助与被引频次进行分析。本节对开放获取学术论文基金资助类型进行统计，以 2013 年至 2017 年开放获取学术论文作为分析对象，按基金资助的类型划分为 6 类，如表 4-19 所示。根据表中数据的统计，发现开放获取学术论文的基金资助与被引频次之间不具有直接影响。没有基金资助的开放获取学术论文篇均被引频次较高，具有不同类型基金资助的开放获取学术论文篇均被引频次高低各异。通过表中数据发现，基金资助的开放获取学术论文数随着基金类型的增加而减少。由此可知，开放获取学术论文基金资助与被引频次之间没有直接的影响关系。

表 4-19　开放获取学术论文基金资助类型与被引频次统计对比

基金资助类型	开放获取学术论文数	被引用数量	总被引频次	被引率（%）	篇均被引频次	总篇均被引频次
0	1 561 475	1 268 386	25 206 921	81. 23	19. 87	16. 14
1	399 594	302 453	3 536 771	75. 69	11. 69	8. 85
2	300 296	223 180	2 479 720	74. 32	11. 11	8. 26
3	198 354	155 966	1 786 255	78. 63	11. 45	9. 01
4	111 263	88 131	1 073 372	79. 21	12. 18	9. 65
大于等于 5	112 654	90 777	1 611 097	80. 58	17. 75	14. 3

4. 论文篇幅对被引频次的影响

开放获取学术论文根据不同研究内容、研究主题、研究方法等会有不同的篇幅长度，每篇论文的篇幅都不尽相同。论文篇幅的长短对被引频次的影响成为研究论文篇幅长短的主要内容。本节对 2013 年发表的开放获取学术论文进行分析，2013 年共发表了 493 595篇开放获取学术论文，篇幅最长为 139 页，其被引频次为 46 次；最高被引频次为14 800，篇幅长为 22 页；篇幅在 40 页以下的论文共有404 748篇，占论文总量的 80%以上。对493 595篇开放获取学术论文的论文篇幅页数与被引频次进行皮尔逊系数相关性分析，结果如表 4-20 所示。表中皮尔逊相关系数为-0. 119，证明二者不具相关性。通过对开放获取学术论文的篇幅与被引频次二者的相关性分析，得出开放获取学术论文的被引频次不受论文篇幅影响。

5. 同行评议对被引频次的影响

同行评议作为传统计量指标评价中定性评价应用典型的方法，也是目前对论文、基金资助、学者等进行评价应用的主要方法。被引频次作为 Web 1. 0 计量指标定量评价的主要方法之一，在影响力评价中具有重要地位。同行评议与被引频次在影响力评价中是否具有一致性，二者具有哪些影响，是本节研究的主要问题。余立平

表 4-20　　篇幅长度与被引频次皮尔逊相关系数矩阵

		论文篇幅长度	篇均被引频次
论文篇幅长度	Pearson 相关性	1	-.119
	显著性(双侧)		.761
	N	493 595	493 595
篇均被引频次	Pearson 相关性	-.119	1
	显著性(双侧)	.761	
	N	493 595	493 595

等就同行评议与定量评价进行了分析，认为定量评价能够提供丰富信息，其在权重设置合理的情况下，同行评议与定量评价的结果具有一致性，通过实证分析发现同行评议与定量评价存在较大差距。① Moed、Burger 等以莱顿大学化学和生物学的科研机构为评价对象，通过文献计量指标和同行评议进行评价，得出同行评议与文献计量学指标评价的结果不具有相关性。② 本节研究以同行评议开放获取数据库 F1000 为例，③ 对 F1000 中“All Time Top 10”的 10 篇开放获取学术论文进行统计分析，如表 4-21 所示。

表 4-21 分别统计了这 10 篇论文的 Total Stars、被引频次、参考文献数三项指标。其中 Total Stars 是参加评委会的10 000多名专家组织的评议组对论文进行评议的结果，按 good、very good 和 exceptional 三个评分标准对论文进行打分，每个评分等级按一星、二星、三星进行赋值，最终综合所有专家的评分值，得到总分即 Total Stars。而“All Time Top 10”作为同行评议最高分的前 10 篇文

① 俞立平，潘云涛，武夷山．科技评价中同行评议与指标体系关系的研究——以《泰晤士报》世界大学排名为例[J]．科学学研究，2008，26(5)：927-931.

② Moed H F，Burger W J M，Frankfort J G，et al. The use of bibliometric data for the measurement of university research performance[J]．Research Policy，1987，14(3)：131-149.

③ F1000 Prime. Post-publication peer review[EB/OL]．[2017-12-20]．https：//f1000. com/prime.

章，是同行评议组认为价值最大的论文，代表在 F1000 数据库中定性评价出的最优秀论文。表 4-21 列出的为 2017 年 F1000 数据库中同行评议结果的最终排名，这些论文被同行评议专家认为是在生物学、基础医学领域或临床医院领域贡献程度和科学价值最大的论文。其中，最高分为论文“Genome-wide non-mendelian inheritance of extra-genomic information in Arabidopsis”，得 55 分排在首位，其被引频次为 130，排在第 8。total stars 排在第二位的论文得分为 38 分，被引频次为 1。为了证明被引频次与 Total Stars 两个指标之间的相关性，利用 SPSS 的皮尔逊相关系数进行分析。

表 4-22 计算了 Total Stars 与被引频次之间的皮尔逊性关性，通过观察可以看出 Total Stars 与被引频次之间具有相关性，彼此之间存在正相关性。由此可见，代表同行评议的定性评价方法 F1000 数据库论文的排名与代表定量评价的被引频次之间存在较大关系。开放获取学术论文的同行评议是论文质量的反映，是同行专家对论文质量做出的评价；而开放获取学术论文的被引频次是对论文的客观反映，体现了论文的使用价值。通过二者之间的相关性，发现开放获取学术论文的同行评议与被引频次之间呈正相关性。

表 4-21 **F1000“All Time Top 10”论文评分与被引频次统计**

序号	篇名	Total Stars	F1000 排名	被引频次	被引频次排名	参考文献数
1	Genome-wide non-mendelian inheritance of extra-genomic information in Arabidopsis	55	1	130	8	30
2	We must face the threats	38	2	1	10	11
3	Publish houses of brick, not mansions of straw	34	3	7	9	—
4	Hydroxyethyl starch 130/0. 42 versus Ringer's acetate in severe sepsis	41	4	822	5	34

续表

序号	篇名	Total Stars	F1000 排名	被引频次	被引频次排名	参考文献数
5	Transgenic strategies for combinatorial expression of fluorescent proteins in the nervous system	40	5	839	4	41
6	Control of gene expression by a natural metabolite-responsive ribozyme	38	6	538	7	40
7	Restoring function in exhausted CD8 T cells during chronic viral infection	55	7	1 979	3	30
8	Dabigatran versus warfarin in patients with atrial fibrillation	70	8	4 923	1	19
9	Intensive versus conventional glucose control in critically ill patients	59	8	2 209	2	37
10	Structural and molecular interrogation of intact biological systems	35	10	543	6	46

表 4-22 **Total Stars 与被引频次 Spearman 相关系数矩阵**

			Total Stars	被引频次
Spearman 的 rho	Total Stars	相关系数	1.000	.750*
		Sig.(双侧)		.012
		N	10	10
	被引频次	相关系数	.750*	1.000
		Sig.(双侧)	.012	
		N	10	10

*. 在置信度(双侧)为 0.05 时，相关性是显著的。

通过对 Total Stars 与被引频次之间的 Spearman 相关系数的分析，发现开放获取学术论文的相关性系数值为 0.75，表明开放获取学术论文的质量与价值呈正相关性。

4.2.3　基于 ESI 的开放获取学术论文影响力

ESI(Essential Science Indicators)是基本科学指标数据库，被认为是科学评价工具，成为国际科研成果评价量化的常用指标，主要应用于学科领域、国家/地区、研究机构、科学家等的创新力、影响力、竞争力等的定量评价和比较。ESI 在 22 个学科领域的论文数、被引频次、篇均被引的基础上，划分为引文排名(Citation Rankings)、高水平论文(Highly Level Papers)、引文分析(Citation Analysis)、评论报道(Commentary)四个部分，其中高水平论文又分为高被引学术论文(Highly Cited Papers)和热点论文(Hot Papers)。高水平论文是 22 个学科领域中被引频次排名靠前的论文，其中高被引学术论文是在学科领域排名前 1%的论文，而热点论文是在两年内被引频次排在前 0.1%的论文。高水平论文被国际科学计量学和文献计量学专家认为是科学与工程领域、社会科学领域最显著的研究成果。[①] 本节研究通过 ESI 数据库的高水平论文评价开放获取学术论文影响力的大小，基于高被引学术论文和热点论文对开放获取学术论文影响力进行评价，分析开放获取学术论文学术价值情况。

本节研究以 2007—2017 年开放获取学术论文为研究对象，根据统计数据共有55 364篇高被引学术论文，1 081篇热点论文。分别对二者的研究机构、基金资助、施引文献与被引频次之间的关系进行分析，深入研究 ESI 开放获取学术论文的影响力。

1. 基于高被引学术论文的开放获取学术论文影响力

高被引论文作为优质论文的体现，是衡量论文影响力的重要组成部分。本节研究对 2007 年至 2017 年开放获取高被引学术论文占非开放获取高被引学术论文及其各自占比情况进行统计，如图 4-12 所示。根据表中数据统计，黑色柱状图代表开放获取高被引学术论

① King D. The scientific impact of nations[J]. Nature, 2004, 432(7013): 8.

文数，灰色柱状图代表非开放获取高被引学术论文数，实线代表开放获取高被引学术论文占开放获取学术论文的比率，虚线代表非开放获取高被引学术论文占非开放获取学术论文的比率。在图示中开放获取高被引学术论文数小于非开放获取高被引学术论文数，但开放获取高被引学术论文占比高于非开放获取高被引学术论文占比。在一定程度上说明了开放获取学术论文对论文被引频次的提高具有积极作用，同时也说明了开放获取学术论文包含的优质论文占比超出了非开放获取学术论文包含的优质论文占比。通过对比开放获取高被引学术论文与开放获取学术论文的比例曲线和非开放获取高被引学术论文与非开放获取学术论文比例曲线的位置与走势，可以看出开放获取高被引学术论文占比高于非开放获取高被引学术论文占比。通过对二者比例的计算，发现开放获取高被引学术论文占比至少是非开放获取高被引学术论文占比的 2 倍以上，其中 2008 年和 2009 年已超过了 3 倍。

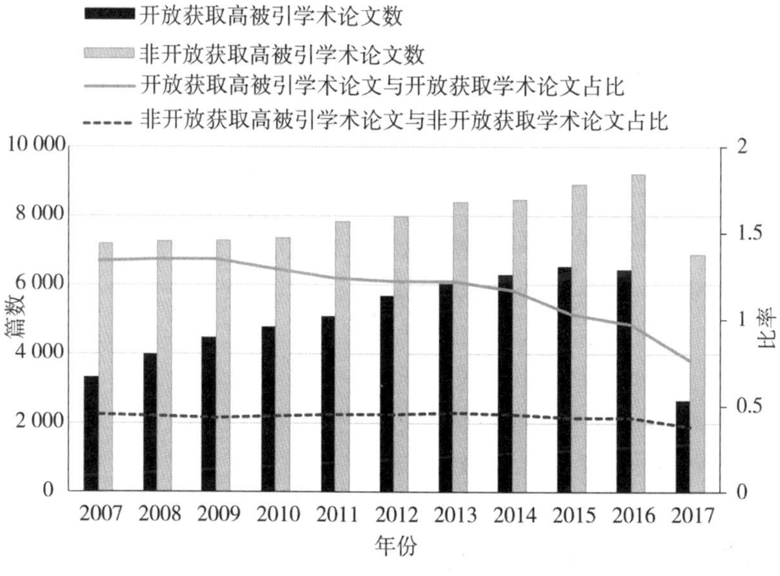

图 4-12　开放获取与非开放获取高被引学术论文其占比统计

从图中可以观察到开放获取高被引学术论文的数量逐年增加，

其中2017年的数据不完整统计，尚不能代表全年的发文趋势。对开放获取高被引学术论文与开放获取学术论文总数的占比趋势进行分析，发现占比呈现下降趋势，但仍高于非开放获取高被引学术论文占比，如表4-23所示。

表4-23　**开放获取与非开放获取高被引学术论文比率统计**

年份	开放获取高被引学术论文数	开放获取高被引学术论文与开放获取学术论文比率	非开放获取高被引学术论文数	非开放高被引学术论文与非开放获取学术论文比率	开放获取学术论文比率与非开放获取学术论文比率的占比
2007	3 329	1. 34	7 176	0. 45	2. 98
2008	3 981	1. 35	7 248	0. 44	3. 07
2009	4 484	1. 35	7 285	0. 43	3. 14
2010	4 799	1. 29	7 345	0. 44	2. 93
2011	5 101	1. 24	7 814	0. 45	2. 76
2012	5 683	1. 22	7 973	0. 45	2. 71
2013	6 041	1. 22	8 389	0. 46	2. 65
2014	6 291	1. 17	8 457	0. 45	2. 6
2015	6 543	1. 03	8 901	0. 43	2. 4
2016	6 434	0. 97	9 217	0. 43	2. 26
2017	2 678	0. 76	6 871	0. 38	2

表4-24对开放获取高被引学术论文的被引情况、篇均被引频次以及2007—2017年的最高被引频次进行了统计，发现高被引论文篇均被引频次与时间成反比，时间数越大篇均被引频次越小，时间数越小篇均被引频次越大；与时间跨度成正比，时间跨度越长篇均被引频次越大，时间跨度越短篇均被引频次越小。开放获取高被引学术论文的最高被引次数与时间关系不明显，与篇均被引频次关系较小。

表 4-24　　**开放获取高被引学术论文与被引频次统计**

年份	开放获取学术论文数	高被引学术论文数	高被引学术论文与开放获取学术论文占比(%)	被引频次	高被引学术论文篇均被引频次	最高被引频次
2007	249 181	3 329	1.34	1 580 742	474.84	22 191
2008	294 547	3 981	1.35	1 712 935	430.28	60 581
2009	332 629	4 484	1.35	1 769 513	394.63	10 019
2010	372 816	4 799	1.29	1 647 637	343.33	8 232
2011	411 061	5 101	1.24	1 502 818	294.61	25 129
2012	465 146	5 683	1.22	1 343 062	236.33	5 665
2013	493 595	6 041	1.22	1 104 285	182.8	14 806
2014	536 522	6 291	1.17	850 341	135.17	4 894
2015	636 155	6 543	1.03	573 698	87.68	4 615
2016	665 376	6 434	0.97	291 648	45.33	4 526
2017	351 988	2 678	0.76	33 195	12.4	250

对开放获取学术论文高被引学术论文的研究机构进行统计，如图 4-13 所示。统计论文第一作者或通讯作者的研究机构论文量，图中统计了 10 所研究机构的开放获取高被引学术论文数、被引频次及施引文献数，柱状图代表研究机构的开放获取高被引学术论文，虚线代表开放获取高被引学术论文的被引频次，实线代表研究机构开放获取学术论文的施引文献数。通过观察，可发现研究机构开放获取高被引学术论文数与被引频次以及施引文献数成正比，随着研究机构开放获取高被引学术论文数的增加，被引频次及施引文献数随之增加，反之，被引频次与施引文献数随之减少。

对研究机构开放获取高被引学术论文与被引频次之间的相关性进行更深入的分析，如表 4-25 所示。二者的皮尔逊相关系数为 0.702，p 值小于 0.05，证明二者具有显著的相关性。

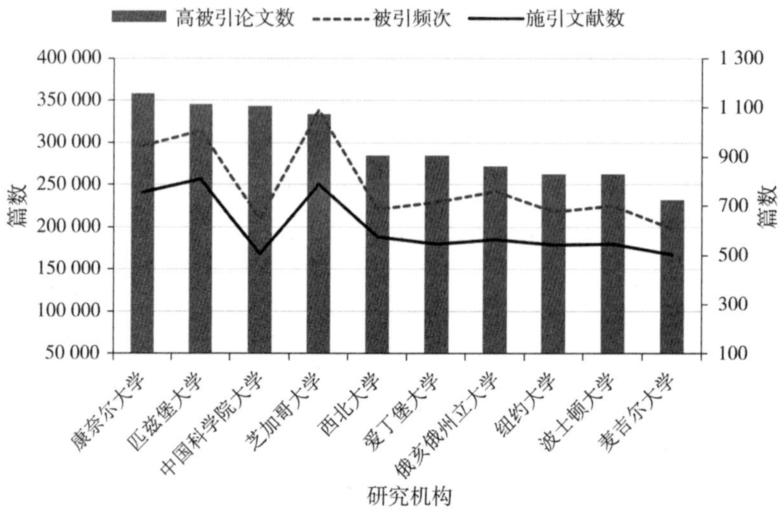

图 4-13　研究机构开放获取高被引学术论文与被引频次统计

表 4-25　**开放获取高被引学术论文与被引频次皮尔逊相关系数矩阵**

		高被引论文数	被引频次
高被引论文数	Pearson 相关性	1	.702*
	显著性(双侧)		.024
	N	10	10
被引频次	Pearson 相关性	.702*	1
	显著性(双侧)	.024	
	N	10	10

*. 在 0.05 水平(双侧)上显著相关。

每篇高被引学术论文的研究机构数不尽相同，对研究机构的数量与高被引学术论文被引频次之间的相关性进行分析，发现大部分开放获取高被引学术论文的研究机构在 2~4 个，占开放获取高被引学术论文的 75%以上，超过 10 个研究机构的开放获取高被引学术论文量占开放获取高被引学术论文的 10.78%。对开放获取高被引学术论文的基金资助进行统计分析发现，开放获取高被引学术论文均受到不同基金资助项目的资助，可见基金资助对开放获取高被引学术论文影响力具有重要作用，是成为开放获取优质论文的重要因素。

从开放获取高被引学术论文的篇幅来看，大部分开放获取高被引学术论文的篇幅在 4~40 页，小于 4 页的开放获取高被引学术论文有 154 篇，占开放获取高被引学术论文的 2.8‰。篇幅大于 80 页的有 246 篇，占开放获取高被引学术论文的 4.4‰。通过对开放获取高被引学术论文篇幅与被引频次的统计分析，发现开放获取高被引学术论文篇幅与被引频次之间不存在显著的关系。

对开放获取高被引学术论文的参考文献进行分析，超出1 000篇参考文献的开放获取高被引学术论文有 123 篇，占开放获取高被引学术论文的 2.2‰，大部分高被引学术论文的参考文献数量在 24~100 篇，参考文献低于 10 篇的有 369 篇，占开放获取高被引学术论文的 6.7‰。开放获取高被引学术论文与参考文献之间具有直接的关系，参考文献作为一篇论文的知识基础，对知识的继承与延伸具有重要作用。由此可知，参考文献对开放获取高被引学术论文具有不可忽视的影响，如图 4-14 所示。图中实线代表不同高被引被论文的参考文献数量，虚线代表不同研究机构高被引学术论文数，开放获取高被引学术论文共有55 364篇，由于篇幅的限制在图中无法显示全部论文曲线趋势，仅显示了1 108篇不同数量参考文献与研究机构数量的开放获取高被引学术论文。通过观察图示曲线趋势，可知研究机构数量与参考文献数量较多的高被引学术论文数量占比较小，大部分高被引学术论文的研究机构数量在 30 个以内，参考文献数在 100 篇以内。

2. 基于热点论文的开放获取学术论文影响力

热点论文作为 ESI 高水平论文的重要组成部分，表现为相同领域和相同发表时间内很快就拥有高被引频次的论文。热点论文是发表不超过 2 年，而且在当前 2 个月里被引次数排在相应学科领域前 0.1%的论文。对 2007—2017 年开放获取热点论文进行统计，共计有 1 081篇论文，占统计时间开放获取学术论文总量(4 809 016)的 0.22‰。其中，1 081篇开放获取热点论文被引频次达到123 028，

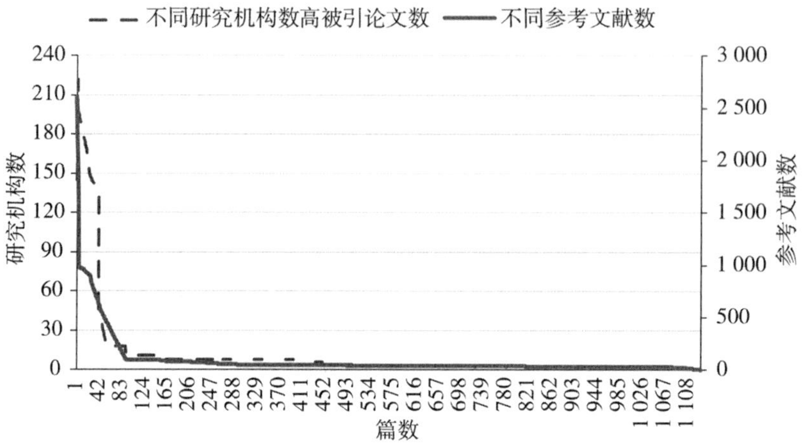

图 4-14 研究机构数和参考文献数的开放获取高被引学术论文数量统计

篇均被引频次为 113.81 篇。对开放获取热点论文按年进行统计，在 2007—2017 年的开放获取热点论文仅包括 2015 年的 210 篇、2016 年的 621 篇以及 2017 年的 250 篇，被引频次超过 100 篇的有 386 篇，占开放获取热点论文的 36%。为了对开放获取热点论文被引频次进行更深入的分析，分别统计了这三年开放获取热点论文的被引频次、篇均被引频次及施引文献数量，如表 4-26 所示。

表 4-26 开放获取热点论文及其被引频次统计

年份	热点论文数	被引频次	篇均被引频次	施引文献数
2015	210	35 846	170.7	33 125
2016	621	80 145	129.06	66 725
2017	250	7 037	28.15	6 716

通过表中对开放获取热点论文的统计数据，可发现开放获取热点论文的被引频次与开放获取时间具有较大关系，与论文总数关系较小，2015 年仅有 210 篇开放获取热点论文，篇均被引频次为 170.7，而 2016 年有 621 篇开放获取热点论文，约为 2015 年开放

获取热点论文的 3 倍，但其篇均被引频次为 129.06。2017 年数据尚不完整，截至 2017 年 12 月 23 日，共计有 250 篇开放获取热点论文，篇均被引频次为 28.15。

为了对开放获取热点论文被引频次、参考文献数以及论文篇幅大小之间的关系进行分析，分别统计开放获取热点论文的被引频次、参考文献以及论文篇幅大小，绘制三者关系的曲线图，如图 4-15 所示。图中虚线代表热点论文的被引频次、黑色曲线代表热点论文参考文献数量、点状曲线代表篇幅页码数量。通过观察可以看出热点论文参考文献、被引频次以及篇幅页码较大的论文数量占比较小，其中参考文献数最大为8 420篇，其次为2 174、2 086篇，在1 000~2 000篇参考文献的热点论文有 11 篇，占总数的 1%。被引频次最大的热点论文为4 750，其次为1 899，在1 000以上的共有 8 篇，占总数的 7‰。篇幅页数超过1 000的仅有一篇，为1 790页，其次为 458 页。

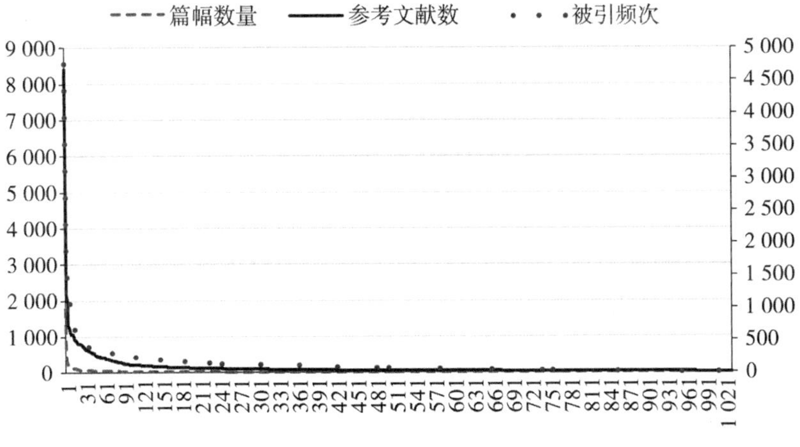

图 4-15 开放获取热点论文篇幅数与参考文献数曲线趋势图

对开放获取热点论文篇幅页码数与被引频次的相关性进行分析，发现二者之间的相关性符合上文对开放获取学术论文篇幅、参考文献数量与被引频次关系的研究结果，论文篇幅、参考文献数与被引频次之间不具有显著相关性，被引频次不受热点论文篇幅和参考文献数的限制。

对开放获取热点论文的研究机构与被引频次进行分析，通过对第一作者或通讯作者进行划分，发现美国发文量较高，有 459 篇，排在首位，其被引频次也居于世界首位。除美国之外，其次是英国、德国、法国、加拿大、荷兰、中国、澳大利亚，中国开放获取热点论文发文量为 120 篇，被引频次为2 521，篇均被引频次为 21，比开放获取热点论文篇均被引频次 113. 81 低。从被引频次分析，除美国之外，被引频次从高到低进行排列，依次是英国、德国、法国、加拿大、荷兰、澳大利亚、中国。可见，从第一作者或通讯作者的研究机构来分析，中国开放获取热点论文篇均被引频次与平均水平还有较大差距，明显低于篇均被引频次的均值。中国开放获取热点论文数高于澳大利亚，但其被引频次却低于澳大利亚，表明中国开放获取热点论文 Web 1.0 影响力与热点论文数相关性较弱。而对不同研究机构数的开放获取热点论文的被引频次进行统计，结果如表 4-27 所示。

表 4-27　**不同研究机构数开放获取热点论文数及被引频次统计**

研究机构数	热点论文数	被引频次	篇均被引频次
1	286	25 751	90. 04
2	336	39 069	116. 28
3	234	27 739	118. 54
4	117	13 292	113. 61
5	51	6 216	121. 88
大于等于 6	57	10 961	192. 3

根据表 4-27，对开放获取热点论文被引频次统计发现，个别热点论文被引频次与研究机构数关系不明显，受研究机构数量影响较弱。根据篇均被引频次的统计，热点论文研究机构数与论文篇均被引频次存在相关性。随着研究机构数量的增多篇均被引频次随之增

多，而论文被引频次体现其知识的继承，对后续研究贡献的大小反映知识的传承、交流，以及知识交叉与渗透的强弱，被引频次越大说明其知识传承效应越大，则其影响力越大。

从基金资助情况分析开放获取热点论文的被引频次，1 081篇开放获取热点论文都得到不同基金项目的资助。基金资助对开放获取热点论文具有直接影响，有利于实现热点论文的开放获取。热点论文成为衡量论文影响力的重要指标，论文的开放获取是否有利于提高热点论文的数量？以 2000—2017 年发表的论文为例，统计开放获取与非开放获取学术论文数及热点论文数，分析彼此之间存在的差距，如表 4-28 所示。

表 4-28　**开放获取与非开放获取热点论文及被引频次统计**

年份	开放获取热点论文统计					非开放获取热点论文统计				
	开放获取论文数	热点论文数	占比(%)	被引频次	篇均被引频次	非开放获取学术论文数	热点论文数	占比(%)	被引频次	篇均被引频次
2015	636 155	210	0.033	35 846	170.7	2 063 840	257	0.012	41 282	160.63
2016	665 376	621	0.093	80 145	129.06	2 138 952	927	0.043	82 774	89.29
2017	351 988	250	0.071	7 037	28.15	1 816 208	703	0.039	18 151	25.82

根据表 4-28 对开放获取和非开放获取热点论文的统计情况，可观察到非开放获取热点论文数高于开放获取热点论文数，但从统计的占比数据分析，开放获取热点论文数明显高于非开放获取热点论文数。从时间维度观察，2015 年开放获取热点论文占开放获取学术论文的 0.033%，而非开放获取热点论文占非开放获取学术论文的 0.012%；2016 年开放获取热点论文占开放获取学术论文的 0.093%，而非开放获取热点论文占非开放获取学术论文的 0.043%；2017 年开放获取热点论文占开放获取学术论文的 0.071%，而非开放获取热点论文占非开放获取学术论文的

0.039%。从各年统计的数据可知，开放获取有利于热点论文数的增加。从被引频次进行分析，开放获取热点论文的篇均被引频次均高于非开放获取热点论文的篇均被引频次。论文的被引频次在一定程度上体现了学术传承效应和学术链的紧密关系，学术传承效应大或学术链关系紧密，反映其影响力较大，反之较小。由此可见，开放获取学术论文有利于提高热点论文的被引频次，成为提高论文影响力的重要因素。

4.2.4　开放获取学术论文 Web 1.0 影响力的作用

开放获取学术论文 Web 1.0 影响力测度是根据开放获取学术论文的原生影响要素和次生影响要素对开放获取学术论文影响力进行分析，主要通过开放获取学术论文的本身属性以及与被引频次相关的指标来测度。在论文本身属性中，主要通过对论文第一作者或通讯作者的研究机构及其数量、论文篇幅、基金资助、参考文献、施引文献进行分析，而对开放获取学术论文的学术传承效应以被引频次予以体现，分析开放获取学术论文的被引频次、篇均被引频次、ESI 高水平论文的高被引学术论文和热点论文。通过开放获取学术论文的质量与学术传承效应体现开放获取学术论文的影响力。

影响力通过学术成果的交流与传播进行提升，开放获取是促进学术交流与传播的重要方法，开放获取学术论文影响力的提升在开放交流的同时，还要重视开放获取学术论文原生影响要素的影响。对开放获取学术论文原生影响要素的评价是开放获取学术论文 Web 1.0 影响力的重要组成部分，其中被引频次作为开放获取学术论文 Web 1.0 影响力最常用的评价方法，是从学术价值角度反映开放获取学术论文影响力的重要指标。基于原生影响要素进行开放获取学术论文影响力评价，有利于了解开放获取学术论文的质量。ESI 高水平论文指标体现了开放获取学术论文的质量，高被引体现了开放获取学术论文的贡献较大，产生的影响力较大，体现出开放获取学术论文的学术价值较大。

4.3 开放获取学术论文 Web 2.0 影响力分析

开放获取学术论文影响力不仅包括 Web 1.0 影响力，还包括 Web 2.0 影响力。前文对开放获取学术论文 Web 1.0 影响力进行了分析，而随着网络 Web 2.0 的快速发展，社交媒体、互动交流模式成为开放获取学术论文传播交流的新方式，如何对这些学术交流新模式产生的影响力进行评价成为开放获取学术论文研究的重要内容。研究 Web 2.0 发展模式下的开放获取学术论文影响力，有利于丰富开放获取学术论文影响力评价体系，开放获取学术论文影响力不仅要对自身要素产生的影响力进行评价，还要对传播交流过程中产生的影响力进行评价，有利于从学术价值角度分析其影响力。Altmetrics 的提出弥补了传统科研评价方式的不足，尤其在网络快速发展的时代，网络数据成为重要的信息资源，对开放获取学术论文在网络平台传播交流中产生的网络数据进行评价，可随时获取开放获取学术论文即时影响力。Priem 与 Hemminger 提出了 Altmetrics，包括 Article-Level Metrics、科研成果计量、科研发现计量、Scientometrics 2.0 等。① 这些评价指标是论文 Web 1.0 影响力评价指标的补充，在论文传播过程中对论文影响力进行评价。

Altmetrics 指标为 Web 2.0 时代开放获取学术论文影响力评价提供了便利，利用 Altmetrics 指标对开放获取学术论文进行评价，主要通过对开放获取学术论文在传播交流过程中的使用次数和 Altmetric Attention Score(AAS)的统计进行测度。Web 2.0 影响力主要是通过开放获取学术论文的次生影响要素来体现，其中论文的开放获取时间对开放获取学术论文影响力具有重要意义。为了对开放获取学术论文次生影响要素产生的影响力进行分析，根据 Web 2.0 时代开放获取学术论文的特点，对开放获取学术论文的发表时间、

① 邱均平，余厚强．替代计量学的提出过程与研究进展[J]．图书情报工作，2013，57(19)：5-12.

使用次数、AAS 与原生影响要素的关系进行分析，评价开放获取学术论文 Web 2.0 影响力。

4.3.1　开放获取学术论文使用数据的影响力分析

论文的使用是其学术价值的体现，使用次数越多反映其学术价值越大，则其在学术领域中的贡献越大。为了对开放获取学术论文的使用优势进行研究，对 2007 年到 2017 年收录在 WOS(Web of Science)数据库中的开放获取学术论文使用情况进行分析，WOS 对论文的使用情况提供了“最近 180 天”和“2013 年至今”两个论文使用指标。论文的使用在一定程度上体现论文受到的关注程度，而论文被引的前提是论文被使用。论文的引用行为作为论文使用的一部分，并不能完全反映出论文的影响力。尤其是 Web 2.0 时代，开放获取学术论文产生的 Web 2.0 影响力是开放获取学术论文影响力的重要组成部分，通过对用户的网络使用数据的统计进行测度。通过对 2007 年到 2017 年的4 809 016篇开放获取学术论文进行分析，具有最近 180 天使用次数的论文占开放获取学术论文总数的 94.75%，共被使用了6 352 565次，平均每篇开放获取学术论文被使用了 1.32 次；具有2013年至今使用次数的论文占开放获取学术论文总数的 98.86%，共被使用了29 502 239次，平均每篇开放获取学术论文被使用了 6.13 次。而 2007 年至 2017 年非开放获取学术论文19 822 202篇，具有最近 180 天使用次数的论文占非开放获取学术论文的 73.43%，共被使用了6 924 263次，平均每篇非开放获取学术论文被使用了 0.35 次；具有 2013 年至今使用次数的论文占非开放获取学术论文的 95.24%，共被使用了85 178 181次，非开放获取学术论文篇均使用次数为 4.3 次。

通过开放获取学术论文与非开放获取学术论文之间的使用次数对比，发现开放获取学术论文在最近 180 天和 2013 年至今两个使用指标上都具有较大的使用优势。表 4-29 对开放获取学术论文与非开放获取学术论文使用次数进行了统计分析，通过观察表中统计

表 4-29 开放获取学术论文与非开放获取学术论文使用次数统计

年份	开放获取学术论文使用次数					非开放获取学术论文使用次数				
	开放获取学术论文数	最近180天	2013年至今	最近180天篇均使用次数	2013年至今篇均使用次数	非开放获取学术论文数	最近180天	2013年至今	最近180天篇均使用次数	2013年至今篇均使用次数
2007	249 181	97 993	796 150	0. 39	3. 2	1 581 474	205 592	4 143 462	0. 13	2. 62
2008	294 547	121 785	945 131	0. 41	3. 21	1 635 023	245 253	4 725 216	0. 15	2. 89
2009	332 629	224 957	1 259 301	0. 68	3. 79	1 690 957	405 830	5 478 701	0. 24	3. 24
2010	372 816	326 922	1 681 012	0. 88	4. 51	1 667 551	400 212	5 686 349	0. 24	3. 41
2011	411 061	355 938	2 367 630	0. 87	5. 76	1 718 060	481 057	6 442 725	0. 28	3. 75
2012	465 146	454 369	2 730 110	0. 98	5. 87	1 784 023	553 047	7 599 938	0. 31	4. 26
2013	493 595	635 123	3 154 976	1. 29	6. 39	1 843 356	700 475	9 014 011	0. 38	4. 89
2014	536 522	793 666	3 669 530	1. 48	6. 84	1 882 758	790 758	10 016 273	0. 42	5. 32
2015	636 155	1 189 287	4 823 288	1. 87	7. 58	2063 840	1 093 835	12 052 826	0. 53	5. 84
2016	665 376	1 383 623	5 218 574	2. 08	7. 84	2 138 952	1 176 424	12 063 689	0. 55	5. 64
2017	351 988	768 902	2 856 537	2. 18	8. 12	1 816 208	871 780	7 954 991	0. 48	4. 38

的数据，发现开放获取学术论文的最近 180 天与 2013 年至今两个指标随着开放获取时间发展不断变化，2007 年最近 180 天篇均使用次数为 0.39 次，2017 年为 2.18 次，可见早期开放获取学术论文使用次数较少，与非开放获取学术论文早期使用情况进行对比，发现开放获取学术论文早期篇均使用次数高于非开放获取学术论文早期篇均使用次数。开放获取学术论文后期篇均使用次数也高于非开放获取学术论文后期篇均使用次数，可见开放获取学术论文与非开放获取学术论文相比在使用层面上存在一定优势。

1. 开放获取学术论文使用数据优势分析

通过上文开放获取学术论文及使用数据的统计，为深入分析开放获取学术论文与使用次数之间的关系，本节采用统计分析皮尔逊相关系数算法对开放获取学术论文与最近 180 天使用和 2013 年至今使用两个指标分别进行分析，如表 4-30 所示。开放获取学术论文与最近 180 天使用次数的皮尔逊相关性系数为 0.911；开放获取学术论文与 2013 年至今使用的皮尔逊相关系数为 0.965。p 值小于 0.01，三者存在显著的相关性，其中开放获取学术论文与 2013 年至今使用次数相关性高于开放获取学术论文与最近 180 天使用次数相关性，说明开放获取学术论文的时间跨度与论文使用次数具有较大的关系，直接影响开放获取学术论文的使用次数。最近 180 天开放获取学术论文使用次数更多的是从学术价值角度反映开放获取学术论文的影响力，在短时间内开放获取学术论文的使用次数越多说明其学术价值越突出。

表 4-30 **开放获取学术论文使用次数的皮尔逊相关系数矩阵**

		开放获取学术论文	最近 180 天	2013 年至今
开放获取学术论文	Pearson 相关性	1	.911**	.965**
	显著性(双侧)		.000	.000
	N	11	11	11

续表

		开放获取学术论文	最近 180 天	2013 年至今
最近 180 天	Pearson 相关性	.911**	1	.977**
	显著性(双侧)	.000		.000
	N	11	11	11
2013 年至今	Pearson 相关性	.965**	.977**	1
	显著性(双侧)	.000	.000	
	N	11	11	11

**. 在 0.01 水平(双侧)上显著相关。

通过对非开放获取学术论文及其使用情况统计分析，发现非开放获取学术论文的最近 180 天使用和 2013 年至今两个使用指标的篇均值均低于开放获取学术论文的篇均值，如表 4-31 所示。对开放获取学术论文与非开放获取学术论文的最近 180 天篇均使用次数进行统计，计算二者之间的比率。开放获取学术论文 2007 年篇均被使用了 0.39 次，而非开放获取学术论文篇均被使用了 0.13 次；到 2017 年开放获取学术论文篇均使用次数为 2.18 次，而非开放获取学术论文篇均使用次数为 0.48 次。可见，开放获取学术论文的篇均使用次数不断增多。通过开放获取学术论文与非开放获取学术论文最近 180 天篇均使用次数之间的比率，发现开放获取学术论文最近 180 天篇均使用次数约为非开放获取学术论文最近 180 天篇均使用次数的 3 倍。由于部分开放获取学术论文的使用次数增多导致开放获取学术论文整体均值变大，为此，通过开放获取学术论文与非开放获取学术论文的最近 180 天使用次数进行均值差的 t 检验，结果显示 p 值均小于 0.05，在 95% 置信区间内拒绝原假设，因此，论文的开放获取在最近 180 天使用次数上存在优势。

表 4-31　　**开放获取学术论文最近 180 天篇均使用次数统计**

年份	开放获取学术论文最近 180 天篇均使用次数	非开放获取学术论文最近 180 天篇均使用次数	比率
2007	0. 39	0. 13	3
2008	0. 41	0. 15	2. 73
2009	0. 68	0. 24	2. 83
2010	0. 88	0. 24	3. 67
2011	0. 87	0. 28	3. 11
2012	0. 98	0. 31	3. 16
2013	1. 29	0. 38	3. 39
2014	1. 48	0. 42	3. 52
2015	1. 87	0. 53	3. 53
2016	2. 08	0. 55	3. 78
2017	2. 18	0. 48	4. 54

图 4-16 是开放获取学术论文与非开放获取学术论文最近 180 天篇均使用次数对比，从时间轴来观察开放获取学术论文的使用次数由远及近，使用次数不断增多。该现象说明开放获取学术论文被重视程度不断提高，开放获取学术论文在近年来被使用的次数明显增加，与非开放获取学术论文的使用次数比率也有明显的提高，在一定程度上开放获取学术论文的使用次数明显高于非开放获取学术论文的使用次数，体现出开放获取学术论文的使用价值较大，其影响力也具有一定优势。

表 4-32 是对开放获取学术论文 2013 年至今篇均使用次数与非开放获取学术论文 2013 年至今篇均使用次数及二者之间比率的统计，根据二者之间的比率值，可知开放获取学术论文在 2013 年至今指标中存在优势。为了避免开放获取学术论文的使用次数较大导致的整体均值变大现象，对从 2013 年至今整体开放获取学术论文与非开放获取学术论文使用次数进行均值差的 t 检验，计算后 p 值均小于 0. 05，表明在 95%置信区间内拒绝原假设，开放获取学术论文 2013 年使用次数存在优势。表中 2017 年开放获取学术论文

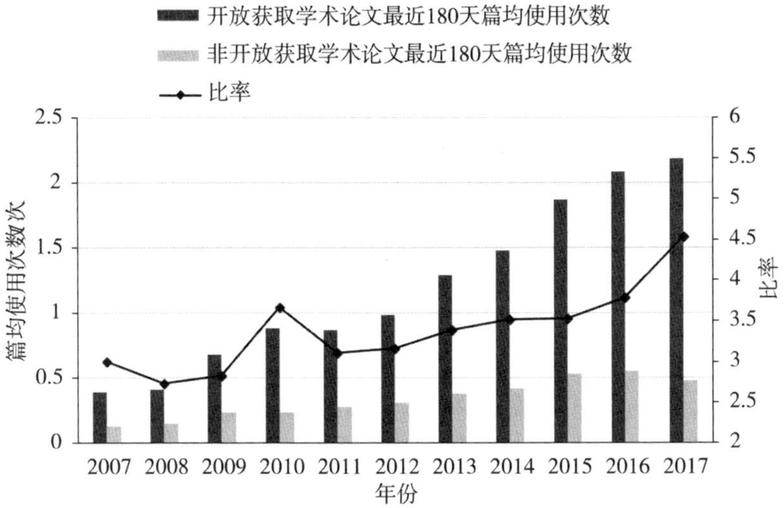

图 4-16 开放获取学术论文最近 180 天使用次数优势对比

2013 年至今篇均使用次数为 8.12 次，而非开放获取学术论文 2013 年至今篇均使用次数为 4.38 次，比 2016 年非开放获取学术论文 2013 年至今篇均使用次数少 1.26 次，表明短期内论文的开放获取对提升论文的使用次数具有较大贡献，开放获取学术论文在论文使用层面体现的影响力相比非开放获取学术论文的影响力较大。

表 4-32 **开放获取学术论文 2013 年至今篇均使用次数统计**

年份	开放获取学术论文 2013 年至今篇均使用次数	非开放获取学术论文 2013 年至今篇均使用次数	比率
2007	3.2	2.62	1.22
2008	3.21	2.89	1.11
2009	3.79	3.24	1.17
2010	4.51	3.41	1.32
2011	5.76	3.75	1.54
2012	5.87	4.26	1.38

续表

年份	开放获取学术论文 2013 年至今篇均使用次数	非开放获取学术论文 2013 年至今篇均使用次数	比率
2013	6.39	4.89	1.31
2014	6.84	5.32	1.29
2015	7.58	5.84	1.3
2016	7.84	5.64	1.39
2017	8.12	4.38	1.85

图 4-17 对开放获取学术论文与非开放获取学术论文 2013 年至今使用次数及二者之间的比率进行可视化，黑色柱状图代表开放获取学术论文 2013 年至今篇均使用次数，灰色柱状图代表非开放获取学术论文 2013 年至今篇均使用次数，黑色曲线代表二者的比率。观察发现开放获取学术论文 2013 年至今篇均使用次数呈现逐年递增趋势，尤其是在近几年开放获取学术论文的篇均使用次数明显提升，其体现的影响力也随之增大。

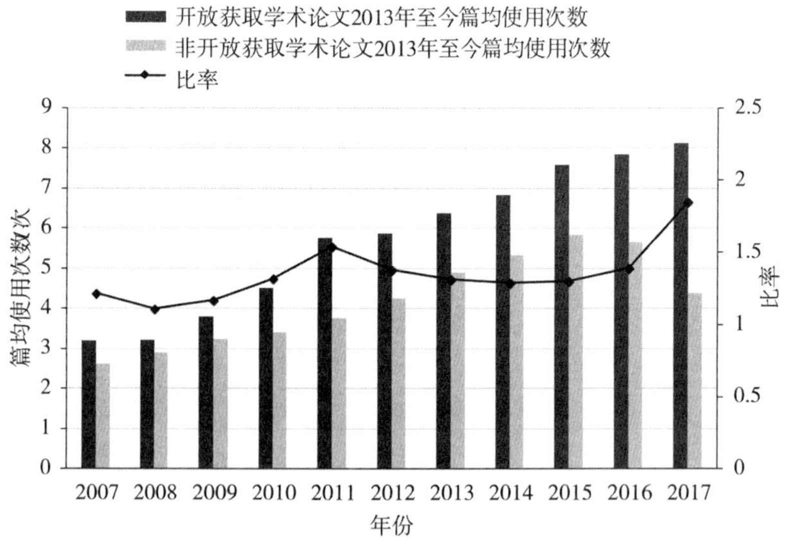

图 4-17　开放获取学术论文 2013 年至今使用次数优势对比

通过对开放获取学术论文最近 180 天和 2013 年至今两个使用指标进行分析，发现开放获取学术论文比非开放获取学术论文存在明显的优势。王贤文对开放获取单篇论文在时间发展层面的使用优势进行了研究，得出开放获取学术论文在时间发展历时层面存在优势。① 由此可见，开放获取学术论文在使用数据上存在优势，其体现的论文影响力也较为突出。

使用数据作为 Web 2.0 时代新的评价指标，弥补了传统计量指标评价的不足。尤其学术成果的网络化发展，使开放获取学术论文成为学术成果网络化传播交流的主要方式之一，在开放交流传播过程，大量使用数据随着开放获取学术论文的发表和传播而产生。而这些使用数据作为评价开放获取学术论文不可忽视的指标，也是大数据时代赋予科学评价的新资源。自开放获取学术论文诞生之日起，便在交流传播过程中不断产生各种各样的使用数据，其中引用行为作为典型使用数据，还包括浏览、下载、点击、存储、分享、转载、讨论等形式产生的数据。通过对开放获取学术论文使用数据的分析，发现开放获取学术论文的影响力与使用数据之间具有显著的相关性，其中开放获取学术论文在使用数据方面与非开放获取学术论文相比存在明显优势。

2. 研究机构对开放获取学术论文使用次数的影响

研究机构作为开放获取学术论文的构成要素，是开放获取学术论文原生影响要素分析的主要内容之一。开放获取学术论文的使用次数与研究机构之间是否存在关系、与研究机构数量是否存在关系等成为分析开放获取学术论文使用次数的重要内容。由于近年来开放获取学术论文数量较多，按第一作者或通讯作者研究机构国别进行划分，分别统计 2013 年至 2017 年最近 180 天和 2013 年至今使用数据，由于数据量较大，统计第一作者或通讯作者研究机构开放获取学术论文量排名前 10 的国家。第一作者或通讯作者是一篇论文的主要贡献者，对论文的研究设计具有直接影响。并对不同第一

① 王贤文．科学计量大数据及其应用[M]．北京：科学出版社，2016：79-83.

作者或通讯作者开放获取学术论文研究机构所属国家或地区的篇均使用情况进行曲线趋势分析如图 4-18 所示。通过图 4-18 可以观察出美国、英国以及加拿大研究机构的开放获取学术论文篇均使用次数较大，而中国和日本研究机构的开放获取学术论文篇均使用次数较低。

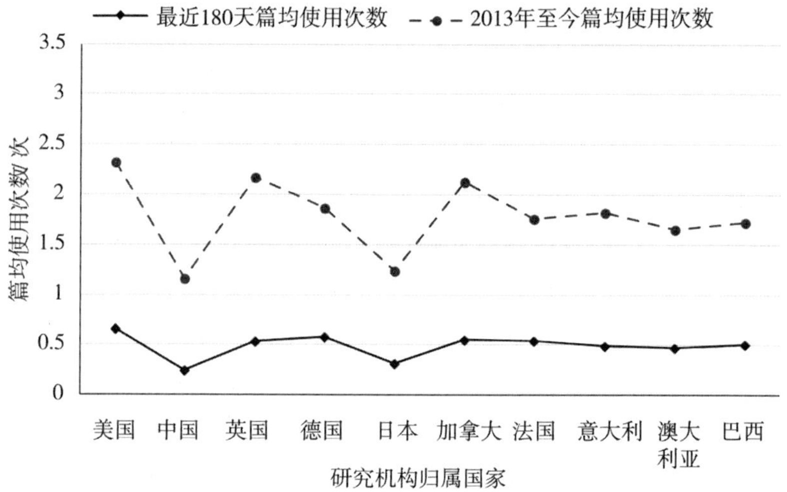

图 4-18　研究机构归属国家/地区开放获取学术论文篇均使用次数对比

为了深入分析各研究机构开放获取学术论文使用次数，对不同第一作者或通讯作者研究机构的开放获取学术论文的篇均使用数据进行统计，如表 4-33 所示。表中列出了第一作者或通讯作者研究机构所属国别的开放获取学术论文数及其最近 180 天和 2013 年至今使用次数，通过表中统计的数据发现第一作者或通讯作者为中国的研究机构开放获取学术论文使用数偏低，美国的研究机构开放获取学术论文使用数较高，其最近 180 天使用和 2013 年至今使用指标的篇均使用次数存在一定优势。

通过对不同国家或地区研究机构的第一作者或通讯作者开放获取学术论文数量与其使用数据进行对比，发现不同研究机构的开放获取学术论文数量与其使用数据存在明显的差异，国内研究机构的开放获取学术论文使用次数与发达国家相比偏低，为了对二者之间的相关性进行分析，通过使用皮尔逊相关系数对不同研究机构的开放获取学术论文与最近 180 天使用和 2013 年至今使用两个指标数据进行分析，如表 4-34 所示。

表 4-33 研究机构归属国家/地区开放获取学术论文使用次数统计

序号	研究机构的国家	开放获取学术论文数	最近 180 天使用次数	2013 年至今使用次数	最近 180 天篇均使用次数	2013 年至今篇均使用次数
1	美国	886 931	583 704	2 055 578	0. 66	2. 32
2	中国	349 504	83 881	405 425	0. 24	1. 16
3	英国	241 105	127 786	523 198	0. 53	2. 17
4	德国	195 924	113 636	364 419	0. 58	1. 86
5	日本	153 959	47 727	190 909	0. 31	1. 24
6	加拿大	122 439	67 341	260 795	0. 55	2. 13
7	法国	122 075	65 921	214 852	0. 54	1. 76
8	意大利	118 703	58 164	216 039	0. 49	1. 82
9	澳大利亚	103 322	48 561	170 481	0. 47	1. 65
10	巴西	102 952	52 506	177 077	0. 51	1. 72

表 4-34 研究机构开放获取学术论文使用次数的皮尔逊相关系数矩阵

		研究机构论文	最近 180 天	2013 年至今
研究机构论文	Pearson 相关性	1	.966**	.979**
	显著性(双侧)		.000	.000
	N	10	10	10
最近 180 天	Pearson 相关性	.966**	1	.997**
	显著性(双侧)	.000		.000
	N	10	10	10

续表

		研究机构论文	最近 180 天	2013 年至今
2013 年至今	Pearson 相关性	.979**	.997**	1
	显著性(双侧)	.000	.000	
	N	10	10	10

**. 在 0.01 水平(双侧)上显著相关。

通过皮尔逊相关系数计算，发现研究机构与论文使用次数之间具有相关性，其中不同研究机构的开放获取学术论文与最近 180 天使用次数的皮尔逊相关系数为 0.966，与 2013 年至今使用次数的皮尔逊相关系数为 0.979。可见，开放获取学术论文归属的研究机构与开放获取学术论文使用次数存在相关性。

在分析不同研究机构对开放获取学术论文使用数据的影响关系时，对第一作者或通讯作者的研究机构进行了分析，而研究机构数量是否对开放获取学术论文使用次数具有影响，也是对研究机构对开放获取学术论文使用数据的影响进行研究的主要内容。对 2013 年至 2017 年不同研究机构数量的开放获取学术论文及其使用数据进行统计，其中最近 180 天使用次数最多的论文被使用了1 229次，2013 年至今使用次数最多的论文被使用了8 776次，具体分为单一研究机构、2 个研究机构、3 个研究机构、4 个研究机构、5 个研究机构和 6 个及以上研究机构的开放获取学术论文的使用数据，如表 4-35 所示。

表 4-35 统计了不同研究机构数的开放获取学术论文使用数据，发现不同研究机构数的开放获取学术论文使用率都普遍较高，个别开放获取学术论文被使用次数不受研究机构数量的影响。其中开放获取学术论文最近 180 天使用指标最低使用率为 90.13%，2013 年至今使用指标的使用率较高，最低使用率为 97.41%。通过对开放获取学术论文篇均使用次数的分析，发现最近 180 天篇均使用次数最小值为 8.4，2013 年至今篇均使用次数最小值为 17.2，从开放获取学术论文研究机构数量进行分析，单一机构的开放获取学术论文使用次数不具有使用优势，具有两个或两个以上机构的开放获取

学术论文使用次数较高。说明开放获取学术论文研究机构数量与论文最近 180 天和 2013 年至今使用次数具有相关性，开放获取学术论文研究机构数量增加有利于提高开放获取学术论文使用次数的概率。

表 4-35　　**研究机构的开放获取学术论文使用次数统计**

研究机构数	开放获取学术论文数	使用数据论文数	最近180天	使用率(%)	总篇均使用次数	篇均使用次数
1	710 485	640 360	5 379 024	90. 13	7. 57	8. 4
2	833 837	770 966	7 123 726	92. 46	8. 54	9. 24
3	580 838	562 193	5 402 675	96. 79	9. 3	9. 61
4	289 932	274 044	2 702 074	94. 52	9. 32	9. 86
5	125 891	117 935	1 132 176	93. 68	8. 99	9. 6
大于等于 6	142 653	135 820	1 405 737	95. 21	9. 85	10. 35
研究机构数	开放获取学术论文数	使用数据论文	2013年至今	使用率(%)	总篇均使用次数	篇均使用次数
1	710 485	692 083	11 903 828	97. 41	16. 75	17. 2
2	833 837	823 748	16 763 272	98. 79	20. 1	20. 35
3	580 838	573 171	14 145 860	98. 68	24. 35	24. 68
4	289 932	286 511	7 102 608	98. 82	24. 5	24. 79
5	125 891	123 348	2 869 074	97. 98	22. 79	23. 26
大于等于 6	142 653	141 426	3 696 876	99. 14	25. 92	26. 14

通过对开放获取学术论文研究机构与开放获取学术论文使用次数的分析，发现开放获取学术论文所属的研究机构及研究机构数与开放获取学术论文使用次数之间具有一定影响关系。

3. 基金资助对开放获取学术论文使用次数的影响

基金资助作为科学研究得以顺利进行的客观因素，具有基金资助的研究计划有利于实现论文的开放获取。通过上文对开放获取学术论文与使用次数相关性的研究，得出论文的开放获取有利于论文使用次数的增加，而开放获取学术论文的基金资助是否对开放获取学术论文使用次数具有直接影响成为本节研究的主要内容。对开放获取学术论文基金资助进行分析时，统计不同类型基金资助的数量，对基金资助的个数不进行统计，如 NINDS NIH HHS[R01 NS073813，GM053396，P20 GM103652，R01 GM061766，R01 GM116908，R01 GM097355]，NIDDK NIH HHS[K08 DK089117，R01 DK073336，R03 DK092434，K01 DK075386，R01 DK076685，R21 DK075494，R03 DK089010]记为两种基金项目。统计不同种数基金资助项目的开放获取学术论文及其使用次数情况，如表 4-36 所示。

表 4-36　　基金资助开放获取学术论文使用次数统计

基金资助种数	开放获取学术论文数	使用数据论文数	最近180天	使用率(%)	总篇均使用次数	篇均使用次数
0	1 561 475	1 385 809	11 266 627	88. 75	7. 22	8. 13
1	399 594	372 741	3 492 583	93. 28	8. 74	9. 37
2	300 296	286 693	2 835 394	95. 47	9. 44	9. 89
3	198 354	190 836	1 927 444	96. 21	9. 72	10. 1
4	111 263	105 466	1 081 027	94. 79	9. 72	10. 25
大于等于5	112 654	108 069	1 118 514	95. 93	9. 93	10. 35
基金资助种数	开放获取学术论文数	使用数据论文数	2013年至今	使用率(%)	总篇均使用次数	篇均使用次数
0	1 561 475	1 506 199	25 906 623	96. 46	16. 59	17. 2
1	399 594	391 003	7 956 911	97. 85	19. 91	20. 35
2	300 296	295 822	7 300 887	98. 51	24. 31	24. 68
3	198 354	195 656	4 850 312	98. 64	24. 45	24. 79
4	111 263	109 794	2 553 808	98. 68	22. 95	23. 26
大于等于5	112 654	111 392	2 911 787	98. 88	25. 85	26. 14

根据表中数据的统计，从发展趋势分析获得基金资助的开放获取学术论文使用次数，发现获得基金资助的开放获取学术论文使用次数与基金资助类型存在相关性。开放获取学术论文得到基金资助的数量越多，其被使用的次数也随之增加，个别开放获取学术论文的使用次数不受基金资助数量的影响。通过对比表中最近 180 天和 2013 年至今使用两个指标的篇均使用次数，发现基金资助数量越多越有利于开放获取学术论文使用次数的增加。对最近 180 天和 2013 年至今两个使用指标获得不同种数基金资助的开放获取学术论文与篇均使用次数进行分析，计算的皮尔逊相关系数分别为 0.999 和 0.998。可见，通过对不同数量基金资助的开放获取学术论文使用数据进行统计，基金资助数量与开放获取学术论文使用次数具有显著的相关性。

4. 论文篇幅与参考文献数量对开放获取学术论文使用次数的影响

论文篇幅与参考文献是开放获取学术论文的构成要素，这些内容对开放获取学术论文使用次数是否存在影响，通过皮尔逊相关系数进行分析，发现论文篇幅与最近 180 天和 2013 年至今两个使用指标之间不存在相关性，开放获取学术论文的使用次数不受论文篇幅长短的限制。论文参考文献与最近 180 天和 2013 年至今论文使用次数两个指标之间的相关性不明显，而参考文献作为一篇论文的知识基础，在已有知识基础上进行研究有利于提高科研的效率，如牛顿曾说过："如果说我比别人看得更远一些，那是因为我站在巨人的肩膀上。"可见，论文的参考文献对论文具有不可忽视的作用。为了对参考文献的影响进行深入分析，对每篇论文的参考文献按涉及的不同学科领域进行归类，参考文献覆盖的学科领域范围越大，体现参考文献广度影响较大；而覆盖的某一学科领域参考文献数量较多，体现参考文献的深度影响较大。从参考文献的深度和广度对开放获取学术论文使用次数进行研究，其中，开放获取学术论文及其参考文献按 ESI 中划分的 22 个学科领域进行分类。从参考文献的深度和广度反映开放获取学术论文使用的总体情况，其中开放获取学术论文参考文献广度与深度定义如下：

$$参考文献广度=\frac{参考文献归属的学科领域数量}{学科总数(22)}$$

$$参考文献深度=\frac{参考文献总数}{参考文献归属的学科领域数量}$$

参考文献归属的学科领域数量是指开放获取学术论文参考文献划分的学科领域，学科领域总数是ESI划分的22个学科。开放获取学术论文归属的学科领域数量越大，说明其参考文献的广度越大，开放获取学术论文的知识基础涉及的学科范围较大；而开放获取学术论文参考文献归属的学科领域数量较少，体现出参考文献广度较小，开放获取学术论文的知识基础涉及的学科范围较窄。开放获取学术论文的参考文献深度通过参考文献总数与参考文献归属的学科领域数量之比进行分析，二者之比较大说明开放获取学术论文参考文献的深度较大，体现开放获取学术论文知识基础的专业化程度较高；而二者之比较小说明开放获取学术论文参考文献的深度较低，体现开放获取学术论文知识基础的专业化程度较低。

参考文献作为评价开放获取学术论文质量的重要要素，通过对不同学科领域的开放获取学术论文参考文献的深度和广度与开放获取学术论文使用次数的分析进行研究。通过对不同学科领域的开放获取学术论文使用次数及其参考文献进行分类，并对不同学科领域开放获取学术论文使用次数与参考文献的深度与广度相关性进行分析，发现当开放获取学术论文参考文献深度或广度数值较大时，开放获取学术论文使用次数与其参考文献呈正相关；当参考文献的深度或广度数值较小时，开放获取学术论文使用次数与其参考文献数量关系不明显。可见，开放获取学术论文使用次数与参考文献数量之间存在相关性，开放获取学术论文参考文献的学科分布对开放获取学术论文使用次数具有直接影响。

5. 开放获取学术论文使用强度的影响力分析

开放获取学术论文Web 1.0影响力以被引频次进行测度，而发展到Web 2.0时代，网络化指标不断丰富，不仅丰富了评价指标体系，也丰富了开放获取学术论文影响力的内容，从不同方面反映开放获取学术论文影响力的大小。本节通过开放获取学术论文的使用次数，提出利用使用强度指标对开放获取学术论文影响力进行分析。开放获取学术论文使用次数不仅可以反映其即时影响力，还从动态变化角度体现其影响力。期刊影响影子(Impact Factor，IF)是代表期刊影响力大小的定量指标，指某刊某年被全部源刊物引证该刊前两年发表论文的次数与该刊前两年所发表的全部源论文数之比。① 借鉴期刊影响因子的概念，本书提出开放获取学术论文使用强度(PUI)，通过开放获取学术论文使用情况测度其影响力，计算开放获取学术论文 2 年使用强度(PUI_2)和开放获取学术论文 5 年使用强度(PUI_5)，PUI_2公式如下：

$$PUI_2=\frac{\text{在统计年度前两年发表开放获取学术论文在统计年度的总使用次数}}{\text{其在统计年度前两年发表论文总数}}$$

PUI_5公式如下：

$$PUI_5=\frac{\text{在统计年度前五年发表开放获取学术论文在统计年度的总使用次数}}{\text{其在统计年度前五年发表论文总数}}$$

PUI_2和PUI_5公式分别测量开放获取学术论文 2 年使用强度和 5 年使用强度体现的影响力，为了对不同国家开放获取学术论文的使用强度进行分析，本节选取美国、中国、英国、德国、法国以及日本 6 个国家进行分析，以第一作者单位发表的开放获取学术论文为准，统计 2007 年至 2017 年开放获取学术论文 2 年使用强度。分别对最近 180 天和 2013 年至今两个使用指标的开放获取学术论文使用强度进行分析，发现开放获取学术论文 2 年使用强度和 5 年使用强度结果不尽相同，而对大部分开放获取学术论文而言，PUI_2与PUI_5评价结果具有一定差异。

根据对不同国家最近 180 天两年使用强度(PUI_2)的分析，开放获取学术论文 2 年使用强度大于开放获取学术论文篇均使用强度。其中美国开放获取学术论文最近 180 天的两年使用强度较大，而其他国家开放获取学术论文使用强度并不十分明显。鉴于开放获取学术论文最近 180 天使用强度受到个别单篇开放获取学术论文使用次数的影响较大，个别国家开放获取学术论文的使用强度幅度波

① Garfield E. Journal impact factor: a brief review[J]. CMAJ: Canadian Medical Association Journal, 1999, 161(8): 979-80.

动较大，采用开放获取学术论文2013年至今使用指标的2年使用强度（PUI_2）和5年使用强度（PUI_5）对开放获取学术论文使用情况进行分析。PUI_5具有相对独立的评价能力，对PUI_2起到补充作用，与PUI_2结合评价，能全面反映不同时间分布的开放获取学术论文影响力。

通过上文对开放获取学术论文使用强度的分析，将其分为2年开放获取学术论文使用强度和5年开放获取学术论文使用强度。PUI_5与PUI_2分别以5年和2年为统计期，测度开放获取学术论文长期和短期使用强度的影响力。为了对开放获取学术论文影响力进行综合评价，将5年使用强度和2年使用强度进行结合来测度开放获取学术论文影响力。提出PUI_a和PUI_b两个指数，计算公式如下：

$$PUI_a = \frac{PUI_5}{PUI_2}$$

$$PUI_b = \sqrt{PUI_2 \times PUI_5}$$

PUI_a是PUI_5与PUI_2的比率值，表示开放获取学术论文长期使用反映的影响力与短期使用反映的影响力的趋势差测度，若开放获取学术论文5年使用强度值与2年使用强度值之差较大，则取值较大。PUI_b是PUI_5和PUI_2的几何平均值，表示5年使用强度与2年使用强度的综合，若两种使用强度较大，则取值较大。对上文公式进行转换：

$$PUI_5 = PUI_a \times PUI_2$$

则原PUI_b公式可转换为：

$$PUI_b = PUI_2 \times \sqrt{PUI_a}$$

图4-19为开放获取学术论文2013年至今使用指标的5年使用强度与2年使用强度之比，即PUI_a趋势图。

PUI_a的值反映5年使用强度与2年使用强度之比，通过观察开放获取学术论文5年使用强度与2年使用强度比率趋势图，可知中国的PUI_a较高，其次为日本。在一定程度上反映了5年使用强度与2年使用强度的趋势差异，其比率值越小，反映开放获取学术论文使用强度越平稳，体现的开放获取学术论文影响力也较为稳定。

通过观察图4-19比率趋势曲线，发现美国开放获取学术论文

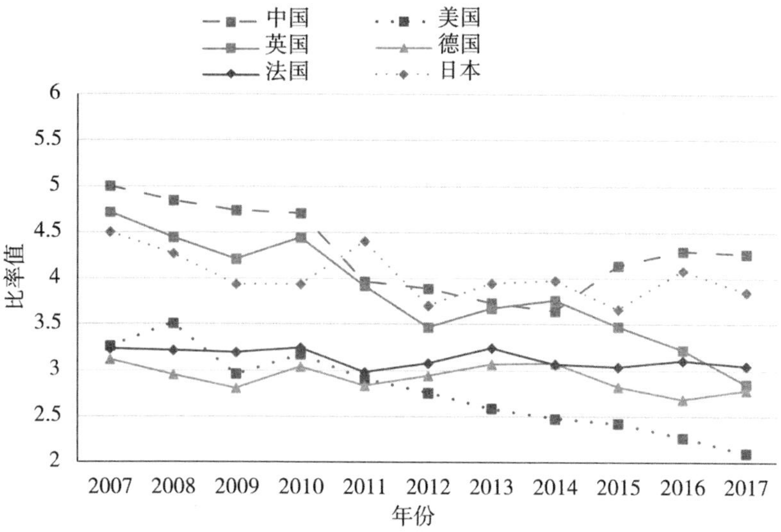

图 4-19 开放获取学术论文 5 年使用强度与 2 年使用强度比率趋势图

在使用强度上占有绝对优势，体现了开放获取学术论文影响力的优势。从图中可观察出在开放获取学术论文发表后，随着时间的发展，中国与日本开放获取学术论文 5 年使用强度与 2 年使用强度的差异较大，其体现的开放获取学术论文影响力波动幅度也较大。

对开放获取学术论文的 PUI_b 指数进行分析，如图 4-20 所示。该图是不同国家开放获取学术论文 2013 年至今 5 年使用强度与 2 年使用强度的均值，通过对 2013 年至今开放获取学术论文进行 5 年使用强度与 2 年使用强度指标的综合计算，发现中国与日本开放获取学术论文 2013 年至今综合使用强度的几何平均值偏低。但随着时间的发展，其使用强度的增长幅度不断提升，成为这几个国家中使用强度增幅较大的国家。

通过对 2013 年至今综合使用强度的测量，发现随着开放获取学术论文时间跨度的不断增大，各国开放获取学术论文使用强度趋于平稳，其体现的影响力也逐渐缩小，但开放获取学术论文影响力大小并不完全取决于论文的使用次数，也不能完全代表开放获取学术论文的使用次数。因此，开放获取学术论文影响力差异无法反

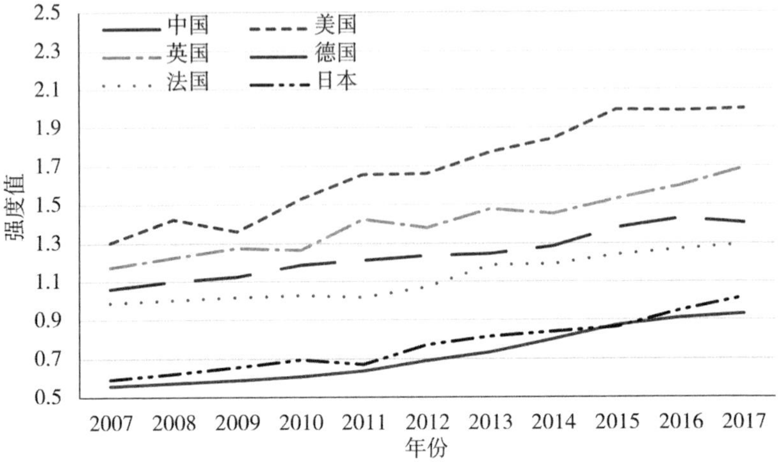

图 4-20 开放获取学术论文使用强度均值曲线

映，也不取决于论文使用次数的多少，开放获取学术论文质量并不直接决定其影响力差异。不同国家开放获取学术论文影响力高低受到多方面要素影响，开放获取学术论文使用次数主要反映的是开放获取学术论文 Web 2.0 影响力。对不同年份开放获取学术论文使用强度进行分析，从 5 年使用强度和 2 年使用强度对开放获取学术论文使用次数进行实证探析。根据 PUI_5 和 PUI_2 使用强度的特性，提出了开放获取学术论文使用强度补充指数，有利于 PUI_5 和 PUI_2 的合理使用。PUI_5 指数的测度能避免错过开放获取学术论文使用高峰值，成为 PUI_2 指数的补充，对二者进行综合使用能得出更为合理、有效的评价结果。

4.3.2 基于 Altmetrics 指标的开放获取学术论文影响力分析

随着网络技术的不断发展，开放获取学术论文改变了原有学术信息单向传播交流的方式，为互动交流方式的传播提供了新的途径，同时也丰富了开放获取学术论文影响力的内容。自开放获取学术论文发表后，其使用数据便随着用户的使用不断产生，成为测量开放获取学术论文 Web 2.0 影响力的指标之一。为了研究社交媒体对开放获取学术论文产生的影响力，传统计量指标已无法实现对网络平台产生的多元化数据进行测量，尤其随着开放获取学术论文数量的快速增长，仅靠人工收集数据分析无法满足大数据时代的发展。而 Altmetric 的诞生弥补了传统计量指标的不足，为科研评价提供了新的方法。尤其是网络平台产生的数据，成为 Altmetrics 工具分析的对象，其中使用较多的工具包括 Altmetric. com、ImpactStory。Altmetric. com 是从社交网络、文献管理、多媒体等几个方面对论文的关注度进行评价，从论文被关注程度反映其影响力的大小。其中 Altmetric Attention Score 是对不同指标的组合，通过相关算法得出 Altmetrics 分数来体现论文的影响力。

根据 Altmetric. com 的发展，其仅提供 2011 年 7 月之后文献的数据，因此本节选取 2013 年至 2017 年开放获取高被引学术论文作为研究对象，共计27 993篇。为了有效分析这些数据的社交媒体关注情况，需提取这些开放获取学术论文的 DOI 字段，通过 Altmetric Explore 进行查询，数据更新于 2018 年 1 月 8 日，计算开放获取学术论文的关注度和影响力情况。通过对27 993篇论文进行 DOI 处理，部分开放获取学术论文的 DOI 字段缺失，采集有效 DOI 字段的开放获取学术论文共计25 516篇，占开放获取学术论文总量的 91. 15%，将该25 516篇开放获取学术论文作为研究对象，下文用 Altmetric Explore 分析开放获取高被引学术论文(称为 Altmetrics 开放获取学术论文)。

1. 开放获取学术论文的 Altmetrics 指标关注度影响

随着 Altmetrics 的发展，Altmetrics 工具不断增多，为获取论文 Altmetrics 指标提供了方便。这些论文指标为分析开放获取学术论文的 Web 2.0 影响力提供了便利，通过对 Altmetrics 指标数据的覆盖率、平台分布情况进行分析，有利于了解开放获取学术论文在社交媒体和网络平台上存在的优势。高被引学术论文作为每个学科领域的近10年被引频次排名前1%的论文，具有代表性，对这些论文的Altmetrics指标进行分析，有利于掌握其Web 2.0影响力。表4-37对Altmetrics开放获取学术论文年代分布进行统计，2010年以后，Altmetrics开放获取学术论文数量不断增加。在2010年之前，几乎所有年份的Altmetrics开放获取学术论文均在5篇以下，这与Altmetric.com自身发展有关。为了保证统计数据的完整性，本书以2011年7月以后的数据为分析对象，随着开放获取学术论文的发展，有些开放获取学术论文随着时间的发展而出现文献老化现象，受到的关注也逐渐减少，发表时间越近越容易获取大量的关注。

表4-37　**开放获取学术论文的Altmetrics年代分布**

年份	篇数	年份	篇数	年份	篇数
1970	19	2001	1	2011	323
1987	1	2002	2	2012	898
1990	1	2004	2	2013	5 975
1991	1	2006	1	2014	5 561
1993	1	2007	1	2015	6 478
1996	3	2008	1	2016	5 197
1999	1	2009	3	2017	955
2000	1	2010	90	—	—

(1)Altmetrics指标分布及分类。

目前Altmetric Explore提供news mentions(新闻提及)、Blog mentions(博客提及)、policy mentions(政策文件提及)、Twitter mentions(推特提及)、peer review mentions(同行评审提及)、Weibo mentions(微博提及)、Facebook mentions(脸书提及)、Wikipedia mentions(维基百科提及)、Google+ mentions(谷歌提及)、LinkedIn mentions(领英提及)、Reddit mentions(红迪网提及)、pinterest mentions(图片提及)、F1000 mentions(F1000提及)、Q&A mentions(问答提及)、video mentions(视频提及)、syllabi mentions(教学大

纲提及)、number of Mendeley readers(Mendeley 读者数), 共计 17 个测量指标。但这些指标分类很宽, 不能细粒度化地对 Web 2.0 影响力进行有效的测度, 为了对这些指标进行有效的管理, 需对其进一步分类, 主要分为提及、使用、引用、获取、社交媒体五类,① 但在实践评价中, 有些指标仍不能反映开放获取学术论文的 Web 2.0 影响力。从 Altmetric Explore 提供的指标数据来源分析, 各指标的提及数都是对开放获取学术论文不同层面关注度的体现, 无论是对开放获取学术论文的提及、使用、引用还是社交媒体产生的数据, 都是对开放获取学术论文的关注情况, 产生数据的多少反映出对开放获取学术论文关注度的强弱。因此, 本节对 Altmetrics 指标进行重新分类。根据 17 个评价指标的特征, 本研究将 Altmetrics 指标分为社交媒体关注度指标、政策性文件关注度指标、学者关注度指标以及其他指标关注度四类, 具体分类如表 4-38 所示。

表 4-38　　**Altmetrics 指标分类情况**

指标类型	内　容
社交媒体关注度	博客提及、推特提及、微博提及、脸书提及、谷歌提及、领英提及、红迪网提及、F1000 提及
政策性文件关注度	新闻提及、政策文件提及
学者关注度	Mendeley 读者数
其他指标关注度	同行评审提及、图片提及、维基百科提及、问答提及、视频提及、教学大纲提及

表 4-38 按数据来源的关注情况划分指标类型, 博客提及、推特提及、微博提及、脸书提及、谷歌提及、领英提及、红迪网提及、F1000 提及指标数据反映了社交媒体对开放获取学术论文的关注程度, 指标数据较大反映开放获取学术论文受到的关注程度较

① Lindsay J M. PlumX from plum analytics: not just altmetrics[J]. Journal of Electronic Resources in Medical Libraries, 2016, 13(1): 8-17.

高，反之，受到的关注程度较低。新闻提及、政策文件提及指标数据反映了政府部门与非政府组织对开放获取学术论文关注的公信度体现，被划分为政策性文件关注度。Mendeley 平台不仅是文献管理工具，也是全球学者交流、跟踪学术热门、实时更新数据的学术网络。Haunschild 等就 Mendeley 网络进行了分析，通过 Mendeley 了解不同读者、不同论文的用户群及归属学科领域和用户之间的联系等内容。① 同行评审提及、图片提及、维基提及、问答提及、视频提及、教学大纲提及指标尚未形成共性，被划分为其他指标关注度体现开放获取学术论文的关注情况。

(2)开放获取学术论文社交媒体关注度影响。

开放获取学术论文社交媒体关注度可通过分析不同社交媒体工具在使用过程中产生的数据进行测量，其中主要包括 Mendeley 提及、F1000 提及、博客提及、微博提及、推特提及五个指标数据。其中有学者认为 Mendeley 提及指标②、F1000 提及指标③与引文指标具有显著正相关，能较好地反映论文的影响力，而推特、博客、微博等④⑤体现开放获取学术论文的关注度，弥补了引文指标的不足。通过上文对 Altmetrics 指标的划分，按社交媒体关注度指标对开放获取学术论文进行分析，主要统计开放获取学术论文的社交媒体关注度各指标的最大值、最小值、总值及覆盖率情况，其中覆盖

① Haunschild R, Bornmann L, Leydesdorff L. Networks of reader and country status: an analysis of Mendeley reader statistics[J]. Sociological Review, 2015, 25(25): 867-876.

② Mohammadi E, Thelwall M. Mendeley readership altmetrics for the social sciences and humanities: research evaluation and knowledge flows[J]. Journal of the Association for Information Science & Technology, 2014, 65(8): 1627-1638.

③ Bornmann L. Validity of altmetrics data for measuring societal impact: a study using data from Altmetric and F1000 Prime[J]. Journal of Informetrics, 2014, 8(4): 935-950.

④ Thelwall M, Tsou A, Weingart S, et al. Tweeting links to academic articles[J]. Cybermetrics, 2013, 17(1): 1-8.

⑤ Thelwall M, Haustein S, Larivière V, et al. Do altmetrics work? Twitter and ten other social web services[J]. PloS One, 2013, 8(5): e64841.

率值是各指标的开放获取学术论文数占受关注开放获取学术论文总数的比例，如表 4-39 所示。

表中列出了开放获取学术论文 8 项社交媒体关注度指标值的相关情况，通过对指标数据的统计，发现推特提及指标覆盖率较高，占开放获取学术论文总量的 92.24%，推特提及指标的关注度均值为 49.16。关注度覆盖率排名第二的指标为脸书提及，Altmetric.com 对脸书提及指标数据的统计仅包括公共页面的被提及数量，脸书提及覆盖率为 51.1%，表明在公共网页受到关注的开放获取学术论文约占论文总数的一半，均值为 3.91。开放获取学术论文的关注度指标丰富了开放获取学术论文的 Web 1.0 影响力。关注度覆盖率排名第三的指标为博客提及，占受关注论文总量的 38.9%，博客提及指标反映开放获取学术论文的研究主题实用性、新颖性强，体现传统引文分析指标无法测度的影响力。

表 4-39 **开放获取学术论文社交媒体关注统计**

指标	关注度最大值	关注度最小值	关注度均值	关注度总值	覆盖率(%)
博客提及	267	0	1.71	43 622	38.9
推特提及	15 587	0	49.16	1 256 576	92.24
微博提及	111	0	0.13	3 439	3.65
脸书提及	1 324	0	3.91	99 964	51.1
谷歌提及	1 184	0	1.03	26 362	20.01
领英提及	1	0	0	4	0.01
红迪网提及	32	0	0.14	3 664	7.52
F1000 提及	12	0	0.22	5 561	13.96

谷歌提及指标覆盖率为 20.01%，受到谷歌提及的开放获取学术论文反映出其对学术领域贡献较为突出，体现的影响力较为突出。其中，覆盖率低于 20%的指标包括微博提及、领域提及、红迪网提及、F1000 提及。其中，微博提及指标与领英提及指标已停

止对 Altmetric. com 提供数据支持,[①] 这两个社交媒体关注度指标无法反映开放获取学术论文的实时情况，表中统计的这两个指标数据分别为 2015 年 7 月 24 日与 2014 年 3 月 12 日之前的数据。

(3)开放获取学术论文政策性文件关注度影响。

Altmetric. com 提供的新闻提及、政策文件提及指标是每月实时更新的数据，通过政府部门或非政府组织对开放获取学术论文的关注度，体现了官方与非官方对开放获取学术论文的重视程度。表 4-40 对政策性文件指标进行了统计，其中新闻提及指标覆盖率为 43. 6%，说明接近一半的开放获取学术论文被新闻提及，体现开放获取学术论文被新闻关注的情况。政策文件提及指标覆盖率为 11. 7%，关注度均值为 0. 27，最大值为 177，在政策性文件关注指标中覆盖率较小，但这些被提及的开放获取学术论文的公信度较强，对相关领域研究的贡献较大。

无论新闻提及还是政策文件提及，都被认为是相关部门对开放获取学术论文研究内容公信度的肯定，在评价开放获取学术论文影响力中具有重要意义。

表 4-40　　**开放获取学术论文政策性文件指标关注统计**

指标	关注度最大值	关注度最小值	关注度均值	关注度总值	覆盖率(%)
新闻提及	649	0	6. 54	166 942	43. 6
政策文件提及	177	0	0. 27	6 887	11. 7

(4)开放获取学术论文学者关注度影响。

Mendeley 作为文献管理工具，在 Altmetrics 指标中的覆盖率较大，为 99. 87%，其关注度均值为 169. 07，反映开放获取学术论文

① When did Altmetric start tracking attention to each attention source? [EB/OL]. [2018-01-10]. https://help. altmetric. com/support/solutions/articles/6000136884-when-did-altmetric-start-tracking-attention-to- each-attention-source-.

的学者关注情况，如表 4-41 所示。Haustein 等对 Mendeley 文献管理进行研究，认为 Mendeley 文献管理的读者数侧重的是学术领域的研究者对学术领域文献的管理，反映了一种新的影响力。① 宋丽萍等对 Mendeley 等相关指标进行比较研究，得出 Mendeley 指标与其他指标具有较低的正相关性，表明 Mendeley 是从其他视角反映论文的影响力。② 学者对开放获取学术论文的管理体现了学者对开放获取学术论文的关注情况，本书认为 Altmetrics 指标包含的 Mendeley 读者数反映相关学者对开放获取学术论文的关注度，是 Web 2.0 影响力测度的主要指标。

表 4-41　　**开放获取学术论文学者关注度统计**

指标	关注度最大值	关注度最小值	关注度均值	关注度总值	覆盖率(%)
Mendeley 读者数	12 611	0	169.07	4 313 972	99.87

(5)开放获取学术论文其他指标关注度影响。

Altmetric Explore 不仅提供了社交媒体关注度、政策性文件关注度、学者关注度指标，还包括一些其他类型指标，这些指标从不同角度反映开放获取学术论文的 Web 2.0 影响力，如表 4-42 所示。其中图片提及指标对开放获取学术论文的关注度较低，最大值为 2，关注度总值为 15。维基百科提及指标对开放获取学术论文的覆盖率较高，表明维基百科页面参考文献提及开放获取学术论文的数量，其覆盖率达到 14.65%。其他 Altmetrics 指标覆盖率不足 5%，其中图片提及、教学大纲提及不足 1%，不能反映开放获取学术论文 Web 2.0 影响力的整体情况。同行评审提及覆盖率为 2.5%，是

① Haustein S, Larivière V, Thelwall M, et al. Tweets vs. Mendeley readers: how do these two social media metrics differ? [J]. It-Information Technology, 2014, 56(5): 207-215.

② 宋丽萍，王建芳，王树义. 科学评价视角下 F1000、Mendeley 与传统文献计量指标的比较[J]. 中国图书馆学报，2014，40(4)：48-54.

通过 Altmetric Explore 查询开放获取学术论文被同行评审论坛提及的数量。视频提及覆盖率为 3.72%，关注度总值不足2 000，关注度最大值为 50，其体现的关注度以开放获取学术论文的链接数进行反馈。

表 4-42　　开放获取学术论文其他指标关注统计

指标	关注度最大值	关注度最小值	关注度均值	关注度总值	覆盖率(%)
同行评审提及	239	0	0. 1	2 537	2. 5
维基百科提及	135	0	0. 29	7 458	14. 65
图片提及	2	0	0	15	0. 04
问答提及	8	0	0. 01	371	1. 2
视频提及	50	0	0. 07	1 769	3. 72
教学大纲提及	461	0	0. 09	2 181	0. 06

2. 开放获取学术论文的 Altmetrics 指标与被引频次相关性分析

通过对开放获取学术论文关注度影响力的分析，发现有些指标的关注度总值及覆盖率较低，不能满足对开放获取学术论文 Web 2.0 影响力测量的需要，在下文分析中予以剔除。选取的 Altmetric 指标包括博客提及、推特提及、脸书提及、谷歌提及、红迪网提及、F1000 提及、新闻提及、政策文件提及、Mendeley 读者数、维基百科提及 10 个指标，这些指标的覆盖率均在 5%以上，在一定程度上可以反映开放获取学术论文的 Web 2.0 影响力。通过对开放获取学术论文的 Altmetrics 指标与被引频次之间的相关性分析，有利于了解开放获取学术论文 Web 1.0 影响力与 Web 2.0 影响力之间存在的关系。

表 4-43 是对开放获取学术论文 Altmetrics 指标与被引频次之间进行的非参数检验，通过分析结果可发现各指标的渐近显著性为 0，拒绝原假设，利用皮尔逊相关系数进行分析。

表 4-43　　**开放获取学术论文评价指标单样本 Kolmogorov-Smirnov 检验**

		F1000提及	谷歌提及	脸书提及	推特提及	维基百科提及	新闻提及	博客提及	政策文件提及	红迪网提及	Mendeley读者数	被引频次
N	25 516	25 516	25 516	25 516	25 516	25 516	25 516	25 516	25 516	25 516	25 516	
正态参数 a，b	均值	.22	1.03	3.92	49.25	.29	6.54	1.71	.27	.14	169.18	111.14
	标准差	.678	11.544	22.537	209.984	2.135	22.556	5.349	2.221	.770	257.195	188.413
最极端差别	绝对值	.486	.464	.431	.407	.446	.386	.375	.452	.499	.255	.284
	正	.486	.399	.348	.314	.408	.316	.310	.431	.499	.194	.224
	负	-.374	-.464	-.431	-.407	-.446	-.386	-.375	-.452	-.426	-.255	-.284
Kolmogorov-Smirnov Z		77.701	74.173	68.847	65.059	71.170	61.638	59.843	72.143	79.677	40.775	45.351
渐近显著性（双侧）		0.000	0.000	0.000	0.000	0.000	0.000	0.000	0.000	0.000	0.000	0.000

a. 检验分布为正态分布。

b. 根据数据计算得到。

表 4-44　　开放获取学术论文各指标皮尔逊相关系数矩阵

		Mendeley 读者数	F1000 提及	被引频次	谷歌提及	维基百科提及	新闻提及	博客提及	脸书提及	推特提及	红迪网提及	政策文件提及
Mendeley 读者数	Pearson 相关性	1	.207**	.436**	.083**	.104**	.121**	.239**	.108**	.137**	.135**	.064**
	显著性(双侧)		.000	0.000	.000	.000	.000	0.000	.000	.000	.000	.000
	N	25 516	25 516	25 516	25 516	25 516	25 516	25 516	25 516	25 516	25 516	25 516
F1000 提及	Pearson 相关性	.207**	1	.145**	.048**	.035**	.116**	.187**	.077**	.104**	.096**	.001
	显著性(双侧)	.000		.000	.000	.000	.000	.000	.000	.000	.000	.878
	N	25 516	25 516	25 516	25 516	25 516	25 516	25 516	25 516	25 516	25 516	25 516
被引频次	Pearson 相关性	.436**	.145**	1	.045**	.125**	.088**	.149**	.081**	.057**	.036**	.086**
	显著性(双侧)	0.000	.000		.000	.000	.000	.000	.000	.000	.000	.000
	N	25 516	25 516	25 516	25 516	25 516	25 516	25 516	25 516	25 516	25 516	25 516
谷歌提及	Pearson 相关性	.083**	.048**	.045**	1	.121**	.201**	.272**	.313**	.516**	.278**	.019**
	显著性(双侧)	.000	.000	.000		.000	.000	0.000	0.000	0.000	0.000	.002
	N	25 516	25 516	25 516	25 516	25 516	25 516	25 516	25 516	25 516	25 516	25 516

续表

		Mendeley 读者数	F1000 提及	被引频次	谷歌提及	维基百科提及	新闻提及	博客提及	脸书提及	推特提及	红迪网提及	政策文件提及
维基百科提及	Pearson 相关性	.104**	.035**	.125**	.121**	1	.134**	.182**	.111**	.152**	.111**	.029**
	显著性(双侧)	.000	.000	.000	.000		.000	.000	.000	.000	.000	.000
	N	25 516	25 516	25 516	25 516	25 516	25 516	25 516	25 516	25 516	25 516	25 516
新闻提及	Pearson 相关性	.121**	.116**	.088**	.201**	.134**	1	.621**	.362**	.422**	.375**	.089**
	显著性(双侧)	.000	.000	.000	.000	.000		0.000	0.000	0.000	0.000	.000
	N	25 516	25 516	25 516	25 516	25 516	25 516	25 516	25 516	25 516	25 516	25 516
博客提及	Pearson 相关性	.239**	.187**	.149**	.272**	.182**	.621**	1	.454**	.469**	.510**	.089**
	显著性(双侧)	0.000	.000	.000	0.000	.000	0.000		0.000	0.000	0.000	.000
	N	25 516	25 516	25 516	25 516	25 516	25 516	25 516	25 516	25 516	25 516	25 516
脸书提及	Pearson 相关性	.108**	.077**	.081**	.313**	.111**	.362**	.454**	1	.422**	.484**	.064**
	显著性(双侧)	.000	.000	.000	0.000	.000	0.000	0.000		0.000	0.000	.000
	N	25 516	25 516	25 516	25 516	25 516	25 516	25 516	25 516	25 516	25 516	25 516

续表

		Mendeley读者数	F1000提及	被引频次	谷歌提及	维基百科提及	新闻提及	博客提及	脸书提及	推特提及	红迪网提及	政策文件提及
推特提及	Pearson 相关性	.137**	.104**	.057**	.516**	.152**	.422**	.469**	.422**	1	.414**	.049**
	显著性(双侧)	.000	.000	.000	0.000	.000	0.000	0.000	0.000		0.000	.000
	N	25 516	25 516	25 516	25 516	25 516	25 516	25 516	25 516	25 516	25 516	25 516
红迪网提及	Pearson 相关性	.135**	.096**	.036**	.278**	.111**	.375**	.510**	.484**	.414**	1	.041**
	显著性(双侧)	.000	.000	.000	0.000	.000	0.000	0.000	0.000	0.000		.000
	N	25 516	25 516	25 516	25 516	25 516	25 516	25 516	25 516	25 516	25 516	25 516
政策文件提及	Pearson 相关性	.064**	.001	.086**	.019**	.029**	.089**	.089**	.064**	.049**	.041**	1
	显著性(双侧)	.000	.878	.000	.002	.000	.000	.000	.000	.000	.000	
	N	25 516	25 516	25 516	25 516	25 516	25 516	25 516	25 516	25 516	25 516	25 516

**. 在 0.01 水平(双侧)上显著相关。

表 4-44 是开放获取学术论文各指标的皮尔逊相关性分析，通过表中统计的数据观察到 Mendeley 读者数指标与被引频次相关性适中，达到 0.436，其余开放获取学术论文的 Altmetrics 指标与被引频次相关性较弱。可见，在 Altmetrics 指标中，开放获取学术论文的 Mendeley 读者数指标可在一定程度上反映开放获取学术论文被引频次产生的影响作用，其余开放获取学术论文 Altmetrics 指标不能反映被引频次产生的影响作用。

在表 4-44 中，有些开放获取学术论文的 Altmetrics 指标间彼此相关性较高，其中新闻提及与博客提及指标相关性较强，达到 0.621，博客提及与红迪网提及指标的相关性为 0.510，彼此具有中等程度相关性。博客提及与脸书提及指标、推特提及指标的相关性分别为 0.454、0.469，脸书提及与红迪网提及指标的相关性为 0.484。这些指标之间的皮尔逊相关系数体现出彼此呈弱相关，指标之间具有一定关系，在测量开放获取学术论文的 Web 2.0 影响力时不能互为替代，在实际评价时对不同指标进行修正后测度更为科学。

3. 开放获取学术论文 Altmetric Attention Score 的 Web 2.0 影响力分析

Altmetric Attention Score（AAS）是 Altmetric Explore 对各 Altmetrics 指标值的综合评价，不同指标的评价是通过各指标的赋值权重进行计算。Altmetric Explore 通过自动化算法，对各指标进行权重赋值，反映各指标的相对影响。表 4-45 列出了 Altmetric Explore 提供的指标赋值权重，① 其权重赋值体现了各指标关注程度影响力的大小，其中被新闻提及指标关注反映出的影响力更具有公信度。

① How is the Altmetric Attention Score calculated? [EB/OL]. [2018-01-12]. https://help.altmetric.com/support/solutions/articles/6000060969-how-is-the-altmetric-score-calculated.

表 4-45　　**Altmetric Explore 指标的权重值分配**

指标类型	权重值	指标类型	权重值
新闻提及	8	问答提及	0.25
博客提及	5	F1000 提及	1
推特提及	1	视频提及	0.25
脸书提及	0.25	红迪网提及	0.25
微博提及	1	领英提及	0.5
维基百科提及	3	教学大纲提及	1
政策文件提及	3	谷歌提及	1

通过 Altmetric Attention Score 对开放获取学术论文进行测度，反映了其 Web 2.0 影响力。对25 516篇开放获取学术论文的 AAS 进行分析。其中开放获取学术论文的 AAS 总值为2 103 749，AAS 的篇均值为 82.45，具体分布情况如图 4-21 所示。从图中可观察到不同开放获取学术论文 AAS 值的分布情况，其中未受到 Altmetrics 指标关注的开放获取学术论文有 819 篇，根据统计论文的时间，有些论文的关注值未被收回，这些论文占统计总数的 3.2%，说明开放获取学术论文很容易受到关注，有利于提高其 Web 2.0 影响力。开放获取学术论文的 AAS 值在 1~82，在 AAS 均值以上的开放获取学术论文占开放获取学术论文总数的 21.36%，而 AAS 值大于 1 000以上的开放获取学术论文有 292 篇，占总数的 1.14%，这些论文受到的关注较大，体现出的 Web 2.0 影响力也较大。AAS 值在 1~10 的开放获取学术论文共有9 792篇，占总数的 38.38%。可见，开放获取学术论文 AAS 值在均值以上的占总数的 85%，表明大部分开放获取学术论文受到较高的关注，体现出开放获取学术论文的 Web 2.0 影响力较大。

开放获取学术论文的 AAS 值反映了 Web 2.0 影响力的整体情况，通过对不同 AAS 值域的开放获取学术论文分布情况进行分析，

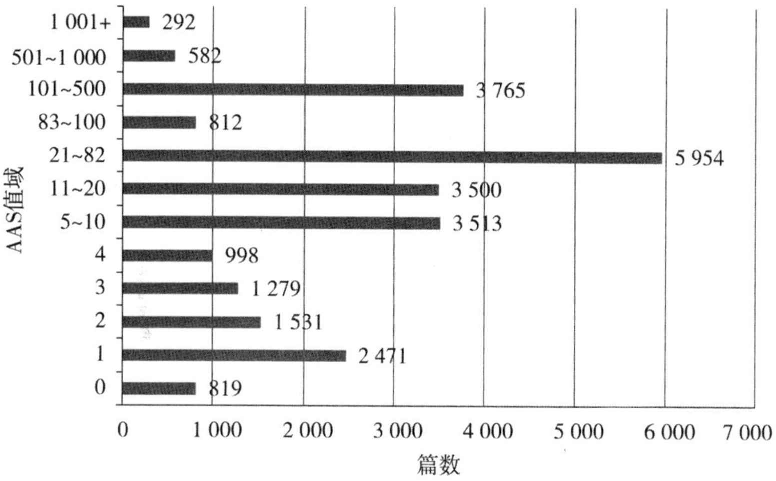

图 4-21 不同 AAS 值域的开放获取学术论文分布情况

尚不能得出开放获取学术论文的 AAS 值与开放获取学术论文被引频次之间的相关性。为了对彼此之间存在的影响进行深入分析，统计不同 AAS 值域开放获取学术论文的最低被引频次、最高被引频次、总被引频次以及篇均被引频次，如表 4-46 所示。通过表中的数据统计，发现开放获取学术论文 AAS 值的变化与其最低被引频次和最高被引频次之间并无明显关系，在开放获取学术论文 AAS 值域为 0 时，最大被引频次为1 156，最小被引频次为 3，篇均被引频次为 92，与开放获取学术论文 AAS 值域为 1~3 相比，篇均被引频次较高。对开放获取学术论文的 AAS 值与被引频次进行皮尔逊相关性分析，二者之间的皮尔逊相关系数为 0.1，体现出二者呈弱相关性，彼此间不能完全替代。可见，AAS 值与被引频次体现出的开放获取学术论文影响力不同，反映开放获取学术论文不同方面的影响力，在进行影响力评价时不能忽视开放获取学术论文在 Web 2.0 环境中产生的影响力。

表 4-46 不同 AAS 值域的开放获取学术论文被引频次统计

AAS 值域	开放获取学术论文数	最小被引频次	最大被引频次	总被引频次	篇均被引频次
0	819	3	1 156	75 065	92
1	2 471	3	901	207 214	84
2	1 531	1	1 224	128 784	84
3	1 279	3	2 974	110 983	87
4	998	3	1 200	98 608	99
5～10	3 513	3	2 136	342 808	98
11～20	3 500	3	4 783	366 389	105
21～82	5 954	3	15 819	721 665	121
83～100	812	4	2 715	104 706	129
101～500	3 765	4	4 918	523 247	139
501～1 000	582	5	3 777	91 812	158
1 001+	292	9	4 910	62 646	215

开放获取学术论文 Web 2.0 影响力成为开放获取学术论文影响力的重要组成部分，与开放获取学术论文原生影响要素之间是否具有相关性，彼此是否具有替代作用成为分析的主要内容。为了进行开放获取学术论文 Web 2.0 影响力分析，需对开放获取学术论文的研究机构、篇幅大小、基金资助以及参考文献数量与 AAS 的相关性进行分析。

(1)开放获取学术论文研究机构对 AAS 的影响。

对第一作者或通讯作者所属研究机构的开放获取学术论文进行统计，分析开放获取学术论文 AAS 值与研究机构的相关性。通过研究机构的国家或地区分布发现发文量较高的研究机构归属于美国，发文量占开放获取学术论文总数的 71.09%，其次为英国，中国研究机构发文量位居第四，占开放获取学术论文总数的

11.76%。从不同国别第一作者或通讯作者的 AAS 均值分析，发现各值域的开放获取学术论文数不尽相同，并没有直接相关性。从不同研究机构数统计开放获取学术论文的 AAS 值，如表 4-47 所示。

表 4-47　**不同研究机构数的开放获取学术论文 AAS 值统计**

研究机构数	开放获取学术论文数	占比(%)	AAS 值	AAS 均值
1	3 748	14.69	190 292	50.77
2	8 209	32.17	370 538	45.14
3	6 724	26.35	379 072	56.38
4	3 526	13.82	300 537	85.23
5 个及以上	3 309	12.97	863 312	260.9

根据表中统计的数据显示，具有独立机构的开放获取学术论文 AAS 值为190 292，AAS 均值为 50.77，其论文数占开放获取学术论文总数的 14.69%。而 5 个机构及以上的开放获取学术论文占总数的 12.97%，其篇均 AAS 值为 260.9，明显高于独立机构开放获取学术论文的 AAS 均值。可见，开放获取学术论文研究机构数量越多，越有利于提高其 AAS 值。在一定程度上，开放获取学术论文研究机构数量的增加有利于提高其关注度，从而提高其 Web 2.0 影响力。

(2)开放获取学术论文篇幅对 AAS 的影响。

对不同 AAS 值域的开放获取学术论文篇幅进行统计，分析开放获取学术论文 AAS 值是否与其篇幅存在相关性，如表 4-48 所示。表中按开放获取学术论文不同 AAS 值域，统计开放获取学术论文的最小篇幅、最大篇幅、总篇幅以及篇均篇幅，在统计中篇幅不满一页的按整页计算。

表 4-48　**不同 AAS 值域的开放获取学术论文篇幅统计**

AAS 值域	开放获取学术论文数	最小篇幅	最大篇幅	总篇幅	篇均篇幅
0	819	4	225	14 876	18. 16
1	2 471	2	583	38 482	15. 57
2	1 531	2	214	22 541	14. 72
3	1 279	3	776	21 663	16. 94
4	998	2	188	15 511	15. 54
5～10	3 513	2	250	51 919	14. 78
11～20	3 500	2	1 790	50 855	14. 53
21～82	5 954	2	286	79 033	13. 27
83～100	812	2	828	12 120	14. 93
101～500	3 765	2	732	48 941	13
501～1 000	582	2	458	7 635	13. 12
1 001+	292	3	323	4 059	13. 9

从表中可以观察出开放获取学术论文 AAS 值域与开放获取学术论文最小篇幅、最大篇幅不具有明显的相关性。每个 AAS 值域的开放获取学术论文篇幅长短没有统一的规则，通过开放获取学术论文的篇均篇幅分析，AAS 值为 0 的篇均篇幅为 18. 16，而 AAS 值在1 000以上时，篇均篇幅为 13. 9，其未随着开放获取学术论文的 AAS 值变大而增加。为了对开放获取学术论文 AAS 值与篇幅之间的相关性进行分析，利用 SPSS 进行皮尔逊相关性分析，皮尔逊相关系数为-0. 02，表明二者具有弱负相关性。由此可见，开放获取学术论文的 AAS 值体现的关注情况不能替代其篇幅大小产生的影响力。

(3)开放获取学术论文基金资助对 AAS 的影响。

通过对基金项目的资助情况统计，发现近年来基金资助项目数不断增加。① 为了分析资金资助与开放获取学术论文的 AAS 值是

① 2008—2017 年度国家自然科学基金历年资助情况分析．[EB/OL]．[2018-01-12]．http：//www. sohu. com/a/209831044_672824.

否具有相关性，对不同 AAS 值域的开放获取学术论文基金资助情况进行统计。25 516 篇开放获取学术论文受到基金资助数为 79 847，每篇论文大约得到 3 种基金项目资助。没有受到基金资助的论文有2 861篇，占开放获取学术论文总数的 11.21%，而受到 3 种以上基金资助的开放获取学术论文共计7 718篇，占开放获取学术论文总数的 30.25%。按开放获取学术论文的 AAS 值域对开放获取学术论文数进行统计，计算不同 AAS 值域的最少基金数、最多基金数、基金总数以及篇均基金数，如表 4-49 所示。

表 4-49　**不同 AAS 值域的开放获取学术论文基金资助数量统计**

AAS 值域	开放获取学术论文数	最少基金数	最多基金数	基金总数	篇均基金数
0	819	0	29	2 600	3
1	2 471	0	53	6 849	3
2	1 531	0	57	4 550	3
3	1 279	0	37	3 517	3
4	998	0	27	2 768	3
5~10	3 513	0	120	9 771	3
11~20	3 500	0	65	9 984	3
21~82	5 954	0	126	19 667	3
83~100	812	0	131	2 914	4
101~500	3 765	0	129	14 003	4
501~1 000	582	0	36	2 304	4
1 001+	292	0	49	920	3

对表中统计的数据进行观察，发现开放获取学术论文的 AAS 值与最少基金数、最多基金数以及篇均基金数没有直接关系。对开放获取学术论文的 AAS 值与基金数量进行皮尔逊相关性分析，皮尔逊相关系数为 0.041，二者具有弱相关性，表明开放获取学术论文基金资助体现的影响力与 AAS 体现的影响力不尽相同，二者不

具有替代性。

(4)开放获取学术论文参考文献数量对AAS的影响。

参考文献作为开放获取学术论文原生影响要素的组成部分，是论文知识基础的载体。对不同AAS值域的开放获取学术论文参考文献数进行统计，如表4-50所示。发现开放获取学术论文的AAS值与最小参考文献数、最大参考文献数以及参考文献均值不具有直接相关性，在AAS值域为0时，开放获取学术论文的参考文献篇均值58，当AAS值域大于100时，参考文献均值在48以下。可见，开放获取学术论文参考文献数量未随其值域提高而变大。为了对二者之间的相关性进一步分析，对开放获取学术论文AAS值与参考文献数进行相关性分析，计算二者的皮尔逊相关系数，其值为-0.079，二者之间呈负弱相关。在进行影响力测度时，二者不能相互替代，各自反映不同方面的影响力。

表4-50 **不同AAS值域的开放获取学术论文参考文献数统计**

AAS值域	开放获取学术论文数	最小数量	最大数量	总数量	篇均数量
0	819	0	454	47 561	58
1	2 471	0	416	129 283	52
2	1 531	0	477	98 673	64
3	1 279	0	427	55 673	44
4	998	0	495	69 397	70
5~10	3 513	0	435	123 395	35
11~20	3 500	0	487	195 667	56
21~82	5 954	0	432	236 906	40
83~100	812	0	449	38 384	47
101~500	3 765	0	452	178 897	48
501~1 000	582	6	436	25 930	45
1 001+	292	0	368	13 841	47

4. 基于 Altmetrics 指标的开放获取学术论文 Web 2.0 影响力评价

通过上文对 Altmetric Explore 提供的 Altmetric Attention Score 进行分析，发现有些指标数据已经停止对 Altmentric. com 提供，有些指标对开放获取学术论文的关注度较大，而未被 AAS 收入。如微博关注数据、领英关注数据在 Altmetric Explore 中无法获取更新数据，而 Mendeley 从读者数量层面体现开放获取学术论文的 Web 2.0 影响力，尚未被纳入 AAS 评价指标体系中。为了对开放获取学术论文的 Web 2.0 影响力进行有效评价，本节从用户的关注、使用等层面构建开放获取学术论文的 Web 2.0 影响力评价模型。在构建开放获取学术论文 Web 2.0 影响力评价模型时，根据上文对 Altmetrics 指标的分析，需重新对指标进行选取分类。

(1)评价指标选取及修正。

对于 Altmetric Explore 提供的指标，覆盖率不足 5%的不予采用，选取其余 10 个指标，主要包括博客提及、推特提及、脸书提及、谷歌提及、F1000 提及、红迪网提及、新闻提及、政策文件提及、Mendeley 读者数、维基百科提及，如表 4-51 所示。表中的数据是对原始指标数据标准化处理后，排除变量大小差异导致的影响，然后通过因子分析得到指标的相关系数矩阵。通过观察表中的数据，有些指标之间具有较强的相关性，需对各指标进行修正。

从表中发现，有些指标之间的相关性较大，如新闻提及与博客提及指标之间的相关性系数为 0.621，其余个别指标之间相关性适中，如博客提及与脸书提及、推特提及指标。为了对这些指标的相关性进行降维处理，采用因子处理之前对其适用性进行检验。选取 KMO 与 Bartlett 方法进行分析，如表 4-52 所示。通过 KMO 检验各指标之间的偏相关性，计算偏相关性指标受其他要素的影响情况，通过计算得出 KMO 的值为 0.809，表明这些指标适合进行因子分析，KMO 值越接近 1，表明分析对象的共同因子越多，越有利于因子的提取。Bartlett 检验的显著性 $0.000<0.01$，否定原假设，即相关分析中的原假设认为变量之间不相关。

表 4-51　　不同指标的相关系数矩阵

	F1000提及	Mendeley读者数	维基百科提及	谷歌提及	脸书提及	推特提及	博客提及	新闻提及	政策文件提及	红迪网提及
F1000 提及	1.000	.207	.035	.048	.077	.104	.187	.116	.001	.096
Mendeley 读者数	.207	1.000	.104	.083	.108	.137	.239	.121	.039	.135
维基百科提及	.035	.104	1.000	.121	.111	.152	.182	.134	.029	.111
谷歌提及	.048	.083	.121	1.000	.313	.516	.272	.201	.019	.278
脸书提及	.077	.108	.111	.313	1.000	.422	.454	.362	.064	.484
推特提及	.104	.137	.152	.516	.422	1.000	.469	.422	.049	.414
博客提及	.187	.239	.182	.272	.454	.469	1.000	.621	.089	.510
新闻提及	.116	.121	.134	.201	.362	.422	.621	1.000	.089	.375
政策文件提及	.001	.039	.029	.019	.064	.049	.089	.089	1.000	.041
红迪网提及	.096	.135	.111	.278	.484	.414	.510	.375	.041	1.000

表 4-52　　**KMO 与 Bartlett 检验**

取样足够度的 Kaiser-Meyer-Olkin 度量		.809
Bartlett 的球形度检验	近似卡方	52 421.492
	df	45
	Sig.	0.000

为了进一步对指标之间存在的共同度进行分析，采取公因子方差对各指标进行计算，如表 4-53 所示。共同度取值区间为[0, 1]，值越接近 1 越能反映指标的原始信息，表中各指标提取值均在 0.5 以上，表明提取的公因子能反映出各指标的信息。

表 4-53　　**各指标公因子方差**

	初始	提取
F1000 提及	1.000	.664
Mendeley 读者数	1.000	.613
谷歌提及	1.000	.850
脸书提及	1.000	.533
维基百科提及	1.000	.960
博客提及	1.000	.743
推特提及	1.000	.688
新闻提及	1.000	.660
政策文件提及	1.000	.969
红迪网提及	1.000	.573

为了在各指标之间提取公因子，通过对各指标的方差解释进行因子提取，如表 4-54 所示。通过观察可发现初始特征值大于 1 的有 3 个成分，前 5 个成分的方差值合计达到 72.517%，大于 50%，故因子个数设置为 5 比较合适，提取平方和载入一栏表示未经旋转时，被提取的 5 个公因子方差贡献信息，它们与初始特征值前两列取值一样，说明前 5 个因子可以解释总方差的 72.517%。最后一栏

旋转平方和载入表示经过因子旋转后得到的新公因子的方差贡献值，方差贡献率和累计方差贡献率与未经过旋转相比，每个因子的方差贡献值有变化，但最终的累积方差贡献率不变。根据各成分方差解释，如表中提取平方和载入数据，将原有10个指标划分到5个主成分中。

为了对不同指标进行重新归类，按方差解释表将10个指标分别分配在5个成分中，为了指标分配的合理性，利用因子分析的载荷矩阵得到各变量的相关系数，按系数值的大小确定5个成分所包含的指标。

表4-54　**各成分方差解释表**

成分	初始特征值			提取平方和载入			旋转平方和载入		
	合计	方差的%	累积%	合计	方差的%	累积%	合计	方差的%	累积%
1	3.222	32.217	32.217	3.222	32.217	32.217	2.521	25.209	25.209
2	1.154	11.541	43.758	1.154	11.541	43.758	1.463	14.634	39.843
3	1.012	10.124	53.882	1.012	10.124	53.882	1.239	12.389	52.232
4	.965	9.648	63.530	.965	9.648	63.530	1.017	10.166	62.398
5	.891	8.910	72.440	.891	8.910	72.440	1.004	10.042	72.440
6	.783	7.832	80.271						
7	.693	6.928	87.200						
8	.514	5.145	92.345						
9	.427	4.269	96.614						
10	.339	3.386	100.000						

提取方法：主成分分析。

为了对各成分指标的相关性进行分析，通过载荷矩阵对各成分因子系数进行统计，如表4-55所示。通过表中不同成分各指标分值进行因子提取，脸书提及、博客提及、新闻提及、红迪网提及指标与成分1相关性较大，体现了大众对开放获取学术论文的关注度，被视为大众关注度因子，从大众对开放获取学术论文的关注角度反映其 Web 2.0 影响力情况；谷歌提及、推特提及两个指标与成分 2 相关性较大，被视为媒介传播度因子，从媒介传播角度反映开放获取学术论文的 Web 2.0 影响力；F1000 提及、Mendeley 读者数两个指标与成分 3 相关性较大，体现了相关科研人员对开放获取学术论文的关注程度，可作为科研人员关注度因子，从科研人员关注的角度反映开放获取学术论文的 Web 2.0 影响力；维基百科提及指标在一定程度上体现了论文的使用情况，与成分 4 相关性较大，可作为论文使用度因子；政策文件提及作为官方或非官方组织对开放获取学术论文的关注，具有较强的公信度，在一定程度上体现论文影响力的被认可性，与成分 5 相关性较大，可作为论文公信度因子，从开放获取学术论文公信度角度衡量其 Web 2.0 影响力情况。

表 4-55 **旋转成分矩阵**

	成分				
	1	2	3	4	5
博客提及	.820	.106	.213	.122	.052
新闻提及	.805	-.010	.066	.088	.069
红迪网提及	.711	.233	.038	-.013	-.037
脸书提及	.648	.333	-.013	-.021	.016
谷歌提及	.129	.912	.035	.051	.004
推特提及	.481	.667	.080	.067	.019
F1000 提及	.093	.004	.795	-.130	-.049
Mendeley 提及	.082	.070	.739	.186	.059
维基百科提及	.099	.073	.040	.967	.002
政策文件提及	.056	.013	.007	.003	.994

(2)评价模型构建。

根据上文对不同指标按因子主成分分析，按 5 个主成分提取因子进行分类，将 5 个因子设定为一级指标，选取 10 个 Altmetrics 指标作为二级指标，如图 4-22 所示。该图根据旋转成分矩阵因子成分相关性构建了开放获取学术论文的 Web 2.0 影响力评价模型，按 5 个一级指标与 10 个二级指标进行构建。

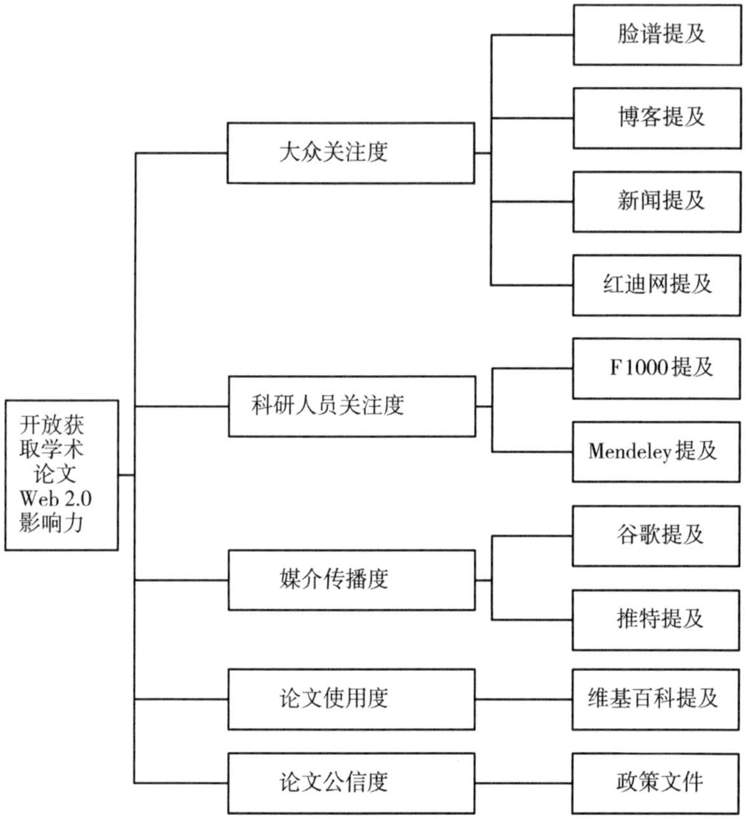

图 4-22　基于 Altmetrics 指标的开放获取学术论文 Web 2.0 影响力评价模型

通过对各指标的主成分分析，得到各二级指标的得分系数矩阵，如表 4-56 所示。根据各指标的得分情况，分别计算出 5 个成分的得分，每个指标在不同成分有不同的分值，根据公式：F1000 提及×a+Mendeley 读者数×b+谷歌提及×c+脸书提及×d+维基百科提及×e+博客提及×f+推特提及×g+新闻提及×h+政策文件提及×j+红迪网提及×k，得出每个成分的总值，其中字母代表了每个成分不同指标对应的分值。

表 4-56 **主成分得分系数矩阵**

	成分				
	1	2	3	4	5
F1000 提及	-.015	-.058	.672	-.166	-.127
Mendeley 读者数	-.127	.056	.621	.120	.116
谷歌提及	-.223	.765	.002	-.025	.012
脸书提及	.256	.090	-.102	-.093	-.030
维基百科提及	-.046	-.037	-.034	.982	-.041
博客提及	.368	-.168	.064	.038	.004
推特提及	.036	.437	-.007	-.021	-.002
新闻提及	.414	-.261	-.058	.019	.030
政策文件提及	-.055	.011	-.011	-.041	.981
红迪网提及	.327	-.027	-.065	-.079	-.127

提取方法：主成分。

旋转法：具有 Kaiser 标准化的正交旋转法。

为了对各成分的相关性进行进一步验证，计算 5 个成分的协方差矩阵，如表 4-57 所示。从表中可以观察到每个成分的相关系数都为 0，表明 5 个成分之间没有相关性，每个成分体现了 Web 2.0 影响力的不同方面。

表 4-57 **各成分得分协方差矩阵**

成分	1	2	3	4	5
1	1.000	0.000	0.000	0.000	0.000
2	0.000	1.000	0.000	0.000	0.000
3	0.000	0.000	1.000	0.000	0.000
4	0.000	0.000	0.000	1.000	0.000
5	0.000	0.000	0.000	0.000	1.000

提取方法：主成分。

旋转法：具有 Kaiser 标准化的正交旋转法。

根据因子方差解释表旋转平方和载入方差比例，计算出每个成分的权重系数，成分 1 的权重系数为 0. 348，成分 2 的权重系数为 0. 201，成分 3 的权重系数为 0. 171，成分 4 的权重系数为 0. 14，成分 5 的权重系数为 0. 14。由此，可得出基于 Altmetrics 指标的开放获取学术论文 Web 2. 0 影响力公式：

开放获取学术论文 Web 2. 0 影响力(OAI) = 0. 348×成分 1+0. 202×成分 2+0. 171×成分 3+0. 14×成分 4+0. 139×成分 5

(3)评价结果分析。

通过上文得出的开放获取学术论文 Web 2. 0 影响力评价模型，按 OAI 评价模型进行 Web 2. 0 影响力分析。列出 OAI 排名前 20 的指标统计情况，如表 4-58 所示。

根据表中 OAI 数据的统计排名，观察各指标在 AAS 排名的情况。在 OAI 排名中有 6 篇论文属于 AAS 排名前 20 的论文。其中 AAS 排名前 5 篇论文仍在 OAI 排名前 20 篇论文中，而排名在前 5 名以外的论文顺序有了很大的变动。为了进一步分析 OAI 排名与 AAS 排名的相关性，通过 SPSS 进行二者排名相关性分析，如表 4-59 所示。

根据表 4-59 相关性分析，发现 OAI 排名与 AAS 排名相关性适中，总体上分析 OAI 排名与 AAS 排名具有很大的变化。为了进一步深入了解 OAI 分值与原始指标之间的相关性，对 OAI 指标与选取的 10 个指标进行相关性分析，发现 OAI 值与推特提及、Mendeley 读者数具有较高的相关性。而 AAS 值统计中没有将 Mendeley 读者数指标计算在内，Mendeley 读者数在一定程度上体现了科研人员对文献的关注程度，其作为免费的参考文献管理软件和学术社交网络，有利于学者之间的合作与研究。① OAI 将 Mendeley 读者数指标引入，在一定程度上包括了从科研人员的角度全面反映 Web 2. 0 时代开放获取学术论文影响力情况。

---

① Mendeley is a free reference manager and academic social network that can help you organize your research, collaborate with others online, and discover the latest research [EB/OL]. [2018-01-19]. https://www.elsevier.com/solutions/mendeley.

表 4-58 OAI 排名前 20 的开放获取学术论文指标情况

OAI排名	新闻提及	博客提及	政策文件提及	推特提及	脸书提及	维基百科提及	谷歌提及	红迪网提及	F1000提及	Mendeley读者数	AAS排名
1	0	2	0	15 587	17	8	927	1	0	592	5
2	116	29	1	490	48	0	8	5	1	12 611	194
3	11	2	0	17	5	0	0	0	1	12 611	4 264
4	140	12	1	13 590	10	3	1	0	0	89	34
5	428	70	0	9 154	250	7	55	15	1	32	1
6	1	6	1	26	4	1	2	0	0	6 727	7 220
7	101	60	1	2 689	259	4	145	7	1	3 513	28
8	22	31	3	212	9	2	2	1	1	6 111	1 017
9	1	13	0	4 286	114	0	20	3	9	2 271	32
10	4	17	6	124	10	7	2	0	0	5 936	2 144

续表

OAI排名	新闻提及	博客提及	政策文件提及	推特提及	脸书提及	维基百科提及	谷歌提及	红迪网提及	F1000提及	Mendeley读者数	AAS排名
11	96	224	1	4 485	772	14	170	25	2	974	3
12	145	34	1	5 641	44	4	27	7	0	406	31
13	437	175	1	4 277	450	8	158	18	1	593	2
14	71	2	0	188	2	0	0	0	1	4 912	570
15	52	26	5	113	1	6	6	1	5	4 912	1 286
16	1	3	1	4 093	143	16	1 184	1	0	277	20
17	195	67	0	4 623	131	41	250	2	0	89	4
18	0	0	0	5	0	3	0	0	0	4 445	17 033
19	0	2	1	14	3	1	0	0	0	4 229	9 236
20	0	4	0	36	1	4	0	0	0	4 124	8 191

表 4-59　　**OAI 排名与 AAS 排名的相关性检验结果**

		AAS 值	OAI 值	
Spearman 的 rho	AAS 值	相关系数	1.000	.545**
		Sig.（双侧）		0.000
		N	25 516	25 516
	OAI 值	相关系数	.545**	1.000
		Sig.（双侧）	0.000	
		N	25 516	25 516

**. 在置信度（双侧）为 0.01 时，相关性是显著的。

4.3.3　开放获取学术论文 Web 2.0 影响力的作用

开放获取学术论文 Web 2.0 影响力测度是根据开放获取学术论文的次生影响要素对开放获取学术论文的影响力进行分析，主要通过开放获取学术论文后天形成要素的指标来测度。开放获取学术论文的使用次数和 Altmetrics 指标成为开放获取学术论文 Web 2.0 影响力评价的主要指标。开放获取学术论文 Web 2.0 影响力评价有利于识别 Web 2.0 时代对开放获取学术论文影响力的重要性。在社交媒体快速发展的时代，社交媒体产生了大量数据，这些数据体现的 Web 2.0 影响力是从学术价值角度体现开放获取学术论文的影响力。

在 Web 1.0 时代及之前，开放获取学术论文交流模式是一种单向学术交流，而到了 Web 2.0 时代，开放获取学术论文交流模式不仅包括单向学术交流，还包括互动式学术交流。尤其伴随着社交媒体的发展，社交媒体工具作为开放获取学术论文影响力次生影响要素的主要载体，体现了开放获取学术论文 Web 2.0 影响力。其中，论文的使用次数、下载、浏览、推送、评论等成为开放获取学术论文 Web 2.0 影响力评价的重要指标。基于次生影响要素进行开放获取学术论文影响力评价，有利于了解开放获取学术论文的价值。

4.4　开放获取学术论文影响力综合评价

前文对开放获取学术论文被引频次、ESI 高水平论文、使用次数以及 Altmetrics 指标测量的影响力进行分析，主要从开放获取学术论文的 Web 1.0 影响力和 Web 2.0 影响力两个方面进行测度。本节综合开放获取学术论文 Web 1.0 影响力和 Web 2.0 影响力综合评价开放获取学术论文影响力。通过开放获取学术论文影响力综合评价模型对开放获取学术论文影响力得分进行排名，包括论文排名、研究机构排名以及国家或地区排名。

通过对开放获取平台的统计分析，发现目前 PLOS 平台发布 7 种期刊，包括对论文全文、元数据、引文以及数据等内容进行开放。其中 PLOS ONE 具有学科综合性的特点，截至 2018 年 1 月 23 日，PLOS ONE 已收录的开放获取学术论文共193 891篇。开放获取学术论文的测度指标与论文的开放获取时间具有很大的相关性，为了对同一时间段的开放获取学术论文进行分析，本节选取 PLOS ONE 中2012年发表的开放获取学术论文与2017年发表的开放获取学术论文作为研究对象。其中，2012年发表了23 284篇，2017年发表了19 575篇。

4.4.1　开放获取学术论文影响力评价指标与模型

评价模型是对现实世界中某些实物或特征的模拟与抽象，主要包括评价对象、评价指标、权重系数、评价模型几个基本要素。本节通过对开放获取学术论文评价指标的筛选，根据评价指标的重要性对不同指标进行赋值，构建开放获取学术论文影响力综合评价模型。

1. 影响力评价指标体系

通过前文对开放获取学术论文相关指标的分析，主要包括四个一级指标，分别是被引频次、使用次数、ESI 高水平论文、Altmetric Attention Score。其中被引频次包括开放获取学术论文在 WOS、BCI、CSCD 中的被引次数；使用次数通过最近 180 天使用和2013年至今使用两个二级指标进行测度；ESI高水平论文包括高被引学术论文和热点论文两个二级指标；Altmetrics指标选取了Altmetric. com提供的覆盖率高、具有实际意义的指标，其中OAI分值作为Altmetric Attention Score的修正，更适合对开放获取学术论文Web 2.0影响力的测度，如图4-23所示。图4-23由四个一级指标和四个二级指标组成，其中作为传统指标的被引频次从学术价值方面体现开放获取学术论文的影响力；ESI高水平论文是从论文学术质量方面体现开放获取学术论文影响力；使用次数与OAI得分侧重论文的Web 2.0影响力测度，从开放获取学术论文的传播层面体现其影响力的大小。

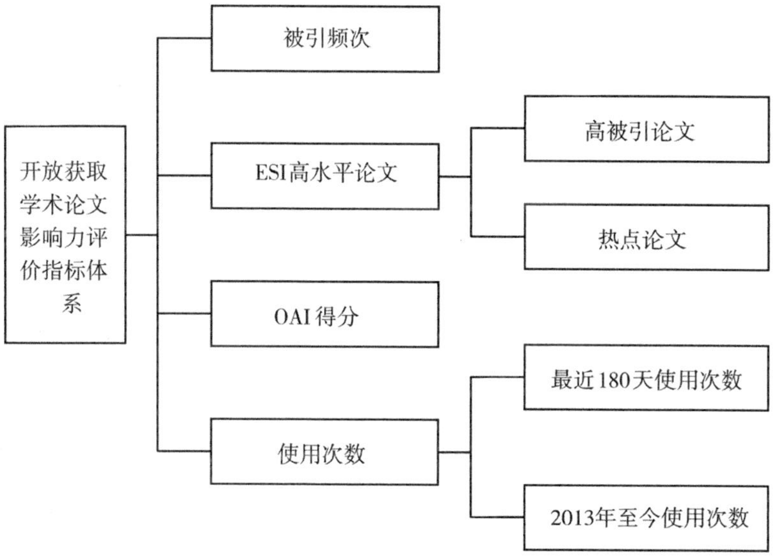

图4-23 开放获取学术论文影响力评价指标体系

2. 影响力评价指标权重赋值

通过对开放获取学术论文影响力评价指标体系的分析，可以观察出被引频次、ESI高水平论文、OAI得分以及使用次数成为开放获取学术论文影响力的主要组成部分。在这些评价指标基础上，将指标进行书面化、通俗化表达成问卷的预测项。根据开放获取学术论文影响力评价指标体系的构建，本书设计了关于每个指标的调查问卷，根据研究对象的特点，选择相关研究领域的学者进行问卷调查。经审核，有效问卷 202 份。一般来说，统计样本数量大于 200，则视为一个中等规模的样本，根据本研究的需要，收回的有效样本具有代表性。根据相关统计理论进行计算，得到一级指标和二级指标的权重值。

对回收的调查问卷数据进行整理，由于不同指标具有不同的度量单位和测度空间，为了在同一量纲体系下对 8 个指标权重进行赋值，按公式 $Z_{ij} = X_{ij} \Big/ \sqrt{\sum (X_{ij})^2}$ 对原始数据进行归一化处理。① 通过不同方法进行权重确定，对各指标的因子分析法②、相关系数法③、专家排序法④、RSR 法⑤、Delphi 法⑥、均数法⑦进行对比，其中均数法是因子分析法、相关系数法、专家排序法和 RSR 法的平均数。本书采用均数法确定个指标的权重，通过 Cronbach's α 系数和组合信度 CR 进行分析，Cronbach's α 与 CR 值均大于 0.7，反映问卷具有较好的信度。对一级指标与二级指标判断矩阵权重分配进行验证，根据指标的重要性得出各指标的权重，如图 4-24 所示。

---

① 李美娟，陈国宏，陈衍泰．综合评价中指标标准化方法研究[J]．中国管理科学，2004，12(S1)：45-48.

② 王文博，陈秀芝．多指标综合评价中主成分分析和因子分析方法的比较[J]．统计与信息论坛，2006，21(5)：19-22.

③ 赵娜，魏翠萍，毕艳昭．基于相关系数和标准差的专家权重确定及其灵敏度分析[J]．曲阜师范大学学报(自然科学版)，2013，39(2)：25-32.

④ 金志农，李端妹，金莹，等．地方科研机构绩效考核指标及其权重计算——基于专家分析法和层次分析法的对比研究[J]．科技管理研究，2009，29(12)：103-106.

⑤ 盛平，陈兰，刘文彬，等．加权 TOPSIS 法与 RSR 法联用在促透剂促透效果评价中的应用[J]．中华全科医学，2014，12(11)：1721-1723.

⑥ 李海燕，安静，夏旭．建立基于 Delphi 法的医学期刊模糊评价模型[J]．科技管理研究，2009，29(12)：89-90.

⑦ 李晓倩．土地资源评价指标权重赋值方法的比较研究[D]．兰州：甘肃农业大学，2012.

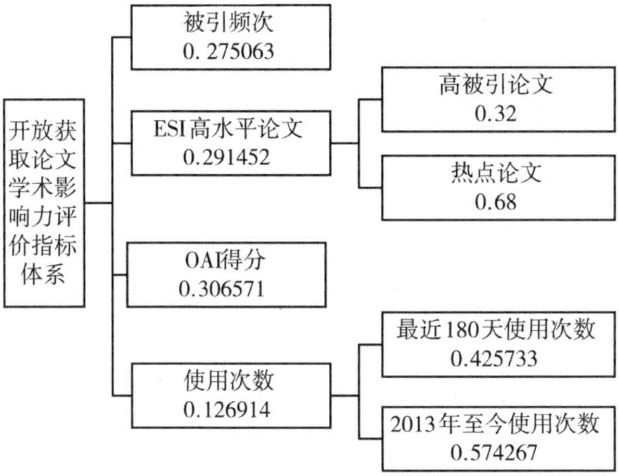

图 4-24 开放获取学术论文影响力评价指标权重系数

3. 影响力评价模型构建

根据评价指标体系权重赋值，通过加权系数计算开放获取学术论文影响力分值(OA Value, OAV)，其中各评价指标在进行加权计算时已进行归一化处理。计算公式如下：

OAV=0.275063×被引频次+0.291452×(0.32×高被引学术论文+0.68×热点论文)+0.306571×OAI 得分+0.126914×(0.425733×最近 180 天使用次数+0.574267×2013 年至今使用次数)

通过开放获取学术论文影响力评价模型，对 2012 年与 2017 年获取的开放获取学术论文 OAV 进行计算。其中，OAI 表示进行修正后的 Altmetric Attention Score，剔除了覆盖率较小的测度指标，获取 Altmetric Attention Score 及论文使用数据的时间为 2018 年 2 月 18 日。对开放获取学术论文 Web 2.0 影响力得分按上文得出的评价模型系数权重进行计算。为了对各论文得分在同一量纲下进行比较，对各论文得分结果以百分制进行核算。

4.4.2 开放获取学术论文影响力评价结果分析

对 2012 年与 2017 年发表在 PLOS ONE 的论文进行统计，对

2012 年开放获取学术论文按论文的 DOI 进行统计，去除缺失 DOI，最终获取有效数据16 762篇。对 2017 年发表的开放获取学术论文进行统计，去除 DOI 缺失值，最终获取有效数据15 756篇。为了对开获取论文影响力得分在同一量纲下进行排名，对各指标进行百分制转化。

1. 影响力与评价指标的相关性

在进行开放获取学术论文影响力评价时，首先对开放获取学术论文影响力测度指标进行非参数检验。其中，在统计 2012 年开放获取 ESI 高水平论文时，仅包含高被引学术论文数据，热点论文是近两年发表的且在最近两个月里被引次数进入 ESI 学科前 0. 1%的论文。表 4-60 是对 2012 年开放获取学术论文得分与相关测度指标的单样本 Kolmogorov-Smirnov 检验，p 值小于 0. 05，不符合正态分布。通过 Spearman 对开放获取学术论文 5 个评价指标及影响力得分进行分析，如表 4-61 所示。

通过观察开放获取学术论文影响力得分与评价指标的相关系数矩阵，发现开放获取学术论文得分与被引频次具有较大的相关性，相关系数为 0. 752，二者具有显著正相关。反映了开放获取学术论文被引频次与论文开放一定时间体现的影响力呈正相关，验证了被引频次反映开放获取学术论文影响力的有效性。开放获取学术论文得分体现的影响力能有效即时地评价开放获取学术论文影响力，其中论文 2013 年至今使用次数与最近 180 天使用次数与开放获取学术论文得分的相关系数分别为 0. 685 和 0. 592。可见，使用次数指标与开放获取学术论文得分具有中度正相关性。开放获取学术论文的高被引学术论文收录指标与开放获取学术论文得分的相关系数为 0. 14，二者之间呈弱相关，但不能忽略其对开放获取学术论文影响力发挥的作用。进入 ESI 高水平论文的开放获取学术论文体现了开放获取学术论文的质量，ESI 高水平论文测度指标与开放获取学术论文影响力得分相关性较弱，主要是由于进入 ESI 高水平论文的数量有限，占开放获取学术论文总数比例较小，大部分指标得分为 0，导致 ESI 高水平论文与开放获取学术论文影响力得分呈弱相关。

表 4-60 **2012 年开放获取学术论文得分与评价指标单样本 Kolmogorov-Smirnov 检验**

		被引频次	2013 年至今使用次数	最近 180 天使用次数	OAI 得分	高被引学术论文	得分
N		16762	16762	16762	16762	16762	16762
正态参数 a，b	均值	10.791829	17.256902	8.646004	84.743907	.231483	80.281332
	标准差	5.0952215	9.4830928	12.5360707	2.9492279	2.9354048	1.7114998
最极端差别	绝对值	.088	.122	.385	.072	.525	.077
	正	.088	.122	.385	.072	.525	.077
	负	-.065	-.092	-.245	-.054	-.469	-.057
Kolmogorov-Smirnov Z		11.422	15.835	49.905	9.333	67.915	9.935
渐近显著性（双侧）		0.000	0.000	0.000	0.000	0.000	0.000

表 4-61 **2012 年开放获取学术论文得分与评价指标 Spearman 相关性分析**

			被引频次	2013 年至今使用次数	最近 180 天使用次数	高被引学术论文	OAI 得分	得分
Spearman 的 rho	被引频次	相关系数	1.000	.329**	.223**	.140**	.150**	.752**
		Sig.（双侧）		0.000	.000	.000	.000	0.000
		N	16 762	16 762	16 762	16 762	16 762	16 762
	2013 年至今使用次数	相关系数	.329**	1.000	.513**	.116**	.231**	.685**
		Sig.（双侧）	0.000		0.000	.000	.000	0.000
		N	16 762	16 762	16 762	16 762	16 762	16 762
	最近 180 天使用次数	相关系数	.223**	.513**	1.000	.142**	.140**	.592**
		Sig.（双侧）	.000	0.000		.000	.000	0.000
		N	16 762	16 762	16 762	16 762	16 762	16 762
	高被引学术论文	相关系数	.140**	.116**	.142**	1.000	.075**	.140**
		Sig.（双侧）	.000	.000	.000		.000	.000
		N	16 762	16 762	16 762	16 762	16 762	16 762

续表

			被引频次	2013 年至今使用次数	最近 180 天使用次数	高被引学术论文	OAI 得分	得分
Spearman 的 rho	OAI 得分	相关系数	.150**	.231**	.140**	.075**	1.000	.527**
		Sig.（双侧）	.000	.000	.000	.000		0.000
		N	16 762	16 762	16 762	16 762	16 762	16 762
	得分	相关系数	.752**	.685**	.592**	.140**	.527**	1.000
		Sig.（双侧）	0.000	0.000	0.000	.000	0.000	
		N	16 762	16 762	16 762	16 762	16 762	16 762

**. 在置信度(双侧)为 0.01 时，相关性是显著的。

表 4-62 对 2017 年开放获取学术论文得分与评价指标进行单样本 Kolmogorov-Smirnov 检验，各指标的渐近显著性为 0，拒绝原假设，各指标具有相关性。利用 Spearman 对开放获取学术论文得分与各指标相关性进行分析，如表 4-63 所示。

2017 年开放获取学术论文的 ESI 高水平论文指标包括高被引学术论文和热点论文，其中高被引论文和热点论文与开放获取学术论文得分之间的相关性较弱，相关系数为 0. 05 和 0. 024，但其体现的作用不可忽视，被 ESI 收录的开放获取学术论文的影响力较大。从全年数据分析，ESI 高水平论文数有限，体现其与开放获取学术论文得分整体相关性较弱。通过对表中数据的观察，可知开放获取学术论文得分与论文被引频次具有显著相关性，相关系数为 0. 756，在一定程度上表明通过论文被引频次评价开放获取学术论文影响力的适用性，但对开放获取学术论文的即时影响力评价存在局限性。论文的使用次数包含 2013 年至今与最近 180 天使用两个二级指标，它们与开放获取学术论文得分之间的相关系数分别为 0. 751 和 0. 683，表明论文使用次数与得分之间呈显著相关性。通过论文使用次数评价开放获取学术论文影响力，弥补了单独使用被引频次测度开放获取学术论文影响力的不足，为开放获取学术论文即时影响力测度提供了可能。而 OAI 与得分之间的相关系数为 0. 437，反映了二者之间呈中度相关，表明开放获取学术论文影响力使用 Web 2. 0 相关指标进行测度的有效性，在开放获取学术论文影响力测度中具有广泛的适用性。

2. 开放获取学术论文影响力分析

对 2017 年与 2012 年开放获取学术论文影响力得分进行统计，如表 4-64 所示。2017 年开放获取学术论文开放获取时间较短，体现短期开放获取学术论文的影响力情况，2012 年开放获取学术论文体现长期开放获取学术论文的影响力情况。2017 年开放获取学术论文篇均得分值为 33. 2016，2012 年开放获取学术论文篇均得分值为 30. 69338，其中论文的最低分分别为 0. 620417、3. 595186。为了对开放获取学术论文影响力得分深入分析，对 2017 年与 2012 年开放获取学术论文不同得分进行划分。

表 4-62　**2017 年开放获取学术论文得分与评价指标单样本 Kolmogorov-Smirnov 检验**

		被引频次	2013 年至今使用次数	最近 180 天使用次数	高被引学术论文	热点论文	OAI 得分	得分
N		15 756	15 756	15 756	15 756	15 756	15 756	15 756
正态参数 a，b	均值	5. 748956	15. 661538	13. 130641	. 048095	. 011869	97. 081975	87. 405469
	标准差	10. 3017469	11. 7789024	10. 6657990	1. 7372606	. 9355927	5. 5551650	3. 5049172
最极端差别	绝对值	. 454	. 100	. 142	. 510	. 505	. 442	. 367
	正	. 454	. 100	. 142	. 510	. 505	. 393	. 211
	负	-. 288	-. 092	-. 109	-. 489	-. 495	-. 442	-. 367
Kolmogorov-Smirnov Z		57. 049	12. 542	17. 776	64. 044	63. 373	55. 423	46. 017
渐近显著性(双侧)		0. 000	0. 000	0. 000	0. 000	0. 000	0. 000	0. 000

a. 检验分布为正态分布。

b. 根据数据计算得到。

表 4-63　**2017 年开放获取学术论文得分与评价指标 Spearman 相关性分析**

			被引频次	2013 年至今使用次数	最近 180 天使用次数	高被引学术论文	热点论文	OAI 得分	得分
Spearman 的 rho	被引频次	相关系数	1.000	.234**	.088**	.065**	.031**	.233**	.756**
		Sig.（双侧）		.000	.000	.000	.000	.000	0.000
		N	15 756	15 756	15 756	15 756	15 756	15 756	15 756
	2013 年至今使用次数	相关系数	.234**	1.000	.877**	.037**	.019*	.369**	.751**
		Sig.（双侧）	.000		0.000	.000	.016	0.000	0.000
		N	15 756	15 756	15 756	15 756	15 756	15 756	15 756
	最近 180 天使用次数	相关系数	.088**	.877**	1.000	.016*	.016	.288**	.638**
		Sig.（双侧）	.000	0.000		.045	.051	.000	0.000
		N	15 756	15 756	15 756	15 756	15 756	15 756	15 756
	高被引学术论文	相关系数	.065**	.037**	.016*	1.000	.480**	.036**	.050**
		Sig.（双侧）	.000	.000	.045		0.000	.000	.000
		N	15 756	15 756	15 756	15 756	15 756	15 756	15 756
	热点论文	相关系数	.031**	.019*	.016	.480**	1.000	.022**	.024**
		Sig.（双侧）	.000	.016	.051	0.000		.007	.003
		N	15 756	15 756	15 756	15 756	15 756	15 756	15 756

续表

			被引频次	2013年至今使用次数	最近180天使用次数	高被引学术论文	热点论文	OAI得分	得分
Spearman的rho	OAI得分	相关系数	.233**	.369**	.288**	.036**	.022**	1.000	.437**
		Sig.（双侧）	.000	0.000	.000	.000	.007		0.000
		N	15 756	15 756	15 756	15 756	15 756	15 756	15 756
	得分	相关系数	.756**	.751**	.638**	.050**	.024**	.437**	1.000
		Sig.（双侧）	0.000	0.000	0.000	.000	.003	0.000	
		N	15 756	15 756	15 756	15 756	15 756	15 756	15 756

**. 在置信度（双侧）为 0.01 时，相关性是显著的。

*. 在置信度（双侧）为 0.05 时，相关性是显著的。

表 4-64 **2017 年与 2012 年开放获取学术论文影响力得分统计**

	论文数量	最低分	最高分	总 分	篇均得分
2017 年开放获取学术论文	15 756	0. 620 4	95. 898 9	523 124. 4	33. 201 6
2012 年开放获取学术论文	16 762	3. 595 2	73. 687 8	514 482. 4	30. 693 4

表 4-65 对 2017 年和 2012 年开放获取学术论文影响力不同得分区间的论文数量及其占比情况进行了统计，其中百分比是统计区间内开放获取学术论文数占该年度开放获取学术论文总数的比例。通过观察表中统计的数据，可得出 2017 年与 2012 年大部分开放获取学术论文影响力得分在 25~40。得分在 0~5 分的，2017 年有 47 篇开放获取学术论文，占该年度开放获取学术论文的 0. 3%，而 2012 年在该得分区间的论文数仅有 3 篇，占该年度开放获取学术论文数量的 0. 02%。可见，开放获取学术论文得分在低分区间的数量很少，表明开放获取学术论文有利于提高论文的影响力。得分在 6~25 分的，2017 年发表了 4 篇开放获取学术论文，占全年的 0. 03%，2012 年发表了 8 篇开放获取学术论文，占全年的 0. 05%。可见，开放获取学术论文得分在 25 分以下，2017 年共发表了 51 篇，占总数的 0. 33%；2012 年共发表了 11 篇，占总数的 0. 07%，其影响较小。其中得分在 30~35 分的开放获取学术论文数量占全年比例较大，2017 年、2012 年分别为 57. 28%、48. 56%。其中，在 30 分以上的得分区间中，2017 年开放获取学术论文数高于 2012 年开放获取学术论文数。从统计这两年开放获取学术论文影响力得分上分析，影响力得分大于 60 分的开放获取学术论文数量占比还很小。在一定程度上反映了开放获取学术论文影响力随着时间的发展变动很小，在短时间内可体现出论文的影响力情况，有利于预测开放获取学术论文的影响力。

表 4-65 **开放获取学术论文影响力得分各区间分布统计**

得分区间	2017 年开放获取学术论文		2012 年开放获取学术论文	
	论文数(篇)	百分比(%)	论文数(篇)	百分比(%)
(0, 5]	47	0.3	3	0.02
[6, 25)	4	0.03	8	0.05
[25, 30)	2 579	16.37	7 638	45.57
[30, 35)	9 025	57.28	8 139	48.56
[35, 40)	3 295	20.91	834	4.98
[40, 50)	794	5.04	121	0.72
[50, 60]	9	0.06	17	0.1
大于 60	3	0.02	2	0.01

为了对 2012 年和 2017 年开放获取学术论文影响力较大的论文情况进一步了解，表 4-66、表 4-67 分别列出 2012 年与 2017 年影响力排名前 20 的论文，包含作者信息及影响力得分等内容。表中统计的开放获取学术论文为当年发表的具有较大影响力的论文，这些论文对相关研究具有推动作用，或为相关研究主题的热点话题，对学术创新发展具有重要作用。

表 4-66 **2012 年开放获取学术论文影响力 TOP20 论文统计**

序号	开放获取学术论文信息	影响力分值
1	Alvar J, Vélez I D, Bern C, et al. Leishmaniasis worldwide and global estimates of its incidence[J]. PLoS One, 2012, 7(5): e35671.	73.687 7
2	Peterson B K, Weber J N, Kay E H, et al. Double digest RADseq: an inexpensive method for de novo SNP discovery and genotyping in model and non-model species[J]. PLoS One, 2012, 7(5): e37135.	61.076 8
3	Choi Y, Sims G E, Murphy S, et al. Predicting the functional effect of amino acid substitutions and indels[J]. PLoS One, 2012, 7(10): e46688.	56.705 1

续表

序号	开放获取学术论文信息	影响力分值
4	Krupke C H, Hunt G J, Eitzer B D, et al. Multiple routes of pesticide exposure for honey bees living near agricultural fields[J]. PLoS One, 2012, 7(1): e29268.	55.668 6
5	Patel R K, Jain M. NGS QC toolkit: a toolkit for quality control of next generation sequencing data[J]. PLoS One, 2012, 7(2): e30619.	55.436 9
6	Poland J A, Brown P J, Sorrells M E, et al. Development of high-density genetic maps for barley and wheat using a novel two-enzyme genotyping-by-sequencing approach[J]. PLoS One, 2012, 7(2): e32253.	54.420 3
7	Pendleton L, Donato D C, Murray B C, et al. Estimating global "blue carbon" emissions from conversion and degradation of vegetated coastal ecosystems[J]. PLoS One, 2012, 7(9): e43542.	54.190 6
8	Liu L, Drouet V, Wu J W, et al. Trans-synaptic spread of tau pathology in vivo[J]. PLoS One, 2012, 7(2): e31302.	54.130 4
9	Wang H, Haeger S M, Kloxin A M, et al. Redirecting valvular myofibroblasts into dormant fibroblasts through light-mediated reduction in substrate modulus[J]. PLoS One, 2012, 7(7): e39969.	54.006 1
10	Salzman J, Gawad C, Wang P L, et al. Circular RNAs are the predominant transcript isoform from hundreds of human genes in diverse cell types[J]. PLoS One, 2012, 7(2): e30733.	53.760 4
11	Wang H, Yan Y, Wang J, et al. Production and characterization of antifungal compounds produced by Lactobacillus plantarum IMAU10014[J]. PLoS One, 2012, 7(1): e29452.	53.208 7
12	Wang H S, Wu H M, Cheng B H, et al. Functional analyses of endometriosis-related polymorphisms in the estrogen synthesis and metabolism-related genes[J]. PLoS One, 2012, 7(11): e47374.	53.185

续表

序号	开放获取学术论文信息	影响力分值
13	Leigh S J, Bradley R J, Purssell C P, et al. A simple, low-cost conductive composite material for 3D printing of electronic sensors[J]. PLoS One, 2012, 7(11): e49365.	52.363 8
14	Thomsen P F, Kielgast J, Iversen L L, et al. Detection of a diverse marine fish fauna using environmental DNA from seawater samples[J]. PLoS One, 2012, 7(8): e41732.	52.077 9
15	Hoekstra A Y, Mekonnen M M, Chapagain A K, et al. Global monthly water scarcity: blue water footprints versus blue water-availability[J]. PLoS One, 2012, 7(2): e32688.	51.119
16	Powell A A, Talasaz A A H, Zhang H, et al. Single cell profiling of circulating tumor cells: transcriptional heterogeneity and diversity from breast cancer cell lines[J]. PLoS One, 2012, 7(5): e33788.	50.685
17	Martínlópez B, Iniestaarandia I, Garcí Allorente M, et al. Uncovering ecosystem service bundles through social preferences[J]. PLoS One, 2012, 7(6): e38970.	50.675 5
18	Kirandeep B, Nicholas W, Andrew P, et al. Antibiotic resistance is prevalent in an isolated cave microbiome[J]. PLoS One, 2012, 7(4): e34953.	50.141 2
19	Gallo A, Tandon M, Alevizos I, et al. The majority of microRNAs detectable in serum and saliva is concentrated in exosomes[J]. PloS one, 2012, 7(3): e30679.	50.117
20	Lin H V, Frassetto A, Kowalik Jr E J, et al. Butyrate and propionate protect against diet-induced obesity and regulate gut hormones via free fatty acid receptor 3-independent mechanisms[J]. PloS one, 2012, 7(4): e35240.	49.949 8

表 4-67 **2017 年开放获取学术论文影响力 TOP20 论文统计**

序号	开放获取学术论文信息	影响力分值
1	Hengl T, Jesus J M D, Heuvelink G B M, et al. Soil grids 250m: global gridded soil information based on machine learning[J]. PLoS One, 2017, 12(2): e0169748.	95.898 9

续表

序号	开放获取学术论文信息	影响力分值
2	Helwa I, Cai J, Drewry M D, et al. A comparative study of serum exosome isolation using differential ultracentrifugation and three commercial reagents [J]. PLoS One, 2017, 12 (1): e0170628.	67.865 1
3	Ke Q, Ahn Y Y, Sugimoto C R. A systematic identification and analysis of scientists on Twitter[J]. PLoS One, 2017, 12(4): e0175368.	61.219 5
4	Bourgeon L, Burke A, Higham T. Earliest human presence in north america dated to the last glacial maximum: new radiocarbon dates from bluefish caves, canada[J]. PLoS One, 2017, 12(1): e0169486.	57.332 9
5	Arrieta A, Page T F, Veledar E, et al. Economic evaluation of PCSK9 inhibitors in reducing cardiovascular risk from health system and private payer perspectives[J]. PLoS One, 2017, 12 (1): e0169761.	57.048
6	Knipe D W, Chang S S, Dawson A, et al. Suicide prevention through means restriction: Impact of the 2008-2011 pesticide restrictions on suicide in Sri Lanka[J]. PLoS One, 2017, 12 (3): e0172893.	55.706
7	Coffey L L, Pesavento P A, Keesler R I, et al. Zika virus tissue and blood compartmentalization in acute infection of rhesus macaques[J]. PLoS One, 2017, 12(1): e0171148.	55.506 5
8	Vollmers J, Wiegand S, Kaster A K. Comparing and evaluating metagenome assembly tools from a microbiologist's perspective-not only size matters! [J]. PLoS One, 2017, 12 (1): e0169662.	54.869 7
9	Niu C, Livingston C M, Li L, et al. The smc5/6 complex restricts HBV when localized to ND10 without inducing an innate immune response and is counteracted by the HBV X protein shortly after in fection [J]. PLoS One, 2017, 12 (1): e0169648.	54.599 1

续表

序号	开放获取学术论文信息	影响力分值
10	Bányai F, Zsila Á, Király O, et al. Problematic social media use: results from a large-scale nationally representative adolescent sample[J]. PLoS One, 2017, 12(1): e0169839.	52.683 2
11	Wen J, Wang S, Xiang L, et al. Evidence conflict measure based on OWA operator in open world[J]. PLoS One, 2017, 12(5): e0177828.	52.062
12	Di C E, Ferguson H W, Schulze A D, et al. Heart and skeletal muscle inflammation(HSMI) disease diagnosed on a British Columbia salmon farm through a longitudinal farm study[J]. PLoS One, 2017, 12(2): e0171471.	51.459 7
13	Gaksch M, Jorde R, Grimnes G, et al. Vitamin D and mortality: individual participant data meta-analysis of standardized 25-hydroxyvitamin D in 26916 individuals from a European consortium[J]. PLoS One, 2017, 12(2): e0170791.	49.918 6
14	Cook J, Lewandowsky S, Ukh E. Neutralizing misinformation through inoculation: exposing misleading argumentation techniques reduces their influence[J]. PLoS One, 2017, 12(5): e0175799.	49.604 9
15	Deng J, Yang M, Jiang R, et al. Long non-coding RNA HOTAIR regulates the proliferation, self-renewal capacity, tumor formation and migration of the cancer stem-like cell(CSC) subpopulation enriched from breast cancer cells[J]. PLoS One, 2017, 12(1): e0170860.	49.466 9
16	Meli P, Holl K D, Rey J B, et al. A global review of past land use, climate, and active vs. passive restoration effects on forestrecovery[J]. PLoS One, 2017, 12(2): e0171368.	48.493 7
17	Chedik L, Bruyere A, Le V M, et al. Inhibition of human drug transporter activities by the pyrethroid pesticides allethrin and tetramethrin[J]. PLoS One, 2017, 12(1): e0169480.	48.266 6
18	Ling L, Zhang H, Man Z, et al. Discovery and molecular basis of a diverse set of polycomb repressive complex 2 inhibitors recognition by EED[J]. PLoS One, 2017, 12(1): e0169855.	48.240 2

续表

序号	开放获取学术论文信息	影响力分值
19	Bressa C, Bailã© N-Andrino M, Pã© Rez-Santiago J, et al. Differences in gut microbiota profile between women with active lifestyle and sedentary women[J]. PLoS One, 2017, 12(2): e0171352.	48.163 8
20	Karmalkar A V, Bradley R S. Consequences of global warming of 1.5°C and 2 °C for regional temperature and precipitation changes in the Contiguous United States[J]. PLoS One, 2017, 12(1): e0168697.	48.147 9

3. 国家/地区开放获取学术论文影响力分析

开放获取已成为全球学术交流的主要模式，对开放获取学术论文的国家或地区进行分析，可了解开放获取学术论文在不同国家或地区的影响力，有利于得知不同国家开放获取学术论文的发展情况，获知开放获取学术论文影响力较高的国家。本节对开放获取学术论文的国家或地区分布及其影响力进行统计，分别对 2012 年与 2017 年开放获取学术论文得分排名前 100 的国家或地区影响力得分进行排序。其中，在 2012 年国家或地区排名中，美国居于首位，其成为开放获取学术论文影响力较大的国家。排名第二的为中国，表明其对开放获取学术论文发展起到推动作用，但其影响力得分与美国相比还存在一定差距。排名第三的为德国，其开放获取学术论文影响力得分在30 000分以上，如表 4-68 所示。

表 4-68 **2012 年国家/地区开获取论文影响力排名统计**

序号	国家/地区	得分	序号	国家/地区	得分
1	美国	141 092.3	6	日本	20 678.16
2	中国	65 612.06	7	加拿大	18 529.95
3	德国	34 793.95	8	澳大利亚	16 802.96
4	英格兰	25 743.13	9	意大利	16 789.37
5	法国	24 573.22	10	荷兰	15 706.07

续表

序号	国家/地区	得分	序号	国家/地区	得分
11	西班牙	15 622.71	39	马来西亚	995.561 8
12	瑞典	9 710.842	40	威尔士	886.658 5
13	中国台湾	9 391.19	41	伊朗	772.781 2
14	印度	8 397.483	42	肯尼亚	725.696 6
15	巴西	8 129.393	43	斯洛文尼亚	599.935
16	瑞士	7 874.595	44	哥伦比亚	530.118 5
17	韩国	7 117.556	45	乌干达	525.269 5
18	比利时	5 365.316	46	沙特阿拉伯	496.476 2
19	丹麦	4 663.314	47	北爱尔兰	474.926 5
20	以色列	4 154.864	48	爱沙尼亚	455.391
21	葡萄牙	4 007.181	49	巴基斯坦	431.357 8
22	奥地利	3 869.017	50	土耳其	425.327 3
23	芬兰	3 465.34	51	马拉维	321.254 5
24	苏格兰	3 455.753	52	冈比亚	247.74
25	挪威	3 274.821	53	越南	244.518 8
26	新加坡	2 405.198	54	坦桑尼亚	242.392 9
27	阿根廷	2 352.994	55	埃塞俄比亚	227.841 1
28	南非	2 182.155	56	秘鲁	216.586
29	新西兰	2 087.92	57	克罗地亚	212.235 6
30	爱尔兰	1 791.233	58	斯里兰卡	210.625 6
31	捷克共和国	1 656.594	59	摩洛哥	197.470 3
32	墨西哥	1 554.87	60	孟加拉国	193.006 3
33	智利	1 467.881	61	印尼	188.597 2
34	波兰	1 436.295	62	埃及	187.148 1
35	匈牙利	1 402.388	63	冰岛	182.675 6
36	希腊	1 276.693	64	阿联酋	175.716 7
37	泰国	1 031.944	65	塞尔维亚	171.263 4
38	俄罗斯	1 023.975	66	罗马尼亚	165.276 3

续表

序号	国家/地区	得分	序号	国家/地区	得分
67	卢森堡	163.744 8	84	柬埔寨	62.486 3
68	乌拉圭	155.239 9	85	古巴	61.474 9
69	尼日利亚	149.082 2	86	赞比亚	61.16
70	科威特	134.933 8	87	黎巴嫩	60.938 6
71	塞内加尔	127.901 5	88	马达加斯加	59.433 6
72	卡塔尔	123.816 9	89	巴拿马	58.790 2
73	加纳	121.454 4	90	格陵兰岛	42.002 5
74	立陶宛	116.629 1	91	扎伊尔	39.922 6
75	斯洛伐克	98.185 3	92	巴布亚新几内亚	34.555 8
76	布基纳法索	90.074 7	93	马里共和国	33.066
77	新喀里多尼亚	88.436 1	94	伯利兹	32.949 8
78	菲律宾	86.396 2	95	帕劳	32.928 1
79	贝宁	86.351	96	摩纳哥	32.558 5
80	莱索托	83.847 7	97	老挝	31.488 6
81	突尼斯	68.838 5	98	白俄罗斯	31.460 6
82	卢旺达	66.068 2	99	塞浦路斯	31.185 4
83	委内瑞拉	62.518 8	100	尼泊尔	31.082 9

图 4-25 是对 2012 年排名前 100 的国家或地区开放获取学术论文影响力得分绘制的散点图，通过指数公式发现图中散点图指数趋势拟合度较好，判定系数为 0.962，各国或地区开放获取学术论文影响力得分从低到高呈指数递增趋势。

表 4-69 统计了 2017 年开放获取学术论文影响力排名的前 100 个国家或地区，通过对 2017 年开放获取学术论文得分统计，发现 2017 年各国开放获取学术论文得分均高于 2012 年，在一定程度上反映了各国或地区对提高影响力的重视，开放获取学术论文已经得到各国的重视。通过与 2012 年统计的得分对比，2017 年排名前三的国家分别为美国、中国、日本，这些国家推动了开放获取学术论文的发展，也促进了学术的交流发展。

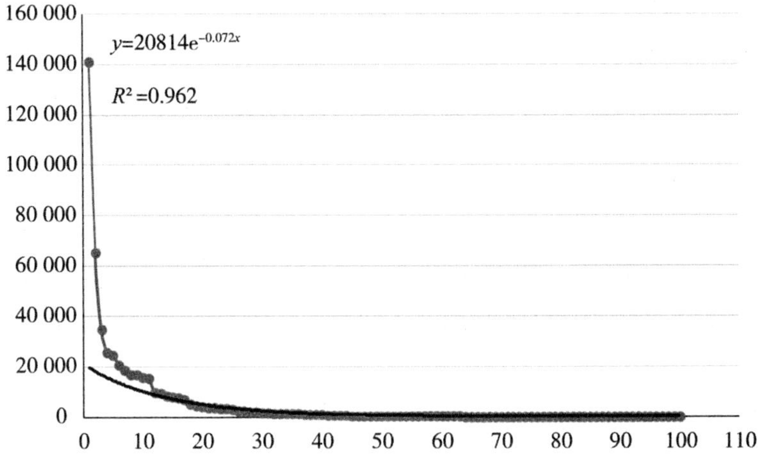

图 4-25 2012 年国家/地区开放获取学术论文影响力散点图(top100)

表 4-69 **2017 年国家/地区开获取论文影响力排名统计**

序号	国家/地区	得分	序号	国家/地区	得分
1	美国	122 937.614 1	15	瑞士	8 336.243
2	中国	66 842.234 4	16	巴西	8 160.482 4
3	日本	54 755.494 4	17	韩国	7 157.006 9
4	德国	25 913.032 8	18	比利时	5 395.167 3
5	英格兰	24 638.841 9	19	丹麦	4 702.175 5
6	法国	20 748.865 3	20	以色列	4 184.855 6
7	加拿大	18 572.262 7	21	葡萄牙	4 039.207 9
8	意大利	16 987.504 9	22	奥地利	3 899.272 9
9	澳大利亚	16 871.382 2	23	芬兰	3 624.640 4
10	荷兰	15 844.302 4	24	苏格兰	3 516.342 9
11	西班牙	15 652.474 7	25	挪威	3 318.345 2
12	瑞典	9 742.826 1	26	新加坡	2 434.917 1
13	中国台湾	9 420.861	27	阿根廷	2 395.907 3
14	印度	8 467.964 8	28	南非	2 245.220 2

续表

序号	国家/地区	得分	序号	国家/地区	得分
29	新西兰	2 119.731 3	57	秘鲁	242.028 9
30	爱尔兰	1 821.049 6	58	坦桑尼亚	239.750 3
31	希腊	1 810.149 4	59	冈比亚	237.410 8
32	捷克共和国	1 695.712 5	60	越南	236.193 3
33	墨西哥	1 586.406 5	61	克罗地亚	234.593 7
34	智利	1 498.341 9	62	摩洛哥	219.027 1
35	波兰	1 270.081 2	63	孟加拉国	212.903 5
36	匈牙利	1 232.148 1	64	冰岛	212.259 4
37	俄罗斯	1 024.174 3	65	印尼	211.072 2
38	泰国	913.706 2	66	马达加斯加	209.633
39	马来西亚	903.001 1	67	埃及	207.021
40	威尔士	770.316 8	68	阿联酋	197.442 6
41	伊朗	652.541 3	69	罗马尼亚	196.788 9
42	肯尼亚	605.477 9	70	塞尔维亚	192.134 1
43	加纳	540.820 1	71	尼日利亚	175.801 1
44	乌干达	515.068	72	乌拉圭	175.122 9
45	沙特阿拉伯	487.272 7	73	斯洛伐克	157.516
46	斯洛文尼亚	479.818 1	74	科威特	155.755 6
47	北爱尔兰	468.098 8	75	格陵兰岛	144.887 8
48	爱沙尼亚	446.716 5	76	卡塔尔	143.685 9
49	哥伦比亚	440.789 2	77	立陶宛	142.525 4
50	巴基斯坦	422.215 9	78	新喀里多尼亚	109.986 7
51	土耳其	415.087 4	79	菲律宾	105.554 2
52	卢森堡	412.716 4	80	贝宁	105.430 2
53	马拉维	318.380 9	81	莱索托	104.577
54	塞内加尔	284.028	82	扎伊尔	99.628 9
55	斯里兰卡	266.712 4	83	巴布亚新几内亚	94.144 8
56	埃塞俄比亚	249.414 6	84	马里共和国	92.502 3

续表

序号	国家/地区	得分	序号	国家/地区	得分
85	伯利兹	92.374 2	93	突尼斯	89.528
86	帕劳	92.290 8	94	波斯尼亚和黑塞哥维那	88.539 8
87	古巴	92.213 5	95	卢旺达	86.883 6
88	摩纳哥	91.889 2	96	喀麦隆	83.461
89	老挝	90.674 1	97	委内瑞拉	82.395 6
90	白俄罗斯	90.374 9	98	柬埔寨	82.275 4
91	塞浦路斯	89.989 6	99	赞比亚	82.051 6
92	尼泊尔	89.878 4	100	巴拿马	81.211 4

图 4-26 对 2017 年开放获取学术论文影响力排名前 100 的国家或地区进行散点图绘制，对这些国家或地区的开放获取学术论文影响力得分按大小进行趋势图绘制，发现其与指数趋势拟合度较好，判定系数为 0. 9215。可见，2017 年开放获取学术论文影响力得分从低到高呈指数递增趋势。

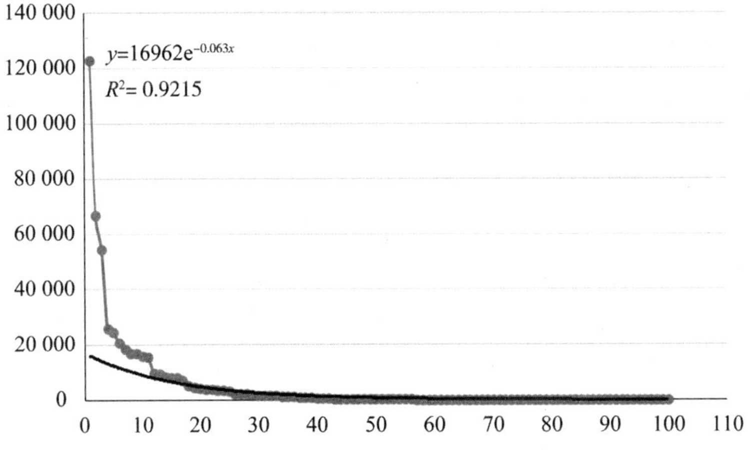

图 4-26　2017 年国家/地区开放获取学术论文影响力散点图(top100)

通过对2012年与2017年开放获取学术论文影响力排名前100的国家或地区进行分析，发现中国的开放获取学术论文具有较大影响力，位居第二位，仅次于美国，成为推动学术开放交流的主要国家。其中随着开放获取运动的发展，日本的开放获取学术论文影响力有所提升，从2012年排名第6位到2017年排名第3位，促进了学术的交流与发展。

4. 研究机构的开放获取学术论文影响力分析

统计国家开放获取学术论文影响力可以了解不同国家开放获取学术论文的影响力，其中研究机构作为发表论文的主要载体，分析不同研究机构的开放获取学术论文影响力有利于其学术地位。本节根据2012年与2017年开放获取学术论文影响力得分对各机构进行排名，如表4-70、表4-71所示，表中统计了开放获取学术论文影响力排名前50的研究机构。通过观察表4-70计算的影响力得分，中国科学院大学居于首位，其开放获取学术论文影响力较大，促进了学术交流的发展。开放获取学术论文影响力排名第二的研究机构是哈佛大学，其次为瑞典卡罗林斯卡学院。从开放获取学术论文影响力得分的研究机构排名总体来分析，排名前10的研究机构中有4所中国高校，在一定程度上反映了中国开放获取学术论文在全球范围内有较大的影响力。

对2012年研究机构得分进行散点图绘制，如图4-27所示。通过对机构散点图添加趋势曲线观察其拟合度，分析发现排名前50的研究机构影响力得分从低到高呈指数增长趋势，其判定值为0.8921。

表4-71对2017年前50所研究机构的开放获取学术论文得分进行排名，其中排名前4的研究机构分别为中国科学院大学、首尔大学、巴西圣保罗大学、格罗宁根大学，而在排名前10的研究机构中，属于中国的研究机构有两所，比2012年有所下降，而从影响力得分上分析，各研究机构的开放获取学术论文影响力得分得到提高。在一定程度上表明全球对开放获取学术交流的重视，也反映出开放获取学术论文的学术地位得到提升，这些研究机构对开放获取学术论文的发展起到了推动作用。

表 4-70　**2012 年研究机构开获取论文影响力排名统计**

序号	研究机构	得分	序号	研究机构	得分
1	中国科学院大学	6 557.104	26	法国农业科学研究院	1 764.111
2	哈佛大学	3 651.242	27	格罗宁根大学	1 749.844
3	瑞典卡罗林斯卡学院	2 610.686	28	北卡罗来纳大学	1 692.941
4	上海交通大学	2 490.359	29	南京医科大学	1 688.159
5	复旦大学	2 414.135	30	阿姆斯特丹大学	1 681.331
6	约翰斯·霍普金斯大学	2 181.971	31	伊利诺伊州立大学	1 660.447
7	浙江大学	2 164.404	32	瑞典隆德大学	1 624.023
8	加州大学旧金山分校	2 082.99	33	香港大学	1 622.583
9	加州大学圣迭戈分校	2 071.935	34	麦吉尔大学	1 594.377
10	范德堡大学	2 059.965	35	宾夕法尼亚大学	1 584.496
11	中山大学	2 031.578	36	英国帝国科技和医药学院	1 583.367
12	杜克大学	1 990.575	37	首尔大学	1 557.896
13	巴西圣保罗大学	1 976.536	38	匹兹堡大学	1 544.066
14	剑桥大学	1 950.916	39	华中科技大学	1 538.949
15	牛津大学	1 920.927	40	墨尔本大学	1 538.612
16	华盛顿大学	1 891.302	41	多伦多大学	1 522.873
17	加利福尼亚大学戴维斯分校	1 884.966	42	明尼苏达大学	1 503.409
18	东京大学	1 857.726	43	加州大学伯克利分校	1 487.496
19	哥本哈根大学	1 843.655	44	中国农业大学	1 484.103
20	北京大学	1 838.569	45	伦敦大学学院	1 481.818
21	加利福尼亚大学洛杉矶分校	1 812.85	46	不列颠哥伦比亚大学	1 463.941
22	美国密歇根大学	1 805.621	47	威斯康星大学	1 463.284
23	斯坦福大学	1 803.351	48	莫纳什大学	1 438.828
24	昆士兰大学	1 792.654	49	佛罗里达大学	1 436.191
25	法国国家健康与医学研究院	1 778.694	50	京都大学	1 428.342

表 4-71 **2017 年研究机构开获取论文影响力排名统计**

序号	研究机构	得分	序号	研究机构	得分
1	中国科学院大学	3 469.526	26	西安交通大学	1 344.706
2	首尔大学	2 963.438	27	浙江大学	1 304.493
3	巴西圣保罗大学	2 504.904	28	根特大学	1 303.53
4	格罗宁根大学	2 099.797	29	维也纳医科大学	1 298.974
5	延世大学	1 808.509	30	多伦多大学	1 295.827
6	京都大学	1 731.011	31	伊利诺伊州立大学	1 279.672
7	中国农业科学院	1 709.870	32	哥本哈根大学	1 274.043
8	瑞典卡罗林斯卡学院	1 681.281	33	赫尔辛基大学	1 267.182
9	韩国成均馆大学	1 639.943	34	佛罗里达大学	1 260.475
10	东京大学	1 593.670	35	马来亚大学	1 258.514
11	中国医科大学	1 591.508	36	韩国加图立大学	1 245.428
12	华盛顿大学	1 556.447	37	威斯康星大学	1 232.482
13	牛津大学	1 554.886	38	西北农林科技大学	1 224.284
14	北京大学	1 549.404	39	约翰斯·霍普金斯大学	1 219.312
15	上海交通大学	1 515.343	40	美国密歇根大学	1 210.104
16	斯坦福大学	1 508.200	41	四川大学	1 199.979
17	昆士兰大学	1 502.697	42	华中科技大学	1 193.829
18	加利福尼亚大学戴维斯分校	1 431.774	43	匹兹堡大学	1 179.133
19	瑞典隆德大学	1 427.499	44	加州大学圣迭戈分校	1 178.39
20	复旦大学	1 425.018	45	不列颠哥伦比亚大学	1 135.467
21	加州大学旧金山分校	1 410.214	46	中国农业大学	1 133.595
22	哈佛大学医学院	1 393.176	47	四川农业大学	1 128.187
23	麦吉尔大学	1 362.437	48	悉尼大学	1 100.061
24	伦敦大学	1 349.882	49	中山大学	1 094.496
25	中南大学	1 345.697	50	奈梅亨大学	1 071.761

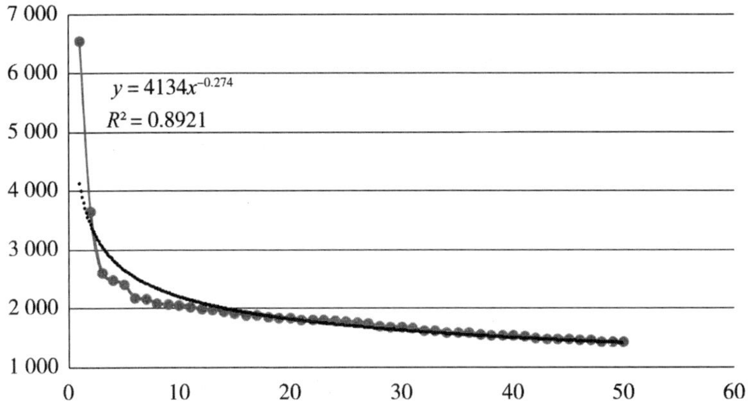

图 4-27　2012 年研究机构开放获取学术论文影响力散点图(top50)

对 2017 年研究机构得分进行绘制散点图，如图 4-28 所示。通过对机构散点图添加趋势曲线观察其拟合度，分析发现排名前 50 的研究机构影响力得分从低到高呈指数增长趋势，其判定值为 0.9642。

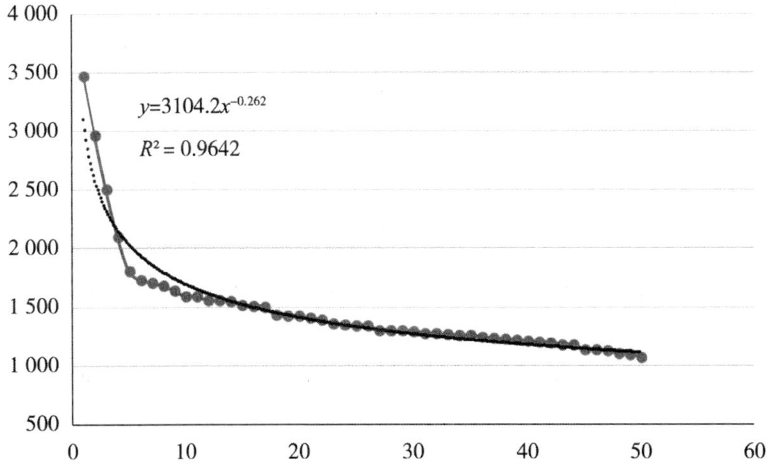

图 4-28　2017 年研究机构开放获取学术论文影响力散点图(top50)

通过对 2012 年与 2017 年不同研究机构的开放获取学术论文影响力得分进行分析，发现开放获取学术论文的影响力在不断提高，对学术交流的影响作用不断变大。2017 年大部分研究机构的开放获取学术论文影响力与 2012 年相比均有所提高，从研究机构的散点图增长趋势分析，研究机构的影响力得分从高到低呈递减趋势，其中大部分研究机构的开放获取学术论文影响力与排名靠前的几所研究机构的影响力还存在一定差距。

4.4.3　提高开放获取学术论文影响力的建议

通过前文对开放获取学术论文价值和质量的分析以及对开放获取学术论文影响力得分与评价指标的相关性分析，可知网络载体成为知识快速共享和提高影响力的主要方式。本书建议从以下几个方面提高开放获取学术论文的影响力：

(1)社交媒体的使用。社交媒体的发展方便了学术的分享与交流，加快了知识的传播。利用社交媒体分享开放获取学术论文，加快论文传播速度的同时扩大了论文的传播范围，有利于读者对学术论文的获取和使用，有利于提高开放获取学术论文的影响力。因此，借助社交媒体有利于提高开放获取学术论文影响力。

(2)提高论文的质量。从开放获取学术论文的 ESI 收录情况分析，发现进入 ESI 高水平论文的开放获取学术论文占比较少。通过衡量论文质量指标的 ESI 收录情况，发现论文自身质量与影响力大小具有很大相关性。因此，提高开放获取学术论文的质量，成为提高开放获取学术论文影响力的重要要素。

(3)国家或地区的相关政策。通过对国家或地区开放获取学术论文影响力的分析，发现开放获取学术论文影响力高的国家或地区已加入开放获取运动中，成为开放获取发展的成员之一。部分国家或地区制定了开放获取政策鼓励开放获取运动的发展，由此可见，国家或地区的相关政策制定成为开放获取学术论文影响力提高的主要要素。

(4)加强研究机构之间的合作。随着大数据时代，也是“知识爆炸”时代的发展，合作成为知识交流融汇的主要方式，加强各研究机构之间的合作对提高开放获取学术论文影响力有积极的作用。因此，加强研究机构之间的合作能有效提高开放获取学术论文的影响力。

(5)基金项目的资助。增加开放获取学术论文资金项目资助，成为提高开放获取学术论文影响力的重要手段。

本章小结

开放获取学术论文作为科技信息开放获取的重要组成部分，对营造高效的知识传递与交流环境、提升学术交流的国际化发挥着重要作用。如何测度其在学术交流中的作用，成为开放获取学术论文影响力评价的内因。在知识快速增长时代，论文数量迅速增加，如何快速提高学术论文影响力成为学者关心的主要问题。论文的开放获取对提高学者、研究机构、国家或地区影响力发挥着首要作用，通过对开放获取学术论文影响力的评价，有利于正确认识开放获取学术论文的价值和发展潜力，成为科学活动学术能力、科研地位评价的重要内容。

论文影响力不仅有利于反映论文质量和价值，还可以反映科学活动或学者的科研水平、学术能力、学术同行的认可度和关注度。随着网络技术的发展，学术交流模式发生了巨大变化，丰富了论文开放获取的交流途径。根据学术交流方式的不同，开放获取学术论文影响力不仅有论文 Web 1.0 影响力，还包括论文 Web 2.0 影响力，Web 1.0 影响力和 Web 2.0 影响力综合体现了开放获取学术论文的影响力。

本章主要通过 4 个部分展开开放获取学术论文影响力评价研究。第 1 节在相关理论基础上，厘清开放获取学术论文影响力的影响要素，并构建了开放获取学术论文影响力评价框架及评价指标体系。第 2 节和第 3 节分别对开放获取学术论文 Web 1.0 影响力和开放获取学术论文 Web 2.0 影响力进行分析，并对对应的指标进行分析和检验。第 4 节构建了开放获取学术论文综合影响力评价实证模型，通过实例展开开放获取学术论文影响力的综合评价研究，对开放获取学术论文进行评价有助于论文影响力的提升，并对提高开放获取学术论文影响力提出相关对策建议。

本章的研究结论如下：

(1)在对开放获取学术论文影响力产生过程分析时，将开放获取学术论文影响力划分为开放获取学术论文 Web 1.0 影响力和开放获取学术论文 Web 2.0 影响力。根据开放获取学术论文影响力的划分，对开放获取学术论文的影响要素进行分析，将开放获取学术论文的影响要素划分为原生影响要素和次生影响要素。通过对开放获取学术论文影响要素的分析，选取开放获取学术论文评价指标构建开放获取学术论文影响力评价指标体系与框架，并对论文的开放获取与影响力之间的关系进行分析，得出论文的开放获取有利于影响力的提升。

(2)在对开放获取学术论文 Web 1.0 影响力研究时，主要从论文被引频次、研究机构、基金项目资助、论文篇幅、参考文献以及施引文献几个方面进行分析。通过对论文被引频次的分析，发现与非开放获取学术论文相比，开放获取学术论文有利于提高论文的被引频次。通过对开放获取学术论文与非开放获取学术论文被引频次的统计，发现开放获取学术论文的篇均被引频次高于非开放获取学术论文的篇均被引频次。其中，以 ESI 高水平论文的开放获取学术论文和非开放获取学术论文进行对比，发现学术论文的开放获取有利于 ESI 高水平论文的产生。通过对论文的研究机构合作数量的分析，发现研究机构之间的合作有助于提高开放获取学术论文的被引频次，即有助于提高开放获取学术论文的影响力。论文的基金资助有利于出现优质开放获取学术论文，论文篇幅不影响开放获取学术论文影响力，开放获取学术论文的参考文献与被引频次之间相关性较弱，但参考文献对论文的研究具有重要贡献。开放获取学术论文的原生影响要素作为论文的重要组成部分，作者、研究机构、正文、参考文献、合作规模、基金资助等都在不同程度上反映了论文质量的高低，这些原生影响要素构成了开放获取学术论文影响力评价的内因。

(3)随着 Web 2.0 的发展，社交媒体、网络平台成为开放获取学术论文传播交流的新模式，这些新出现的学术交流模式产生的影响力不容忽视。其中，Altmetrics 的发展为开放获取学术论文 Web 2.0 影响力评价提供了便利，弥补了传统评价指标的不足。通过 Altmetrics 指标对开放获取学术论文进行评价，测度其在传播过程中被使用体现的影响力。通过对开放获取学术论文的 Web 2.0 影响力分析，发现与非开放获取学术论文相比，开放获取学术论文具有显著的优势。对开放获取学术论文 Web 2.0 影响力进行分析时，提出基于使用强度的开放获取学术论文影响力评价方法，并对开放获取学术论文的使用强度进行计算。发现随着时间的发展，各国开放获取学术论文使用强度差距逐渐变小。通过开放获取学术论文 5 年与 2 年使用强度分析，发现开放获取学术论文 5 年使用强度在一定程度上成为开放获取学术论文 2 年使用强度的补充，避免错过开放获取学术论文使用高峰值，二者相互结合来评价开放获取学术论文影响力更为合理、有效。

对开放获取学术论文 Altmetrics 指标覆盖率进行了分析，得出在社交媒体关注度中推特提及、博客提及、谷歌提及、脸书提及指标对开放获取学术论文的覆盖率较大。在学者关注度中，Mendeley 读者数对开放获取学术论文具有较高的覆盖率，达到 99.87%；通过 Altmetrics 指标对开放获取学术论文的有效性进行分析，最终获取 10 个有效指标。根据开放获取学术论文 Altmetrics 指标的相关性分析，对 Altmetric Attention Score 评价指标进行修正，构建开放获取学术论文 Web 2.0 影响力评价模型。通过对开放获取学术论文 Web 2.0 影响力与被引频次的分析，发现开放获取学术论文 Web 2.0 影响力是开放获取学术论文影响力的重要组成部分。

(4)通过实证研究发现开放获取学术论文影响力与被引频次指

标呈强相关，其次为论文的使用次数、Altmetric Attention Score 以及 ESI 高水平论文。通过实证分析，发现开放获取学术论文在短时间内可获得较大的影响力。对开放获取学术论文的国家或地区影响力进行分析时，发现中国的开放获取学术论文影响力较大，居美国之后排在第二位。对开放获取学术论文的研究机构影响力分析进行时，发现高校成为推动开放获取学术论文发展的主要动力，随着时间的发展，各研究机构的开放获取学术论文影响力在不断提升，中国科学院大学、浙江大学等的开放获取学术论文影响力较大。

第五章 基于动态引证数据的学术论文影响力评价研究

5.1 基于动态引证数据的学术论文影响力分析与评价框架

5.1.1 引证与学术论文影响力评价的关系

学术论文的引证与被引证体现了科学知识的积累、连续与继承，也体现了学术论文在科学发展史上的重要程度。在众多的学术论文中，一篇学术论文被其他学术论文创作者(本人)所引证，在一定程度上体现了该篇学术论文的学术价值：或丰富了引证者的知识理论体系，或拓展了引证者在科学研究活动中的研究方法、研究思路，或得出的结论使引证者受益匪浅，等等。因此，学术论文被引证通常体现了该篇学术论文在学科领域中的影响力。自 1927 年学术论文的被引频次被用来客观量化学术论文影响力以来，学术论文的被引频次(引证文献数量)一直是学术论文影响力评价研究中不可或缺的指标数据。

在学术论文影响力影响要素研究中，众多学者或研究人员将学术论文的创作者、创作时间、所刊载的学术期刊、参考文献等学术论文知识单元数量特征及规律作为影响学术论文影响力的影响要素，并开展实证研究活动，通过测度与被引频次的显著性，验证其是否可以作为影响学术论文影响力的影响要素。然而，在已有的学术论文影响力评价研究中，学者们较多地关注学术论文自身知识单元要素对学术论文影响力的表征、评估量化及预测等，而较少地关注学术论文的引证文献所含知识单元的数量特征与规律对学术论文影响力的客观反映。

本研究认为，不仅学术论文的引证文献数量(被引频次)能够客观量化学术论文影响力，学术论文的引证文献所含的知识单元所具有的数量特征与规律在一定程度上也能够用来客观表征学术论文影响力。

在量化学术论文影响力时，本研究引入了学术论文影响力测度的维度——影响力广度和影响力深度。所谓学术论文影响力广度指的是学术论文所含有的学术价值、应用价值在学术界、实业界的影响范围，是学术论文影响力的量化；而学术论文影响力深度指的是学术论文所含有的学术价值、应用价值在学术界、实业界的影响程度，是学术论文影响力的度化。

5.1.2　基于动态引证数据的学术论文影响力评价框架

1. 学术论文与其动态引证文献(数据)

一篇学术论文(被引证文献)含有一篇或多篇引证文献。就学术论文不同的引证文献而言，由于引证文献所刊出的时间是不相同的，因而，学术论文具有不同被引证时间，从而形成了该篇学术论的动态被引证过程。而不同引证时间的引证文献所含有的知识单元组成的数据就成了该篇学术论文的动态引证数据。

图 5-1 示例了学术论文与其动态引证文献的关系：学术论文有 6 篇引证文献，其中在年份 1 这一固定时间节点的引证文献有 1 篇，即引证文献 1；在年份 2 这一固定时间节点的引证文献有 2 篇，即引证文献 2 和引证文献 3；在年份 3 这一固定时间节点的引证文献有 3 篇，即引证文献 4、引证文献 5 和引证文献 6。同时，图 5-1 也示例了学术论文与其动态引证数据的关系：引证文献包含了作者知识单元、文献类型知识单元、期刊知识单元和年卷期知识单元等，且上述知识单元数据随动态引证文献的变动而变动。因此，由引证文献知识单元所组成的数据是一种动态引证数据。

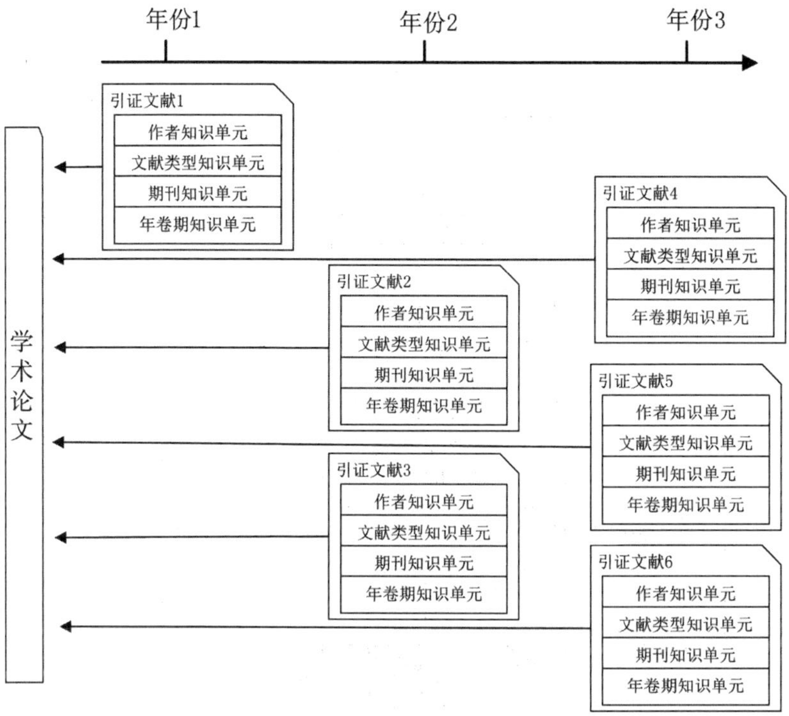

图 5-1　学术论文与其动态引证文献(数据)示例

2. 基于动态引证数据的学术论文影响力评价框架构建

在学术论文的引证与被引证视角下，如何基于动态引证数据客观、公平、公正地评估量化学术论文影响力？本研究深入学术论文的引证文献，抽取引证文献所含有的知识单元，构成学术论文的动态引证数据，并从学术论文影响力广度和学术论文影响力深度两个维度测度学术论文在文献层面(基本指标)、作者层面(细化指标)和学科层面(延伸指标)的综合影响力，并以某学科领域的学术论文动态引证数据验证其能否客观反映并表征学术论文影响力，以此确定能够客观表征学术论文影响力的引证要素，最终确立基于动态引证数据的学术论文影响力评价指标体系，以对学术论文影响力进行综合评价。所构建的基于动态引证数据的学术论文影响力评价框架如图 5-2 所示。

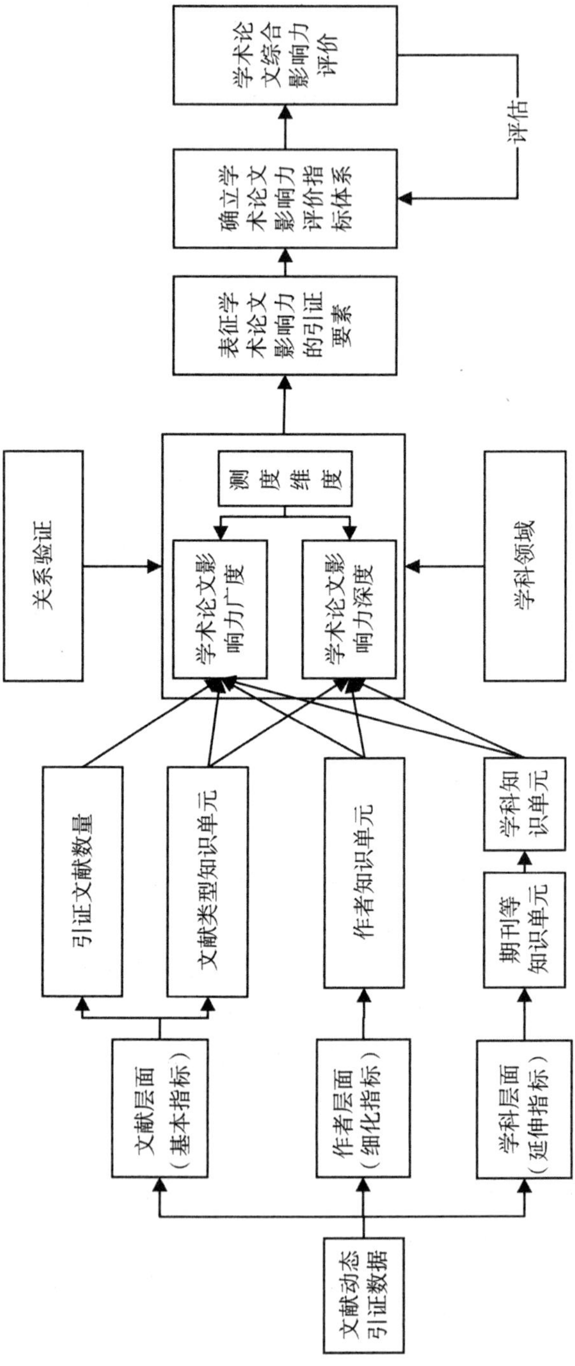

图5-2　基于动态引证数据的学术论文影响力评价框架

3. 学术论文引证峰值理论及数据来源

(1)学术论文引证峰值理论。

一篇学术论文一般要经历以下过程：学术论文选题，学术论文数据的收集、整理、分析，学术论文的撰写，学术论文的投稿、收稿、审阅、修改、录用，学术论文的刊出。这一过程包括了前期准备时间、撰写时间和出版时滞。学术论文的前期准备时间指的是学术论文选题以及学术论文数据的收集、整理、分析等阶段所需要的时间；学术论文的撰写时间指的是论文论文从开始撰写到学术论文投稿时所需要的时间；出版时滞指的是学术论文收稿到学术论文刊出时所需要的时间。可见，学术论文从最初的选题开始到最后的发表需要经历一段漫长的时间，其成为被引证文献也需要一个时间过程。

在学术论文引证文献的引证时间与引证峰值的研究中，早在1965年，普赖斯就提出了"最大引文年限"这一问题：学术论文被引证的峰值出现在该篇学术论文发表以后的第二年；[①] 加菲尔德的研究也支持了普赖斯的观点，加菲尔德在1972年*Science*上刊出的"Citation Analysis as a Tool in Journal Evaluation Journals can be ranked by frequency and impact of citations for science policy studies"一文中认为：一篇普通的学术论文大约在其刊出2年内拥有最高的引证文献量，即引证峰值时间为2年；[②] 2006年，Eysenbach的研究结果略有不同，其认为某一特定时期内发表的学术论文通常在1~2年内其引证文献量达到引证峰值；[③] 2017年，赵蓉英等引入了引证时间因子的概念，研究发现2年期引证因子和5年期引证因子相关性高达0.86，即学术论文发表2~5年后，其被引频次相对稳定，

---

① 邱均平．信息计量学[M]．武汉：武汉大学出版社，2007：368.

② Garfield E. Citation analysis as a tool in journal evaluation journals can be ranked by frequency and impact of citations for science policy studies[J]. Science, 1972, 178(4060): 471-479.

③ Eysenbach G. Citation advantage of open access articles [J]. PLoS Biology, 2006, 4(5): 157.

从而验证了图书情报学领域普赖斯的“最大引证年限”。①

因此，在基于引证时间探究与学术论文影响力的关系时，要选择出版时间在 2 年甚至是 2 年以上的学术论文作为研究对象。这样选择可以避免由于出版时滞等因素引证文献未能客观反映学术论文实际的影响力。

(2)学术论文动态引证数据的来源。

①引文数据库调研。

根据学术论文与其动态引证文献(数据)的关系，所收集的学术论文数据中应含有引证文献数据(作者知识单元、文献类型知识单元、期刊知识单元、年卷期知识单元等)。本研究实际调研了几种常用的引文数据库，如汤森路透(Thomson Reuters)所开发的 Web of Science(WOS)核心合集、南京大学中国社会科学评价研究中心研制的中文社会科学引文索引(Chinese Social Sciences Citation Index，CSSCI)、中国知网提供的中国引文数据库(CNKI-Chinese Citation Database，CNKI-CCD)。通过调研发现：WOS 数据库仅提供作者/编者、标题、被引频次、引用的参考文献及其数量等知识单元，且所提供的引用的参考文献仅含有学术文献的第一作者；CSSCI 数据库提供了来源名称、来源作者、期刊、机构名称、年卷期、参考文献等知识单元，其所提供的参考文献与 WOS 数据库所提供的类似，仅提供了学术文献的第一作者；而 CNKI-CCD 不仅提供了题名、作者、机构、被引频次、他引频次、参考文献、引证文献等知识单元，其所提供的参考文献、引证文献还包含了所有学术文献的作者。各数据库所提供的数据文献信息如图 5-3 所示。

对比以上三种常用数据库所提供的数据文献信息，并结合本研究对数据文献信息的需求，不难发现：CNKI-CCD 数据库较为符合本次研究的数据需求，其不仅提供了学术论文的引证文献，且所提供的引证文献中包含了引证文献所有的创作者等知识单元，以用于客观反映学术论文影响力广度和深度的引证数据。因此，本研究以

① 赵蓉英，魏绪秋．引证视角下的国内学术论文影响力评价——以 CNKI 中国引文数据库为例[J]．情报理论与实践，2017，40(8)：55-60.

FN Clarivate Analytics Web of ScienceVR 1.0PT JAU Nowrouzi-Kia, B Chidu, C Carter, L McDougall, A Casole, JAF Nowrouzi-Kia, Behdin Chidu, Carla Carter, Lorraine McDougall, Alicia Casole, JenniferTI The top cited articles in occupational therapy: a citation analysis studySO SCANDINAVIAN JOURNAL OF OCCUPATIONAL THERAPYLA EnglishDT ReviewDE Occupational therapy; citation analysis; review; researchAB Background: The purpose of this study was to identify and review the most cited articles in the occupational therapy field. Methods: Using the multi-disciplinary Publish or Perish software to extract data, the top 50 lifetime and annual cited articles were examined. Studies were organized according to the following: year of publication, design, topic, number of authors, country of publication, and number of citations for each cohort.
Results: We found that randomized control trials were the dominant design type used in papers with the most lifetime (36.0%) and annual (26.0%) citations. Additionally, in both groups, the most frequently cited articles investigated predictors of functional outcome for patients.
Conclusions: This comprehensive citation analysis will inform future research through its identification of major trends and well-established areas of study.C1 [Nowrouzi-Kia, Behdin] Laurentian Univ, Ctr Res Occupat Safety & Hlth, Sch Rural & Northern Hlth, Sudbury, ON, Canada. [Chidu, Carla] McMaster Univ, Fac Sci, Hamilton, ON, Canada. [Carter, Lorraine] McMaster Univ, Ctr Continuing Educ, Hamilton, ON, Canada. [McDougall, Alicia] Univ Manitoba, Rady Fac Hlth Sci, Coll Rehabil Sci, Winnipeg, MB, Canada. [Casole, Jennifer] Loretto Coll, Special Educ Dept, Toronto, ON, Canada.RP Nowrouzi-Kia, B (reprint author), Laurentian Univ, Sudbury, ON, Canada.EM behdin@gmail.comCR Bennett S, 2003, AM J OCCUP THER, V57, P635, DOI 10.5014/ajot.57.6.635

南京大学中国社会科学研究评价中心
数字文献处理系统 版本：2.1
版权所有 (C) 2000 - 2001 CSSCI Corp.

【来源篇名】科技教育研究主题发展趋势的引文分析:1994—2013
【英文篇名】Trends of Research Topics in the Technology Education: A Citation Analysis from 1994 to 2013
【来源作者】方瑀紳
【基　　金】
【期　　刊】中国图书馆学报
【第一机构】台湾师范大学
【机构名称】[方瑀紳]台湾师范大学.科技应用与人力资源发展学系
【第一作者】方瑀紳
【中图类号】G250.2
【年代卷期】2016,(010):109-125
【关 键 词】引文分析/文献计量/科技素养/科技教育
【基金类别】
【参考文献】
1. Eom, S.. All author cocitation analysis and first author cocitation analysis: a comparative empirical investigation. Journal of Informetrics. 2008. 2(1)
2. Dimopoulos, K.. Science and technology education for citizenship: the potential role of the press. Science Education. 2003. 87(2)
3. Doganay, A.. An investigation of experienced and inexperienced primary school teachers' teaching process in science and technology classes in terms of metacognitive strategies. Kuram Ve Uygulamada Egitim Bilimleri. 2011. 11(3)
4. Daim, T. U.. Forecasting emerging technologies: use of bibliometrics and patent analysis. Technological Forecasting and Social Change. 2006. 73(8)
5. Huang, L.. Four dimensional science and technology planning: a new approach based on bibliometrics and technology road mapping. Technological Forecasting and

1、$$题名$$浅谈云计算在图书馆中的应用.$$作者$$吴雪.$$单位$$云南省图书馆.$$中文关键词$$云计算.图书馆.应用.$$中文摘要$$云计算是继网格技术后产生的新型计算模式,它具有强大的数据存储能力和网络服务能力。云计算技术的应用,为图书馆的资源管理工作提供了方便,为存储和管理数据资源提供了更多的空间,为图书馆完成各类数据资源服务提供了强大的计算能力。同时,云计算也存在一定的缺陷和不完善之处,给图书馆发展带来机遇的同时也带来了挑战。我们必须理性地看待云计算技术对图书馆的"双刃剑"作用,结合实际,将云计算技术充分应用到数字图书馆中。,$$来源$$电子世界.$$年卷期$$2012,No.403(13).$$页$$9-10.$$ISSN$$1003-0522.$$CN$$11-2086/TN.$$语种$$中文.$$分类号$$G250.7.$$DOI$$CNKI:SUN:ELEW.0.2012-13-006.$$被引频次$$2.$$他引频次$$2.

参考文献如下:
[1] 张立军,彭晶. 云计算在图书馆中的应用[J]. 科技传播,2011,No.44(11):221-222.
[2] 胡莹,陈博. 云计算应用于图书馆所带来的问题研究[J]. 河南图书馆学刊,2011,v.31,No.142(02):8-9.
[3] 张红萍. 图书馆如何应对云计算环境的到来[J]. 图书馆理论与实践,2011,No.139(05):25-26.
[4] 许韧. 浅论云计算技术在图书馆中的应用[J]. 江西图书馆学刊,2011,v.41,No.162(02):103-105.
[5] 朱一红. 云计算在图书馆的应用与潜在风险[J]. 图书馆理论与实践,2011,No.137(03):32-35.
[6] 陆静. 基于云计算的图书馆管理思考[J]. 情报探索,2011,No.163(05):107-109.
[7] 高志. 云计算在图书馆中的应用研究综述[J]. 图书馆学刊,2011,v.33,No.193(04):130-132.

引证文献如下:
[1] 王伟,张红,江丽丽,孟春玲. 云计算在医学图书馆的应用[J]. 预防医学论坛,2013,v.19(06):479-481.
[2] 王晓明. 云服务发展现状概述[J]. 吉林省教育学院学报(上旬),2015,v.31,No.395(11):153-154.

图 5-3 WOS、CSSCI、CNKI-CCD 所提供的数据文献信息示例

CNKI-CCD 数据库作为数据来源。

②学科领域学术论文动态引证数据的检索。

在基于动态引证数据评价学术论文影响力时，应选择具有一定时间年限的学术论文，即大部分学术论文已出现过被引证的峰值，从而保证了学术论文尽可能多地有引证文献，进而保证了学术论文动态引证数据的动态性。因此，在 CNKI-CCD 数据库中，所采用的检索策略是：检索方式采用"学科检索"，一级学科选择"信息科技"，二级学科选择"图书情报与数字图书馆"，学术论文出版时间设置为 2012 年到 2012 年，学术论文被引时间设置为 2012 年到 2016 年，不限定期刊收录类型，即全部期刊，检索时间为 2017 年 11 月 5 日。检索后，发现 2012 年刊出的图书情报与数字图书馆研究领域的学术论文中，共有13 278篇学术论文成为被引证文献；总被引频次高达59 226次，即引证文献量多达59 226篇；篇均被引次数为 4.46 次。

本研究对上述所检索的数据进行预处理。在处理过程中，发现 CNKI-CCD 提供的动态引证数据中，有部分学术论文的被引证时间为 2017 年。根据研究目的以及对动态引证数据的出版时限需求，将学术论文 2017 年的引证文献删除，最后有效的被引证文献有13 229篇，占文献检索率的 99.63%；有效总被引频次为53 389次，

占文献检索率的90.14%；篇均有效被引次数为4.04次。

5.2 基于被引频次的学术论文影响力评价分析

自1927年格鲁斯等人将被引频次用于科学评估以来，学术论文的被引频次就成为客观反映学术论文影响力的重要指标数据之一。后续学者们将学术论文被引频次作为学术论文影响力评价的经典指标：一是用学术论文的被引频次客观表征学术论文影响力；①② 二是以学术论文被引频次作为依据，探讨其他指标数据能否适用于客观表征学术论文影响力。③④ 当然，本研究亦是如此，将学术论文被引频次作为学术论文影响力评价的经典指标(基本指标)，从文献层面的引证文献数量上客观表征、评估量化学术论文影响力。

5.2.1 被引频次与学术论文影响力广度分析

1. 被引频次分布与学术论文影响力评价

在图书情报与数字图书馆研究领域中，2012年刊出的13 229篇学术论文在2012年至2016年5年间均被其他学术文献引用过，成为被引证文献。在上述的13 229篇被引证文献中，作者刘启元与叶鹰两位作者合作发表的《文献题录信息挖掘技术方法及其软件SATI的实现——以中外图书情报学为例》一文，其被引频次最高(2012—2016年)，高达233次。

---

① Garfield E. Citation Frequency as a measure of research activity and performance[J]. Essays and Information Scientist, 1973(1): 406-408.

② Padial A A, Nabout J C, Siqueira T, et al. Weak evidence for determinants of citation frequency in ecological articles[J]. Scientometrics, 2010, 85(1): 1-12.

③ 袭继红，韩玺，吴倩倩. 国际合作对论文影响力提升的作用研究——以外科学为例[J]. 情报杂志，2015，34(1)：37，92-95.

④ Winter J C F D. The relationship between tweets, citations, and article views for PLOS ONE articles[J]. Scientometrics, 2015, 102(2): 1773-1779.

该篇学术论文的主要贡献是对SATI软件中所应用到的方法及SATI软件的实现过程予以说明：第一，从软件功能与研究应用上看，SATI软件实现了多种文献题录数据的格式转化、知识抽取、知识统计以及知识单元共现矩阵的构建等功能，从而为辅助生成聚类树状图、网络知识图、多维尺度图等可视化结果提供了有效的途径。[①] 由此可知，SATI软件功能相对强大。第二，从软件操作难易程度和适用性上看，SATI软件操作界面简单易用，操作步骤简单明确，且提供了中文、英文两种语言操作界面，在一定程度上弥补了我国在文献题录信息统计分析工具上的空缺。这对于中国研究人员尤其是计量分析的初学者或者英语水平相对较低的研究人员来说，运用中文SATI软件开展相应的学术研究活动再合适不过了。

当然，在上述13 229篇被引证文献中，也存在着较多的低被引频次的学术论文，它们在2012—2016年仅有一篇引证文献，如《浅谈公共图书馆为流动人口开展公益连锁服务的对策研究》[②]《志愿服务在公共图书馆中的研究》[③]等。

那么上述13 229篇被引证文献的被引频次有着怎样的分布呢？接下来本研究将对其被引频次的分布特征进行研究。首先，本研究对13 229篇被引证文献的被引频次进行统计，统计结果见表5-1。

由表5-1可知，在图书情报与数字图书馆研究领域中，2012年刊出且在2012年至2016年5年间成为被引证文献的13 229篇学术论文中，被引频次为1次(最低)的有4 834篇(约占被引证文献总量的36.54%)，而被引频次为233次(最高)的1篇(约占被引证文献总量的0.01%)。此外，由表5-1可知，随着学术论文被引频次的增大，被引证文献数量减少。由此可见，被引证文献量与被引频次的分布极其不均衡。

---

① 刘启元，叶鹰．文献题录信息挖掘技术方法及其软件SATI的实现——以中外图书情报学为例[J]．信息资源管理学报，2012，2(1)：50-58.

② 朱涌卫．浅谈公共图书馆为流动人口开展公益连锁服务的对策研究[J]．图书馆理论与实践，2012(3)：77-79.

③ 张静．志愿服务在公共图书馆中的研究[J]．南昌教育学院学报，2012，27(3)：196，198.

表 5-1　　被引证文献的被引频次统计结果

被引频次	被引证文献量	被引频次	被引证文献量	被引频次	被引证文献量
1	4 834	30	8	62	1
2	2 711	31	11	64	3
3	1 630	32	3	67	2
4	999	33	4	68	1
5	663	34	7	70	1
6	508	35	6	71	3
7	371	36	5	75	2
8	270	37	5	79	2
9	216	38	2	81	2
10	149	39	3	84	2
11	110	40	1	85	1
12	111	41	4	86	1
13	90	42	1	91	2
14	57	43	3	94	1
15	65	44	1	100	1
16	51	45	2	106	2
17	43	46	2	111	2
18	31	47	1	113	1
19	33	49	3	116	1
20	25	50	2	123	2
21	26	51	3	127	1
22	7	52	1	140	1
23	18	53	2	144	1
24	20	54	3	149	1
25	14	55	1	169	1
26	15	57	1	171	1
27	8	58	2	182	1
28	10	59	1	233	1
29	12	60	3		

为了进一步分析被引证文献量与被引频次的分布不均衡现象，本研究对被引证文献的被引频次进行频率描述统计，统计结果见表5-2。由表5-2可知，被引证文献的被引频次均值为4.04，被引频次中值为2，被引频次众数为1，有20%左右的被引证文献其被引频次高于被引频次均值，仅有10%左右的被引证文献其被引频次为8次及以上。上述数据进一步说明了13 229篇被引证文献的被引频次分布不均衡现象。这种不均衡的现象在一定程度上客观体现了学术论文质量、创新性等差异性，进一步反映出学术论文被引频次能够“刻画”学术论文影响力。

表5-2　　**被引证文献的被引频次频率描述结果**

N	有效	13 229
	缺失	0
均值		4.04
中值		2.00
众数		1
方差		58.356
极小值		1
极大值		233
百分位数	10	1.00
	30	1.00
	40	2.00
	50	2.00
	60	3.00
	70	4.00
	80	5.00
	90	8.00

为了直观展现被引证文献数量与被引频次的分布情况，本研究以被引频次为 *X* 轴，以被引证文献数量为 *Y* 轴，绘制了相关的散点图，如图5-4所示。由图5-4可知，被引证文献数量随着被引频

次的增加而减少：在被引频次的某一特定范围内，被引证文献数量急剧减少；而超越了这一特定范围，被引文献数量减少速度放缓，甚至是保持不变。

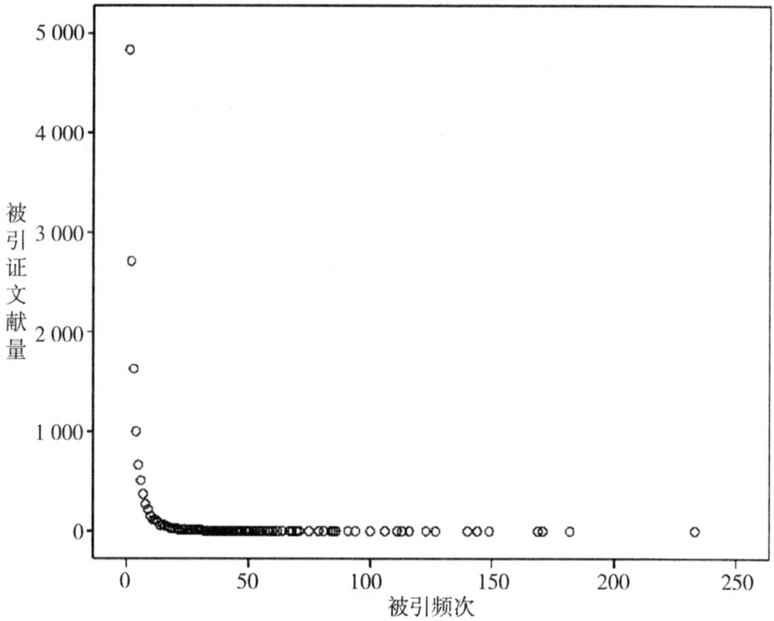

图 5-4 被引证文献数量与被引频次散点图

为了描述被引证文献数量与被引频次的数量关系分布特征，本研究运用 SPSS20 对其数量关系进行了曲线估计，模型和参数估计值见表 5-3。由表 5-3 可知，被引证文献数量与其被引频次的数量关系大致符合幂函数方程，即 $y=7550.9x^{-1.949}$。幂函数方程的拟合程度为 $R^2=0.8915>0.5$，说明所估计的幂函数方程对观测值的拟合程度越好，具有一定的可靠性。幂函数方程的特征再次说明了图 5-4 中被引证文献数量与被引频次的数量关系：即被引证文献数量随着被引频次的增加而减少以及其减少的快慢程度。

表 5-3　**被引证文献数量与被引频次的模型估计和参数估计值**

因变量：被引证文献量

方程	模型汇总					参数估计值	
	R^2	F	$df1$	$df2$	Sig.	常数	$b1$
幂	.892	690.277	1	84	.000	7 550.867	-1.949

自变量为被引频次。

总之，图书情报与数字图书馆研究领域中，被引证文献之间的被引频次差异较大(被引频次最高的学术论文与被引频次最低的学术论文其被引频次值相差 232 倍)，具有一定的悬殊性，且 80%的被引证文献其被引频次低于被引频次均值，这为基于被引频次评价高影响力的学术论文提供了相应的依据。此外，被引证文献数量与被引频次的数量关系呈现幂函数方程的形式，幂函数方程的特征即高被引学术论文数量远远低于低被引学术论文数量。这进一步说明了基于被引频次评价学术论文影响力的依据所在。

2. 基于被引频次的学术论文影响力广度评价

学术论文的被引频次是客观反映学术论文影响力的重要指标数据。在图书情报与数字图书馆研究领域中，对本研究 2012 年所刊出的且在 2012—2016 年 5 年间成为被引证文献的13 229篇学术论文的被引频次进行统计。表 5-4 仅列出了被引频次≥100 次的 17 篇学术论文的部分知识单元。为了便于数据的分析与统计，本研究将 13 229篇学术论文按照被引频次由高到低依次编序为 1~13 229。

表 5-4　**被引频次在 100 次及以上的 17 篇学术论文**

文献序号	被引证者	被引证文献	被引证期刊	被引频次
1	刘启元，叶鹰	文献题录信息挖掘技术方法及其软件 SATI 的实现——以中外图书情报学为例	信息资源管理学报	233
2	刘华	“读者决策采购”在美国大学图书馆的实践及其对我国的启示	大学图书馆学报	182

续表

文献序号	被引证者	被引证文献	被引证期刊	被引频次
3	杨海燕	大数据时代的图书馆服务浅析	图书与情报	171
4	樊伟红，李晨晖，张兴旺，秦晓珠，郭自宽	图书馆需要怎样的“大数据”	图书馆杂志	169
5	王世伟	论智慧图书馆的三大特点	中国图书馆学报	149
6	张晓林	研究图书馆 2020：嵌入式协作化知识实验室？	中国图书馆学报	144
7	赵宇翔，范哲，朱庆华	用户生成内容（UGC）概念解析及研究进展	中国图书馆学报	140
8	张文彦，武瑞原，于洁	大数据时代的图书馆初探	图书与情报	127
9	魏群义，侯桂楠，霍然	移动图书馆理论研究与实践应用综述	图书情报知识	123
10	乌恩	智慧图书馆及其服务模式的构建	情报资料工作	123
11	钟文娟	基于普赖斯定律与综合指数法的核心作者测评——以《图书馆建设》为例	科技管理研究	116
12	茆意宏	面向用户需求的图书馆移动信息服务	中国图书馆学报	113
13	初景利	学科馆员对嵌入式学科服务的认知与解析	图书情报研究	111
14	黄晓斌，钟辉新	大数据时代企业竞争情报研究的创新与发展	图书与情报	111
15	茆意宏	我国图书馆移动信息服务的现状与发展对策	大学图书馆学报	106
16	初景利	我国图书馆学科服务的难点与突破	中华医学图书情报杂志	106

续表

文献序号	被引证者	被引证文献	被引证期刊	被引频次
17	刘华	以读者为主导的文献资源建设——美国学术图书馆读者决策采购(PDA)研究	图书情报工作	100

学术论文的被引频次反映了学术论文的基础知识、研究方法以及所取得的研究成果等在文献层面上的影响范围，客观量化学术论文影响力。上述2012年在图书情报与数字图书馆研究领域中所刊出的17篇学术论文，在短短的5年间其被引频次高达100次及以上，年均20次及以上。本研究认为：上述17篇学术论文所提出的观点、应用的方法、研究的视角以及得出的结论等被图书情报与数字图书馆研究领域或者是其他研究领域的学者们所高度认同，并在其学术文献中加以引用，以表示对原作者所取得研究成果的尊重。因此，上述17篇学术论文在刊出后的短时间内就有了大量的引证文献，获得了较高的被引频次，从而客观量化了其具有较高的影响力。

5.2.2 被引频次峰值与学术论文影响力关系

1. 被引频次峰值

对学术论文的被引频次峰值进行相关研究有以下重要意义：首先，学术论文被引频次峰值反映了学术论文在其发表后某年所具有的最大学术价值和应用价值，客观量化了学术论文某年最高的影响力；其次，对学术论文被引证频次峰值所出现的时间进行统计，在一定程度上可以用于描述学科领域知识的影响程度，从而在学术论文影响力评价研究中保证学术论文拥有较多的引证文献，使一些非热门但具有一定应用价值的学术论文得到客观、公平、公正的评价。

对上述13 229篇学术论文的年度引证文献量进行统计，统计结果见表5-5。表5-5仅显示了学术论文被引频次≥100次的17篇学术论文的年度引证文献量情况。

表 5-5　学术论文的年度引证文献量情况（被引频次≥100 次）

文献序号	被引频次	2012	2013	2014	2015	2016	峰值出现时间	峰值量
1	233	1	26	52	72	82	2016	82
2	182	9	39	48	50	36	2015	50
3	171	0	19	47	57	48	2015	57
4	169	0	15	60	52	42	2014	60
5	149	1	15	31	51	51	2015	51
6	144	15	34	43	27	25	2014	43
7	140	2	19	31	37	51	2016	51
8	127	0	16	36	40	35	2015	40
9	123	5	33	37	33	15	2014	37
10	123	1	16	26	46	34	2015	46
11	116	4	13	13	31	55	2016	55
12	113	6	23	29	31	24	2015	31
13	111	1	17	30	32	31	2015	32
14	111	0	8	28	47	28	2015	47
15	106	0	27	32	25	22	2014	32
16	106	4	23	30	26	23	2014	30
17	100	2	29	28	27	14	2013	29

注：被引频次峰值简称峰值。

为了直观反映学术论文被引频次峰值出现时间，本研究选择了被引频次≥100 次的 17 篇学术论文绘制相应的可视化图谱。为了凸显 17 篇学术论文被引频次峰值出现时间，弱化年度引证文献数量对所绘制图的影响，本研究对 17 篇学术论文年度引证文献数量进行处理。所采用的函数公式为：

$$p_{ij} = \frac{P_{ij}}{\sum_{j=1}^{n} P_{ij}} \tag{5-1}$$

在式(5-1)中，p_{ij} 为第 i 篇学术论文在第 j 年的引证文献数量相对值，P_{ij} 为第 i 篇学术论文在第 j 年的引证文献数量；$\sum_{j=1}^{n} P_{ij}$ 为第 i 篇学术论文在 n 年内的引证文献总量(即被引频次)。

根据式(5-1)，对17篇学术论文的数据进行处理后，绘制了图5-5。

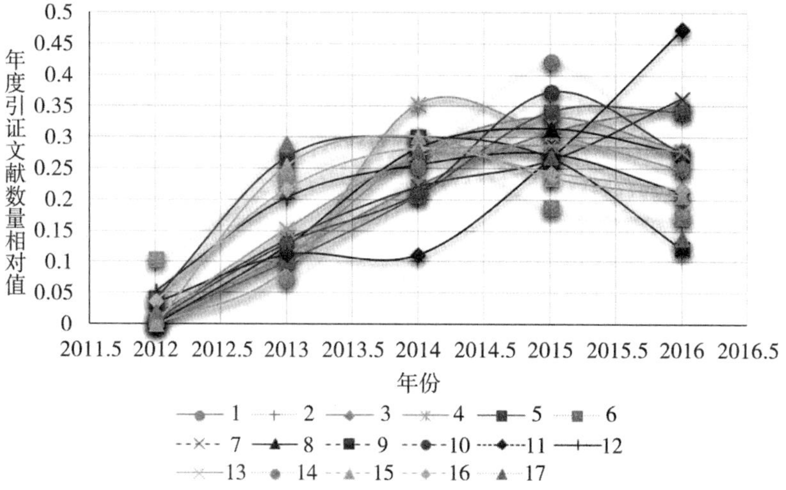

图5-5　学术论文年度引证文献量相对值分布(被引频次≥100次)

由表5-5和图5-5，从学术论文年度引证文献数量相对值的走势可知，被引频次≥100次的17篇学术论文的被引峰值出现时间集中在发表第四年(8篇学术论文)、第三年(5篇学术论文)，也有学术论文的被引频次峰值出现在第五年(3篇学术论文)和第二年(1篇学术论文)，且有11篇学术论文(约64.71%)的被引频次峰值出现在学术论文发表的第四年或第五年，仅有6篇学术论文(约35.29%)的被引频次峰值出现在学术论文发表的第二年或第三年。

可见，对于拥有较高被引频次(影响力)的学术论文，其被引频次峰值出现在学术论文发表的第四年、第五年甚至是更长时间。

然而，上述 17 篇学术论文的被引频次峰值难以代表图书情报与数字图书馆研究领域中的大部分被引证文献。为了获取13 229篇学术论文的被引频次峰值所在的时间，本研究运用 VBA 程序进行数据处理，处理结果如表 5-5 中的第 8 列和第 9 列所示，其中第 8 列表示学术论文在发表第一年至第五年内的被引频次峰值出现时间，第 9 列表示学术论文在该时间段内的年度最高被引频次，即被引频次峰值量。在这里需说明的是序号为 5 的学术论文，其在 2015 年和 2016 年间均被引用了 51 次，本研究将被引频次最高值所出现的最早时间作为学术论文被引频次峰值所在的时间，即序号为 5 的学术论文其被引频次峰值所在的时间为 2015 年。

那么对于图书情报与数字图书馆研究领域 2012 年所刊出的13 229篇学术论文而言，其被引频次峰值所在年份集中在哪一个时间段？基于上述问题，本研究对13 229篇学术论文被引频次峰值出现年份进行统计，统计结果见图 5-6。由图 5-6 可知，2012 年图书情报与数字图书馆研究领域所发表的学术论文，在发表后的 2012—2016 年 5 年间，其被引频次峰值在发表第一年(2012 年)的学术论文有 840 篇，约占学术论文总量的 6%；其被引频次峰值在发表第二年(2013 年)的学术论文有4 628篇，约占学术论文总量的 35%；其被引频次峰值在发表第三年(2014 年)的学术论文有3 829篇，约占学术论文总量的 29%；其被引频次峰值在发表第四年(2015)的学术论文有2 463篇，约占学术论文总量的 19%；其被引频次峰值在发表第五年(2016 年)的学术论文有1 469篇，约占学术论文总量的 11%。由以上数据可知，对于一篇图书情报与数字图书馆研究领域的学术论文，其被引频次峰值所出现的时间：发表第二年>发表第三年>发表第四年>发表第五年>发表第一年，而其出现在学术论文发表第二年至学术论文发表第四年有 82.55% 的可能性。

由此可以说明：第一，图书情报与数字图书馆研究领域中的学术论文最高影响力一般出现在学术论文发表的第二年至学术论文发表的第四年，随后，其新颖性、学术价值、应用价值等影响力将有所下降；第二，这再次论证了本研究在学术论文被引时间设置上的正确性，在一定程度上保证了学术论文拥有较多的引证文献量。

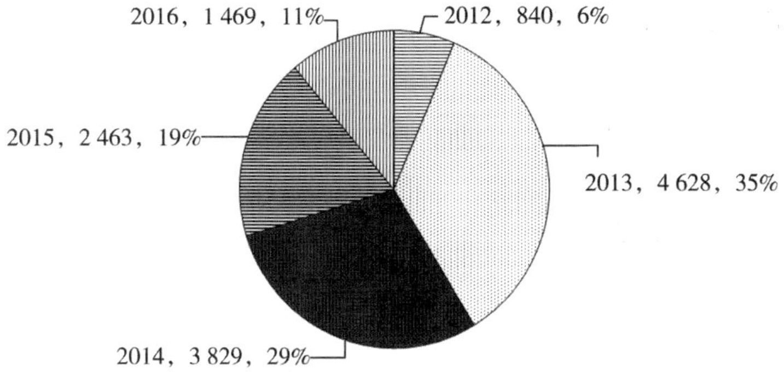

图 5-6 学术论文被引频次峰值年份分布饼状图

2. 被引频次峰值出现时间与学术论文影响力的关系

为了探究学术论文被引频次峰值出现时间与学术论文影响力的关系，本研究根据学术论文的被引频次量将学术论文划分为四个层次。具体划分标准如下：依据表 5-2，被引频次在被引频次中值及以下的学术论文为第一层次(约占学术论文总量的 50%)，其特点是学术论文的被引频次最低，影响力最低；被引频次在被引频次中值到被引频次均值的学术论文为第二层次(约占学术论文总量的 20%)，其特点是学术论文的被引频次较低，影响力较低；被引频次在被引频次均值至 8 次的学术论文为第三层次(约占学术论文总量的 20%)，其特点是学术论文的被引频次较高，影响力较高；被引频次在 8 次以上的学术论文为第四层次(约占学术论文总量的 10%)，其特点是学术论文的被引频次最高，影响力最高。

由图 5-7 可知，不同层次的学术论文被引频次峰值在学术论文发表第一年、第二年、第三年、第四年和第五年中均出现过，然而，不同层次的学术论文被引频次峰值所出现的时间在该层次中所占的比重各不相同，如与第一层次(学术论文被引频次最低，学术论文影响力最低)相比，第四层次(学术论文被引频次最高，学术论文影响力最高）的被引频次峰值分布有着明显的差异：被引频次峰值出现在发表第一年和第二年的学术论文量所占的比例显著减少，被引频次峰值出现在发表第三年、第四年和第五年的学术论文量所占的比例显著增加。因此，总体来看，与低影响力学术论文相比，高影响力学术论文的被引频次峰值出现时间有后移的迹象。

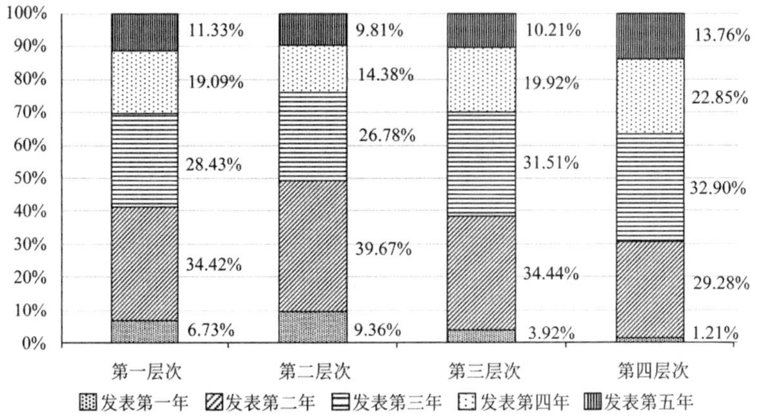

图 5-7　各层次学术论文与被引频次峰值出现时间关系

由图 5-7 可知，虽然不同层次学术论文的被引频次峰值在测度的 5 个时间年份中均出现过，但各层次学术论文被引频次峰值所出现的时间均集中在学术论文发表第二年、第三年和第四年。虽然与低影响力学术论文相比，高影响力学术论文的被引频次峰值有出现时间后移的迹象，但是被引频次峰值出现时间与被引频次的 Person 相关性(. Person Correction) = 0. 068。因此，无法依据学术论文被引频次峰值所出现的时间客观反映出学术论文影响力。

3. 被引频次峰值量与学术论文影响力关系

由上一节可知，学术论文被引频次峰值出现时间一般为学术论文出版第二年、第三年和第四年，不能用于量化学术论文影响力，那么学术论文被引频次峰值量能否用于量化学术论文影响力，这是本研究接下来需要研究的内容。

本研究按照学术论文被引频次与学术论文被引频次峰值量分别

对学术论文影响力进行排序，结果详见表5-6。由于篇幅有限，本研究只列出了被引频次≥100次的学术论文被引频次排序及被引频次峰值量排序结果。由表5-6的排序波动列来看，对于被引频次≥100次的17篇学术论文，基于被引频次排序结果与基于被引频次峰值量排序结果在0~6个名次内波动，其中排序结果保持不变的有4篇学术论文，波动1个名次的有4篇学术论文，波动2个名次的有5篇学术论文，波动3个、4个、5个、6个名次的各有一篇学术论文。总体来看，对于上述17篇学术论文而言，基于被引频次峰值的学术影响力评价结果与基于被引频次的学术论文影响力评价结果大体一致，相差不明显。

表5-6　**学术论文被引频次与被引频次峰值量排序结果对比**

文献序号	被引频次	被引频次排序	峰值量	峰值量排序	排序波动
1	233	1	82	1	0
2	182	2	50	6	-4
3	171	3	57	3	0
4	169	4	60	2	2
5	149	5	51	5	0
6	144	6	43	9	-3
7	140	7	51	5	2
8	127	8	40	10	-2
9	123	9	37	11	-2
10	123	9	46	8	1
11	116	10	55	4	6
12	113	11	31	13	-2
13	111	12	32	12	0
14	111	12	47	7	5
15	106	13	32	12	1
16	106	13	30	14	-1
17	100	14	29	15	-1

注：排序波动=被引频次排序-被引峰值量排序。

为了探讨学术论文被引频次评价结果与学术论文被引频次峰值量评价结果的一致性，本研究引入了肯德尔相关系数，并运用SPSS软件对学术论文被引频次和被引频次峰值量数据进行肯德尔相关系数分析。

肯德尔相关系数是计算多个等级变量相关程度的一种相关量，采用的是非参数检验方法度量定序型变量间的线性相关关系。① 它利用变量的秩计算一致对数目(U) 和非一致对数目(V)。一致对数目定义为 $U = \sum_{i=1}^{n} \sum_{j>i} (d_j > d_i)$，非一致对数目定义为 $U = \sum_{i=1}^{n} \sum_{j>i} (d_j < d_i)$，$d$ 为秩。例如，两变量(x_i，y_i) 的秩对分别对应着：(2，3)，(4，4)，(3，1)，(5，5)，(1，2)，对变量 x 的秩序升序后形成的秩对为：(1，2)，(2，3)，(3，1)，(4，4)，(5，5)。于是，变量 y 的秩随变量 x 的秩同步增大的秩对(一致对)：(1，2) 有3个，(2，3) 有2个，(3，1) 有2个，(4，4) 有1个，一致对数目 $U = 8$；变量 y 的秩未随变量 x 的秩同步增大的秩对(非一致对)：(1，2) 有1个，(2，3) 有1个，非一致对数目 $V = 2$。

$$\text{肯德尔相关系数} = (U - V) \frac{2}{n(n-1)} \tag{5-2}$$

肯德尔相关系数的取值范围在-1~1，当相关系数为1时，表示两个随机变量拥有一致的等级相关性；当相关系数为-1时，表示两个随机变量拥有完全相反的等级相关性；当相关系数为0时，表示两个随机变量是相互独立的。

相关分析结果见表5-7。由表5-7可知，其相关性测度结果为：相关系数=0.790并且显著性(双侧)(Sig. (2-tailed))=0<0.01。上述结果表明基于被引频次峰值量的学术论文影响力评价结果与基于

① 薛薇．统计分析与SPSS的应用[M]．北京：中国人民大学出版社，2014：219.

被引频次的学术论文影响力评价结果之间具有较高的一致性(0.6~0.8),① 并且显著性显著。

表 5-7　　学术论文被引频次峰值量与被引频次的相关系数表

			被引频次峰值
Kendall 的 tau_b	被引频次	相关系数	.790**
		Sig.(双侧)	.000
		N	13 229

**. 在置信度(双侧)为 0.01 时, 相关性是显著的。

基于上述研究结果, 本研究认为: 在图书情报与数字图书馆研究领域中, 学术论文被引频次峰值量与学术论文被引频次相同也可以用于客观量化学术论文影响力, 且基于被引频次峰值量的学术论文影响力评价结果与基于被引频次的学术论文影响力评价结果具有较高的一致性。因此, 学术论文被引频次峰值量这一指标可以适用于量化学术论文影响力, 但是不能完全取代学术论文被引频次指标, 基于被引频次峰值量的学术论文影响力评价研究是基于被引频次的学术论文影响力评价研究的一个补充。

5.2.3　基于引证时间因子的学术论文影响力动态评价

1. 引证时间因子概念

加菲尔德提出的即年指标、影响因子或汤森路透集团引入的 5 年期影响因子均是以学术论文之间的引证与被引证数据为测度基础的, 其充分考虑被引频次、被引时间以及学术期刊特征等, 并以达到客观量化学术期刊影响力以及遴选重要学术期刊为目的, 进而在科研管理活动中, 科研管理人员以学术论文所在学术期刊的影响因子衡量学术论文的学术价值、应用价值。

---

① 百度百科. 统计相关性[EB/OL]. [2018-01-01]. https://baike.baidu.com/item/%E7%BB%9F%E8%AE%A1%E7%9B%B8%E5%85%B3%E6%80%A7/10369298.

从学术论文的引证与被引证视角来看，一篇学术论文影响力与被引频次、被引证时间密不可分：第一，某篇学术论文成为被引证文献后，其与引证文献之间的数量是“一对多”的关系，并且学术论文的引证文献数量越多，即学术论文被引频次越高，该篇学术论文的学术价值、应用价值也就越高，从而该篇学术论文就表现出较强的影响力。第二，学术论文的被引证时间越接近学术论文的刊出时间，在一定程度上说明该篇学术论文在选题、研究内容方面具有热点性、新颖性，或在研究思路、研究方法上具有创新性，或在研究结果、研究结论上具有实用性等，即该篇学术论文具有较高的学术价值、应用价值，从而表现出了较高的影响力；其被引证时间距该篇学术论文的刊出时间越晚，相对于近期发表的学术论文而言，该篇学术论文的创新性、实用性等有所弱化，该篇学术论文的影响力也有所下降。

为了综合考虑学术论文的被引频次和被引时间对学术论文影响力的影响，本研究以学术论文的引证与被引证为研究视角，并以学术论文动态引证数据为研究基础，定义了引证时间因子概念，以客观量化学术论文的学术价值、应用价值，进而客观表征学术论文影响力。

定义：引证时间因子(Academic Papers Citation Time Factor, APCTF)指的是在测度时间范围内，某篇学术论文所有的引证文献的发表时间与该篇学术论文发表时间差的倒数之和，即：

$$\mathrm{APCTF} = \sum_{i}^{N} \frac{1}{T_i - T_0 + 1} \tag{5-3}$$

在式(5-3)中，T_0 表示某篇学术论文所刊出的时间年份；T_i 表示某篇学术论文第 i 篇引证文献所刊出的时间年份；N 表示某篇学术论文在时间 T_i 年引证文献的数量，即时间 T_i 年的被引频次；$\frac{1}{T_i - T_0 + 1}$ 表征某引证文献的引证时间效益；分母“+1”的目的是避免某篇学术论文在发表第一年(年)内就成为被引证文献(拥有被引频次)，致使本研究所定义的引证时间因子测度公式失去意义。

由引证时间因子定义可知，影响引证时间因子大小的数据主要有三个方面：一是学术论文的发表时间(T_0)；二是学术论文的引证文献数量(N)，即学术论文的被引频次；三是学术论文引证文献的发表时间(T_i)。

2. 引证时间因子与学术论文影响力关系

(1)即年期引证时间因子与学术论文影响力关系。

学术论文即年期引证时间因子(Academic Papers Immediacy Citation Time Factor)，用来反映学术论文学术价值、应用价值的即时辐射，即学术论文的即年影响程度。由式(5-3)可知，学术论文即年期引证时间因子的测度公式为：

$$APCTF_{即年期} = \sum_{i}^{N} \frac{1}{T_i - 2012 + 1}，其中 T_i = 2012 \qquad (5-4)$$

在图书情报与数字图书馆研究领域中，2012 年所发表学术论文在 2012 年成为被引证文献的仅有1 736篇，占 5 年内成为被引证文献的 13.12%。上述1 736篇被引证文献数量与被引频次分布如图 5-8 所示。

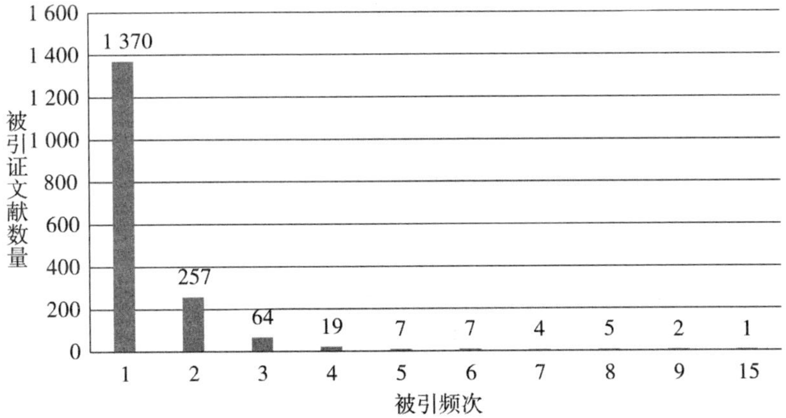

图 5-8　2012 年被引证文献数量及其被引频次分布图

由图 5-8 可知，在上述1 736篇学术论文中，其中有一篇学术论文在 2012 年被引频次高达 15 次之多。该篇学术论文是中国科学院国家科学图书馆馆长张晓林教授于 2012 年在《中国图书馆学报》

上发表的《研究图书馆 2020：嵌入式协作化知识实验室？》一文。该篇学术论文对科技创新以及支持科技创新的信息服务所面临的新挑战进行了论述，并提出了建立新型知识服务范式、建立新型知识管理范式以及建立新型合作交互型知识服务范式，以中国科学院文献情报体系为例提出了建立支持知识发现的综合数字知识基础设施等五方面的重点突破和跨越式发展，① 从而重新认识研究图书馆支持科技创新的新目标与需要。可见，该篇学术论文所提出的理念在图书情报与数字图书馆等研究领域中快速扩散，并得到了大量研究人员的认同，这体现出了该篇学术论文具有较高的即时影响力。即年期引证时间因子排名前 4 的 12 篇学术论文如表 5-8 所示。

表 5-8　　**即年期引证时间因子排名前 4 的学术论文**

文献序号	被引证者	被引证文献	即年期引证时间因子	排序
6	张晓林	研究图书馆 2020：嵌入式协作化知识实验室？	15	1
2	刘华	“读者决策采购”在美国大学图书馆的实践及其对我国的启示	9	2
116	黄红梅，王雪莲	微博在手机图书馆中的应用	9	2
39	刘华	馆藏建设的风向标——读者决策采购	8	3
79	刘炜，胡小菁，钱国富，张春景，夏翠娟	RDA 与关联数据	8	3
85	刘静	我国高校图书馆认证用户微博调查分析	8	3
201	周和平	抓住机遇　开拓创新　加快推进我国数字图书馆建设	8	3

① 张晓林．研究图书馆 2020：嵌入式协作化知识实验室？［J］．中国图书馆学报，2012，38(1)：11-20.

续表

文献序号	被引证者	被引证文献	即年期引证时间因子	排序
322	吕静	高校图书馆管理中 ERP 思想的应用对策研究	8	3
25	夏翠娟，刘炜，赵亮，张春景，徐昊，朱雯晶	关联数据发布技术及其实现——以 Drupal 为例	7	4
41	江波，覃燕梅	掌上图书馆、手机图书馆与移动图书馆比较分析	7	4
86	吴跃伟，张吉，李印结，邱天	基于科研用户需求的学科化服务模式与保障机制	7	4
94	鄂丽君，许子媛	我国区域图书馆联盟建设现状调查与分析	7	4

然而，在图书情报与数字图书馆研究领域中，相对于 2012 年所发表的并在 5 年内成为被引证文献的13 299篇学术论文，具有即时影响力的学术论文仅占较小的一部分(13.12%)。那么学术论文的即年期引证时间因子(即时影响力，2012 年被引频次)与学术论文被引频次有着怎样的关系呢？

被引频次作为学术论文影响力评价的基本指标，在学术论文影响力评价中有着不可取代的作用。为了探讨学术论文被引频次评价结果与学术论文即年期引证时间因子评价结果的一致性，本研究运用 SPSS 软件对学术论文被引频次和即年期引证时间因子进行肯德尔相关系数分析，相关分析结果见表 5-9。由表 5-9 可知，其相关性测度结果为：相关系数=0.231 并且显著性(双侧)(Sig.(2-tailed))=0<0.01。上述结果表明基于被引频次的学术论文影响力评价结果与基于即年期引证时间因子的评价结果之间具有较弱的一致性(0.2~0.4)，并且显著性显著。

表 5-9　**学术论文被引频次与即年期引证时间因子相关系数表**

			即年期引证时间因子
Kendall 的 tau_b	被引频次	相关系数	.231**
		Sig.（双侧）	.000
		N	13 229

＊＊. 在置信度(双侧)为 0.01 时，相关性是显著的。

基于上述研究结果，本研究认为：在图书情报与数字图书馆研究领域中，与基于被引频次的学术论文影响力评价结果相比，虽然基于即年期引证时间因子的学术论文影响力评价结果一致性较弱，但不能以此否定即年期引证时间因子在学术论文即时影响力评价中的作用。因此，本研究将基于即年期引证时间因子的学术论文影响力评价研究作为基于被引频次的学术论文影响力评价研究的一个重要补充，其能够快速量化学术论文在短期内的学术价值及其应用价值。

(2)2 年期引证时间因子与学术论文影响力关系。

根据式(5-3)，2 年期引证时间因子的测度公式为：

$$\text{APCTF}_{2\text{年期}} = \sum_{i}^{N} \frac{1}{T_i - 2012 + 1}, \text{ 其中 } T_i \in \{2012, 2013\} \tag{5-5}$$

根据式(5-5)对13 229篇学术论文的 2 年期引证时间因子进行测度。2 年期引证时间因子排名前 10 的学术论文如表 5-10 所示。

表 5-10　**2 年期引证时间因子排名前 10 的学术论文**

文献序号	被引证者	被引证文献	$\text{APCTF}_{2\text{年期}}$	排序
6	张晓林	研究图书馆 2020：嵌入式协作化知识实验室？	32	1
2	刘华	“读者决策采购”在美国大学图书馆的实践及其对我国的启示	28.5	2

续表

文献序号	被引证者	被引证文献	$APCTF_{2年期}$	排序
9	魏群义，侯桂楠，霍然	移动图书馆理论研究与实践应用综述	21.5	3
12	茆意宏	面向用户需求的图书馆移动信息服务	17.5	4
39	刘华	馆藏建设的风向标——读者决策采购	17	5
17	刘华	以读者为主导的文献资源建设——美国学术图书馆读者决策采购(PDA)研究	16.5	6
21	张晓林，李麟，刘细文，曾燕	开放获取学术信息资源：逼近“主流化”转折点	16	7
16	初景利	我国图书馆学科服务的难点与突破	15.5	8
25	夏翠娟，刘炜，赵亮，张春景，徐昊，朱雯晶	关联数据发布技术及其实现——以 Drupal 为例	15.5	8
35	黄淑敏	图书馆微博使用特征及发展策略研究	15.5	8
85	刘静	我国高校图书馆认证用户微博调查分析——以新浪微博为平台	15.5	8
43	刘颖	嵌入式学科服务创新模式研究——基于嵌入性理论的思考	15	9
116	黄红梅，王雪莲	微博在手机图书馆中的应用	15	9
1	刘启元，叶鹰	文献题录信息挖掘技术方法及其软件 SATI 的实现——以中外图书情报学为例	14	10
74	李超	国内图书馆开通微博服务的现状分析	14	10

续表

文献序号	被引证者	被引证文献	$APCTF_{2年期}$	排序
84	武鸿浩	CUDA 并行计算技术在情报信息研判中的应用	14	10
86	吴跃伟，张吉，李印结，邱天	基于科研用户需求的学科化服务模式与保障机制	14	10

与学术论文的即年期引证时间因子评价结果相一致，文献序号为 6 的张晓林教授的《研究图书馆 2020：嵌入式协作化知识实验室?》一文仍然位居第一位次；文献序号为 2 的作者刘华在《大学图书馆学报》上发表的《"读者决策采购"在美国大学图书馆的实践及其对我国的启示》一文仍然位居第二位次；而第三位次的学术论文由作者魏群义等在《图书情报知识》上发表的《移动图书馆理论研究与实践应用综述》一文所代替。

对于上述13 299篇学术论文而言，其被引频次和 2 年期引证时间因子将表现出怎样的一致性呢？基于上述问题，本研究探讨了学术论文被引频次与学术论文 2 年期引证时间因子评价结果之间的肯德尔相关系数，相关分析结果见表 5-11。由表 5-11 可知，其相关性测度结果为：相关系数 = 0. 494 并且显著性(双侧)(Sig.(2-tailed))= 0<0. 01。上述结果表明基于 2 年期引证时间因子的学术论文影响力评价结果与基于被引频次的学术论文影响力评价结果之间为中等程度一致性(0. 4~0. 6)，并且显著性显著。

表 5-11 **学术论文被引频次与 2 年期引证时间因子相关系数表**

			2 年期引证时间因子
Kendall 的 tau_b	被引频次	相关系数	.494**
		Sig.(双侧)	.000
		N	13 229

**. 在置信度(双侧)为 0.01 时，相关性是显著的。

基于以上研究结果，本研究认为：总体来看，在图书情报与数字图书馆研究领域中，学术论文的2年期引证时间因子与学术论文被引频次相同也可以用于客观量化学术论文影响力，且基于2年期引证时间因子的学术论文影响力评价结果与基于被引频次的学术论文影响力评价结果具有中等程度的相一致性。因此，在一定程度上，学术论文的2年期引证因子这一数据可大致反映学术论文的影响力，基于2年期引证时间因子的学术论文影响力评价研究是基于被引频次的学术论文评价研究的一个补充。

(3)3年期引证时间因子与学术论文影响力关系。

根据式(5-3)，3年期引证时间因子的测度公式为：

$$\text{APCTF}_{3\text{年期}} = \sum_{i}^{N} \frac{1}{T_i - 2012 + 1},$$
$$\text{其中 } T_i \in \{2012, 2013, 2014\} \tag{5-6}$$

根据式(5-6)对13 229篇学术论文的3年期引证时间因子进行测度。3年期引证时间因子排名前10的学术论文如表5-12所示。

表5-12　**3年期引证时间因子排名前10的学术论文**

文献序号	被引证者	被引证文献	$\text{APCTF}_{3\text{年期}}$	排序
6	张晓林	研究图书馆2020：嵌入式协作化知识实验室？	46.33	1
2	刘华	“读者决策采购”在美国大学图书馆的实践及其对我国的启示	44.50	2
9	魏群义，侯桂楠，霍然	移动图书馆理论研究与实践应用综述	33.83	3
1	刘启元，叶鹰	文献题录信息挖掘技术方法及其软件SATI的实现——以中外图书情报学为例	31.33	4
4	樊伟红，李晨晖，张兴旺，秦晓珠，郭自宽	图书馆需要怎样的“大数据”	27.50	5

续表

文献序号	被引证者	被引证文献	$APCTF_{3年期}$	排序
12	茆意宏	面向用户需求的图书馆移动信息服务	27.17	6
17	刘华	以读者为主导的文献资源建设——美国学术图书馆读者决策采购(PDA)研究	25.83	7
16	初景利	我国图书馆学科服务的难点与突破	25.50	8
3	杨海燕	大数据时代的图书馆服务浅析	25.17	9
15	茆意宏	我国图书馆移动信息服务的现状与发展对策	24.17	10

由表 5-12 可知，与学术论文的 2 年期引证时间因子评价结果相一致，基于 3 年期引证时间因子的学术论文影响力排名前三的学术论文保持不变；而第四位次的学术论文由作者刘启元等的《文献题录信息挖掘技术方法及其软件 SATI 的实现——以中外图书情报学为例》一文所代替，等等。

对于上述13 299篇学术论文而言，其被引频次和 3 年期引证时间因子将表现出怎样的一致性呢？基于上述问题，本研究探讨了学术论文被引频次与学术论文 3 年期引证时间因子评价结果之间的肯德尔相关系数，相关分析结果见表 5-13。由表 5-13 可知，其相关性测度结果为：相关系数＝0.635 并且显著性(双侧)(Sig.(2-tailed))＝0<0.01。上述结果表明基于 3 年期引证时间因子的学术论文影响力评价结果与基于被引频次的学术论文影响力评价结果之间为较高一致性(0.6～0.8)，并且显著性显著。

基于以上研究结果，本研究认为：总体来看，在图书情报与数字图书馆研究领域中，学术论文的 3 年期引证时间因子与学术论文被引频次相同也可以用于客观量化学术论文影响力，且基于 3 年期引证时间因子的学术论文影响力评价结果与基于被引频次的学术论文影响力评价结果具有较高的相一致性。因此，在一定程度上，学术论文的 3 年期引证时间因子这一数据可大致反映学术论文的影响力。

表 5-13　**学术论文被引频次与 3 年期引证时间因子相关系数表**

			3 年期引证时间因子
Kendall 的 tau_b	被引频次	相关系数	.635**
		Sig.（双侧）	.000
		N	13 229

**. 在置信度（双侧）为 0.01 时，相关性是显著的。

（4）4 年期引证时间因子与学术论文影响力关系。

根据式（5-3），4 年期引证时间因子的测度公式为：

$$APCTF_{4年期} = \sum_{i}^{N} \frac{1}{T_i - 2012 + 1},$$

$$其中\ T_i \in \{2012, 2013, 2014, 2015\} \tag{5-7}$$

根据式（5-7）对13 229篇学术论文的 4 年期引证时间因子进行测度。4 年期引证时间因子排名前 10 的学术论文如表 5-14 所示。

表 5-14　**4 年期引证时间因子排名前 10 的学术论文**

文献序号	被引证者	被引证文献	$APCTF_{4年期}$	排序
2	刘华	“读者决策采购”在美国大学图书馆的实践及其对我国的启示	57.00	1
6	张晓林	研究图书馆 2020：嵌入式协作化知识实验室？	53.08	2
1	刘启元，叶鹰	文献题录信息挖掘技术方法及其软件 SATI 的实现——以中外图书情报学为例	49.33	3
9	魏群义，侯桂楠，霍然	移动图书馆理论研究与实践应用综述	42.08	4

续表

文献序号	被引证者	被引证文献	$APCTF_{4年期}$	排序
4	樊伟红，李晨晖，张兴旺，秦晓珠，郭自宽	图书馆需要怎样的“大数据”	40.50	5
3	杨海燕	大数据时代的图书馆服务浅析	39.42	6
12	茆意宏	面向用户需求的图书馆移动信息服务	34.92	7
17	刘华	以读者为主导的文献资源建设——美国学术图书馆读者决策采购(PDA)研究	32.58	8
16	初景利	我国图书馆学科服务的难点与突破	32.00	9
5	王世伟	论智慧图书馆的三大特点	31.58	10

由表5-14可知，与3年期引证时间因子评价结果相比，文献序号为2的学术论文由原先的第2位次上升为第1位次；原先排序第1位次的学术论文(文献序号为6)下降为1个位次，位居第2位次；文献序号为1和9的学术论文其排序位次互换，分别由第4位次上升为第3位次、第3位次下降为第4位次，等等。

对于上述13 299篇学术论文而言，其被引频次和4年期引证时间因子将表现出怎样的一致性呢？基于上述问题，本研究探讨了学术论文被引频次与学术论文4年期引证时间因子评价结果之间的肯德尔相关系数，相关分析结果见表5-15。由表5-15可知，其相关性测度结果为：相关系数 = 0.746 并且显著性(双侧)(Sig.(2-tailed))= 0<0.01。上述结果表明基于4年期引证时间因子的学术论文影响力评价结果与基于被引频次的学术论文影响力评价结果之间为较高一致性(0.6~0.8)，并且显著性显著。

表 5-15　学术论文被引频次与 4 年期引证时间因子相关系数表

			4 年期引证时间因子
Kendall 的 tau_b	被引频次	相关系数	.746**
		Sig.（双侧）	.000
		N	13 229

**. 在置信度（双侧）为 0.01 时，相关性是显著的。

基于以上研究结果，本研究认为：总体来看，在图书情报与数字图书馆研究领域中，与学术论文的 3 年期引证时间因子相一致，学术论文的 4 年期引证时间因子与学术论文被引频次相同也可以用于客观量化学术论文影响力，且基于 4 年期引证时间因子的学术论文影响力评价结果与基于被引频次的学术论文影响力评价结果具有较高的相一致性。因此，在一定程度上，学术论文的 4 年期引证时间因子这一数据可大致反映学术论文的影响力。

（5）5 年期引证时间因子与学术论文影响力关系。

根据式（5-3），5 年期引证时间因子的测度公式为：

$$\mathrm{APCTF}_{5年期} = \sum_{i}^{N} \frac{1}{T_i - 2012 + 1},$$

$$其中\ T_i \in \{2012, 2013, 2014, 2015, 2016\} \qquad (5\text{-}8)$$

根据式（5-8）对13 229篇学术论文的 5 年期引证时间因子进行测度。5 年期引证时间因子排名前 10 的学术论文如表 5-16 所示。

表 5-16　5 年期引证时间因子排名前 10 的学术论文

文献序号	被引证者	被引证文献	$\mathrm{APCTF}_{5年期}$	排序
1	刘启元，叶鹰	文献题录信息挖掘技术方法及其软件 SATI 的实现——以中外图书情报学为例	65.73	1
2	刘华	“读者决策采购”在美国大学图书馆的实践及其对我国的启示	64.20	2

续表

文献序号	被引证者	被引证文献	$APCTF_{5年期}$	排序
6	张晓林	研究图书馆 2020：嵌入式协作化知识实验室？	58.08	3
3	杨海燕	大数据时代的图书馆服务浅析	49.02	4
4	樊伟红，李晨晖，张兴旺，秦晓珠，郭自宽	图书馆需要怎样的“大数据”	48.90	5
9	魏群义，侯桂楠，霍然	移动图书馆理论研究与实践应用综述	45.08	6
5	王世伟	论智慧图书馆的三大特点	41.78	7
7	赵宇翔，范哲，朱庆华	用户生成内容(UGC)概念解析及研究进展	41.28	8
12	茆意宏	面向用户需求的图书馆移动信息服务	39.72	9
8	张文彦，武瑞原，于洁	大数据时代的图书馆初探	37.00	10

由表 5-16 可知，与学术论文的 4 年期引证时间因子评价结果相比，文献序号为 1 的学术论文由原先的第 3 位次上升为第 1 位次；原先排序第 1 位次的学术论文(文献序号为 2)和排序第 2 位次的学术论文(文献序号为 6)均下降了 1 个位次，分别位居第 2 位次、第 3 位次；第 4 位次的学术论文由作者杨海燕在《图书与情报》学术期刊上发表的《大数据时代的图书馆服务浅析》一文所取代，等等。

那么对于上述13 299篇学术论文，它们的被引频次与 5 年期引证时间因子评估与量化结果是否具有一致性？本研究对其进行肯德尔相关系数分析，相关分析结果见表 5-17。由表 5-17 可知，其相关测度结果为：相关系数 = 0.824 并且显著性(双侧)(Sig.(2-tailed))= 0<0.01。上述结果表明基于 5 年期引证时间因子的学术论文影响力评价结果与基于被引频次的评价结果之间为极高一致性

(0.8~1)，并且显著性显著。

表 5-17 **学术论文被引频次与 5 年期引证时间因子相关系数表**

			5 年期引证时间因子
Kendall 的 tau_b	被引频次	相关系数	.824**
		Sig.（双侧）	.000
		N	13 229

＊＊. 在置信度(双侧)为 0.01 时，相关性是显著的。

基于上述研究结果，本研究认为：在图书情报与数字图书馆研究领域中，学术论文 5 年期引证时间因子与学术论文被引频次相同也可以用于客观量化学术论文影响力，且基于 5 年期引证时间因子的学术论文影响力评价结果与基于被引频次的学术论文影响力评价结果具有极高的一致性。因此，学术论文 5 年期引证时间因子这一指标可以适用于量化学术论文影响力，但是其不能完全取代学术论文被引频次指标，基于 5 年期引证时间因子的学术论文影响力评价研究是基于被引频次的学术论文影响力评价研究的一个重要补充。

根据学术论文被引频次与各年期引证时间因子评价结果的一致性以及学术论文被引频次峰值出现时间，本研究将各年期引证时间因子所测度的学术论文影响力划分为学术论文短期影响力(相关系数=[0.2，0.4])、学术论文中期影响力(相关系数=[0.4，0.8])和学术论文长期影响力(相关系数=[0.8，1])。因此，即年期引证时间因子测度的为学术论文短期影响力，2 年期、3 年期、4 年期引证时间因子测度的为学术论文中期影响力，5 年期引证时间因子测度的为学术论文长期影响力。

3. 基于引证时间因子的学术论文影响力动态评价结果评估

为了便于比较学术论文基于引证时间因子的排序的变动情况，本研究选择了在 2012 年至 2016 年被引频次≥100 的 17 篇学术论文的排序结果的变动情况，并绘制了相应的结果排序柱形图，如图 5-9 所示。为了进一步明确基于引证时间因子的排序的变动，本研究保留了学术论文基于各年期引证时间因子的结果排序。

文献序号	即年期引证时间因子结果排序	2年期引证时间因子结果排序	3年期引证时间因子结果排序	4年期引证时间因子结果排序	5年期引证时间因子结果排序	柱形图
1	10	10	4	3	1	
2	2	2	2	1	2	
3	11	18	9	6	4	
4	11	22	5	5	5	
5	10	20	20	10	7	
6	1	1	1	2	3	
7	9	14	14	11	8	
8	11	21	17	13	10	
9	6	3	3	4	6	
10	10	19	21	14	12	
11	7	16	28	27	16	
12	5	4	6	7	9	
13	10	18	19	16	15	
14	11	29	34	20	18	
15	11	11	10	12	14	
16	7	8	8	9	11	
17	9	6	7	8	13	

图 5-9 基于引证时间因子的学术论文影响力结果排序变动

图 5-9 中，柱形图的高低反映了学术论文影响力排名情况，就某篇学术论文而言，柱形图越低，其影响力在该年期的位次越靠前。由图 5-9 可知，随着测度年期的不同，基于引证时间因子的学术论文影响力也有所变化。由图 5-9 可以解析出基于引证时间因子的学术论文影响力的 4 种变动情况。

①排序位次保持上升态势。呈现该种态势最为明显的学术论文是文献序号为 1 的学术论文，其在即年期和 2 年期的测度结果排序均位居第 10 位次，然而在 3 年期的测度结果上升为第 4 位次，在 4 年期的测度结果上升为第 3 位次，在 5 年期的测度结果上升为第 1 位次。总体来看，其排序位次保持上升态势。

②排序位次呈现下降态势。呈现该种态势最为明显的学术论文是文献序号为 6 的学术论文，其在即年期、2 年期和 3 年期的测度结果排序均位居第 1 位次，然而在 4 年期的测度结果有所下降，降为第 2 位次，在 5 年期的测度结果再次下降 1 个位次，降为第 3 位次。总体来看，其排序位次呈现下降态势。

③排序位次先上升后下降态势。上述17篇学术论文中，有多篇学术论文的排序位次呈现先上升后下降，如文献序号为2的学术论文，其即年期引证时间因子、2年期引证时间因子、3年期引证时间因子均保持第2位次，其4年期引证时间因子上升为第1位次，然而其5年期引证时间因子又下降为第2位次。此外，序号为9、12等的多篇学术论文的排序位次也表现为先上升后下降的态势。

④排序位次先下降后上升态势。上述17篇学术论文中，有多篇学术论文的排序位次呈现先下降后上升，如文献序号为3的学术论文，其即年期引证时间因子为第11位次，其2年期引证时间因子下降为第18位次，随后的3年期引证时间因子、4年期引证时间因子、5年期引证时间因子的排序位次均呈现上升态势，分别位居第9位次、第6位次和第4位次。此外，文献序号为4、7、8等的多篇学术论文的排序位次也呈现先下降后上升的态势。

总体来看(即年期结果排序与5年期结果排序)，学术论文的影响力既呈现上升态势，又呈现保持不变态势，还呈现下降态势。因此，对于上述17篇学术论文而言，基于引证作者的学术论文影响力排序波动过程较为简单，仅有4种态势。

与传统仅基于被引频次的评价结果不同，基于引证时间因子的学术论文影响力充分考虑其引证数据的动态性以及引证效益，即将学术论文被引频次细化为年期(即年期、2年期、3年期、4年期和5年期)内的引证文献数量，并根据引证文献的引证时间赋予引证效益，从而动态、连续地反映了学术论文的影响力。

为了对基于各年期时间引证因子的学术论文影响力评价结果的一致性进行评估，本研究运用肯德尔相关系数进行分析，分析结果见表5-18。

由学术论文各年期引证时间因子的相关系数表可知：

①临近年期的引证时间因子的评价结果一致性最高。学术论文的即年期引证时间因子与2年期引证时间因子的评价结果一致性最高(相关系数=0.505)，学术论文的2年期引证时间因子与3年期引证时间因子的评价结果一致性最高(相关系数=0.8)，3年期引

证时间因子与4年期引证时间因子的评价结果一致性最高(相关系数=0.876),4年期引证时间因子与5年期时间引证因子的评价结果一致性最高(相关系数=0.92)。本研究认为:在临近年期,学术论文获得的引证文献数量较为接近,因此,临近年期的引证时间因子的评价结果一致性最高。

表5-18　学术论文各年期引证时间因子的相关系数表

			即年期	2年期	3年期	4年期	5年期
Kendall 的 tau_b	即年期	相关系数	1.000	.505**	.415**	.382**	.365**
		Sig.(双侧)	.	.000	.000	.000	.000
		N	13 229	13 229	13 229	13 229	13 229
	2年期	相关系数	.505**	1.000	.800**	.711**	.674**
		Sig.(双侧)	.000	.	.000	.000	.000
		N	13 229	13 229	13 229	13 229	13 229
	3年期	相关系数	.415**	.800**	1.000	.876**	.818**
		Sig.(双侧)	.000	.000	.	.000	.000
		N	13 229	13 229	13 229	13 229	13 229
	4年期	相关系数	.382**	.711**	.876**	1.000	.920**
		Sig.(双侧)	.000	.000	.000	.	.000
		N	13 229	13 229	13 229	13 229	13 229
	5年期	相关系数	.365**	.674**	.818**	.920**	1.000
		Sig.(双侧)	.000	.000	.000	.000	.
		N	13 229	13 229	13 229	13 229	13230

**. 在置信度(双侧)为0.01时,相关性是显著的。

②评价结果一致性的差异随年期逐渐缩小,再次验证了学术论文被引频次峰值出现的最晚时间。学术论文基于即年期的评价结果与基于2年期的评价结果、基于2年期的评价结果与基于3年期的评价结果、基于3年期的评价结果与基于4年期的评价结果、基于4年期的评价结果与基于5年期的评价结果的一致性差距分别为0.495、0.2、0.124和0.08。学术论文基于各年期引证时间因子的

评价结果一致性的差异随年期增大而逐渐缩小。由引证时间因子的定义可知，其受学术论文的发表时间、引证文献数量和引证文献发表时间的影响。在这里学术论文发表时间一致，学术论文引证文献数量和引证文献的发表时间均由学术论文引证文献所决定。评价结果一致性的差异随年期增大而逐渐缩小，说明学术论文在后续时间内被引用情况变化不大。基于 4 年期与基于 5 年期的学术论文影响力评价结果的一致性仅相差(0.08)，其远小于基于 3 年期与基于 4 年期的学术论文影响力评价结果的一致性差异(0.124)。这从学术论文的被引文献层面上例证了图书情报与数字图书馆学科领域的大部分学术论文的被引频次峰值出现时间不晚于学术论文发表的第四年。

5.3　基于引证文献类型的学术论文影响力评价分析

由基于被引频次的学术论文影响力评价分析一节可知，学术论文的被引频次从文献层面客观量化了学术论文的影响力。与学术论文的被引频次相一致，学术论文的引证文献类型也从文献层面客观表征了学术论文在不同学术文献载体上所表现出的学术价值、应用价值，即学术论文对不同学术文献载体的影响力。

5.3.1　引证文献类型及确定

1. 引证文献类型界定

常见的学术论文引证文献类型有期刊论文、普通图书、学位论文、会议论文等。而对于本研究的样本数据而言，依据学术论文引证文献的特征及来源将学术论文的引证文献类型划分为三大类、五小类。学术论文的引证文献类型及其来源情况如图 5-10 所示。

上述13 229篇学术论文的引证文献类型可以划分为学术期刊论文、学位论文和会议论文三大类，而学位论文又可以分为博士学位论文和硕士学位论文两类，会议论文又可以分为中国重要会议论文和国际会议论文两类。因此，学术论文的引证文献类型是由学术期刊论文、博士学位论文、硕士学位论文、中国重要会议论文和国际

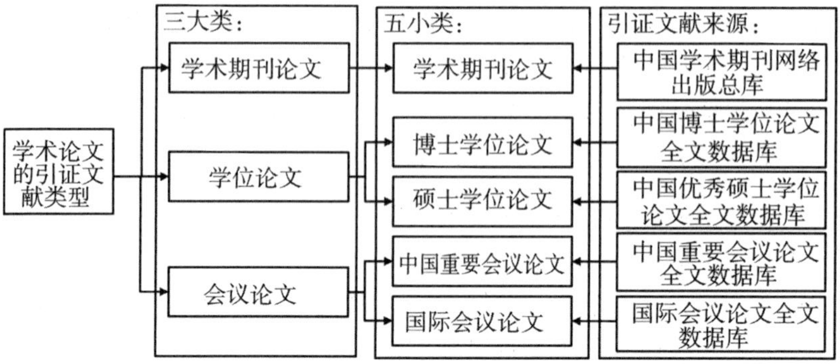

图 5-10　学术论文的引证文献类型及来源

会议论文五小类组成。

在这五小类学术论文的引证文献类型中，学术期刊论文类型的引证文献来源于《中国学术期刊网络出版总库》，博士学位论文类型的引证文献来源于《中国博士学位论文全文数据库》，硕士学位论文类型的引证文献来源于《中国优秀硕士学位论文全文数据库》，中国重要会议论文类型的引证文献来源于《中国重要会议论文全文数据库》，而国际会议论文类型的引证文献来源于《国际会议论文全文数据库》。然而，不同的学术文献类型，其所包含的知识在人类文明史的过程中起到的作用也有所不同，其所表征的学术论文影响力也有所差异。

第一，对于来源于《中国学术期刊网络出版总库》的引证文献而言，其反映了学术论文在以普通学术期刊论文为交流途径的科研活动中所起到的实际作用，表征了对从事科学研究活动的所有研究人员、学者等的学术影响力，如让学术理论知识在更为广泛的范围内传播与利用，或催生新研究方法、新研究思路，或对已有研究结果的认可、利用，等等。

第二，对于来源于《中国博士学位论文全文数据库》和《中国优秀硕士学位论文全文数据库》的引证文献而言，其通常反映了学术论文的基础理论之扎实、研究方法之实用、研究结论之准确等，通常在博士学位论文、硕士学位论文的研究背景、研究基础部分作为研究前沿或研究理论铺垫，其体现了学术论文的学术价值，在一定程上反映了学术论文对优秀博士生、研究生基础理论和专门知识的贡献，保证了未来人才在学科研究领域中掌握坚实宽广的基础理论和系统深入的专门知识。

第三，对于来源于《中国重要会议论文全文数据库》的引证文献而言，其反映了学术论文在特定学术交流环境中的学术价值和应用价值，体现了在特定学术领域对某些科研人员或学者等的学术影响力；而对于来源于《国际会议论文全文数据库》的引证文献而言，其不仅体现了在特定学术交流环境中对某些科研人员或学者等的学术影响力，还反映了学术论文所含有的理论知识、方法技能以及所取得的研究性成果在国际学术界所具有的学术价值或应用价值，即学术论文的国际影响力。

2. 引证文献类型确定

为了实现对上述13 229篇学术论文的53 388篇引证文献类型进行三大类、五小类分类，本研究采用了以下学术论文引证文献类别确定流程，如图 5-11 所示。

首先，对于一篇学术论文的引证文献题录而言，其含有字符“[J]”或字符“[D]”或字符“[C]”，分别代表着学术期刊论文、学位论文和会议论文。因此，根据上述字符“[J]”或字符“[D]”或字符“[C]”可以实现引证文献的第一次分类，即实现学术论文引证文献的学术期刊论文类型、学位论文类型和会议论文类型的确定。其次，引证文献题录中含有字符“[J]”的，可以直接划归为学术期刊论文类型引证文献，然而含有字符“[D]”或字符“[C]”的，需进一步确定，如文献类型标识为字符“[D]”的，抽取“题名”知识单元，与中国优秀硕士学位论文全文数据库或者中国博士学位论文全文数据库中的数据进行匹配，从而实现该篇引证文献是硕士学位论文或者是博士学位论文的确定。与硕士学位论文、博士学位论文类型的引证文献确定思路一致，文献类型标识为字符“[C]”的，抽取“题名”知识单元，与中国重要会议论文全文数据库或者国际会议论文全文数据库中的数据进行匹配，从而实现引证文献为中国重要会议论文或者为国际会议论文类型的确定。

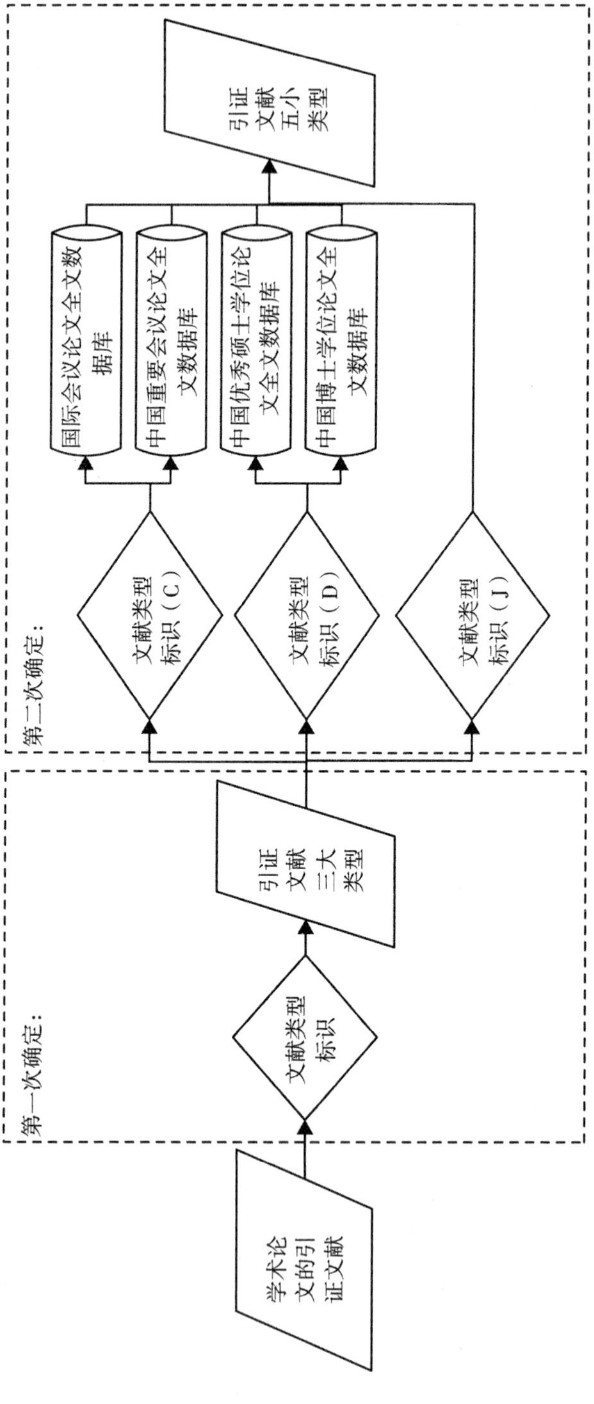

图5-11　学术论文的引证文献类型确定流程图

在学术论文的引证文献类型确定流程中，本研究将学术期刊论文类型的引证文献标识为“J 学术期刊论文”，将硕士学位论文类型的引证文献标识为“D 硕士学位论文”，将博士学位论文类型的引证文献标识为“D 博士学位论文”，将中国重要会议论文类型的引证文献标识为“C 中国重要会议论文”，将国际会议论文类型的引证文献标识为“C 国际会议论文”，从而实现了学术论文的引证文献类型的标识与判定工作，为后续相关研究提供了研究基础。

然而，学术论文的引证文献类型数量及其引证文献类型强度是否真正客观量化学术论文影响力，接下来本研究需要根据上述13 229篇学术论文(被引证文献)的动态引证数据来验证学术论文的引证文献类型数量或引证文献类型强度与学术论文被引频次的关系予以说明。

5.3.2 引证文献类型数量与学术论文影响力广度分析

学术论文引证文献类型数量从文献层面来反映了学术论文能够对哪类或哪几类学术文献产生影响，即学术论文在引证文献类型上的影响范围，并以此来量化学术论文影响力广度。

1. 引证文献类型数量分布与学术论文影响力评价

根据学术论文的引证文献类型标识——“J 学术期刊论文”“D 硕士学位论文”“D 博士学位论文”“C 中国重要会议论文”和“C 国际会议论文”，本研究对上述13 229篇学术论文的引证文献所涉及的文献类型数量进行统计，部分文献信息及引证文献类型详见表5-19。

由于篇幅的限制，本研究在表 5-19 中只展示被引频次≥100 的 17 篇学术论文的被引频次、引证文献类型数量以及学术论文与引证文献类型隶属矩阵。在隶属矩阵中，数字“1”表示某篇学术论文的引证文献有该学术文献类型的引证文献，如在 2012—2016 年被引频次最高的《文献题录信息挖掘技术方法及其软件 SATI 的实现——以中外图书情报学为例》一文(文献序号为 1，被引频次为 233)，其在 5 年内被 5 种学术文献类型的引证文献所引用，即被学术期刊论文、硕士学位论文、博士学位论文、中国重要会议论文和国际会议论文类型的引证文献所引用；而文献序号为 11、被引频次为 116 的《基于普赖斯定律与综合指数法的核心作者测评——以〈图书馆建设〉为例》一文，其在 5 年内被 2 种学术文献类型的引证文献所引用，即被学术期刊论文和硕士学位论文类型的引证文献所引用。

表 5-19 **学术论文及其引证文献类型隶属矩阵(被引频次≥100)**

文献序号	被引频次	引证文献类型数量	学术论文-引证文献类型隶属矩阵				
			J	D 硕	D 博	C 中国	C 国际
1	233	5	1	1	1	1	1
2	182	5	1	1	1	1	1
3	171	3	1	1		1	
4	169	4	1	1	1		1
5	149	3	1	1		1	
6	144	3	1	1		1	
7	140	3	1	1	1		
8	127	4	1	1		1	1
9	123	4	1	1	1	1	
10	123	3	1	1		1	
11	116	2	1	1			
12	113	4	1	1	1	1	
13	111	4	1	1	1	1	
14	111	5	1	1	1	1	1
15	106	4	1	1	1		1
16	106	3	1	1		1	
17	100	3	1	1		1	

注：标识为“J 学术期刊论文”的引证文献类型缩减为“J”，标识为“D 硕士学位论文”的引证文献类型缩减为“D 硕”，标识为“D 博士学位论文”的引证文献类型缩减为“D 博”，标识为“C 中国重要会议论文”的引证文献类型缩减为“C 中国”，标识为“C 国际会议论文”的引证文献类型缩减为“C 国际”。

在上述 17 篇学术论文中，有 3 篇学术论文(17. 65%)的引证文献类型涉及 5 种，6 篇学术论文(35. 29%)的引证文献类型涉及 4 种，7 篇学术论文(41. 18%)的引证文献类型涉及 3 种，有 1 篇学术论文(5. 88%)的引证文献类型涉及 2 种，而引证文献涉及 1 种的学术论文有 0 篇(0. 00%)。而对于13 229篇学术论文而言，仅有 8 篇学术论文(0. 06%)的引证文献类型涉及 5 种，86 篇学术论文(0. 65%)的引证文献类型涉及 4 种，666 篇学术论文(5. 03%)的引证文献类型涉及 3 种，3 267篇学术论文(24. 70%)的引证文献类型涉及 2 种，9 202篇学术论文(69. 56%)的引证文献类型仅涉及 1 种。由上述数据可知，具有高被引频次的学术论文其引证文献类型表现出多种类型。

为了进一步验证具有高被引频次的学术论文其引证文献类型表现出多种类型这一结果，本研究继续采用在研究被引频次峰值出现时间与学术论文影响力关系时，将学术论文划分为四个层次的方法，并分别对上述四个层次的学术论文引证文献类型数量进行统计，如图 5-12 所示。

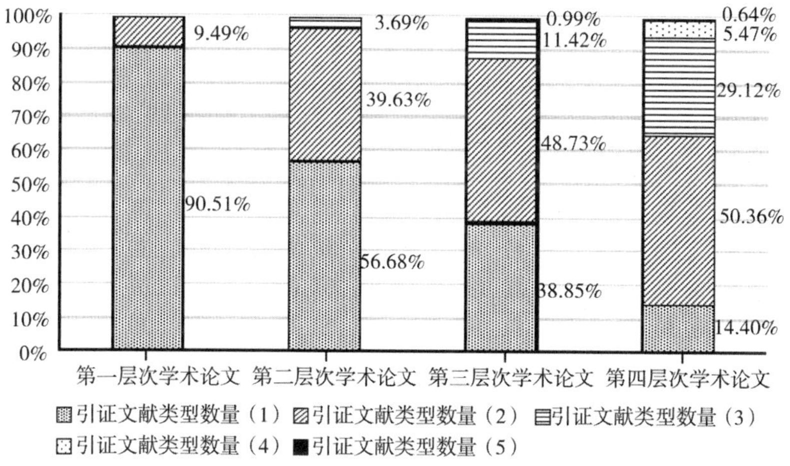

图 5-12　学术论文层次与引证文献类型数量分布图

由图 5-12 可知，不同层次的学术论文其引证文献类型数量差异较为明显：

①从纵向来看，第一层次学术论文其引证文献涉及1~2种学术文献类型，且表现为以涉及1种学术文献类型的引证文献为主，涉及2种学术文献类型的引证文献为辅的情况；第二层次学术论文其引证文献涉及1~3种学术文献类型，且表现为以涉及1~2种学术文献类型的引证文献为主，涉及3种学术文献类型的引证文献为辅的情况；第三层次学术论文其引证文献涉及1~4种学术文献类型，且表现为以涉及1~2种学术文献类型的引证文献为主，涉及3~4种学术文献类型的引证文献为辅的情况；第四层次学术论文其引证文献涉及1~5种学术文献类型，且表现为以涉及2~3种学术文献类型的引证文献为主，涉及1、4、5种学术文献类型的引证文献为辅的情形。

②从横向上来看，由第一层次学术论文到第四层次学术论文，学术论文的引证文献类型数量为1种的占比有所下降，为2种的占比有所上升；随着学术论文层次的增加(被引频次增加)，引证文献类型数量出现多种(3种、4种、5种)的情况且占比有所上升。因此，总体来看随着学术论文被引频次的增多，学术论文的引证文献也表现出多种学术文献类型。

2. 引证文献类型数量与被引频次的相关性分析

由上述研究表明：随着学术论文被引频次的增多，学术论文的引证文献也表现出多种学术文献类型。为了进一步验证学术论文引证文献类型数量与被引频次之间的相关关系，本研究运用SPSS 20对相关数据进行相关性分析。

Pearson相关系数是用来衡量两个数据集合是否在一条线上面，可它用来衡量定距变量间的线性关系。① 其测度公式为：

$$r = \frac{\sum_{i=1}^{n}(x_i - \bar{x})(y_i - \bar{y})}{\sqrt{\sum_{i=1}^{n}(x_i - \bar{x})^2 \sum_{i=1}^{n}(y_i - \bar{y})^2}} \tag{5-9}$$

① 薛薇．统计分析与SPSS的应用[M]．北京：中国人民大学出版社，2014：217-218.

式(5-9) 中，n 为样本量；x_i 和 y_i 分别为两变量的变量值。

学术论文引证文献类型数量与其被引频次的相关关系分析结果详见表 5-20。

表 5-20 **引证文献类型数量与被引频次相关关系分析**

		引证文献类型数量
被引频次	Pearson 相关性	.500**
	显著性(双侧)	.000
	N	13 229

* *. 在 0.01 水平(双侧)上显著相关。

由表 5-20 可知，其相关性测度结果为：Pearson 相关性(Pearson Correlation)= 0.500 并且显著性(双侧)(Sig. (2-tailed))= 0<0.01。上述结果表明学术论文引证文献类型数量与学术论文被引频次之间为中等程度正相关(0.4~0.6)，并且显著性显著。

学术论文被引频次是评价学术论文影响力的重要指标，并且学术论文的引证文献类型数量与学术论文被引频次的具有中等程度的相似性。因此，在一定程度上，学术论文的引证文献类型数量也可用于量化学术论文所含有的学术价值和应用价值等影响了哪几种类型的学术文献，但是，由于侧重的角度不同，其不能完全取代学术论文被引频次用于量化学术论文影响力这一指标。

3. 基于引证文献类型数量的学术论文影响力广度评价

由上述研究表明，学术论文的引证文献类型数量能够反映学术论文所含有的学术知识对哪几种类型的学术文献产生了影响，从而从学术文献类型角度客观量化学术论文影响力的广度。因此，本研究以学术论文的学术文献类型影响广度为视角，基于引证文献类型数量对学术论文影响力进行客观评价，评价结果详见表 5-21。

表 5-21　**基于引证文献类型数量的学术论文影响力评价结果(top8)**

文献序号	被引证文献	引证文献类型数量	排序
1	文献题录信息挖掘技术方法及其软件 SATI 的实现——以中外图书情报学为例	5	1
2	“读者决策采购”在美国大学图书馆的实践及其对我国的启示	5	1
14	大数据时代企业竞争情报研究的创新与发展	5	1
23	大数据视角下的情报研究与情报研究技术	5	1
44	物竞天择，适者生存——图书馆新消亡论论辩	5	1
49	SoLoMo 与智慧图书馆	5	1
61	嵌入式学科服务——研究型大学图书馆转型发展的新思路	5	1
218	高校大学生手机阅读行为调查分析	5	1

由于学术论文的引证文献类型数量有 1~5 种不等，学术论文影响力排序也分为了 5 个层次：学术论文的引证文献类型数量为 5 的，其排序值为 1，如文献序号为 1、2、218 等的 8 篇学术论文；学术论文的引证文献类型数量为 4 的，其排序值为 2，如文献序号为 4、8、9 等的 86 篇学术论文；学术论文的引证文献类型数量为 3 的，其排序值为 3，如文献序号为 3、5、6 等的 666 篇学术论文；学术论文的引证文献类型数量为 2 的，其排序值为 4，如文献序号为 11、21、24 等的3 267篇学术论文；学术论文的引证文献类型数量为 1 的，其排序值为 5，如文献序号为 161、193、206 等的9 202篇学术论文。

5.3.3　引证文献类型强度与学术论文影响力深度分析

学术论文引证文献类型数量从学术文献类型角度客观量化学术论文对哪些学术文献类型的学术论文所产生的影响，即学术论文影响力广度。那么学术论文在某一学术文献类型上的影响力深度如何？这就是接下来要研究的引证文献类型强度与学术论文影响力的深度分析。

1. 引证文献类型强度分布与学术论文影响力

本研究对13 229篇学术论文的各引证文献类型强度进行统计，由于篇幅限制，表5-22仅展示了被引频次≥100的学术论文及其引证文献类型强度2-模关系矩阵。

表5-22 **学术论文及其引证文献类型强度2-模关系矩阵**

文献序号	被引频次	学术论文-引证文献类型强度2-模关系矩阵				
		J	D硕	D博	C中国	C国际
1	233	198	24	7	2	2
2	182	167	9	1	3	2
3	171	150	17	0	4	0
4	169	150	15	2	0	2
5	149	140	6	0	3	0
6	144	135	8	0	1	0
7	140	64	70	6	0	0
8	127	112	13	0	1	1
9	123	93	28	1	1	0
10	123	112	10	0	1	0
11	116	110	6	0	0	0
12	113	94	16	1	2	0
13	111	104	4	1	2	0
14	111	82	21	3	4	1
15	106	95	8	1	0	2
16	106	98	6	0	2	0
17	100	95	3	0	2	0

表5-22详细列出了17篇学术论文的被引频次在5种学术文献类型的分布情况，如文献序号为1、被引频次最高（233次）的《文献题录信息挖掘技术方法及其软件SATI的实现——以中外图书情报学为例》一文，其在2012—2016年5年间的引证文献有198篇来

自《中国学术期刊网络出版总库》，24 篇来自《中国优秀硕士学位论文全文数据库》，7 篇来自《中国博士学位论文全文数据库》，2 篇来自《中国重要会议论文全文数据库》，2 篇来自《国际会议论文全文数据库》；文献序号为 17、被引频次为 100 的《以读者为主导的文献资源建设——美国学术图书馆读者决策采购(PDA)研究》一文，其在 2012—2016 年 5 年间的引证文献有 95 篇来自《中国学术期刊网络出版总库》，3 篇来自《中国优秀硕士学位论文全文数据库》，2 篇来自《中国重要会议论文全文数据库》，等等。

为了进一步明晰学术论文在各学术文献类型上的引证强度分布情况，本研究根据引证文献类型强度及学术论文数量绘制了相应的直方图，并提供了相应的数据分布统计量，如均值、中值、众数、极大值、极小值、百分比等。学术论文引证文献类型强度在各种学术文献类型上的分布情况如图 5-13 所示。

本研究将按照学术文献类型对学术论文的引证强度分布情况进行解析：

(1)引证文献是学术期刊论文类型的学术论文引证强度分布情况。如图 5-13(1)所示，学术论文在该种引证文献类型上的引证强度最大值为 198，最小值为 0，均值为 3.3，中值为 2，众数为 1，方差为 4.2767。且有 25%(实际 18%)的学术论文其引证文献类型强度低于 1，有 50%的学术论文其引证文献类型强度低于中值，有 75%的学术论文引证文献类型强度低于均值。由上述数据可知，学术论文在学术期刊论文类型上的引证强度分布不均衡，只有不足 25%的学术论文在该种学术文献类型上具有相对较高的引证强度。

(2)引证文献是硕士学位论文类型的学术论文引证强度分布情况。如图 5-13(2)所示，学术论文在该种引证文献类型上的引证强度最大值为 70，最小值为 0，均值为 0.58，中值、众数均为 0，方差为 2.297。百分位数显示，50%(实际 67.8%)的学术论文其在硕士学位论文类型上的引证强度为 0。由此说明，学术论文在硕士学位论文类型上的引证强度分布的不均衡明显。

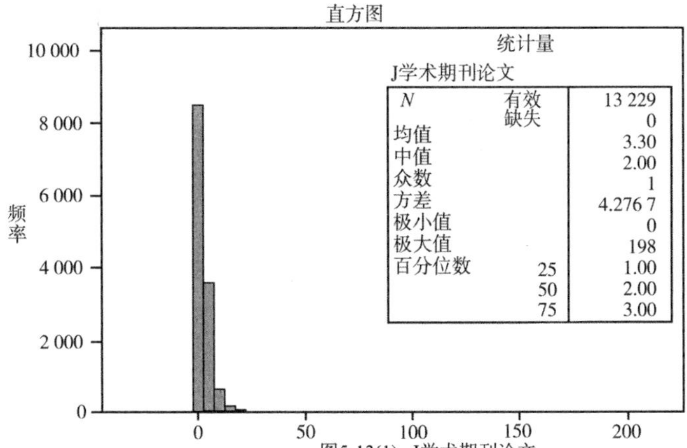

图5-13(1) J学术期刊论文

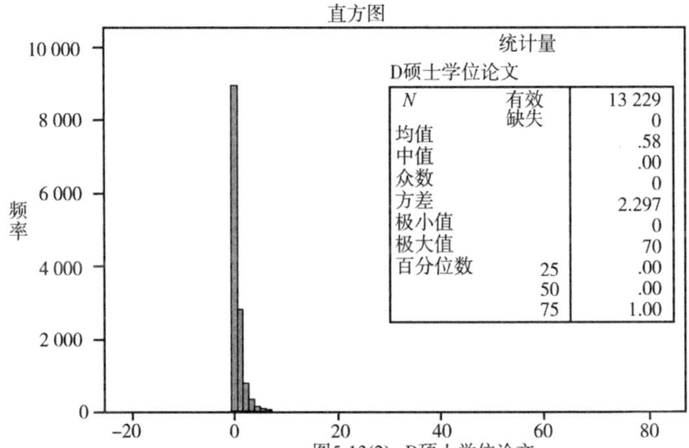

图5-13(2) D硕士学位论文

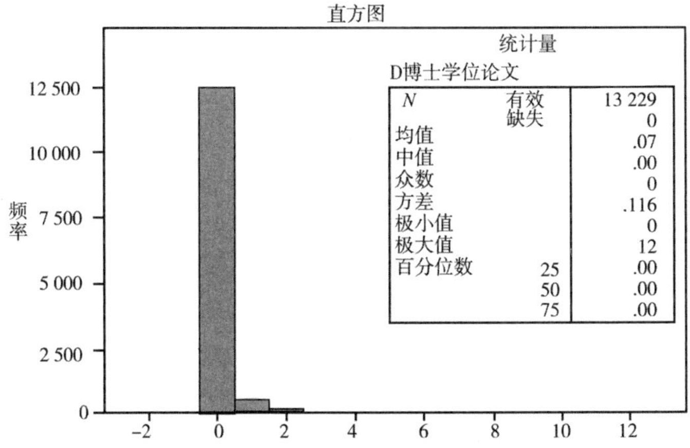

图5-13(3) D博士学位论文

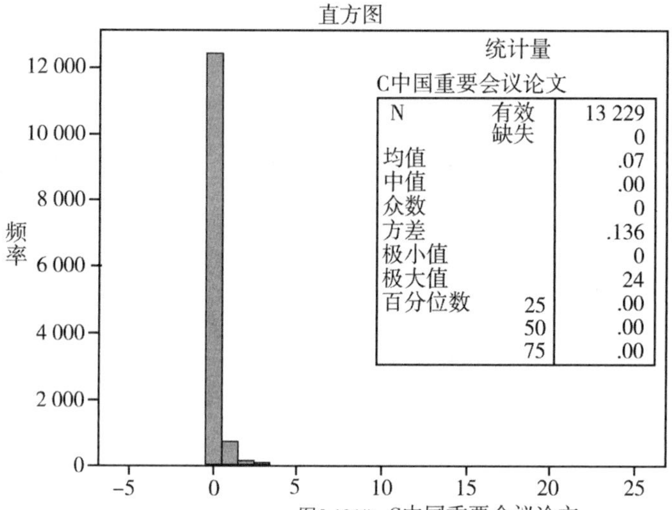

图5-13(4) C中国重要会议论文

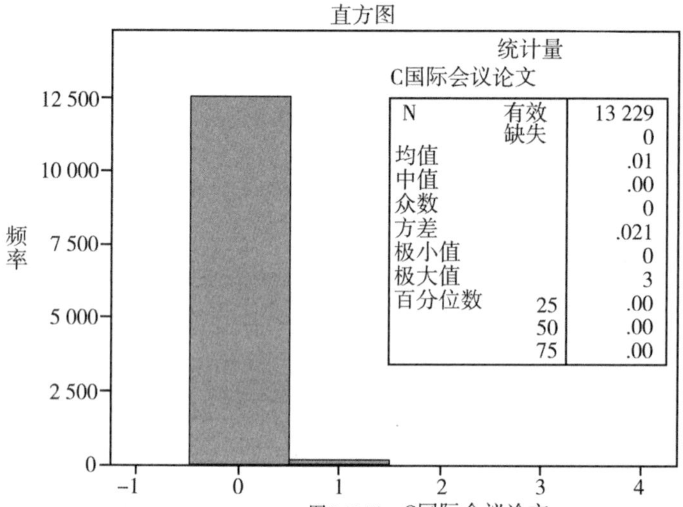

图5-13(5) C国际会议论文

图 5-13 学术论文在各学术文献类型上的引证强度分布

(3)引证文献是博士学位论文类型的学术论文引证强度分布情况。如图 5-13(3)所示，学术论文在该种引证文献类型上的引证强度最大值为 12，最小值为 0，均值为 0. 07，中值、众数均为 0，方差为 0. 116。百分位数显示，75%(实际 94. 7%)的学术论文在博士学位论文类型上的引证强度为0。因此，学术论文在博士学位论文类型上的引证强度分布的不均衡明显。

(4)引证文献是中国重要会议论文类型的学术论文引证强度分布情况。如图5-13(4)所示，学术论文在该种引证文献类型上的引证强度最大值为24，最小值为0，均值为0.07，中值、众数均为0，方差为0.136。百分位数显示，75%(实际93.7%)的学术论文在中国重要会议论文类型上的引证强度为0。因此，学术论文在中国重要会议论文类型上的引证强度分布的不均衡缩小。

(5)引证文献是国际会议论文类型的学术论文引证强度分布情况。如图5-13(5)所示，学术论文在该种引证文献类型上的引证强度最大值为3，最小值为0，均值为0.01，中值、众数均为0，方差为0.021。百分位数显示，75%(实际98.8%)的学术论文在国际会议论文类型上的引证强度为0。因此，学术论文在国际会议论文类型上的引证强度分布的不均衡再次缩小。

与学术论文被引频次分布不均衡相一致，学术论文在不同引证文献类型上所表现的引证强度也分布不均衡，且不均衡程度学术期刊论文类型的>硕士学位论文类型的>中国重要会议论文类型的>博士学位论文类型的>国际会议论文类型的。学术论文引证文献类型强度分布的不均衡性，首先为基于学术论文引证文献强度评价学术论文影响力(深度)提供了依据，其次反映出了学术论文所含有的学术价值、应用价值作用于不同引证文献类型上有所差异。总之，在各引证文献类型上表现出的引证强度客观量化了学术论文在不同引证文献类型上的学术论文影响力。

2. 引证文献类型强度与被引频次的相关性分析

学术论文在不同种引证文献类型上所表现出的引证强度不均衡性，为客观量化学术论文在不同引证文献类型上的影响力提供了测度依据。不同引证文献类型的学术论文引证强度由学术论文被引频次细化而来，那么它们与学术论文被引频次之间具有怎样的相关性关系？基于上述问题，本研究对13 229篇学术论文在不同种引证文献类型上所表现出的引证强度与学术论文的被引频次做了相关性分析，相关性分析结果详见表5-23。

表 5-23 引证文献类型强度与被引频次的相关性分析结果

		J 学术期刊论文	D 硕士学位论文	D 博士学位论文	C 中国重要会议论文	C 国际会议论文
被引频次	Pearson 相关性	.980**	.641**	.332**	.307**	.232**
	显著性(双侧)	.000	.000	.000	.000	.000
	N	13 229	13 229	13 229	13 229	13 229

**. 在 0.01 水平(双侧)上显著相关。

由表 5-23 可知，学术论文在学术期刊论文类型上的引证强度与被引频次之间的 Pearson 相关性=0.980，上述数据之间的关系表现出极强正相关；学术论文在硕士学位论文类型上的引证强度与被引频次之间的 Pearson 相关性=0.641，上述数据之间的关系表现出强正相关；学术论文在博士学位论文类型上的引证强度与被引频次之间的 Pearson 相关性=0.332，学术论文在中国重要会议论文类型上的引证强度与被引频次之间的 Pearson 相关性=0.307，上述两组数据与被引频次的关系均表现出了弱相关性；学术论文在国际会议论文类型上的引证强度与被引频次之间的 Pearson 相关性=0.232，上述数据之间的关系表现出了弱正相关性。上述数据表明：学术论文在不同种学术文献类型上的引证强度与被引频次之间的相关性不同，且相关性程度学术期刊论文类型的>硕士学位论文类型的>博士学位论文类型的>中国重要会议论文类型的>国际会议论文类型的。

因此，在表征、评估量化学术论文在各种学术文献上的学术论文影响力时，在一定程度上，学术论文的被引频次指标用于量化学术论文对学术期刊论文类型或硕士学位论文类型学术文献的学术论文影响力，但是无法取代其他 3 种引证文献类型强度指标量化学术论文对博士学位论文类型或中国重要会议论文类型或国际会议论文类型学术文献的学术影响力。

由表 5-22 可知，学术论文的被引频次是由各种学术论文的引证文献类型强度值的和组成的。虽然上述研究已探讨了各种学术论文的引证文献类型强度与其被引频次之间的相关关系，并发现学术论文的不同学术文献类型引证文献的引证强度与被引频次之间的相关性程度不同，但是未能反映出各种学术论文的引证文献类型强度对学术论文被引频次所起到的重要性。本研究运用 SPSS20 软件提供的自动线性建模功能，实现对 5 种学术论文引证文献强度在学术论文被引频次中所起的重要性进行评估，结果如图 5-14 所示。

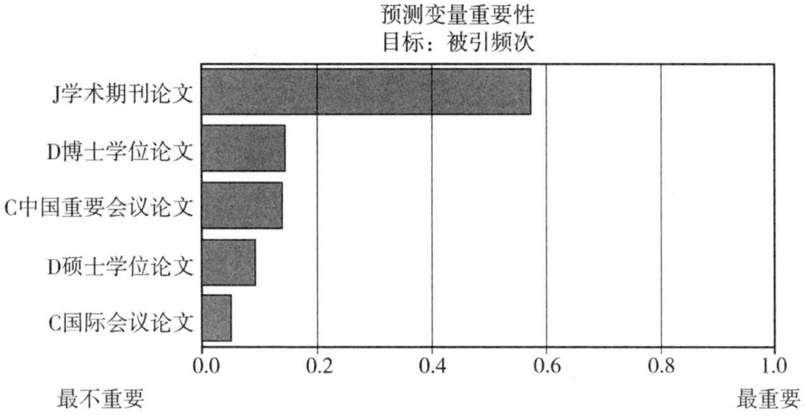

图 5-14　各种学术论文的引证文献类型强度的重要性

图 5-14 显示了 5 种学术论文的引证文献类型强度对学术论文的被引频次的重要性，各个预测变量重要性有所差异：就某一篇学术论文而言，被学术期刊论文所引用的重要性(0.5746)>被博士学位论文所引用的重要性(0.1429)>被中国重要会议论文所引用的重要性(0.1410)>被硕士学位论文所引用的重要性(0.0929)>被国际会议论文所引用的重要性(0.0486)。可见，学术论文被引频次主要由学术期刊论文类型的引证文献所决定。

此外，上述预测的准确度达 61.7%>0.5，换句话说，其范围囊括了 3/5 以上的学术论文。可见，在一定程度上，自动线性建模实现的 5 种学术论文引证文献类型强度对学术论文被引频次的重要性评估具有一定的可靠性。

3. 基于引证文献类型强度的学术论文影响力深度评价

为了基于引证文献类型强度反映学术论文影响力深度，本研究依照学术论文引证文献类型强度分别对学术论文在各种学术文献类型上的影响力排序，其中基于引证文献是学术期刊论文类型所测度的学术论文影响力排序在区间[1，82]，基于引证文献是硕士学位论文类型所测度的学术论文影响力排序在区间[1，27]，基于引证文献是博士学位论文类型所测度的学术论文影响力排序在区间[1，9]，基于引证文献是中国重要会议论文类型所测度的学术论文影响力排序在区间[1，6]，基于引证文献是国际会议论文类型所测度的学术论文影响力排序在区间[1，4]。为了显示各种引证文献类型强度排序情况，本研究绘制了相关折线图，如图5-15所示。

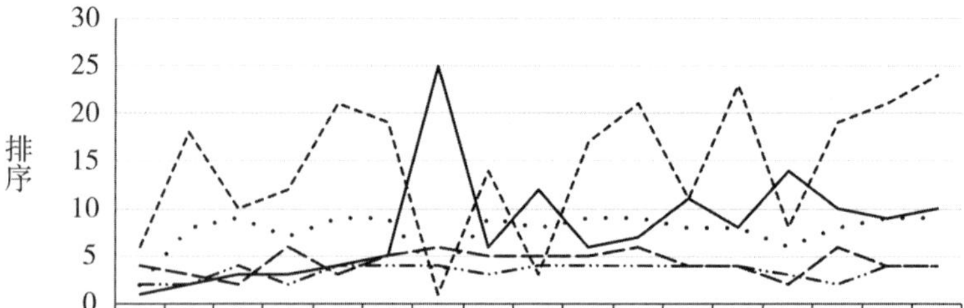

文献序号	1	2	3	4	5	6	7	8	9	10	11	12	13	14	15	16	17
—— J	1	2	3	3	4	5	25	6	12	6	7	11	8	14	10	9	10
----- D硕	6	18	10	12	21	19	1	14	3	17	21	11	23	8	19	21	24
···· D博	2	8	9	7	9	9	3	9	8	9	9	8	8	6	8	9	9
— — C中国	4	3	2	6	3	5	6	5	5	5	6	4	4	2	6	4	4
—··— C国际	2	2	4	2	4	4	4	3	4	4	4	4	4	3	2	4	4

文献序号

图5-15　各种引证文献类型强度排序情况

图5-15仅列出了被引频次≥100的17篇学术论文的各种引证文献类型强度的排序情况，如对于文献序号为1、被引频次为233的学术论文而言，其学术期刊论文类型的引证强度排序仍保持第一，硕士学位论文类型的引证强度排序为6，博士学位论文类型的引证强度排序为2，中国重要会议论文类型的引证强度排序为4，国际会议论文类型的引证强度排序为2，总体来看，其在各种类型的引证文献上均具有较高影响力。就文献序号为7的学术论文而言，其硕士学位论文类型的引证强度排序为1，而其中国重要会议论文类型的引证强度排序为6(最低)，且其国际会议论文类型的引

证强度排序为4(最低)，等等。因此，其对不同种学术文献类型的引证文献的影响力各异。

为了基于引证文献类型强度综合量化学术论文影响力，本研究以学术论文被引频次为量化指标评估基础，并根据学术论文的各种引证文献类型强度对学术论文被引频次的重要性，构建了基于引证文献类型强度的学术论文影响力深度评价体系：

$$TB = 0.5746 \times TB_J + 0.0929 \times TB_{D硕} + 0.1429 \times TB_{D博} + 0.1410 \times TB_{C中国} + 0.0486 \times TB_{C国际} \quad (5\text{-}10)$$

其中，TB 表示基于引证文献类型强度的学术论文综合影响力，TB_J表示学术期刊论文类型引证强度，$TB_{D硕}$表示硕士学位论文类型引证强度，$TB_{D博}$表示博士学位论文类型引证强度，$TB_{C中国}$表示中国重要会议论文类型引证强度，$TB_{C国际}$表示国际会议论文类型引证强度。

根据式(5-10)可以计算出基于引证文献类型强度的13 229篇学术论文的综合影响力，为了便于与基于被引频次的学术论文影响力评价结果相比较，本研究列出了基于引证文献类型强度的学术论文综合影响力评价结果、结果排序以及排序波动，详见表5-24。

表5-24 **学术论文被引频次与综合引证文献类型强度排序结果对比**

文献序号	被引频次	被引频次排序	综合引证文献类型强度	综合引证文献类型强度排序	排序波动
1	233	1	117.38	1	0
2	182	2	97.46	2	0
3	171	3	88.33	3	0
4	169	4	87.97	4	0
5	149	5	81.42	5	0
6	144	6	78.46	6	0
7	140	7	44.13	20	-13
8	127	8	65.75	7	1

续表

文献序号	被引频次	被引频次排序	综合引证文献类型强度	综合引证文献类型强度排序	排序波动
9	123	9	56.32	12	-3
10	123	9	65.43	8	1
11	116	10	63.76	9	1
12	113	11	55.92	13	-2
13	111	12	60.55	10	2
14	111	12	50.11	16	-4
15	106	13	55.57	14	-1
16	106	13	57.15	11	2
17	100	14	55.15	15	-1

注：排序波动=被引频次排序-综合引证文献类型强度测度排序。

在表5-24中，本研究仅列出了被引频次≥100次的学术论文的被引频次排序结果及基于引证文献类型强度的学术论文综合影响力排序结果。由表5-24的排序波动来看，对于文献序号为1~17的学术论文而言，基于被引频次排序结果与基于引证文献类型强度的学术论文综合影响力排序结果的波动性较小，其中排序结果保持不变的有6篇，波动1个名次的有5篇，波动2个名次的有3篇，波动3个、4个名次的均有1篇，波动5个名次以上的仅有1篇，即文献序号为7的学术论文，其排序结果波动最高下降了13个名次。总体上来看，对于所分析的17篇学术论文来讲，基于引证文献类型强度的学术论文综合影响力与基于被引频次的学术论文影响力评价结果具有一致性。

那么对于上述13 299篇学术论文，它们基于被引频次的学术论文影响力评价结果与基于引证文献类型强度的学术论文综合影响力评价结果是否具有一致性？本研究对它们之间的肯德尔相关系数进行分析，结果见表5-25。由表5-25可知，其相关性测度结果为：

相关系数=0.897并且显著性(双侧)(Sig.(2-tailed))=0<0.01。上述结果表明基于被引频次的学术论文影响力评价结果与基于引证文献类型强度的学术论文综合影响力评价结果之间为极高的一致性(0.8~1)，并且显著性显著。

表5-25　与基于引证文献类型强度的评价结果相关系数表

			被引频次	J	D硕	D博	C中国	C国际
Kendall 的 tau_b	引证文献类型强度	相关系数	.897**	.954**	.202**	.128**	.147**	.078**
		Sig.(双侧)	.000	.000	.000	.000	.000	.000
		N	13 229	13 229	13 229	13 229	13 229	13 229

**. 在置信度(双侧)为0.01时，相关性是显著的。

此外，在表5-25中，本研究还给出了基于引证文献类型强度的学术论文综合影响力评价结果与基于各种引证文献类型强度的评价结果的肯德尔相关系数，发现基于引证文献类型强度的评价结果与基于学术期刊论文类型的引证强度的评价结果具有极高的一致性，与基于硕士学位论文类型的引证强度的评价结果具有较弱的一致性，而与基于博士学位论文类型的引证强度、中国重要会议论文类型的引证强度以及国际会议论文类型的引证强度的评价结果均呈现极弱一致性或无一致性。上述数据表明：基于引证文献类型强度的学术论文综合影响力评价结果侧重于量化学术论文在学术期刊论文上的影响力。

基于上述研究结果，本研究认为：在图书情报与数字图书馆研究领域中，综合引证文献类型强度与学术论文被引频次相同也可以用于客观量化学术论文影响力，且基于引证文献类型强度的学术论文综合影响力的评价结果与基于被引频次的学术论文影响力的评价结果具有极高的一致性。因此，基于引证文献类型强度的学术论文综合影响力虽然侧重于量化学术论文在学术期刊论文上的影响力，但是也充分考虑了学术论文对硕士学位论文、博士学位论文、中国重要会议论文、国际会议论文等类型学术文献的影响力。此外，虽然基于综合引证文献类型强度这一指标与被引频次指标的测度结果具有极高的相似性，且其充分考虑了学术文献类型特点，但是与学术论文被引频次获取难易程度相比较，综合引证文献类型强度指标获取相对复杂、繁琐，不能完全取代学术论文被引频次指标，可以作为学术论文被引频次指标的一个重要补充。

5.3.4 基于引证文献类型的学术论文影响力动态评价

1. 引证文献类型引证时间

学术论文的引证文献类型数量量化了学术论文影响力的广度，即学术论文所含有的学术价值、应用价值对哪种、哪几种类型的学术文献有所影响；学术论文的引证文献类型强度量化了学术论文影响力的深度，即学术论文对某一类型学术文献的影响程度。学术论文的被引证时间在一定程度上反映了学术论文所取得的学术价值、应用价值的影响速率。而无论是基于引证文献类型数量的学术论文影响力评价，还是基于引证文献类型强度的学术论文影响力评价，均未考虑引证时间这一因素，是一个静态评估过程。因此，本研究基于动态引证数据，并结合学术论文的引证文献类型数量、引证文献类型强度以及引证文献类型引证时间达到综合量化学术论文影响力的目的，从而使基于引证文献类型的学术论文影响力评价具有动态性、连续性。

为了实现上述研究目标，在判定学术论文引证文献类型的同时，抽取其引证文献类型所对应的出版时间，从而确立学术论文引证文献类型的引证时间，并依据引证与被引证关系、文献与其知识单元隶属关系，确立知识单元“文献序号-引证文献类型-引证时间”的一一对应关系，并在 ACCESS 数据库中采用以下 SQL 语句实现关系数据的查询与统计，查询与统计结果示例如图 5-16 所示。

2. 基于引证文献类型的学术论文影响力动态评价体系

为了基于引证文献类型引证时间动态、连续地评估学术论文影

文献序号-引证文献类型-引证时间表

文献序号	引证文献类型	引证时间	NumberOfDups
1	C国际会议论文	2014	2
1	C中国重要会议论	2013	1
1	C中国重要会议论	2016	1
1	D博士学位论文	2013	2
1	D博士学位论文	2014	2
1	D博士学位论文	2015	3
1	D硕士学位论文	2013	3
1	D硕士学位论文	2014	10
1	D硕士学位论文	2015	4
1	D硕士学位论文	2016	7
1	J学术期刊论文	2012	1
1	J学术期刊论文	2013	20
1	J学术期刊论文	2014	38
1	J学术期刊论文	2015	65
1	J学术期刊论文	2016	74
2	C国际会议论文	2015	2

图 5-16 文献序号-引证文献类型-引证时间示例

响力，并充分考虑引证文献类型数量及引证文献类型强度，在本节研究中结合了引证时间因子概念以及引证文献类型强度对被引频次的重要性，定义了基于引证文献类型的学术论文影响力动态评价体系，具体测度公式为：

$$\mathrm{TBD} = \sum_{1}^{n} W_j \frac{1}{T_i - T_0 + 1} N_j \tag{5-11}$$

在式(5-11)中，TBD 表示基于引证文献类型的学术论文影响力，T_0 表示的是某篇学术论文所刊出的时间年份；T_i 表示的是某篇学术论文发表的第 i 年；n 表示某篇学术论文在时间 T_i 年引证文献类型数量；N_j 表示在时间 T_i 年第 j 种引证文献类型强度；W_j 表示在时间 T_i 年第 j 种引证文献类型强度对学术论文被引频次的重要性；$\frac{1}{T_i - T_0 + 1}$ 表示某引证文献类型的引证时间效益；分母"+ 1"的目的是保证公式有意义。

3. 基于引证文献类型的学术论文影响力动态评价与结果评估

根据式(5-11)，基于引证文献类型的学术论文影响力测度公式为：

$$
\begin{cases}
\sum_{1}^{n} W_j \frac{1}{T_i - 2012 + 1} N_j \\
T_i \in \{2012, 2013, 2014, 2015, 2016\} \\
W_j = \begin{cases} 0.5746, & \text{学术期刊论文类型} \\ 0.0929, & \text{硕士学位论文类型} \\ 0.1429, & \text{博士学位论文类型} \\ 0.1410, & \text{中国重要会议论文类型} \\ 0.0486, & \text{国际会议论文类型} \end{cases}
\end{cases}
\quad (5\text{-}12)
$$

根据式(5-12)，本研究对13 229篇学术论文的基于各年期引证文献类型的学术论文影响力进行测度，测度结果如表 5-26 所示。由表 5-26 可知：

①在基于即年期引证文献类型的学术论文评价结果中，文献序号为 6 的学术论文以 8. 62 分位居第 1 位次；文献序号为 2 的学术论文以 5. 17 分位居第 2 位次；排序第 3 位次的学术论文有 2 篇，分别是文献序号为 39、322 的学术论文，其得分值为 4. 66，等等。此外，排序第 5 位次的也有两篇学术论文，其文献序号为 85、201。

②与基于即年期引证文献类型的学术论文影响力评价结果相比，在基于 2 年期引证文献类型的学术论文评价结果中，文献序号为 6 的学术论文以最高分 17. 45 分位居第 1 位次，文献序号为 2 的学术论文以 15. 68 分继续位居第 2 位次，排序第 3 位次的学术论文由得分为 9. 53 的文献序号为 39 的学术论文所代替，等等。

③与基于 2 年期引证文献类型的学术论文影响力评价结果相比，在基于 3 年期引证文献类型的学术论文评价结果中，文献序号为 6 的学术论文以最高分 25. 52 分继续位居第 1 位次，文献序号为 2 的学术论文以 24. 57 分继续位居第 2 位次，排序第 3 位次的学术论文由得分为 15. 61 的文献序号为 9 的学术论文所代替，等等。

表 5-26 **基于各年期引证文献类型的学术论文影响力评价结果(top10)**

结果排序	即年期		2年期		3年期		4年期		5年期	
	文献序号	得分	文献序号	得分	文献序号	得分	文献序号	得分	文献序号	得分
1	6	8.62	6	17.45	6	25.52	2	30.78	2	34.73
2	2	5.17	2	15.68	2	24.57	6	29.16	1	32.59
3	39	4.60	39	9.53	9	15.61	1	23.92	6	31.84
	322	4.60								
4	116	4.26	9	9.49	4	14.99	4	21.62	4	25.78
5	85	4.17	21	9.19	17	14.39	3	20.56	3	25.41
	201	4.17	17	9.02	1	14.39	9	19.04	5	22.87
6	86	4.02	16	8.91	16	14.35	17	17.92	9	20.47
7	79	3.68	12	8.71	12	13.94	16	17.84	16	20.11
8	41	3.54	43	8.62	21	13.60	12	17.45	12	19.72
9	43	3.45	35	8.26	3	13.19	5	17.11	17	19.53
10	35	3.02	6	17.45	6	25.52	2	30.78	2	34.73

④与基于 3 年期引证文献类型的学术论文影响力评价结果相比，在基于 4 年期引证文献类型的学术论文评价结果中，文献序号为 2 的学术论文的影响力排序由第 2 位次上升一个位次位居第 1 位次，文献序号为 6 的学术论文的影响力排序由第 1 位次下降一个位次位居第 2 位次，排序第 3 位次的学术论文由得分为 23.92 的文献序号为 1 的学术论文所代替，等等。

⑤与基于 4 年期引证文献类型的学术论文影响力评价结果相比，在基于 5 年期引证文献类型的学术论文评价结果中，文献序号为 2 的学术论文以最高分 34.73 分继续位居第 1 位次，文献序号为 1 的学术论文的影响力排序由第 3 位次上升一个位次位居第 2 位次，排序第 3 位次的学术论文是文献序号为 6 的学术论文，等等。

可见，基于不同年期引证文献类型的学术论文影响力评价结果有所不同。为了便于比较学术论文基于引证文献类型的排序变动情况，本研究选择了在 2012—2016 年被引频次≥100 的 17 篇学术论文结果排序的变动情况，并绘制了相应的结果排序柱形图，如图 5-17 所示。

与基于引证时间因子的学术论文影响力评价结果相一致，随着测度年期的不同，基于引证文献类型的学术论文影响力也有所变化。图 5-17 所显示的学术论文，其结果排序变动情况也分为四类：①排序位次保持上升态势，如文献序号为 1、2、3、4、5 等的多篇学术论文；②排序位次呈现下降态势，如文献序号为 6 的学术论文；③排序位次呈现先上升后下降态势，如文献序号为 9、12 等的多篇学术论文；④排序位次呈现先下降后上升态势，如文献序号为 7、11 等的多篇学术论文。总体来看(即年期结果排序与 5 年期结果排序)，除文献序号为 6 的学术论文以外，其他 16 篇学术论文的影响力均呈现上升态势。

为了对基于各年期引证文献类型的学术论文影响力评价结果的一致性进行评估，本研究运用肯德尔相关系数进行分析，分析结果见表 5-27。由表 5-27 可知：

①临近年期的引证文献类型测度结果的一致性最高。基于即年

文献序号	即年期结果排序	2年期结果排序	3年期结果排序	4年期结果排序	5年期结果排序	柱形图
1	38	16	6	3	2	
2	2	2	2	1	1	
3	49	30	10	5	5	
4	49	42	4	4	4	
5	38	32	18	10	6	
6	1	1	1	2	3	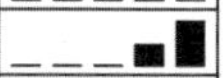
7	36	52	46	30	25	
8	49	36	15	13	11	
9	19	4	3	6	7	
10	38	31	22	14	12	
11	21	33	39	22	15	
12	15	8	8	9	9	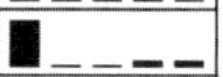
13	38	24	16	15	13	
14	49	94	52	24	22	
15	49	15	11	12	14	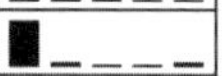
16	17	7	7	8	8	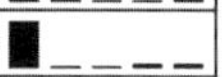
17	30	6	5	7	10	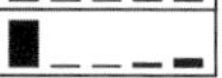

图 5-17 基于引证文献类型的学术论文影响力结果排序变动

期引证文献类型的学术论文影响力评价结果与基于 2 年期引证文献类型的学术论文影响力评价结果的一致性最高(相关系数=0.471)，基于 2 年期引证文献类型的学术论文影响力评价结果与基于 3 年期引证文献类型的学术论文影响力评价结果的一致性最高(相关系数=0.769)，基于 3 年期引证文献类型的学术论文影响力评价结果与基于 4 年期引证文献类型的学术论文影响力评价结果的一致性最高(相关系数=0.857)，基于 4 年期引证文献类型的学术论文影响力评价结果与基于 5 年期引证文献类型的学术论文影响力评价结果的一致性最高(相关系数=0.910)。本研究认为：在临近年期，学术论文获得的引证文献类型数量较为接近，由引证文献而来的引证文献类型数量、强度变化不大，因此，临近年期的引证文献类型的评价结果一致性最高。

表 5-27　**基于各年期引证文献类型测度结果的一致性相关系数**

			即年期	2 年期	3 年期	4 年期	5 年期
Kendall 的 tau_b	1 年期	相关系数	1.000	.471**	.385**	.355**	.343**
		Sig.(双侧)	.	.000	.000	.000	.000
		N	13 229	13 229	13 229	13 229	13 229
	2 年期	相关系数	.471**	1.000	.769**	.680**	.647**
		Sig.(双侧)	.000	.	.000	.000	.000
		N	13 229	13 229	13 229	13 229	13 229
	3 年期	相关系数	.385**	.769**	1.000	.857**	.798**
		Sig.(双侧)	.000	.000	.	.000	.000
		N	13 229	13 229	13 229	13 229	13 229
	4 年期	相关系数	.355**	.680**	.857**	1.000	.910**
		Sig.(双侧)	.000	.000	.000	.	.000
		N	13 229	13 229	13 229	13 229	13 229
	5 年期	相关系数	.343**	.647**	.798**	.910**	1.000
		Sig.(双侧)	.000	.000	.000	.000	.
		N	13 229	13 229	13 229	13 229	13 229

**. 在置信度(双侧)为 0.01 时，相关性是显著的。

②学术论文基于各年期引证文献类型的评价结果一致性的差异随年期逐渐缩小，再次验证了学术论文被引频次峰值出现的最晚时间。基于即年期的评价结果与基于 2 年期的评价结果、基于 2 年期的评价结果与基于 3 年期的评价结果、基于 3 年期的评价结果与基于 4 年期的评价结果、基于 4 年期的评价结果与基于 5 年期的评价结果一致性的差距分别为 0.529、0.231、0.143 和 0.090。学术论文基于各年期引证文献类型的评价结果一致性的差异随年期逐渐缩小。由基于引证文献类型的学术论文影响力评价动态体系可知，其受学术论文发表时间、引证文献类型种类、引证文献类型强度和引证文献发表时间的影响。在这里学术论文发表时间一致，引证文献类型种类、引证文献类型强度和引证文献发表时间均由学术论文引

证文献所决定。当学术论文引证文献数量变化不大时，说明其已经达到峰值。评价结果一致性的差异随年期逐渐缩小，说明学术论文在后续时间内被引用情况变化不大。基于4年期与基于5年期的学术论文影响力评价结果的一致性仅相差0.090，远小于基于3年期与基于4年期的学术论文影响力评价结果的一致性差异0.143。这从学术论文文献层面的引证文献类型上例证了图书情报与数字图书馆研究领域的大部分学术论文的被引频次峰值出现时间不晚于学术论文发表的第四年内。

学术论文被引频次是评估量化学术论文影响力的基本指标。本研究充分考虑引证文献类型数量、引证文献类型强度、引证文献类型引证时间，提出了基于引证文献类型的学术论文影响力动态评价体系。该体系对于学术论文影响力评价的效果如何，本研究对其测度结果与学术论文被引频次的测度结果的一致性进行分析。在这一过程中，本研究选择了用于量化等级变量相关程度的肯德尔相关系数，学术论文被引频次与基于各年期引证文献类型的评价结果相关关系分析结果见表5-28。

表5-28 **被引频次与基于各年期引证文献类型的评价结果相关关系**

			即年期	2年期	3年期	4年期	5年期
Kendall的tau_b	被引频次	相关系数	.229**	.469**	.586**	.676**	.741**
		Sig.(双侧)	.000	.000	.000	.000	.000
		N	13 229	13 229	13 229	13 229	13 229

**. 在置信度(双侧)为0.01时，相关性是显著的。

由表5-28可知：①基于即年期引证文献类型的学术论文影响力评价结果与基于被引频次的学术论文影响力评价结果之间具有较弱的一致性(相关系数=0.229)。虽然它们之间的一致性较弱，但是基于即年期引证文献类型测度数据可快速反映出学术论文所含有的学术价值、应用价值在文献层面上的即时影响程度，与学术期刊即年指标一致，可用于客观表征、评估量化学术论文即时影响力。

②基于2年期、3年期引证文献类型的学术论文影响力评价结果与基于被引频次的学术论文影响力评价结果之间具有中等程度的一致性(相关系数分别为0.469、0.586)。因此，基于2年期、3年期引证文献类型的学术论文影响力评价结果具有一定的可靠性，可用于学术论文影响力评价。③基于4年期、5年期引证文献类型的学术论文影响力评价结果与基于被引频次的学术论文影响力评价结果之间具有较强的一致性(相关系数分别为0.676、0.741)。因此，4年期、5年期引证文献类型的学术论文影响力评价结果具有可靠性，可用于学术论文影响力评价。

总体而言，除即年期引证文献类型指标数据外，其他年期引证文献类型指标数据均与被引频次指标数据的评价结果呈现中等程度及以上的一致性，但是即年期引证文献类型指标数据能够即时量化学术论文在文献层面的即时影响力。因此，基于引证文献类型的学术论文影响力动态评价体系可以用于动态、连续地评估学术论文影响力。

5.4　基于引证作者的学术论文影响力评价分析

基于文献层面的被引频次、引证文献类型的学术论文影响力评价是学术论文影响力评价研究最基本的研究，它们从文献层面表征、评估量化了学术论文影响力。学术论文引证作者从更为细粒度的作者层面来量化学术论文影响力，因此基于引证作者的学术论文影响力评价研究是基于文献层面的学术论文影响力评价研究的细化。

5.4.1　引证作者数量与学术论文影响力广度分析

在《影响矩作为测度单篇论著影响力的评价指标探讨》一文中，作者王术、叶鹰(2014)认为：一篇学术文献的影响力可以考虑以引用该学术文献的学者数为基础，即用引证作者数来客观量化学术文献的基础影响力。① 这在一定程上例证了本研究所提出的运用引证作者数量来客观量化学术论文影响力广度思想的正确性与适用性。

1. 引证作者数量分布与学术论文影响力评价

为了实现学术论文引证作者数量的统计，本研究对学术论文及其动态引证数据的处理方式如下：首先，根据学术文献间的引证与被引证关系，建立13 229篇学术论文与53 389篇引证文献的关联关系；其次，根据引证文献题录的特征，抽取各篇引证文献中的引证作者知识单元，并建立学术论文与每篇引证文献作者知识单元的对应关系；接着，依据学术论文与每篇引证文献作者知识单元之间的关系，编程完成学术论文的所有引证文献的作者知识单元汇总工作；最后，借助 Bibexcel 软件以及 Excel 的删除重复项、统计汇总函数等工具，实现13 229篇学术论文引证作者数量的统计工作。学术论文引证作者数量的统计结果如表 5-29 所示。

表 5-29　　　　**学术论文引证作者数量的统计结果**

引证作者数量	学术论文量	引证作者数量	学术论文量	引证作者数量	学术论文量
1	3 857	10	224	176	1
2	2 254	11	196	177	1
3	1 597	12	157	202	1
4	1 073	13	174	230	1
5	768	……	……	231	1
6	605	159	1	234	1
7	451	168	1	238	1
8	392	170	1	246	1
9	295	174	1	360	1

① 王术，叶鹰．影响矩作为测度单篇论著影响力的评价指标探讨[J]．大学图书馆学报，2014，32(5)：12-18.

由表 5-29 可知，在图书情报与数字图书馆研究领域中，2012 年所刊出且在 2012—2016 年 5 年间成为被引证文献的 13 229篇学术论文中，引证作者数量为 1(最低)的学术论文有 3 857篇(约占学术论文总量的 29.16%)，而引证作者数量为 360(最高)的学术论文仅有 1 篇(约占学术论文总量的 0.01%)，最高与最低的学术论文引证作者数量相差 359 倍，而学术论文量相差学术论文总量的 29.15%。由此可见，学术论文量与引证作者数量的分布不均衡。

为了进一步体现学术论文量与引证作者数量分布的不均衡现象，本研究对学术论文的引证作者数量进行频率描述统计，统计结果见表 5-30。

表 5-30　**学术论文的引证作者数量频率描述结果**

N	有效	13 229
	缺失	0
均值		5.80
中值		3.00
众数		1
方差		129.976
极小值		1
极大值		360
百分位数	10	1.00
	20	1.00
	30	2.00
	40	2.00
	50	3.00
	60	4.00
	70	5.00
	80	7.00
	90	13.00

由表 5-30 可知，学术论文的引证作者数量均值为 5.80，引证作者数量中值为 3，引证作者数量众数为 1，且有 30%左右的学术文献其引证作者数量高于引证作者数量均值(5.80)，仅有 10%左右的学术论文其引证作者数量为 13 次及以上。上述数据进一步说明了13 229篇学术论文的引证作者数量分布不均衡现象。与学术论文被引频次方差相比，学术论文引证作者数量的方差较高。总体来看，学术论文的引证作者数量分布具有一定的不均衡性，这种不均衡性有所加剧。学术论文引证作者数量不均衡的现象在一定程度上客观体现了学术论文质量、创新性等，反映出学术论文引证作者数量与其被引频次相一致，能够量化学术论文影响力。

为了直观展现学术论文量与引证作者数量的分布情况，本研究以引证作者数量为 *X* 轴，以学术论文量为 *Y* 轴，绘制了相关的散点图，如图 5-18 所示。由图 5-18 可知，学术论文量随着引证作者数量的增加而减少：在引证作者数量的某一特定范围内，学术论文数量急剧减少；而超越了这一特定范围，学术论文数量减少速度放

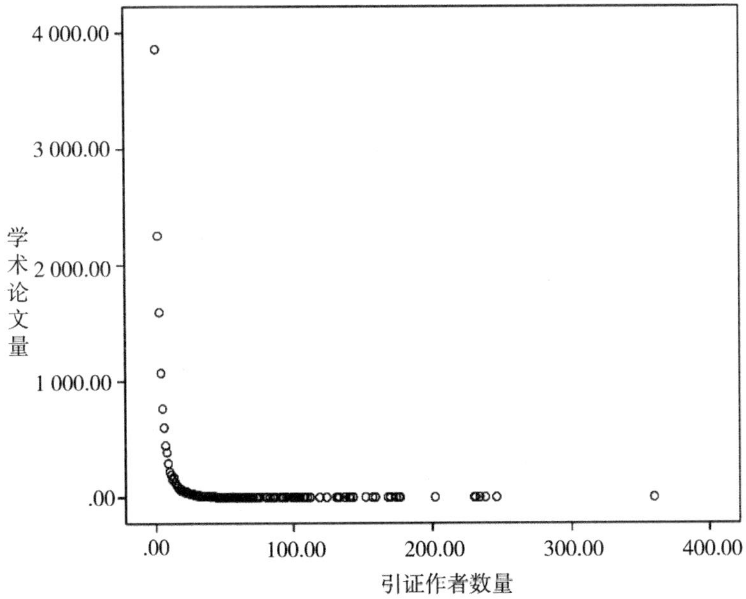

图 5-18　引证作者数量与学术论文量散点图

缓甚至是保持不变。

为了描述学术论文量与引证作者数量关系分布特征，本研究运用 SPSS 20 对其数量关系进行了曲线估计，模型和参数估计值见表 5-31。由表 5-31 可知，学术论文量与其引证作者数量的关系符合幂函数方程，即 $y=10105.896x^{-1.905}$。幂函数方程的拟合程度为 $R^2=0.906>0.5$，说明所估计的幂函数方程对观测值的拟合程度较好，具有一定的可靠性。

表 5-31 **学术论文量与引证作者数量的模型估计和参数估计值**

因变量：学术论文量

方程	模型汇总					参数估计值	
	R^2	F	$df1$	$df2$	Sig.	常数	$b1$
幂	.906	1 114.832	1	116	.000	10 105.896	-1.905

自变量为引证作者数量。

幂函数方程的特征再次说明了图 5-18 所示的学术论文量与引证作者数量的关系，即学术论文量随着引证作者数量的增加而减少以及其减少的快慢程度。

总之，图书情报与数字图书馆研究领域中，学术论文之间的引证作者数量差异较大(引证作者数量最多的学术论文与引证作者数量最少的学术论文其引证作者数量值相差 359 倍)，具有一定的悬殊性，且 70%左右的学术论文其引证作者数量值低于引证作者数量的均值，这为基于引证作者数量评价高影响力的学术论文提供了相应的依据。此外，学术论文量与引证作者数量的关系呈现幂函数方程的形式，幂函数方程的特征即高引证作者数量的学术论文的数量远远低于低引证作者数量的学术论文的数量，进一步说明了基于引证作者数量从作者层面评价学术论文对学者或研究人员的影响范围(即学术论文影响力广度)的依据所在。

2. 引证作者数量与被引频次的相关性分析

学术论文被引频次作为量化学术论文影响力的最重要指标和最

基本指标，在学术论文影响力评价研究与应用过程中，堪称评价的经典指标，有着不可取代的作用。与学术论文被引频次的分布相一致，学术论文引证作者数量分布不均衡的现象同样为基于引证作者数量来客观量化学术论文影响力提供了相应的科学依据。那么，学术论文的引证作者数量与学术论文的被引频次之间有着怎样的关联关系呢，能否与学术论文的被引频次相一致，学术论文引证作者数量能否用来客观表征、评估量化学术论文影响力？

基于上述研究问题，本研究对13 229篇学术论文的引证作者数量与被引频次进行相关性分析，以探讨学术论文的引证作者数量与被引频次之间的相关关系，从而进一步验证学术论文引证作者数量这一指标用于评估量化学术论文影响力的客观性、公平性、公正性以及科学性。

表 5-32　**被引频次与引证作者数量的相关性分析结果**

		引证作者数量
被引频次	Pearson 相关性	.973**
	显著性(双侧)	.000
	N	13 229

* *. 在 0.01 水平(双侧)上显著相关。

由表 5-32 可知，其相关性测度结果为：Pearson 相关性(Pearson Correlation)= 0.973 并且显著性(双侧)(Sig. (2-tailed))= 0<0.01。上述结果表明学术论文引证作者数量与学术论文被引频次之间为极强正相关(0.8~1)，并且显著性显著。

基于上述研究结果，本研究认为：在图书情报与数字图书馆研究领域中，学术论文引证作者数量与学术论文被引频次一样，也可以用于客观量化学术论文影响力，并且学术论文引证作者数量与学术论文被引频次之间具有极高的相似性。因此，学术论文引证作者数量这一指标可以适用于量化学术论文影响力，但是由于指标数据所侧重的角度不同，学术论文引证作者数量从作者层面量化学术论文影响力广度，而学术论文被引频次从文献层面量化学术论文影响力，学术论文引证作者数量指标不能完全取代学术论文被引频次这一经典指标。因而，基于引证作者数量的学术论文影响力评价研究是基于被引频次的学术论文影响力评价研究的一个补充。

3. 基于引证作者数量的学术论文影响力广度评价

学术论文引证作者数量与学术论文被引频次分布具有极高的相似性，因此，学术论文引证作者数量亦可适用于评估量化学术论文影响力。本研究基于引证作者数量对学术论文影响力进行评估，从作者层面客观量化学术论文的学术价值、应用价值对学者或研究人员的影响范围，即学术论文影响力广度。基于引证作者数量的学术论文影响力评价结果详见表 5-33。

表 5-33　**基于引证作者数量的学术论文影响力评价结果**

文献序号	被引证文献	引证作者数量	引证作者数量排序
1	文献题录信息挖掘技术方法及其软件 SATI 的实现——以中外图书情报学为例	360	1
4	图书馆需要怎样的“大数据”	246	2
6	研究图书馆 2020：嵌入式协作化知识实验室？	238	3
3	大数据时代的图书馆服务浅析	234	4
2	“读者决策采购”在美国大学图书馆的实践及其对我国的启示	231	5
11	基于普赖斯定律与综合指数法的核心作者测评——以《图书馆建设》为例	230	6
5	论智慧图书馆的三大特点	202	7
7	用户生成内容(UGC)概念解析及研究进展	177	8
16	我国图书馆学科服务的难点与突破	176	9
9	移动图书馆理论研究与实践应用综述	174	10

基于引证作者数量的学术论文影响力评价结果排序分为 118 个等级，即排序 1～118，表 5-33 仅列出了引证作者数量排序前 10 的

学术论文相关信息。在这前 10 篇学术论文中，《文献题录信息挖掘技术方法及其软件 SATI 的实现——以中外图书情报学为例》(文献序号 1) 一文在 2012—2016 年的引证作者数量最高，高达 360 位，因此该篇论文基于引证作者数量的学术论文影响力广度最高；其次是《图书馆需要怎样的"大数据"》(文献序号 4) 一文，其以 246 位引证作者数量在基于引证作者数量的学术论文影响力广度排序中位居第二；接着是《研究图书馆 2020：嵌入式协作化知识实验室?》一文(文献序号 6)，其以 238 位引证作者数量在基于引证作者数量的学术论文影响力广度排序中位居第三，等等。

虽然学术论文引证作者数量与学术论文被引频次之间具有极高的相似性，但是由于其对学术论文影响力所侧重的角度不同，基于上述两种指标的学术论文影响力评价结果难免有一定的差异性。为了直观展现基于引证作者数量的学术论文影响力评价结果与基于被引频次的学术论文影响力评价结果的差异性，本研究仅列出并比较了被引频次≥100 的 17 篇学术论文(文献序号为 1～17 的学术论文)的引证作者数量排序结果和被引频次排序结果，并绘制了排序结果对比图，如图 5-19 所示。

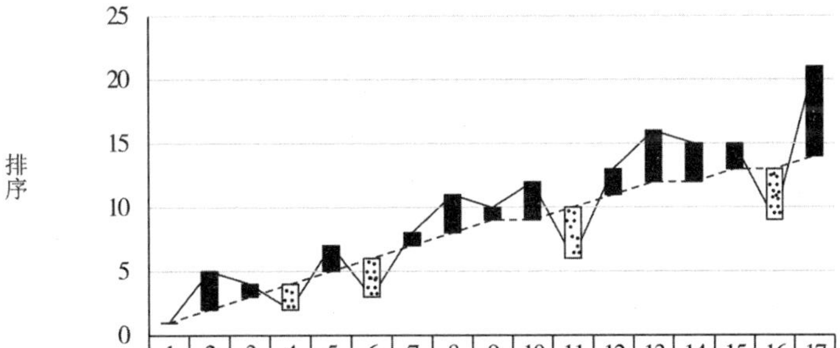

文献序号	1	2	3	4	5	6	7	8	9	10	11	12	13	14	15	16	17
——引证作者数量排序	1	5	4	2	7	3	8	11	10	12	6	13	16	15	15	9	21
----被引频次排序	1	2	3	4	5	6	7	8	9	9	10	11	12	12	13	13	14

文献序号

图 5-19　学术论文的引证作者数量排序与被引频次排序对比

在图 5-19 中，实线表示学术论文的引证作者数量排序，虚线表示学术论文的被引频次排序；黑色实柱表示排序的跌柱，即与学术论文的被引频次排序相比，学术论文的引证作者数量排序有所下降，浅色点柱表示排序的涨柱，即与学术论文的被引频次排序相比，学术论文的引证作者数量排序有所上升；黑色实柱或浅色点柱的高低表示排序下降或上升的程度。在上述 17 篇学术论文，仅有文献序号为 1 的学术论文其排序保持不变；有 12 篇学术论文的排序呈现黑色实柱，即从引证作者数量角度量化的学术论文影响力评价结果的排序有所下降，其中排序下降最多的是文献序号为 17 的学术论文，它下降了 7 个名次；有 4 篇学术论文的排序呈现灰色点柱，即从引证作者数量角度量化的学术论文影响力评价结果的排序有所上升，其中排序上升最多的是文献序号为 11、16 的两篇学术论文，均上升了 4 个名次。

可见，从不同的角度来评估学术论文影响力，会出现不同的评价结果。这再次说明：虽然基于引证作者数量的学术论文影响力评价与基于被引频次的学术论文影响力评价表现为极度相似性，但是由于其所侧重的角度不同，不能完全取代被引频次这一指标，可以作为被引频次指标的补充，从而综合评估学术论文影响力。

5.4.2 引证作者强度与学术论文影响力深度分析

学术论文引证作者数量从作者层面量化了学术论文的学术价值和应用价值对学者或研究人员的影响范围，即学术论文影响力广度；而引证作者强度亦从作者层面量化了学术论文的学术价值和应用价值对学者或研究人员的最大影响程度，即学术论文影响力深度。

1. 引证作者强度与学术论文影响力评价

为了基于动态引证文献数据实现学术论文引证作者强度的统计任务，本研究在完成学术论文的引证作者知识单元汇总工作之后，借助 Bibexcel 软件、Excel 的统计汇总函数以及自编 VBA 程序等，实现学术论文引证作者强度的统计工作，并运用 SPSS20 软件对学术论文引证作者强度进行频率描述统计。本研究将其直方图和统计量进行合并，所形成的统计结果见图 5-20。

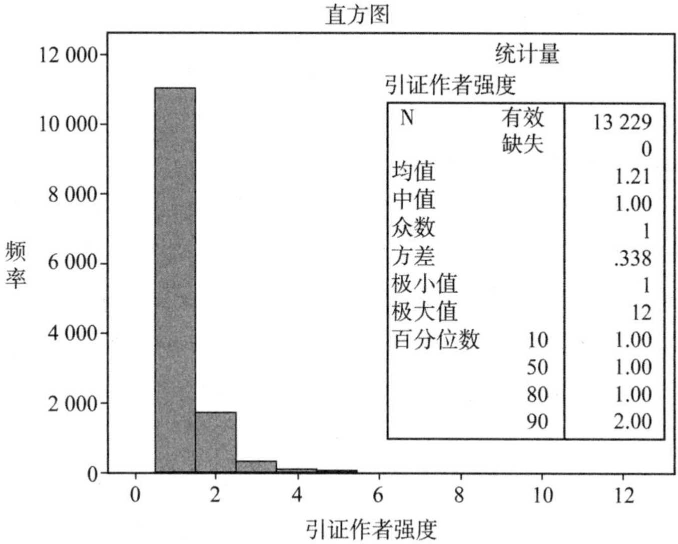

图 5-20 学术论文引证作者强度分布

由图 5-20 可知，在图书情报与数字图书馆研究领域的13 229篇学术论文中，引证作者强度的最大值为 12，最小值为 1，均值为 1. 21，中值、众数均为 1，且 80%左右的学术论文其引证作者强度值低于引证作者强度均值。因此，从学术论文引证作者强度角度来看，对于大部分学术论文而言，其引证作者强度较低。换而言之，大部分学术论文所含有的学术价值和应用价值对某一引用作者的影响程度较低，其表现为在学术论文影响力评估时间界限内，引证作者在其所撰写的学术文献中仅引证该篇学术论文一次。然而，有少部分的学术论文其引证作者强度较高，换而言之，有少部分的学术论文含有的学术价值和应用价值对某一引用作者的影响程度较高，表现为在某学术论文影响力评估时间界限内，引证作者在其所撰写的学术文献中多次引证该篇学术论文，如在本次研究样本中，有引证作者在 5 年中引证该篇学术论文高达 12 次。

总之，从学术论文的学术价值和应用价值对某引证作者的影响程度来看，学术论文引证作者强度分布不均衡，这为基于引证作者强度评估学术论文影响力提供了依据，从而从对引证作者的影响程度方面遴选出具有高影响力深度的学术论文。

2. 引证作者强度与被引频次的相关性分析

学术论文作者引证次数分布的不均衡性为从学术论文对某引证作者的影响程度来评估量化学术论文影响力提供了依据。那学术论文引证作者强度这一指标与学术论文被引频次指标有着怎样的关联呢，能否与学术论文引证作者数量指标相一致，基于引证作者强度指标来客观表征、评估量化学术论文影响力？

基于上述问题，为了探讨学术论文引证作者强度与学术论文被引频次之间的相关关系，本研究运用 SPSS 软件对其数据的 Pearson 相关性进行分析，结果见表 5-34 所示。由表 5-34 可知，其相关性测度结果为：Pearson 相关性(Pearson Correlation) = 0. 537 并且显著性(双侧)(Sig. (2-tailed)) = 0<0. 01。上述结果表明学术论文引证作者强度与学术论文被引频次之间为中等程度正相关(0. 4~0. 6)，并且显著性显著。

表 5-34　**学术论文引证作者强度与被引频次的相关性分析结果**

		被引频次
引证作者强度	Pearson 相关性	.537**
	显著性(双侧)	.000
	N	13 229

* *. 在 0. 01 水平(双侧)上显著相关。

基于上述研究结果，本研究认为：在图书情报与数字图书馆研究领域中，学术论文的引证作者强度与学术论文被引频次具有中等程度的相似性。因此，学术论文的引证作者强度这一指标可从学术论文对某引证作者的影响程度方面量化其学术价值及应用价值，但是由于指标数据所侧重的角度不同，学术论文引证作者强度从作者层面量化学术论文影响力深度，而学术论文被引频次从文献层面量化学术论文影响力，故基于引证作者强度的学术论文影响力评价研究可作为基于被引频次的学术论文影响力评价研究的一个重要补充，但不能完全取代学术论文被引频次这一指标。

3. 基于引证作者强度的学术论文影响力深度评价

学术论文引证作者强度可以适用于评估量化学术论文影响力，并且从作者层面客观反映了学术论文对某引证作者的影响程度。本研究依据学术论文引证作者强度值，对学术论文影响力深度进行客观评价，结果详见表 5-35。

表 5-35　**基于引证作者强度的学术论文影响力评价结果**

文献序号	被引证文献	引证作者强度	引证作者强度排序
1	文献题录信息挖掘技术方法及其软件 SATI 的实现——以中外图书情报学为例	12	1
78	作者耦合分析：一种新学科知识结构发现方法的探索性研究	11	2
322	高校图书馆管理中 ERP 思想的应用对策研究	11	2
11	基于普赖斯定律与综合指数法的核心作者测评——以《图书馆建设》为例	9	3
21	开放获取学术信息资源：逼近“主流化”转折点	9	3
6	研究图书馆 2020：嵌入式协作化知识实验室？	8	4
19	基于语义的馆藏资源深度聚合研究	8	4
22	国外图书馆、档案馆和博物馆数字资源整合研究进展	8	4
51	全球性 SCI 现象和影响因子崇拜	8	4
61	嵌入式学科服务——研究型大学图书馆转型发展的新思路	8	4
122	基于计量分析的馆藏资源语义化理论研究	8	4
43	嵌入式学科服务创新模式研究——基于嵌入性理论的思考	7	5
412	图书馆学研究中问题意识摭拾	7	5
839	基于 3G 无线网络时代手机图书馆的前景与发展	7	5
862	基于数据的中医药知识服务研究	7	5

基于引证作者强度的学术论文影响力评价结果的排序分为12个等级，即排序1~12，表5-35列出了引证作者强度排序前5的15篇学术论文的相关信息。在这15篇学术论文中，学术论文《文献题录信息挖掘技术方法及其软件SATI的实现——以中外图书情报学为例》(文献序号1)的引证作者强度最高，其值高达12，排序位居第一，因此，该篇基于引证作者强度的学术论文影响力深度最高，由后台数据发现在2012—2016年5年间引证该篇学术论文达12次之多的引证作者是王晴；其次，《作者耦合分析：一种新学科知识结构发现方法的探索性研究》(文献序号78)、《高校图书馆管理中ERP思想的应用对策研究》(文献序号322)两篇学术论文的引证作者强度为11，在基于引证作者强度的学术论文影响力排序中并列，位居第二，且文献序号为78的学术论文其引证作者对应着作者邱均平，文献序号为322的学术论文其引证作者对应着作者董鹏；随后，《基于普赖斯定律与综合指数法的核心作者测评——以〈图书馆建设〉为例》(文献序号11)、《开放获取学术信息资源：逼近“主流化”转折点》(文献序号21)两篇学术论文的引证作者强度为9，在基于引证作者强度的学术论文影响力排序中并列，位居第三，且文献序号为11的学术论文其引证作者对应着谢雁鸣、王志飞两位作者，文献序号为21的学术论文其引证作者对应着作者顾立平，等等。

虽然学术论文引证作者强度与学术论文被引频次之间具有中等程度的相似性，但是由于其对学术论文影响力的评估角度不同，基于上述两种指标的学术论文影响力评价结果难免有一定的差异性。为了直观展现基于引证作者强度的学术论文影响力评价结果与基于被引频次的学术论文影响力评价结果的差异性，本研究仅列出并比较了被引频次≥100的17篇学术论文的作者引证强度排序结果和被引频次排序结果，并绘制了对比图，如图5-21所示。

由图5-21可知，在上述17篇学术论文，有3篇学术论文(文献序号为1、9、10)排序保持不变；有6篇学术论文排序呈现黑色实柱，即从引证作者强度角度量化的学术论文影响力评价结果的排

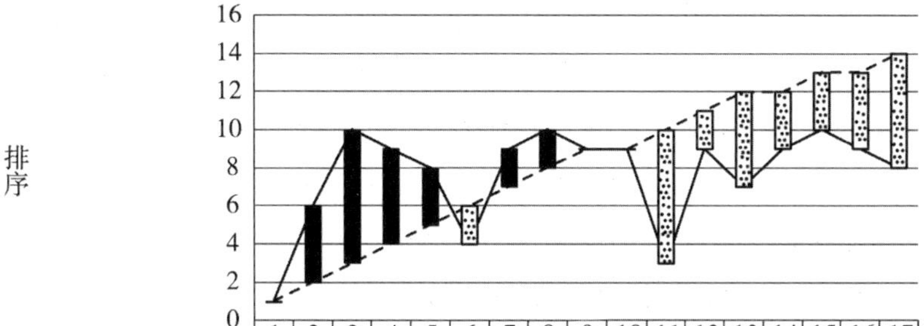

	1	2	3	4	5	6	7	8	9	10	11	12	13	14	15	16	17
——引证作者强度排序	1	6	10	9	8	4	9	10	9	9	3	9	7	9	10	9	8
- - -被引频次排序	1	2	3	4	5	6	7	8	9	9	10	11	12	12	13	13	14

文献序号

图 5-21　学术论文引证作者强度排序与被引频次排序对比

序有所下降，其中排序下降最多的是文献序号为 3 的学术论文，下降了 7 个名次；有 8 篇学术论文排序呈现浅色点柱，即从引证作者强度角度量化的学术论文影响力评价结果的排序有所上升，其中排序上升最多的是文献序号为 11 的学术论文，上升了 7 个名次。

可见，从不同的角度来评估学术论文影响力会出现不同的评价结果。这再次说明：虽然基于引证作者强度的学术论文影响力评价与基于被引频次的学术论文影响力评价呈现中等程度的相关性，但是由于所侧重的角度不同，其不能完全取代被引频次这一指标，可以作为被引频次指标的补充，从而综合评估学术论文影响力。

5.4.3　基于引证作者的学术论文影响力动态评价

1. 引证作者引证时间

学术论文引证作者数量从作者层面量化了学术论文影响力广度，即学术论文所取得的学术价值、应用价值对哪些作者产生了影响，量化的是学术论文在作者层面的影响范围；而学术论文引证作者强度则量化了学术论文影响力深度，即学术论文所含有的学术理念、方法知识等对引证作者影响的最大程度，量化的是学术论文在作者层面的影响幅度。一篇学术论文刊出后，学者们通常会对其参阅，从而达到丰富自身学术知识以及强化自身学术能力的目的，并在自己所取得研究成果中加以引证，以表达对已有研究成果的尊重。而引证作者引证已有学术文献的时间在某种程度上反映了学术论文的学术价值和应用价值在作者层面的影响速率，即引证作者对学术论文引证的时间越接近学术论文出版时间，越说明该篇学术论文学术价值、应用价值较高，即时影响力越高。

因此，在基于引证作者评估学术论文影响力时，引证作者引证时间是一个不可忽视的重要因素。然而，以上基于引证作者数量的学术论文影响力广度分析和基于引证作者强度的学术论文影响力深度分析均从总量上对学术论文影响力进行评估，而忽略了引证作者引证时间这一要素。因而，基于引证作者数量的学术论文影响力评价结果以及基于引证作者强度的学术论文影响力评价结果均是一个静态过程而非动态过程。然而，在实际的科学研究活动中，对于一篇学术论文，其引证文献是一种动态数据，而非一直不变的。由于引证文献的动态性，学术论文引证作者数量、引证作者强度、引证作者引证时间也具有了动态性。

本研究所采用的样本数据是学术论文自刊出 5 年内的动态引证数据，而非仅仅是传统的对学术论文被引证总频次的简单统计。本研究将引证作者引证时间纳入学术论文影响评价研究之中，并在基于引证作者的学术论文影响力评价时，充分考虑引证作者数量、引证作者强度以及引证作者引证时间三个客观量，使基于引证作者的学术论文影响力评价具有动态性、连续性，从而基于引证作者客观、综合地量化学术论文影响力。

2. 基于引证作者的学术论文影响力动态评价体系

为了基于引证作者指标动态、连续地评估学术论文影响力，并充分考虑引证作者数量、引证作者强度以及引证作者引证时间，本研究结合引证时间因子的概念，定义了基于引证作者的学术论文影响力动态体系，具体测度公式为：

$$\mathrm{ABD} = \sum \frac{1}{T_i - T_0 + 1} \mathrm{AB}_i \, \mathrm{AD}_i \tag{5-13}$$

在式(5-13) 中，ABD 表示基于引证作者的学术论文影响力，T_0 表示的是某篇学术论文所刊出的时间年份；T_i 表示的是引证作者引证某篇学术论文的时间，即引证文献出版时间，也就是学术论文出版的第 i 年；AB_i 表示的是学术论文在第 i 年的引证作者数量；AD_i 表示的是学术论文在第 i 年的引证作者强度；分母"+ 1"的目的是保证公式有意义；$\frac{1}{T_i - T_0 + 1}$ 反映了引证作者引证时间效益，即学术论文影响力的即时性。

为了根据式(5-13)实现基于学术论文的引证作者数量、引证作者强度以及引证作者引证时间三种学术论文影响力量化要素客观、综合评估学术论文影响力，本研究依据引证作者引证时间(引证文献出版时间)，再次按照相应数据的处理与统计操作步骤对学术论文历年的引证作者数量、引证作者强度进行处理与统计。文献序号为 1~17、被引频次≥100 次的 17 篇学术论文的历年引证作者数量、引证作者强度情况如表 5-36 所示。

表 5-36　**学术论文历年引证作者数量、引证作者强度**

文献序号	被引频次	2012		2013		2014		2015		2016	
		AB	AD	AB	AD	AB	AD	AB	AD	AB	AD
1	233	4	1	40	3	57	2	62	1	51	2
2	182	11	1	51	2	50	4	51	3	53	2
3	171	0	0	29	1	57	2	60	1	57	1
4	169	0	0	32	1	59	1	58	1	48	2
5	149	1	1	22	1	47	2	57	2	56	2
6	144	34	3	51	3	55	2	47	3	47	2
7	140	3	1	23	2	41	2	57	2	54	2
8	127	0	0	26	2	43	2	59	1	42	1
9	123	9	2	47	2	49	2	47	1	19	1

续表

文献序号	被引频次	2012		2013		2014		2015		2016	
		AB	AD	AB	AD	AB	AD	AB	AD	AB	AD
10	123	1	1	22	1	33	1	56	2	53	2
11	116	6	1	23	1	36	1	58	2	59	2
12	113	8	2	38	2	43	3	49	2	31	2
13	111	3	1	19	4	43	2	51	2	35	2
14	111	0	0	12	1	39	2	56	2	35	1
15	106	0	0	40	2	45	1	37	1	38	1
16	106	9	1	38	3	54	2	52	1	34	2
17	100	2	1	41	2	34	3	41	2	19	2

注：AB 表示引证作者数量，AD 表示引证作者强度。

3. 基于引证作者的学术论文影响力动态评价与结果评估

根据式(5-13)，基于引证作者的学术论文影响力测度公式为：

$$\begin{cases} \sum \dfrac{1}{T_i - 2012 + 1} \text{AB}_i \, \text{AD}_i \\ T_i \in \{2012, 2013, 2014, 2015, 2016\} \end{cases} \tag{5-14}$$

根据式(5-14)，本研究对13 229篇学术论文的基于各年期引证作者的学术论文影响力进行评估与量化，测度结果表详见5-37。由表 5-37 可知：

①在基于即年期引证作者的学术论文评价结果中，文献序号为 6 的学术论文以 102 分位居第 1 位次；其次是文献序号为 322 的学术论文以 80 分位居第 2 位次；排序第 3 位次的是文献序号为 3 的学术论文，得分为 38。此外，有多篇学术论文由于得分相同，位居同一位次，如文献序号为 9、86 的两篇学术论文，文献序号为 12、21 的两篇学术论文，文献序号为 85、206、315 的三篇学术论文，文献序号为 50、89 的两篇学术论文。因此，基于即年期引证作者指标数据测度的学术论文前 10 位次有 15 篇学术论文。

表 5-37 **基于各年期引证作者的学术论文影响力评价结果(top10)**

结果排序	即年期		2 年期		3 年期		4 年期		5 年期	
	文献序号	得分	文献序号	得分	文献序号	得分	文献序号	得分	文献序号	得分
1	6	102.00	6	178.50	6	215.17	6	250.42	6	269.22
2	322	80.00	21	111.00	21	163.00	21	200.50	21	211.30
3	43	38.00	322	92.00	2	128.67	2	166.92	2	188.12
4	331	28.00	16	66.00	19	113.00	22	155.67	22	170.47
5	51	27.00	9	65.00	22	110.67	19	142.25	19	154.65
6	116	20.00	1	64.00	51	104.50	12	121.50	1	137.90
			22	64.00						
7	9	18.00	43	63.00	16	102.00	1	117.50	12	133.90
	86	18.00			1	102.00				
8	12	16.00	2	62.00	43	98.00	16	115.00	16	128.60
	21	16.00								
9	85	14.00	25	60.00	9	97.67	51	111.25	51	116.45
	206	14.00								
	315	14.00								
10	50	12.00	12	54.00	12	97.00	9	109.42	9	113.22
	89	12.00								

②与基于即年期引证作者的学术论文影响力评价结果相比，在基于2年期引证作者的学术论文评价结果中，文献序号为6的学术论文以最高分178.5分继续位居第1位次；文献序号为21的学术论文以111分由第8位次上升为第2位次；文献序号为322的学术论文由第2位次下降为第3位次。此外，文献序号为1、22的两篇学术论文以相同的得分(64)同时位居第6位次。

③与基于2年期引证作者的学术论文影响力评价结果相比，在基于3年期引证作者的学术论文影响力评价结果中，文献序号为6的学术论文继续位居第1位次，文献序号为21的学术论文继续位居第2位次，排序第3位次的学术论文由得分为128.67的文献序号为2的学术论文所代替，等等。

④与基于3年期引证作者的学术论文影响力评价结果相比，在基于4年期引证作者的学术论文影响力评价结果中，文献序号为6的学术论文继续位居第1位次，文献序号为21的学术论文继续位居第2位次，文献序号为2的学术论文继续位居第3位次，排序第4位次的学术论文由得分为155.67的文献序号为22的学术论文所代替，上升了一个位次，等等。

⑤与基于4年期引证作者的学术论文影响力评价结果相比，在基于5年期引证作者的学术论文影响力评价结果中，文献序号为6、21、2、22、19的5篇学术论文的排序位次没有变动，分别位居第1~5位次，排序第6位次的学术论文由得分为137.90的文献序号为1的学术论文所代替，等等。

可见，基于不同年期引证作者的学术论文影响力评价结果有所不同。为了便于比较学术论文基于引证作者的排序变动情况，本研究选择了在2012—2016年被引频次≥100的17篇学术论文的结果排序变动情况，并绘制了相应的结果排序柱形图，如图5-22所示。

与基于引证时间因子的学术论文影响力评价结果相一致，随着测度年期的不同，基于引证作者的学术论文影响力也有所变化。由图5-22可知，其排序结果变动情况更为复杂：①排序位次保持上升态势，如文献序号为1、2等的多篇学术论文；②排序位次保持不变态势，如文献序号为 6 的学术论文；③排序位次呈现先上升后下降态势，如文献序号为 9、15 等的多篇学术论文；④排序位次呈现先下降后上升态势，如文献序号为 3、4 等的多篇学术论文；⑤排序位次呈现波动变化态势，如文献序号为 8、12 等的多篇学术论文，等等。

总体来看(即年期结果排序与 5 年期结果排序)，学术论文的影响力既呈现上升态势，又呈现保持不变态势，还呈现下降态势。因此，对于上述 17 篇学术论文而言，基于引证作者的学术论文影响力排序波动过程较为复杂多变。

文献序号	即年期结果排序	2年期结果排序	3年期结果排序	4年期结果排序	5年期结果排序	柱形图
1	18	6	7	7	6	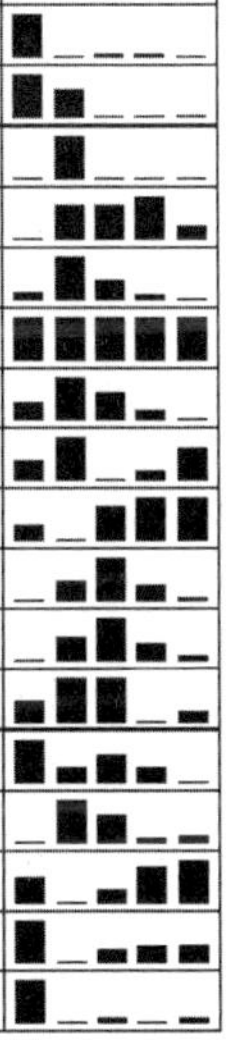
2	11	8	3	3	3	
3	22	38	22	22	22	
4	22	36	36	40	28	
5	21	43	29	20	16	
6	1	1	1	1	1	
7	19	24	21	17	15	
8	22	24	20	21	23	
9	7	5	9	10	10	
10	21	43	65	39	26	
11	16	33	46	29	20	
12	8	10	10	6	7	
13	19	14	16	14	11	
14	22	55	44	26	29	
15	22	15	19	25	27	
16	13	4	7	8	8	
17	20	13	14	13	14	

图 5-22　基于引证作者的学术论文影响力结果排序变动

为了对基于各年期引证作者的学术论文影响力评价结果的一致性进行评估，本研究运用肯德尔相关系数进行分析，结果见5-38。由表 5-38 可知：

①临近年期的引证作者测度结果的一致性最高。基于即年期引证作者的学术论文影响力评价结果与基于 2 年期引证作者的学术论

文影响力评价结果的一致性最高(相关系数=0.454)，基于2年期引证作者的学术论文影响力评价结果与基于3年期引证作者的学术论文影响力评价结果的一致性最高(相关系数=0.753)，基于3年期引证作者的学术论文影响力评价结果与基于4年期引证作者的学术论文影响力评价结果的一致性最高(相关系数=0.851)，基于4年期引证作者的学术论文影响力评价结果与基于5年期引证作者的学术论文影响力评价结果的一致性最高(相关系数=0.907)。本研究认为：在临近年期，学术论文获得的引证文献数量较为接近，且李长玲等(2015)对2004—2013年我国图书馆学情报学领域的学术期刊论文的作者合作特征进行研究，发现以2人合作为主，3人合作为辅，5人及以上合作偶尔出现。① 此外，80%左右的学术论文其引证作者强度值低于引证作者强度均值。因此，由引证文献而来的引证作者数量、强度变化不大，临近年期的引证作者的评价结果一致性最高。

②学术论文基于各年期引证作者的评价结果一致性的差异随年期逐渐缩小，再次验证了学术论文被引频次峰值出现的最晚时间。基于即年期的评价结果与基于2年期的评价结果、基于2年期的评价结果与基于3年期的评价结果、基于3年期的评价结果与基于4年期的评价结果、基于4年期的评价结果与基于5年期的评价结果的一致性差距分别为0.546、0.247、0.149和0.093。学术论文基于各年期引证作者的评价结果一致性的差异随年期逐渐缩小。由基于引证作者的学术论文影响力评价动态体系可知，其受学术论文的发表时间、引证作者数量、引证作者强度和引证文献发表时间的影响。在这里学术论文发表时间一致，引证作者数量、引证作者强度和引证文献发表时间均由学术论文引证文献所决定，且引证文献所含有的作者数量相对稳定(2人合作为主，3人合作为辅，5人及以上合作偶尔出现)。当学术论文引证文献数量变化不大时，说明其

① 李长玲，魏绪秋，崔斌，等．2004—2013年我国图书情报学科研合作网络结构特征分析[J]．情报杂志，2015，34(3)：119-124.

已经达到峰值。评价结果一致性的差异随年期逐渐缩小，说明学术论文在后续时间内被引用情况变化不大。基于4年期与基于5年期的学术论文影响力评价结果的一致性仅相差0.093，远小于基于3年期与基于4年期的学术论文影响力评价结果的一致性差异(0.149)。这从学术论文的引证作者层面例证了图书情报与数字图书馆研究领域的大部分学术论文的被引频次峰值出现时间不晚于学术论文发表的第四年内。

表5-38 **基于各年期引证作者测度结果的一致性相关系数**

			即年期	2年期	3年期	4年期	5年期
Kendall 的 tau_b	即年期	相关系数	1.000	.454**	.366**	.336**	.322**
		Sig.(双侧)	.	.000	.000	.000	.000
		N	13 229	13 229	13 229	13 229	13 229
	2年期	相关系数	.454**	1.000	.753**	.665**	.626**
		Sig.(双侧)	.000	.	.000	.000	.000
		N	13 229	13 229	13 229	13 229	13 229
	3年期	相关系数	.366**	.753**	1.000	.851**	.787**
		Sig.(双侧)	.000	.000	.	.000	.000
		N	13 229	13 229	13 229	13 229	13 229
	4年期	相关系数	.336**	.665**	.851**	1.000	.907**
		Sig.(双侧)	.000	.000	.000	.	.000
		N	13 229	13 229	13 229	13 229	13 229
	5年期	相关系数	.322**	.626**	.787**	.907**	1.000
		Sig.(双侧)	.000	.000	.000	.000	.
		N	13 229	13 229	13 229	13 229	13 229

**. 在置信度(双侧)为0.01时，相关性是显著的。

学术论文被引频次是评估量化学术论文影响力的基本指标。本研究充分考虑引证作者数量、引证作者强度、引证作者引证时间，提出了基于引证作者的学术论文影响力动态评价体系。该体系对于学术论文影响力评价的效果如何，本研究对其测度结果与学术论文被引频次测度结果的一致性进行分析。在这一过程中，本研究选择了用于量化等级变量相关程度的肯德尔相关系数，分析学术论文被引频次与基于各年期引证作者的评价结果相关关系，结果见表5-39。

由表5-39可知：①基于即年期引证作者的学术论文影响力评价结果与基于被引频次的学术论文影响力评价结果之间具有较弱的一致性(相关系数=0.230)。虽然它们之间的一致性较弱，但是基于即年期引证作者测度数据可快速反映出学术论文所含有的学术价值、应用价值在作者层面上的即时影响程度，与学术期刊即年指标一致，可用于客观表征、评估量化学术论文即时影响力。②基于2年期、3年期引证作者的学术论文影响力评价结果与基于被引频次的学术论文影响力评价结果之间具有中等程度的一致性(相关系数分别为0.474、0.598)。因此，基于2年期、3年期引证作者的学术论文影响力评价结果具有一定的可靠性，可用于从作者层面客观表征、评估量化学术论文影响力。③基于4年期、5年期引证作者的学术论文影响力评价结果与基于被引频次的学术论文影响力评价结果具有较强的一致性(相关系数分别为0.690、0.752)。因此，基于5年期引证作者的学术论文影响力评价结果具有可靠性，可用于学术论文影响力评价。

表5-39　被引频次与基于各年期引证作者的评价结果相关关系

			即年期	2年期	3年期	4年期	5年期
Kendall的tau_b	被引频次	相关系数	.230**	.474**	.598**	.690**	.752**
		Sig.(双侧)	.000	.000	.000	.000	.000
		N	13 229	13 229	13 229	13 229	13 229

**. 在置信度(双侧)为0.01时，相关性是显著的。

总体而言，除即年期引证作者指标数据外，其他年期引证作者指标数据均与被引频次指标数据的评价结果呈现中等程度及以上的一致性。但是即年期引证作者指标数据能够即时量化出学术论文在作者层面上的即时影响力。因此，基于引证作者的学术论文影响力动态评价体系可以用于动态、连续地评估学术论文影响力。

5.5 基于引证学科的学术论文影响力评价分析

学术论文的被引频次、引证文献类型从文献层面量化了学术论文影响力，它们可以看做是学术论文影响力评价最基本的指标；学术论文的引证作者从作者层面量化了学术论文影响力，它可以看做是基于文献层面的学术论文影响力评价指标在作者层面上的细化；而本节所研究的学术论文的引证学科从学科层面来量化学术论文论文影响力，它可以看做是基于文献层面的学术论文影响力评估量化的延伸。

5.5.1 引证学科界定与确定

学术论文是运用专门知识系统探讨学科领域的问题或现象，并在理论、规律等方面有新突破的学术文献。学术论文的专门知识、学科领域问题或现象等反映了学术论文所隶属的学科性质。

由引证文献类型强度与被引频次的相关性分析可知，就五种引证文献类型的引证文献而言，被学术期刊论文所引用的重要性>被博士学位论文所引用的重要性>被中国重要会议论文所引用的重要性>被硕士学位论文所引用的重要性>被国际会议论文所引用的重要性，并且学术论文被引频次和学术期刊论文类型的引证文献强度呈现极强正相关，可见学术论文被引频次主要以学术期刊论文类型的引证文献为主。因此，以学术期刊论文类型的引证文献的学科属性界定引证学科成为本研究的重点所在。

而对于中国知网引文数据库(CNKI-CCD)中所给定的某篇学术论文而言，其学术期刊论文类型的引证文献含有作者知识单元、引证文献题名知识单元、引证文献类型知识单元、引证期刊知识单元、年卷期知识单元等。在上述引证文献类型知识单元中，能够快速表征引证文献相应的知识单元所属学术期刊论文类型的引证文献学科属性的知识单元是引证期刊。

目前，在国内有 6 种研究方法比较成熟、影响力比较大的学术期刊评价项目：《中文核心期刊要目总览》《中国学术期刊评价研究报告》《中国科技论文与引文资料库》《中国科学引文资料库》《中国社会科学引文索引》《中国人文社会科学引文资料库》。[①] 其中《中国社会科学引文索引》和《中国人文社会科学引文资料库》侧重于人文、社会科学领域学术期刊的评价。在此研究过程中，不关注其相应的学术期刊评价分类。而在其他四种学术期刊评价项目中，其学术期刊评价分类存在两种学科分类依据：一是中国图书馆分类法，如北京大学创办的《中文核心期刊要目总览》、中国科学院国家图书馆创办的《中国科学引文资料库》；二是学科分类与代码，如中国科技信息研究所创办的《中国科技论文与引文资料库》、武汉大学创办的《中国学术期刊评价研究报告》。[②]

在中国科技信息研究所创办的《中国科技论文与引文资料库》、武汉大学创办的《中国学术期刊评价研究报告》中，它们依据《中华人民共和国学科分类与代码简表》(国家标准 GBT 13745—2009)[③]在学术期刊评价分类中共设置了 62 个一级学科或学科群。而北京大学依据中国图书馆分类法中的分类号在《中文核心期刊目录(2014 年版)北大核心目录(第七版)》[④]中共设置了 141 个学科领域。所谓分类号，是指采用《中国图书馆分类法》对科技文献进行主题分析，并依照文献内容的学科属性和特征，分门别类地组织文献，所获取的分类代码。[⑤]

在国内，当在进行学术论文(或会议论文)投稿时，学术论文创作者通常会按照学术期刊编辑部提供的学术论文模板或投稿须知

---

① 蔡荣华，何峻．论期刊评价之目的、方法和作用[J]．澳门理工学报，2012(2)：112-123.

② 邵松，乔监松．期刊的学科分类对期刊评价的影响[J]．科技与出版，2017(3)：119-125.

③ 北京大学．中华人民共和国学科分类与代码简表[EB/OL]．[2018-01-26]．http：//dean. pku. edu. cn/urtpku/yjxk. html.

④ 清华大学图书馆．最新中国核心期刊一览[EB/OL]．[2018-01-26]．http：//lib. tsinghua. edu. cn/service/SCIcenter/corejournalnew. html.

⑤ 《安装》编辑部．什么是中图分类号？[J]．安装，2017(1)：13.

等对学术论文格式进行统一。在学术论文模板或投稿系统中，学术期刊编辑部一般要求学术论文创作者依据其研究内容的学科属性和特征给出中图分类号，实现学术论文所属学科属性分类，从而为学术论文存储和检索提供了有效方法。此外，中华人民共和国国家标准《学术论文编写规则》(GB/B 7713.1—2006)规定学位论文应有题名页，而题名页包括中图分类号、学校代码等内容。因此，对于学术论文的5种学术文献类型的引证文献，可以通过查询其中图分类号来确定引证文献所属学科性质，并建立学科关联关系。

基于此，本研究以《中文核心期刊目录(2014年版)北大核心目录(第七版)》所设置的141个学科领域为引证学科基础。在学术论文的引证文献类型确定流程的基础上，本研究构建了学术论文的引证学科具体确定流程，如图5-23所示。

在学术论文引证文献的学术文献类型基础上，依据引证文献不同的学术文献类型对学术论文的引证学科予以确定：

①对于学术期刊论文类型的引证文献，本研究首先在《中文核心期刊目录(2014年版)北大核心目录(第七版)》的基础上建立学术期刊-学科转化表；其次抽取引证文献中的期刊知识单元用于确定学术论文的引证学科；最后通过与学术期刊-学科转化表相匹配，实现利用引证文献的期刊知识单元快速确定学术论文的引证学科。

②对于硕士学位论文类型的引证文献，本研究通过中国优秀硕士学位论文全文数据库查询该引证文献的所属中图分类号，然后通过与141个学科领域及其中图分类号相匹配，实现学术论文的硕士学位论文类型引证文献的所属学科领域的确定。

③对于博士学位论文类型的引证文献，本研究通过中国博士学位论文全文数据库查询该条引证文献的所属中图分类号，然后通过与141个学科领域及其中图分类号进行匹配，实现学术论文的博士学位论文类型引证文献的所属学科领域的确定。

④对于中国重要会议论文类型的引证文献，本研究通过中国重要会议论文全文数据库查询该引证文献的所属中图分类号，然后通过与141个学科领域及其中图分类号进行匹配，实现学术论文的中国重要会议论文类型引证文献的所属学科领域的确定。

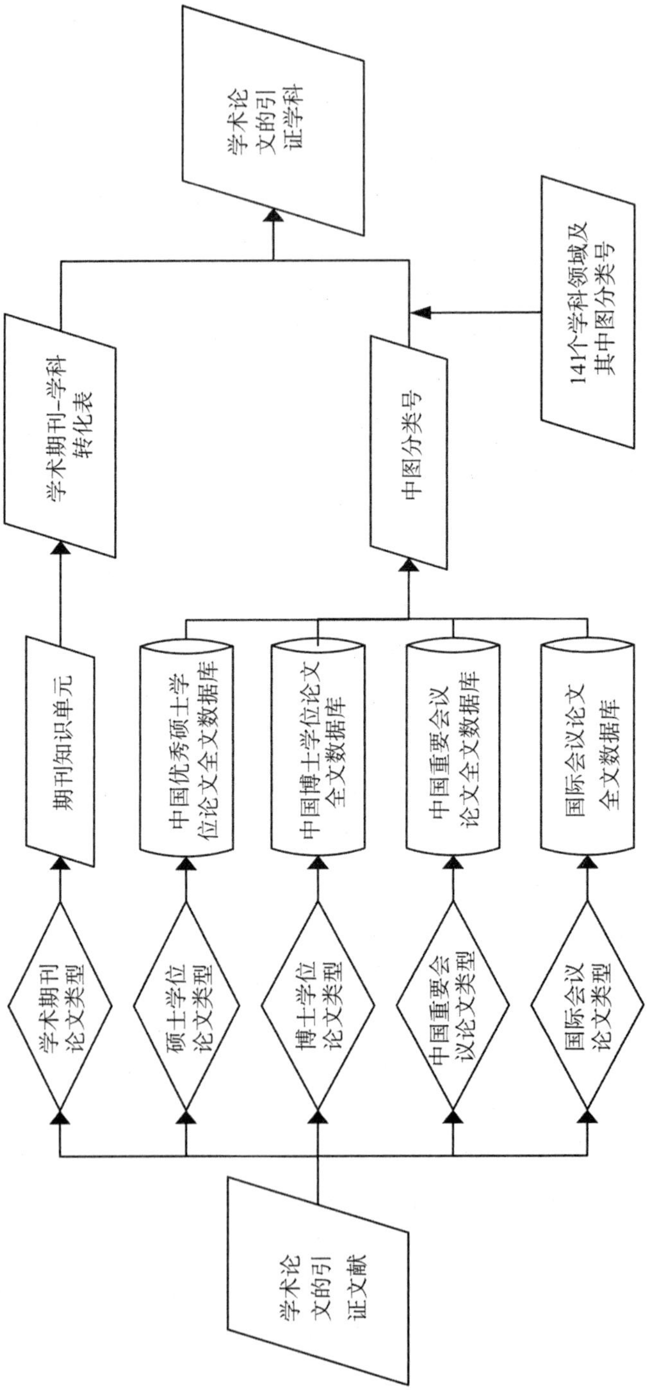

图5-23 学术论文的引证学科确定流程图

⑤对于国际会议论文类型的引证文献，本研究通过国际会议论文全文数据库查询该引证文献的所属中图分类号，然后通过与141个学科领域及其中图分类号进行匹配，实现学术论文的国际会议论文类型引证文献的所属学科领域的确定。

然而，学术论文的引证学科数量及其引证学科强度能否真正客观量化学术论文影响力，接下来本研究需要根据上述13 229篇学术论文的动态引证数据来验证学术论文的引证学科数量或引证学科强度与学术论文影响力(被引频次)的关系。

5.5.2 引证学科数量与学术论文影响力广度分析

学术论文引证学科数量从学科层面来反映了学术论文所含有的学术价值、应用价值能够在哪种或哪几种学科领域产生相应的影响，即反映出学术论文在学科领域的影响范围，并以此来达到量化学术论文影响力广度的目的。

1. 引证学科数量分布与学术论文影响力评价

本研究按照学术论文的引证学科确定流程，对13 229篇学术论文的引证学科数量进行统计。在统计过程中，本研究对13 229篇学术论文所涉及的全部学科领域进行统计，并未剔除与研究样本最为相近的“G25. 图书馆事业、信息事业”等学科领域，发现上述13 229篇学术论文的引证学科涉及123个学科领域，占学科领域总数的87.23%。这在一定程度上反映了2012年图书情报与数字图书馆研究领域刊出的13 229篇学术论文在2012—2016年有着较广的学科领域影响范围。上述13 229篇学术论文的学术论文量与引证学科数量分布信息详见表5-40。

由表5-40可知，在图书情报与数字图书馆研究领域中，2012年刊出且在2012—2016年成为被引证文献的13 229篇学术论文中，其引证学科数量为1(最低)的学术论文有6 382篇(约占学术论文总量的48.24%)，而引证学科数量为38(最高)的学术论文仅有1篇(约占学术论文总量的0.01%)，最高与最低的学术论文引证学科数量相差37倍，而学术论文量相差学术论文总量的48.23%。由此可见，学术论文量与引证学科数量的分布不均衡。

为了进一步描述学术论文量与引证学科数量分布的不均衡现象，本研究对学术论文的引证学科数量进行频率描述统计，结果见表5-41。

表5-40　学术论文引证学科数量的统计结果

引证学科数量	学术论文量	引证学科数量	学术论文量	引证学科数量	学术论文量
1	6 382	10	30	19	3
2	3 318	11	20	20	1
3	1 696	12	14	21	1
4	832	13	10	22	1
5	430	14	2	25	1
6	221	15	5	27	1
7	115	16	8	28	1
8	78	17	4	38	1
9	52	18	2		

表5-41　学术论文的引证学科数量频率描述结果

N	有效	13 229
	缺失	0
均值		2. 1315
中值		2. 0000
众数		1. 00
方差		3. 187
极小值		1. 00
极大值		38. 00
百分位数	10	1. 0000
	40	1. 0000
	50	2. 0000
	70	2. 0000
	80	3. 0000
	90	4. 0000

由表 5-41 可知，学术论文的引证学科数量均值为 2. 1315，引证学科数量中值为 2，引证学科数量众数为 1，且有 20%左右的学术文献其引证学科数量高于引证学科数量均值(5. 8)，仅有 10%左右的学术论文其引证学科数量为 4 次及以上。上述数据进一步说明了13 229篇学术论文的引证学科数量分布不均衡现象。与学术论文被引频次方差相比，学术论文引证作者数量的方差较低。总体来看，与学术论文被引频次分布相比，学术论文的引证学科数量分布的不均衡性有所降低，但是不能否认学术论文引证学科数量分布不均衡性的存在。

为了直观展现学术论文量与引证学科数量的分布情况，本研究以引证学科数量为 *X* 轴，以学术论文量为 *Y* 轴，绘制了相关的散点图，如图 5-24 所示。由图 5-24 可知，学术论文量随着引证学科数量的增加而减少：在引证学科数量的某一特定范围内，学术论文数量急剧减少；而超越了这一特定范围，学术论文数量减少速度放缓甚至是保持不变。

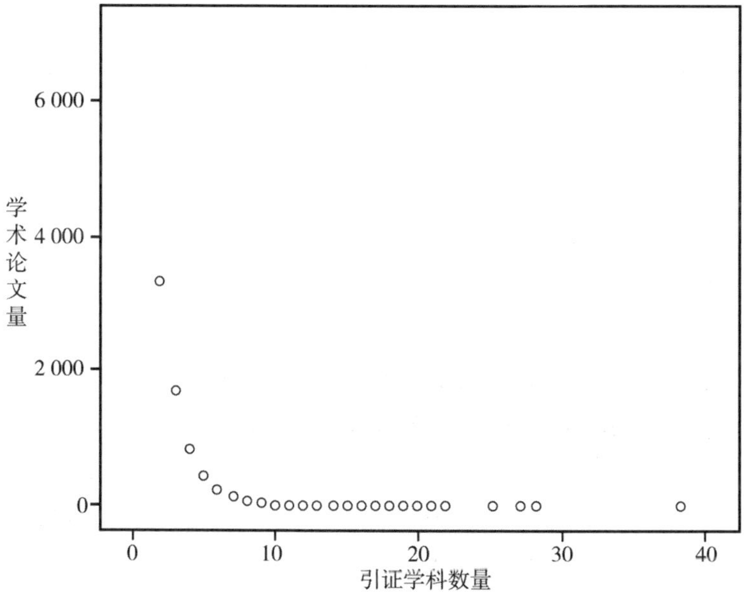

图 5-24 引证学科数量与学术论文量散点图

为了描述学术论文量与引证学科数量关系分布特征，本研究运用 SPSS20 对其数量关系进行曲线估计，模型和参数估计值见表 5-42。由表 5-42 可知，学术论文量与其引证学科数量关系符合幂函数方程，即 $y = 10105.896x^{-1905}$。幂函数方程的拟合程度为 $R^2 = 0.945>0.5$，说明所估计的幂函数方程对观测值的拟合程度较好，具有一定的可靠性。

幂函数方程的特征再次说明了图 5-24 所示的学术论文量与引证学科数量的关系：学术论文量随着引证学科数量的增加而减少以及其减少的快慢程度。

表 5-42　**学术论文量与引证学科数量的模型和参数估计值**

因变量：学术论文量

方程	模型汇总					参数估计值	
	R^2	F	$df1$	$df2$	Sig.	常数	$b1$
幂	.945	408.532	1	24	.000	30 679.141	−3.134

自变量为引证学科数量。

总之，在图书情报与数字图书馆研究领域中，学术论文之间的引证学科数量具有一定的悬殊性，且 80%左右的学术论文其引证学科数量值低于引证学科数量均值，这为基于引证作者数量评价高影响力的学术论文提供了相应的依据。此外，学术论文量与引证学科数量的关系呈现幂函数方程的形式，幂函数方程的特征即高引证学科数量的学术论文的数量远远低于低引证学科数量的学术论文的数量。这进一步说明了基于引证学科数量从学科层面评价学术论文影响力的影响范围(即学术论文影响力广度)的依据所在。

2. 引证学科数量与被引频次的相关性分析

学术论文被引频次作为客观量化学术论文影响力的基本指标、经典指标，有着不可取代的作用。然而，学术论文引证学科数量与学术论文被引频次分布相一致，均具有分布不均衡现象，并且均呈现幂函数形式。这在一定程度上说明了学术论文引证学科数量指标从学科层面适用于客观量化学术论文影响力广度的依据所在。那么，学术论文引证学科数量与学术论文被引频次之间存在怎样的相关关系，且基于学术论文引证学科数量能否适用于客观量化学术论文影响力广度？因此，本研究对学术论文的被引频次与学术论文的引证学科数量的相关性进行分析，结果详见表5-43。

表5-43　**被引频次与引证学科数量的相关性分析结果**

		引证学科数量
被引频次	Pearson 相关性	.776**
	显著性(双侧)	.000
	N	13 229

**. 在0.01水平(双侧)上显著相关。

由表5-43可知，其相关性测度结果为：Pearson相关性(Pearson Correlation)= 0.776并且显著性(双侧)(Sig.(2-tailed))= 0<0.01。上述结果表明学术论文引证学科数量与学术论文被引频次之间为较强正相关(0.6~0.8)，并且显著性显著。

基于上述研究结果，本研究认为：在图书情报与数字图书馆研究领域中，学术论文引证学科数量与学术论文被引频次一样，也可以用于客观量化学术论文影响力，并且学术论文引证学科数量与学术论文被引频次之间具有较高的相似性。因此，学术论文引证学科数量这一指标可以适用于量化学术论文影响力，但是由于指标数据所侧重的角度不同，学术论文引证学科数量从学科层面量化学术论文影响力广度，而学术论文被引频次从文献层面量化学术论文影响力，学术论文引证学科数量指标不能完全取代学术论文被引频次这一经典指标。因此，基于引证学科数量的学术论文影响力评价研究是基于被引频次的学术论文影响力评价研究的一个补充。

3. 基于引证学科数量的学术论文影响力广度评价

由引证学科数量与被引频次的相关性分析一节可知，学术论文引证学科数量与学术论文被引频次具有较高的相似性，学术论文引证学科数量亦可适用于评估量化学术论文影响力。本研究基于引证学科数量对学术论文影响力进行评估，从学科层面客观量化学术论文学术价值、应用价值对引证学科的影响范围，即学术论文影响力广度。基于引证学科数量的学术论文影响力评价结果详见表 5-44。

表 5-44　　基于引证学科数量的学术论文影响力评价结果

文献序号	被引证文献	引证学科数量	引证学科数量排序
1	文献题录信息挖掘技术方法及其软件 SATI 的实现——以中外图书情报学为例	38	1
11	基于普赖斯定律与综合指数法的核心作者测评——以《图书馆建设》为例	28	2
3	大数据时代的图书馆服务浅析	27	3
14	大数据时代企业竞争情报研究的创新与发展	25	4
4	图书馆需要怎样的“大数据”	22	5
9	移动图书馆理论研究与实践应用综述	21	6
7	用户生成内容（UGC）概念解析及研究进展	20	7
5	论智慧图书馆的三大特点	19	8
8	大数据时代的图书馆初探	19	8
42	技术接受模型研究综述	19	8
2	“读者决策采购”在美国大学图书馆的实践及其对我国的启示	18	9
103	基于内容分析法的特性分析	18	9
15	我国图书馆移动信息服务的现状与发展对策	17	10
26	高校图书馆阅读推广服务机制构建	17	10
36	基于知识元的非常规突发事件情景模型研究	17	10
322	高校图书馆管理中 ERP 思想的应用对策研究	17	10

基于引证学科数量的学术论文影响力评价结果排序分为 26 个等级，即排序 1~26，表 5-44 仅列出了引证作者数量排序前 10 的 16 篇学术论文的相关信息。在这前 16 篇学术论文中，学术论文《文献题录信息挖掘技术方法及其软件 SATI 的实现——以中外图书情报学为例》（文献序号 1）在 2012—2016 年的引证学科数量最

高，高达 38 个(如 G25. 图书馆事业、信息事业，R. 综合性医药卫生，C93. 管理学等)，因此该篇论文基于引证学科数量的学术论文影响力广度最高；其次是《基于普赖斯定律与综合指数法的核心作者测评——以〈图书馆建设〉为例》一文(文献序号 11)，其以 28 个引证学科(如 G25. 图书馆事业、信息事业，A/K. 综合性人文、社会科学，R2. 中国医学等)在13 229篇中在基于引证学科数量的学术论文影响力广度排序中位居第二；接着是《大数据时代的图书馆服务浅析》一文(文献序号 3)，其以 27 个引证学科(如 G25 图书馆事业、信息事业，F0，F12，F2(除 F23，F27). 经济学，中国经济，经济管理(除会计，企业经济)，TP 自动化技术、计算机技术等)在基于引证学科数量的学术论文影响力广度排序中位居第三，等等。

虽然学术论文引证学科数量与学术论文被引频次之间具有较高的相似性，但是由于其对学术论文影响力的评估角度不同，基于上述两种指标的学术论文影响力评价结果难免有一定的差异性。为了直观展现基于引证学科数量的学术论文影响力评价结果与基于被引频次的学术论文影响力评价结果的差异性，本研究仅列出并比较了被引频次≥100 的 17 篇学术论文(文献序号为 1~17 的学术论文)的引证学科数量排序结果和被引频次排序结果，并绘制了对比图，如图 5-25 所示。

由图 5-25 可知，在上述 17 篇学术论文，有 4 篇学术论文(文献序号为 1、3、7、8)排序保持不变；有 7 篇学术论文排序呈现黑色实柱，即从引证学科数量角度量化的学术论文影响力评价结果的排序有所下降，其中排序下降最多的是文献序号为 6 的学术论文，下降了 8 个名次；有 6 篇学术论文排序呈现浅色点柱，即从引证学科数量角度量化的学术论文影响力评价结果的排序有所上升，其中排序上升最多的是文献序号为 14 的学术论文，上升了 10 个名次。

可见，从不同的角度来评估学术论文影响力，会出现不同的评价结果。这再次说明：虽然基于引证学科数量的学术论文影响力评价与基于被引频次的学术论文影响力评价呈现较高的相关性，但是由于侧重的角度，其不能完全取代被引频次这一指标。因此，基于

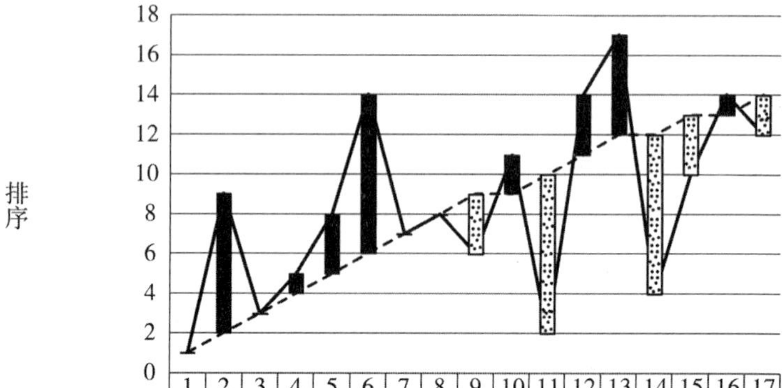

	1	2	3	4	5	6	7	8	9	10	11	12	13	14	15	16	17
—引证学科数量排序	1	9	3	5	8	14	7	8	6	11	2	14	17	4	10	14	12
--被引频次排序	1	2	3	4	5	6	7	8	9	9	10	11	12	12	13	13	14

文献序号

图 5-25　学术论文引证学科数量排序与被引频次排序对比

引证学科数量的评价指标可以作为被引频次指标的补充，从而综合评估学术论文影响力。

5.5.3　引证学科强度与学术论文影响力深度分析

学术论文引证学科数量从学科层面量化了学术论文的学术价值和应用价值在学科领域的影响范围，即学术论文影响力广度；而引证学科强度亦从学科层面量化了学术论文的学术价值和应用价值在学科领域中的最大影响程度，即学术论文影响力深度。

1. 引证学科强度分布与学术论文影响力

在对13 229篇学术论文引证学科强度进行统计的过程中，本研究运用 SPSS20 软件对学术论文引证学科强度进行频率描述，并将其直方图和统计量合并，所形成的统计结果如图 5-26 所示。

由图 5-26 可知，在图书情报与数字图书馆研究领域的13 229篇学术论文中，引证学科强度的最大值为 145，最小值为 1，均值为 2. 6454，中值、众数均为 1，且有 80%左右的学术论文其引证学科强度值低于引证作者强度均值。因此，从学术论文引证学科强度角度来看，对于大部分学术论文而言，其引证学科强度较低；而有

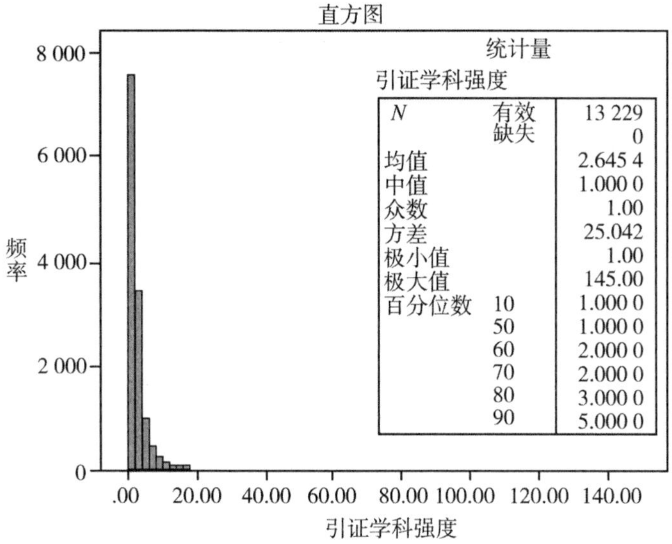

图 5-26 学术论文引证学科强度分布

少部分的学术论文其引证学科强度较高。学术论文间的引证学科强度表现出不均衡性现象。与学术论文被引频次分布相比，学术论文引证学科强度分布的方差较小，说明学术论文之间的不均衡现象有所降低。总之，学术论文间的引证学科强度分布不均衡现象为基于引证学科强度评估学术论文影响力提供了基础。

为了进一步描述学术论文量与引证学科强度关系分布特征，本研究运用 SPSS20 对其数量关系进行了曲线估计，模型和参数估计值见表 5-45。由表 5-45 可知，学术论文量与其引证学科强度关系符合幂函数方程，即 $y=6262.436x^{-2.058}$。幂函数方程的拟合程度为 $R^2=0.915>0.5$，说明所估计的幂函数方程对观测值的拟合程度较好，具有一定的可靠性。学术论文引证学科强度的幂函数分布特征再次印证了学术论文量随着引证学科强度的增加而减少，且在一定学科引证强度值范围内，学术论文量急剧减少，当超过这一引证学科强度值时，学术论文量减少速度放缓甚至是保持不变。

表 5-45　　学术论文量与引证学科强度的模型和参数估计值

因变量：学术论文量

方程	模型汇总					参数估计值	
	R^2	F	$df1$	$df2$	Sig.	常数	$b1$
幂	.915	725.095	1	67	.000	6 262.436	−2.058

自变量为引证学科强度。

总之，在图书情报与数字图书馆研究领域中，学术论文引证学科强度分布不均衡，且 80%左右的学术论文其引证学科强度值低于引证学科强度均值，这为基于引证学科强度评价高影响力的学术论文提供了基础。此外，学术论文量与引证学科强度的关系呈现幂函数方程的形式，且幂函数方程的特征进一步说明了基于引证学科强度从学科层面评价学术论文对学科领域的最大影响程度(即学术论文影响力深度)的依据所在。

2. 引证学科强度与被引频次的相关性分析

学术论文引证学科强度与学术论文被引频次的分布相一致，且均呈现幂函数方程的形式。这在一定程度上说明了学术论文引证学科强度指标从学科层面适用于客观量化学术论文影响力深度的依据所在。那么，学术论文引证学科强度与学术论文被引频次之间存在怎样的相关关系，且学术论文引证学科强度指标能否适用于客观量化学术论文影响力广度？因此，本研究对学术论文被引频次与学术论文引证学科强度的相关性进行分析，结果详见表 5-46。

表 5-46　　被引频次与引证学科强度的相关性分析结果

		引证学科强度
被引频次	Pearson 相关性	.949**
	显著性(双侧)	.000
	N	13 229

**. 在 0.01 水平(双侧)上显著相关。

由表 5-46 可知，其相关性测度结果为：Pearson 相关性(Pearson

Correlation)= 0.949，并且显著性(双侧)(Sig. (2-tailed))= 0<0.01。上述结果表明学术论文引证学科强度与学术论文被引频次之间为极强正相关(0.8~1)，并且显著性显著。

基于上述研究结果，本研究认为：在图书情报与数字图书馆研究领域中，学术论文引证学科强度与学术论文被引频次相同也可以用于客观量化学术论文影响力，并且学术论文引证学科强度与学术论文被引频次之间具有极高的相似性。因此，学术论文引证学科强度这一指标可以适用于量化学术论文影响力，但是由于指标数据所侧重的角度不同，学术论文引证学科强度从学科层面量化学术论文影响力深度，而学术论文被引频次从文献层面量化学术论文影响力，学术论文引证学科强度指标不能完全取代学术论文被引频次这一经典指标。因此，基于引证学科强度的学术论文影响力评价研究是基于被引频次的学术论文影响力评价研究的一个补充。

3. 基于引证学科强度的学术论文影响力深度评价

由引证学科强度与被引频次的相关性分析一节可知，学术论文引证学科强度与学术论文被引频次具有极高的相似性，学术论文引证学科强度可以适用于评估量化学术论文影响力。本研究基于引证学科强度对学术论文影响力进行评估，从学科层面客观量化学术论文学术价值、应用价值对引证学科的最大影响程度，即学术论文影响力深度。基于引证学科强度的学术论文影响力评价结果详见表5-47。

表 5-47　**基于引证学科强度的学术论文影响力评价结果**

文献序号	被引证文献	引证学科强度	引证学科强度排序
2	“读者决策采购”在美国大学图书馆的实践及其对我国的启示	145	1
6	研究图书馆 2020：嵌入式协作化知识实验室？	116	2
1	文献题录信息挖掘技术方法及其软件 SATI 的实现——以中外图书情报学为例	104	3
5	论智慧图书馆的三大特点	102	4

续表

文献序号	被引证文献	引证学科强度	引证学科强度排序
4	图书馆需要怎样的“大数据”	93	5
13	学科馆员对嵌入式学科服务的认知与解析	92	6
3	大数据时代的图书馆服务浅析	89	7
19	基于语义的馆藏资源深度聚合研究	84	8
10	智慧图书馆及其服务模式的构建	83	9
12	面向用户需求的图书馆移动信息服务	81	10

基于引证学科强度的学术论文影响力评价结果排序分为69个等级，即排序1~69，表5-47仅列出了引证作者数量排序前10的10篇学术论文的相关信息。在这10篇学术论文中，学术论文《“读者决策采购”在美国大学图书馆的实践及其对我国的启示》(文献序号2)的引证学科强度最高，在2012—2016年被来自G25. 图书馆事业、信息事业学科领域的引证文献引证145次；学术论文《研究图书馆2020：嵌入式协作化知识实验室?》(文献序号6)次之，其在2012—2016年被来自G25. 图书馆事业、信息事业学科领域的引证文献引证116次；学术论文《文献题录信息挖掘技术方法及其软件SATI的实现——以中外图书情报学为例》(文献序号1)在引证学科强度排序中位居第三，其在2012—2016年被来自G25. 图书馆事业、信息事业学科领域的引证文献引证104次。

通过后台统计数据，本研究发现：排序在1~27名次的学术论文，其引证学科强度的最大值均来自G25. 图书馆事业、信息事业学科领域，而排序第28位、学术论文文献序号为7的《用户生成内容(UGC)概念解析及研究进展》一文，被来自G0/G21. 文化理论/新闻事业学科领域的引证文献引证了42次，在非G25. 图书馆事业、信息事业学科领域中最高。

虽然学术论文引证学科强度与学术论文被引频次之间具有极高的相似性，但是由于其对学术论文影响力的评估角度不同，基于上述两种指标的学术论文影响力评价结果难免有一定的差异性。为了直观展现基于引证学科强度的学术论文影响力评价结果与基于被引频次的学术论文影响力评价结果的差异性，本研究仅列出并比较了被引频次≥100 的 17 篇学术论文(文献序号为 1~17 的学术论文)的引证学科强度排序结果和被引频次排序结果，并绘制了对比图，如图 5-27 所示。

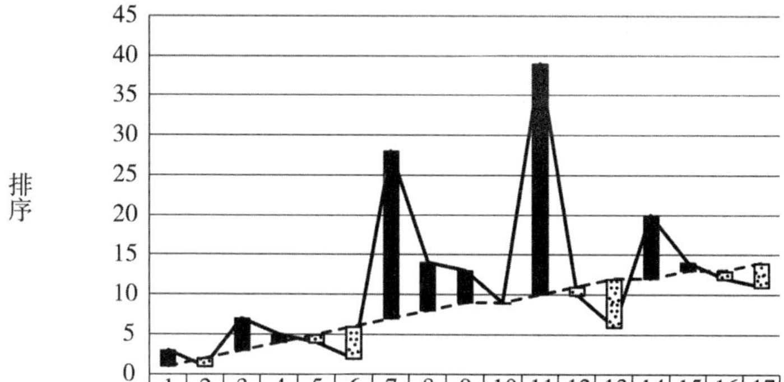

	1	2	3	4	5	6	7	8	9	10	11	12	13	14	15	16	17
—引证学科强度排序	3	1	7	5	4	2	28	14	13	9	39	10	6	20	14	12	11
---被引频次排序	1	2	3	4	5	6	7	8	9	9	10	11	12	12	13	13	14

文献序号

图 5-27 学术论文引证学科强度排序与被引频次排序对比

由图 5-27 可知，在上述 17 篇学术论文，仅有 1 篇学术论文(文献序号为 10)排序保持不变；有 9 篇学术论文排序呈现黑色实柱，即从引证学科强度角度量化的学术论文影响力评价结果的排序有所下降，其中排序下降最高的是文献序号为 11 的学术论文，下降了 29 个名次；有 7 篇学术论文排序呈现浅色点柱，即从引证学科强度角度量化的学术论文影响力评价结果的排序有所上升，其中排序上升最高的是序号为 13 的学术论文，上升了 6 个名次。

可见，从不同的角度来评估学术论文影响力，会出现不同的评价结果。这再次说明：虽然基于引证学科强度的学术论文影响力评价与基于被引频次的学术论文影响力评价呈现极高的相关性，但是由于侧重的角度，其不能完全取代被引频次这一指标。因此，基于引证学科强度的评价指标可以作为被引频次指标的补充，从而综合评估学术论文影响力。

5.5.4　基于引证学科的学术论文影响力动态评价

1. 引证学科引证时间

学术论文引证学科从学科层面量化了学术论文影响力，其所对应的学术论文引证学科数量从学科层面客观量化了学术论文影响力的广度，即学术论文所含有的学术知识、研究方法、研究思路与设想以及研究结论对哪些学科领域产生了影响，即客观量化的是学术论文在学科领域层面的影响范围；而其所对应的学术论文引证学科强度则从学科层面客观量化了学术论文影响力的深度，即学术论文所含有的学术价值、应用价值对某学科领域的最大影响程度，客观量化的是学术论文在学科领域层面的影响幅度。

与引证文献的引证时间、引证文献类型的引证时间以及引证作者的引证时间相一致，引证学科的引证时间在一定程度上反映了学术论文所含有的学术知识、学术理念等对某学科领域的影响速率，即在量化学术论文影响力的有效时间范围内，当某学科领域的引证时间越接近学术论文的出版时间，越说明该篇学术论文对本学科领域科学研究的重要性。因此，在基于引证学科评价学术论文影响力时，引证学科引证时间是一个不可忽视的重要因素。

然而，以上基于引证学科数量的学术论文影响力广度分析和基于引证学科强度的学术论文影响力深度分析均从总量上对学术论文影响力进行评估，而忽略了引证学科引证时间这一重要因素。因此，基于引证作者数量的学术论文影响力评价结果以及基于引证作者强度的学术论文影响力评价结果均是一个静态过程而非动态过程。

在实际的科学研究活动中，对于一篇学术论文，其引证文献是一种动态数据，而非一直不变的。由于引证文献的动态性，学术论文引证学科数量、引证学科强度、引证学科引证时间也具有了动态性。因而，将学术论文引证学科的引证时间纳入基于引证学科的学术论文影响力评价体系，使评价体系具有动态性、连续性是非常有必要的。因此，在基于引证学科指标客观评估与量化学术论文影响力时，要充分考虑引证学科数量、引证学科强度以及引证学科引证时间三大因素。

2. 基于引证学科的学术论文影响力动态评价体系

为了基于引证学科这一指标来动态、连续地评估学术论文影响力，并充分考虑引证学科数量、引证学科强度以及引证学科引证时间，结合引证时间因子的概念等，本研究定义了基于引证学科的学术论文影响力动态评价体系，具体测度公式为：

$$\mathrm{DBD} = \sum \frac{1}{T_i - T_0 + 1} \mathrm{DB}_i \, \mathrm{DD}_i \tag{5-15}$$

在式(5-15)中，DBD 表示基于引证学科的学术论文影响力，T_0 表示某篇学术论文所刊出的时间年份；T_i 表示引证学科引证某篇学术论文的时间，即引证文献出版时间，也就是学术论文出版的第 i 年；DB_i 表示学术论文在第 i 年的引证学科数量；DD_i 表示学术论文在第 i 年的引证学科强度；分母"+ 1"的目的保证公式有意义；$\frac{1}{T_i - T_0 + 1}$ 反映了引证科学的引证时间效益，即学术论文影响力的即时性。

为了根据式(5-15)实现基于学术论文的引证学科数量、引证学科强度以及引证学科引证时间三种学术论文影响力量化要素客观、综合地量化学术论文影响力，本研究依据引证学科引证时间(引证文献出版时间)，对学术论文历年的引证学科数量、引证学科强度进行处理与统计。文献序号为 1~17、被引频次≥100 次的 17 篇学术论文的历年引证学科数量、引证学科强度情况如表 5-48 所示。

表 5-48　**学术论文历年引证学科数量、引证学科强度**

文献序号	被引频次	2012		2013		2014		2015		2016	
		DB	DD	DB	DD	DB	DD	DB	DD	DB	DD
1	233	1	1	10	15	17	26	20	35	22	28
2	182	3	7	4	34	10	36	8	40	7	28
3	171	0	0	10	8	12	34	14	31	15	16

续表

文献序号	被引频次	2012		2013		2014		2015		2016	
		DB	DD	DB	DD	DB	DD	DB	DD	DB	DD
4	169	0	0	8	8	13	37	13	27	11	21
5	149	1	1	3	13	6	25	13	29	12	34
6	144	4	11	6	29	7	34	5	21	5	21
7	140	2	1	6	7	12	9	12	12	16	15
8	127	0	0	6	9	8	26	11	21	13	12
9	123	1	5	7	24	10	25	12	14	7	7
10	123	1	1	4	12	9	18	9	31	9	21
11	116	3	2	10	3	8	3	16	10	20	14
12	113	1	6	4	18	6	22	7	21	7	14
13	111	1	1	3	14	7	23	4	29	6	26
14	111	0	0	3	5	14	12	12	20	10	16
15	106	0	0	8	20	5	26	11	11	9	11
16	106	1	4	5	19	6	22	7	14	5	17
17	100	2	1	5	25	7	22	9	19	5	10

注：DB 表示引证学科数量，DD 表示引证学科强度。

3. 基于引证学科的学术论文影响力动态评价与结果评估

根据式(5-15)，基于引证学科的学术论文影响力测度公式为：

$$\begin{cases} \sum \dfrac{1}{T_i - T_0 + 1} \mathrm{DB}_i \, \mathrm{DD}_i \\ T_i \in \{2012,\ 2013,\ 2014,\ 2015,\ 2016\} \end{cases} \tag{5-16}$$

根据式(5-16)，本研究对13 229篇学术论文的基于各年期引证学科的学术论文影响力进行测度，结果如表 5-49 所示。由表 5-49 可知：

表 5-49 **基于各年期引证学科的学术论文影响力评价结果(top10)**

排序结果	即年期		2年期		3年期		4年期		5年期	
	文献序号	得分	文献序号	得分	文献序号	得分	文献序号	得分	文献序号	得分
1	6	44	6	131	1	223.33	1	398.33	1	521.53
2	2	21	2	89	6	210.33	2	289.00	3	332.50
	116	21	9	89						
3	79	20	15	80	2	209.00	3	284.50	2	328.20
	85	20								
4	86	16	1	76	4	192.33	4	280.08	4	326.28
5	41	15	17	64.5	3	176.00	6	236.58	6	257.58
6	39	14	36	53.5	9	172.33	9	214.33	5	246.35
7	25	12	16	51.5	15	123.33	5	164.75	9	224.13
	96	12								

续表

排序结果	即年期		2 年期		3 年期		4 年期		5 年期	
	文献序号	得分	文献序号	得分	文献序号	得分	文献序号	得分	文献序号	得分
8	35	10	85	47	17	115. 83	17	158. 58	10	186. 55
	43	10								
	94	10								
	295	10								
9	200	9	35	45	8	96. 33	8	154. 08	8	185. 28
10	74	8	12	42	16	95. 50	15	153. 58	15	173. 38
	88	8								
	201	8								
	322	8								
	331	8								

①在基于即年期引证学科的学术论文影响力评价结果中，文献序号为 6 的学术论文以 44 分位居第 1 位次；其次是文献序号为 2、116 的两篇学术论文，它们以 21 分位居第 2 位次；排序第 3 位次的是文献序号为 79、85 的两篇学术论文，其得分值为 20，等等。此外，排序第 7 位次的也有 2 篇学术论文，其文献序号分别为 2、96；排序第 8 位次的有 4 篇学术论文，其文献序号分别为 35、43、94、295；排序第 10 位次的有 5 篇学术论文，其文献序号分别为 74、88、201、331、322。因此，基于即年期引证学科指标数据测度的学术论文前 10 位次有 20 篇学术论文。

②与基于即年期引证学科的学术论文影响力评价结果相比，在基于 2 年期引证学科的学术论文影响力评价结果中，文献序号为 6 的学术论文以最高分 131 分继续位居第 1 位次；文献序号为 2 的学术论文以 89 分继续位居第 2 位次，位居第 2 位次的还有文献序号为 9 的学术论文；排序第 3 位次的学术论文由得分为 80 的文献序号为 15 的学术论文所代替，等等。

③与基于 2 年期引证学科的学术论文影响力评价结果相比，在基于 3 年期引证学科的学术论文影响力评价结果中，文献序号为 1 的学术论文以最高分 233.33 分取代了文献序号为 1 的学术论文的排序位次，而文献序号为 6 的学术论文的排序位次下降了一位，位居第 2 位次，排序第 3 位次的学术论文影响力由得分为 209.00 的文献序号为 2 的学术论文所代替，也下降了一个位次，等等。

④与基于 3 年期引证学科的学术论文影响力评价结果相比，在基于 4 年期引证学科的学术论文影响力评价结果中，文献序号为 1 的学术论文继续居第 1 位次，文献序号为 2 的学术论文由第 3 位次上升一个位次位居第 2 位次，排序第 3 位次的学术论文由得分为 284.50 分的文献序号为 3 的学术论文所代替，等等。

⑤与基于 4 年期引证学科的学术论文影响力评价结果相比，在基于 5 年期引证学科的学术论文影响力评价结果中，文献序号为 1 的学术论文以最高分 521.53 分继续位居第 1 位次，文献序号为 3 的学术论文由第 3 位次上升一个位次位居第 2 位次，文献序号为 2 的学术论文由第 2 位次下降一个位次位居第 3 位次，等等。

可见，基于不同年期引证学科的学术论文影响力评价结果有所不同。为了便于比较学术论文基于引证学科的排序变动情况，本研究选择了在2012—2016年被引频次≥100的17篇学术论文的排序结果变动情况，并绘制了相应的柱形图，如图5-28所示。

文献序号	即年期结果排序	2年期结果排序	3年期结果排序	4年期结果排序	5年期结果排序	柱形图
1	16	4	1	1	1	
2	2	2	3	2	3	
3	17	12	5	3	2	
4	17	18	4	4	4	
5	16	28	16	7	6	
6	1	1	2	5	5	
7	15	25	21	16	13	
8	17	22	9	9	9	
9	12	2	6	6	7	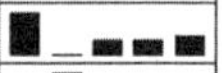
10	16	23	13	11	8	
11	11	27	50	27	17	
12	11	10	11	13	14	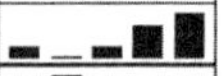
13	16	26	14	15	16	
14	17	51	18	12	12	
15	17	3	7	10	10	
16	13	7	10	14	15	
17	15	5	8	8	11	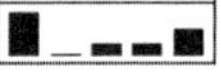

图5-28　基于引证学科的学术论文影响力结果排序变动

与基于引证时间因子的学术论文影响力评价结果相一致，随着测度年期的不同，基于引证学科的学术论文影响力也有所变化。图5-28所显示的学术论文其排序结果变动情况也分为五类：①排序位次保持上升态势，如文献序号为3、4等的多篇学术论文；②排序位次呈现下降态势，如文献序号为6的学术论文；③排序位次呈现先上升后下降态势，如文献序号为12、15等的多篇学术论文；④排序位次呈现先下降后上升态势，如文献序号为5、7等的多篇学术论文；⑤排序位次呈现波动态势，如文献序号为2的学术论文，其在各年期结果排序波动情况呈现为先下降后上升随后又下降的态势。

总体来看(即年期结果排序与5年期结果排序)，学术论文的影响力既呈现上升态势，又呈现保持不变态势，还呈现下降态势。因此，对于上述 17 篇学术论文而言，基于引证作者的学术论文影响力排序波动过程较为复杂多变。

为了对基于各年期引证学科的学术论文影响力评价结果的一致性进行评估，本研究运用肯德尔相关系数进行分析，结果见5-50。由表 5-50 可知：

表 5-50 **基于各年期引证学科测度结果的一致性相关系数**

			即年期	2 年期	3 年期	4 年期	5 年期
Kendall 的 tau_b	即年期	相关系数	1.000	.498**	.406**	.373**	.357**
		Sig.（双侧）	.	.000	.000	.000	.000
		N	13 229	13 229	13 229	13 229	13 229
	2 年期	相关系数	.498**	1.000	.794**	.705**	.668**
		Sig.（双侧）	.000	.	.000	.000	.000
		N	13 229	13 229	13 229	13 229	13 229
	3 年期	相关系数	.406**	.794**	1.000	.875**	.817**
		Sig.（双侧）	.000	.000	.	.000	.000
		N	13 229	13 229	13 229	13 229	13 229
	4 年期	相关系数	.373**	.705**	.875**	1.000	.921**
		Sig.（双侧）	.000	.000	.000	.	.000
		N	13 229	13 229	13 229	13 229	13 229
	5 年期	相关系数	.357**	.668**	.817**	.921**	1.000
		Sig.（双侧）	.000	.000	.000	.000	.
		N	13 229	13 229	13 229	13 229	13 229

**. 在置信度（双侧）为 0.01 时，相关性是显著的。

①临近年期的引证学科测度结果的一致性最高。基于即年期引证学科的学术论文影响力评价结果与基于 2 年期引证学科的学术论文影响力评价结果的一致性最高（相关系数=0.498），基于 2 年期引证学科的学术论文影响力评价结果与基于 3 年期引证学科的学术论文影响力评价结果的一致性最高（相关系数=0.794），基于 3 年

期引证学科的学术论文影响力评价结果与基于 4 年期引证学科的学术论文影响力评价结果的一致性最高(相关系数 = 0.875)，基于 4 年期引证学科的学术论文影响力评价结果与基于 5 年期引证学科的学术论文影响力评价结果的一致性最高(相关系数 = 0.921)。本研究认为：在临近年期，学术论文获得的引证文献数量较为接近，由引证文献而来的引证学科数量、强度变化不大，因此，临近年期的引证学科评价结果的一致性最高。

②基于各年期引证学科的学术论文评价结果一致性的差异随年期逐渐缩小，再次验证了学术论文被引频次峰值出现的最晚时间。基于即年期的评价结果与基于 2 年期的评价结果、基于 2 年期的评价结果与基于 3 年期的评价结果、基于 3 年期的评价结果与基于 4 年期的评价结果、基于 4 年期的评价结果与基于 5 年期的评价结果一致性的差距分别为 0.502、0.206、0.125 和 0.079。学术论文基于各年期引证学科的评价结果一致性的差异随年期逐渐缩小。由基于引证学科的学术论文影响力评价动态体系可知，其受学术论文发表时间、引证学科数量、引证学科强度和引证文献发表时间的影响。在这里学术论文发表时间一致，引证学科数量、引证学科强度和引证文献发表时间均由学术论文引证文献所决定。当学术论文引证文献数量变化不大时，说明其已经达到峰值。评价结果一致性的差异随年期逐渐缩小，说明学术论文在后续时间内被引用情况变化不大。基于 4 年期与基于 5 年期的学术论文影响力评价结果的一致性仅相差 0.079，远小于基于 3 年期与基于 4 年期的学术论文影响力评价结果的一致性差异(0.125)。这从学术论文的被引证学科层面例证了图书情报与数字图书馆研究领域的大部分学术论文的被引频次峰值出现时间不晚于学术论文发表的第四年内。

学术论文被引频次是评估量化学术论文影响力的基本指标。本研究充分考虑引证学科数量、引证学科强度、引证学科引证时间，提出了基于引证学科的学术论文影响力动态评价体系。该体系对于学术论文影响力评价的效果如何，本研究对其测度结果与学术论文被引频次的测度结果的一致性进行分析。在这一过程中，本研究选择了用于量化等级变量相关程度的肯德尔相关系数，分析学术论文被引频次与基于各年期引证学科的评价结果相关关系，结果见表5-51。

表 5-51 **被引频次与基于各年期引证学科的评价结果相关关系**

			即年期	2 年期	3 年期	4 年期	5 年期
Kendall 的 tau_b	被引频次	相关系数	.231**	.495**	.637**	.749**	.827**
		Sig.（双侧）	.000	.000	.000	.000	.000
		N	13 229	13 229	13 229	13 229	13 229

**. 在置信度（双侧）为 0.01 时，相关性是显著的。

由表 5-51 可知：①基于即年期引证学科的学术论文影响力评价结果与基于被引频次的学术论文影响力评价结果之间具有较弱的一致性（相关系数=0.231）。虽然它们之间的一致性较弱，但是基于即年期引证学科测度数据可快速反映出学术论文所含有的学术价值、应用价值在学科层面的即时影响程度，与学术期刊即年指标一致，可用于客观表征、评估量化学术论文即时影响力。②基于2年期引证学科的学术论文影响力评价结果与基于被引频次的学术论文影响力评价结果之间具有中等程度的一致性（相关系数=0.495）。因此，基于2年期引证学科的学术论文影响力评价结果具有一定的可靠性，可用于学术论文影响力评价。③基于3年期、4年期引证学科的学术论文影响力评价结果与基于被引频次的学术论文影响力评价结果之间具有较强的一致性（相关系数分别为0.637、0.749）。因此，基于3年期、4年期引证学科的学术论文影响力评价结果具有可靠性，可用于学术论文影响力评价。④基于5年期引证学科的学术论文影响力评价结果与基于被引频次的学术论文影响力评价结果具有极强的一致性（相关系数=0.827）。因此，基于5年期引证学科的学术论文影响力评价结果具有可靠性，可用于学术论文影响力评价。

总体而言，除即年期引证学科指标数据外，其他年期引证学科指标数据均与被引频次指标数据的评价结果呈现中等程度及以上的一致性。但是，即年期引证文学科指标数据能够即时量化学术论文在学科层面的即时影响力。因此，基于引证学科的学术论文影响力动态评价体系可以用于动态、连续地评估学术论文影响力。

5.6　基于动态引证数据的学术论文综合影响力评价

学术论文引证文献数量（被引频次）以及其所含有的知识单元均能客观评价与量化学术论文影响力。本研究5.2、5.3、5.4、5.5节分别从不同层次、不同角度探讨引证文献各知识单元是否适用于学术论文影响力评价，并对学术论文影响力进行了评估。学术论文被引频次以及引证文献类型从文献层面来表征、评估量化学术论文影响力，可以看做是学术论文影响力评价的最基本指标；学术论文引证作者从作者层面来表征、评估量化学术论文的影响力，可以看做是学术论文影响力评价指标的细化；学术论文引证学科从学科层面来表征、评估量化学术论文的影响力，可以看做是学术论文影响力评价指标的延伸。

然而，它们从不同的角度、不同的侧重点对学术论文影响力进行了评估与量化，其所表征的学术论文影响力结果之间也具有一定的差异性。在学术论文评价研究中，仅仅基于某一角度、某一侧重点来表征学术论文影响力有失客观性、公平性、公正性以及科学性。因此，综合各个角度、各个侧重点的学术论文影响力评价指标来客观评估与量化学术论文综合影响力、全面影响力才不会有失偏颇。由此，本章重点在于基于动态引证数据来综合评估学术论文影响力。

5.6.1　基于动态引证数据的学术论文综合影响力评价模型构建

为了基于动态引证数据实现学术论文综合影响力的评估与量化，首先要建立相应的评价模型。

1. 构建原则

在学术论文影响力评价体系构建原则一节中，本研究论述了学术论文影响力评价体系的构建原则主要有四：一是合理性原则，二是科学性原则，三是可行性原则，四是多角度原则。基于上述四个主要原则，本研究将对基于动态引证数据的学术论文综合影响力评价模型予以说明。

(1)模型构建的合理性原则。本研究所开展的基于动态引证数据对学术论文综合影响力进行评估与量化研究工作，首先与传统的基于学术论文自身要素预测与评估学术论文影响力研究不同，本研究以引证与被引证为研究视角，基于学术论文动态引证数据客观表征与量化学术论文影响力；其次对学术论文引证文献特征及其知识单元进行深入分析，发现学术论文引证文献数量(被引频次)以及引证文献知识单元均能客观表征与量化学术论文影响力；最后本研究综合学术论文引证文献数量以及引证文献知识单元所表征学术论文影响力的侧重点，从而使评估、量化结果不失偏颇，以综合反映出学术论文的学术价值、应用价值对学术界、实业界的影响。因此，基于动态引证数据的学术论文综合影响力评价模型符合学术论文影响力评价体系中的合理性原则。

(2)模型构建的科学性原则。为了体现模型构建的科学性原则，本研究以图书情报与数字图书馆研究领域 2012 年所发表且在 2012—2016 年成为被引证文献的13 229篇学术论文为学术论文影响力评价对象，以其在 2012—2016 年的53 389篇引证文献数据为基础数据对上述13 229篇学术论文的影响力进行评估与量化。因此，在基于动态引证数据的学术论文综合影响力评价模型构建之初已经做到了分学科、分类别，以及保证大部分学术论文已出现被引频次峰值，满足学术论文拥有较高被引频次这一要求。此外，在模型中所设置的评估指标基于引证文献数量(被引频次)以及引证文献各知识单元，明确、客观、可靠。因此，基于动态引证数据的学术论文综合影响力评价模型符合学术论文影响力评价体系中的科学性原则。

(3)模型构建的可行性原则。基于动态引证数据的学术论文综合影响力评价模型中的指标数据来自学术论文引证文献数量(被引频次)以及引证文献各知识单元组成的数据，从文献层面(基本指标)、作者层面(细化指标)、学科层面(延伸指标)三个层次量化学术论文影响力，测度维度分为量化(影响广度)和度化(影响深度)，模型评价层次简单、清晰。此外，各指标数据均以引证文献为基础，继承了引文的客观性这一特征，且各指标划分来源于《中国学术期刊网络出版总库》《中国博士学位论文全文数据库》《中国优秀硕士学位论文全文数据库》《中国重要会议论文全文数据库》《国际会议论文全文数据库》，具有真实、可靠、可查等特性，符合学术论文的客观实际情况。因而，基于动态引证数据的学术论文综合影响力评价模型符合学术论文影响力评价体系中的可行性原则。

(4)模型构建的多角度原则。基于动态引证数据的学术论文综合影响力评价模型中的指标涵盖了三个层面和两个维度的多个评估、量化指标：从文献层面表征学术论文影响力的被引频次指标、引证文献类型指标(引证文献类型数量、引证文献类型强度)；从作者层面表征学术论文影响力的引证作者指标(引证作者数量、引证作者强度)；从学科领域层面表征学术论文影响力的引证科学指标(引证学科数量、引证学科强度)。此外，基于动态引证数据的学术论文综合影响力评价模型体系还考虑了引证文献引证时间、引证文献类型引证时间、引证作者引证时间、引证学科引证时间的时间效益问题。总之，基于动态引证数据的学术论文综合影响力评价模型符合学术论文影响力评价体系中的多角度原则。

2. 构建目标

学术论文引证文献及其相关数据是学术论文影响程度定性评价(大同行、小同行)和定量评价结果的客观表征。因此，引证与被引证视角下，基于动态引证数据客观评估与量化学术论文影响力尤为重要。

然而，由动态引证文献数据转化而来的评估与量化指标数据由于测度角度不同，其评估与量化结果的侧重点也有所差异，如基于被引频次的学术论文影响力评估与量化结果从学术文献层面表征了学术论文所含有的学术价值和应用价值在学术界的影响范围；基于引证文献类型的学术论文影响力评估与量化结果也从学术文献层面表征了学术论文所含有的价值在学术文献类型方面的影响情况，如影响范围(引证文献类型数量)、影响程度(引证文献类型强度)；基于引证作者的学术论文影响力评估与量化结果从引证作者层面表征了学术论文所含被引证作者的认可程度，如影响范围(引证作者数量)、影响程度(引证作者强度)；基于引证学科的学术论文影响力评估与量化结果从学科领域层面表征了学术论文所含价值在学科领域的影响情况，如影响范围(引证学科数量)、影响程度(引证学科强度)。因此，基于上述指标数据的学术论文影响力评估与量化结果具有一定的差异性或片面性。

客观、公平、公正以及科学地评估与量化学术论文影响力，不仅是对研究人员在科学研究活动中的尊重，激励研究人员从事学科研究活动的积极性，而且能够真正发现具有较高的学术价值和应用价值的研究性成果，其不仅有助于学术知识等的传承与积累，更有助于人类社会文明的发展与进步。因此，客观、公平、公正以及科学地评估与量化学术论文影响力显得尤为重要，也正是基于动态引证数据的学术论文综合影响力评价模型构建的目标所在。

3. 模型要素

学术论文引证文献数量及其引证文献知识单元构成了表征基于动态引证数据的学术论文综合影响力评价模型的要素。本研究根据5.2、5.3、5.4、5.5节对引证文献数量及其知识单元组成的指标用于客观评估与量化学术论文影响力的可行性研究结果，选取基于动态引证数据的学术论文综合影响力评价模型要素。本研究以各指标数据与被引频次数据之间的 Pearson 相关性程度以及各项指标数据在评估学术论文影响力中所起的作用作为基于动态引证数据的学术论文综合影响力评价模型指标要素的选择依据。

(1)被引频次峰值出现时间及量与模型要素。

学术论文被引频次是表征学术论文影响力的基本指标数据、经典指标数据，在构建学术论文综合影响力评价模型时是必不可缺少的要素。在图书情报与数字图书馆研究领域，学术论文的被引频次峰值出现时间相对集中，大约出现在学术论文发表的 2~4 年内，虽然拥有较高被引频次的学术论文其被引频次峰值出现时间有后移的迹象，但是无法依据被引频次出现时间来量化学术论文影响力，且被引频次峰值出现时间与被引频次之间呈现极弱相关或无相关(Pearson Correlation = 0.068)，因此，在模型要素选取时，未选取学术论文被引频次峰值出现时间这一指标数据。虽然，学术论文被引频次峰值量与学术论文被引频次之间具有极高的相似性(Pearson Correlation=0.967)，但是，在不同年期基于动态引证数据表征量化学术论文影响力时，有些年期未达到学术论文被引频次峰值所出现的时间，因此，在构建基于动态引证数据的学术论文综合影响力评价模型时，未将对其作为模型的要素。

(2)即年期引证指标数据与模型要素。

本研究对学术论文的即年期引证指标数据与被引频次指标数据的 Pearson 相关性进行分析，结果详见表 5-52。由表 5-52 可知：除学术论文即年期引证学科指标数据与被引频次指标数据之间呈现中等程度的相关性之外，其他 10 种即年期引证指标数据均与被引频次指标数据之间呈现弱相关性。本研究已表明，在图书情报与数字图书馆研究领域，大部分学术论文被引频次峰值出现时间为学术论文发表的 2~4 年内。即年期引证指标数据仅有 13.12%的覆盖率，且短于被引频次峰值出现时间，引证文献数量少。因此，由引证文献而来的即年期引证指标数据与学术论文被引频次相关性较弱。但

表 5-52 **被引频次与即年期引证指标数据的 Pearson 相关性**

即年期引证指标	Pearson 相关性	即年期引证指标	Pearson 相关性	即年期引证指标	Pearson 相关性
即年期被引频次	.394**	即年期引证文献	.379**	即年期引证学科数量	.286**
即年期引证时间因子	.394**	即年期引证作者数量	.384**	即年期引证学科强度	.380**
即年期引证文献类型数量	.270**	即年期引证作者强度	.251**	即年期引证学科	.406**
即年期引证文献强度	.379**	即年期引证作者	.342**		

**. 在置信度(双侧)为 0.01 时，相关性是显著的。

显著性(双侧)=0.000。

N=13 229。

由于即年期引证指标数据能够客观量化学术论文的即时影响力，且与被引频次指标数据呈现一定的相关性，因此，即年期引证指标数据均可作为基于动态引证数据的学术论文综合影响力评价的要素，以期从文献层面、作者层面、学科层面反映出学术论文在发表即年期内的即时影响力。

(3)2 年期引证指标数据与模型要素。

本研究对学术论文的 2 年期引证指标数据与被引频次指标数据的 Pearson 相关性进行分析，结果详见表 5-53。由表 5-53 可知：学术论文 2 年期引证文献数量、2 年期引证作者强度指标数据与被引频次指标数据之间呈现出弱相关性，其他 2 年期引证指标数据与被引频次指标数据呈现较强相关性，2 年期被引频次指标数据与被引频次指标数据之间呈现出极强相关性。由此可见，2 年期引证指标数据与被引频次指标数据有一定的关联性，因此，2 年期引证指标数据均可作为基于动态引证数据的学术论文综合影响力评价的要素，以期从文献层面、作者层面、学科层面反映出学术论文在发表 2 年期内的影响力。

表 5-53　**被引频次与 2 年期引证指标数据的 Pearson 相关性**

2 年期引证指标	Pearson 相关性	2 年期引证指标	Pearson 相关性	2 年期引证指标	Pearson 相关性
2 年期被引频次	.801**	2 年期引证文献	.744**	2 年期引证学科数量	.535**
2 年期引证时间因子	.764**	2 年期引证作者数量	.770**	2 年期引证学科强度	.758**
2 年期引证文献类型数量	.387**	2 年期引证作者强度	.345**	2 年期引证学科	.787**
2 年期引证文献强度	.781**	2 年期引证作者	.687**		

(4)3 年期引证指标数据与模型要素。

本研究对学术论文的 3 年期引证指标数据与被引频次指标数据

的 Pearson 相关性进行分析，结果详见表 5-54。

表 5-54　**被引频次与 3 年期引证指标数据的 Pearson 相关性**

3 年期引证指标	Pearson 相关性	3 年期引证指标	Pearson 相关性	3 年期引证指标	Pearson 相关性
3 年期被引频次	.939**	3 年期引证文献	.881**	3 年期引证学科数量	.662**
3 年期引证时间因子	.902**	3 年期引证作者数量	.898**	3 年期引证学科强度	.890**
3 年期引证文献类型数量	.432**	3 年期引证作者强度	.420**	3 年期引证学科	.875**
3 年期引证文献强度	.919**	3 年期引证作者	.808**		

由表 5-54 可知：学术论文 3 年期引证文献数量、3 年期引证作者强度指标数据与被引频次指标数据之间呈现出中等程度的相关性，3 年期引证学科数量指标数据与被引频次指标数据之间呈现出较高的相关性，其他 3 年期引证指标数据与被引频次指标数据之间呈现出极强相关性。由此可见，3 年期引证指标数据与被引频次指标数据关联性较高，至少呈现出中等程度的相关性。因此，3 年期引证指标数据均可作为基于动态引证数据的学术论文综合影响力评价的要素，以期从文献层面、作者层面、学科层面综合反映出学术论文在发表 3 年期内的影响力。

(5)4 年期引证指标数据与模型要素。

本研究对学术论文的 4 年期引证指标数据与被引频次指标数据的 Pearson 相关性进行分析，结果详见表 5-55。由表 5-55 可知：学术论文 4 年期引证文献数量、4 年期引证作者强度指标数据与被引频次指标数据之间呈现出中等程度的相关性，4 年期引证学科数量指标数据与被引频次指标数据之间呈现出较高的相关性，其他 4 年期引证指标数据与被引频次指标数据之间呈现出极强相关性。由此可见，4 年期引证指标数据与被引频次指标数据关联性较高，至少呈现出中等程度的相关性，因此，4 年期引证指标数据均可作为基于动态引证数据的学术论文综合影响力评价的要素，以期从文献层面、作者层面、学科层面综合反映出学术论文在发表 4 年期内的影响力。

表 5-55 **被引频次与 4 年期引证指标数据的 Pearson 相关性**

4 年期引证指标	Pearson 相关性	4 年期引证指标	Pearson 相关性	4 年期引证指标	Pearson 相关性
4 年期被引频次	.985**	4 年期引证文献	.939**	4 年期引证学科数量	.737**
4 年期引证时间因子	.956**	4 年期引证作者数量	.947**	4 年期引证学科强度	.933**
4 年期引证文献类型数量	.466**	4 年期引证作者强度	.469**	4 年期引证学科	.888**
4 年期引证文献强度	.971**	4 年期引证作者	.853**		

(6)5 年期引证指标数据与模型要素。

本研究对学术论文的 5 年期引证指标数据与被引频次指标数据的 Pearson 相关性进行分析，结果详见表 5-56。由表 5-56 可知：学术论文 5 年期引证文献数量、5 年期引证作者强度指标数据与被引频次指标数据之间呈现出中等程度的相关性，5 年期引证学科数量指标数据与被引频次指标数据之间呈现出较高的相关性，其他 5 年期引证指标数据与被引频次指标数据之间呈现出极强相关性。由此可见，5 年期引证指标数据与被引频次指标数据关联性较高，至少呈现出中等程度的相关性，因此，5 年期引证指标数据均可作为基于动态引证数据的学术论文综合影响力评价的要素，以期从文献层面、作者层面、学科层面综合反映出学术论文在发表 5 年期内的影响力。

表 5-56　**被引频次与 5 年期引证指标数据的 Pearson 相关性**

5 年期引证指标	Pearson 相关性	5 年期引证指标	Pearson 相关性	5 年期引证指标	Pearson 相关性
5 年期被引频次	1.000**	5 年期引证文献	.964**	5 年期引证学科数量	.776**
5 年期引证时间因子	.980**	5 年期引证作者数量	.973**	5 年期引证学科强度	.949**
5 年期引证文献类型数量	.500**	5 年期引证作者强度	.537**	5 年期引证学科	.893**
5 年期引证文献强度	.987**	5 年期引证作者	.881**		

总之，基于动态引证数据的学术论文综合影响力评价模型所选择的指标数据如图 5-29 所示，该模型有 3 个评估与量化角度，4 种指标类型，2 种状态的指标数据(静态指标、动态指标)，11 个指标(体系)(7 个是静态指标、4 个是动态指标)。

4. 确定指标权重

确定评价模型组成各要素的指标权重，是客观、公平、公正、科学地评估与量化学术论文综合影响力的重要保证。在学术论文影响力评价研究过程中，主要有两种确定评价体系指标权重的方法：

第一种方法是综合运用层次分析法和专家调研法来确定评价体系中的指标权重。具体方式是向专家发放调查问卷，专家对评价体系中指标数据的重要性进行打分，根据专家的打分情况确立评价体系中相应指标的权重。①②③ 第二种方法是根据已有的指标数据直

① Wang X，Fang Z，Yang Y. Continuous，dynamic and comprehensive article-level evaluation of scientific literature[J]. arXiv E-print，2014：1411.7004.

② 张玉，潘云涛，袁军鹏，等．论多维视角下中文科技图书学术影响力评价体系的构建[J]. 图书情报工作，2015，59(7)：69-76.

③ 叶强，张从昕．某综合性三甲医院临床医师科研成果指标体系构建[J]. 解放军医院管理杂志，2016，23(6)：543-546.

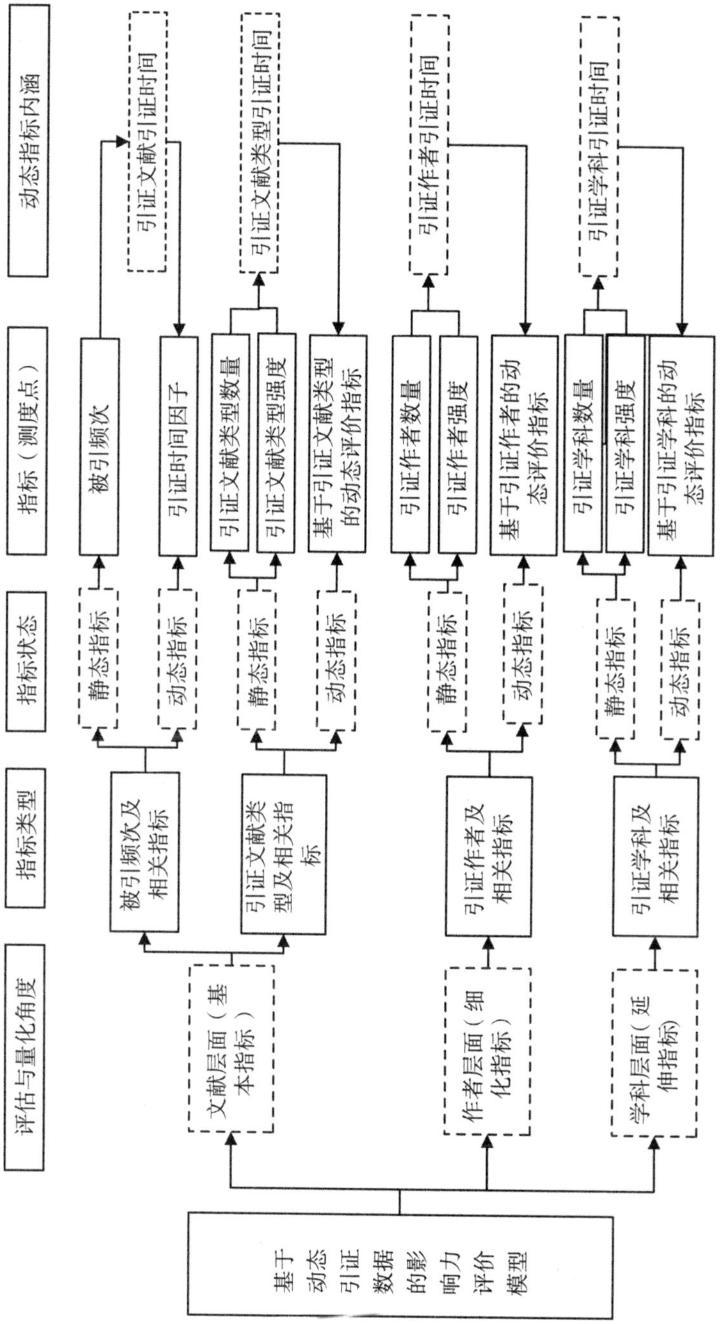

图5-29 基于动态引证数据的学术论文综合影响力评价模型

接运用因子分析、主成分分析方法实现学术论文影响力评价体系指标权重的确定。①②③ 相比较而言，第二种确定指标权重的方法较为简单。本研究采用第二种方法来确定基于动态引证数据的学术论文影响力评价各指标要素的权重。

为了确定第二种方法在确定评价模型中指标要素权重过程中的适用性，本研究首先对学术论文引证指标数据进行了标准化，以消除不同的量纲和数量级；其次，进行 KMO-Bartlett 检验；再次，提取各引证指标数据的公因子方差；接着，确定主成分；最后，获得成分得分系数矩阵。

(1)学术论文引证指标数据标准化。

常用的标准化方法有 min-max 数据标准化④、Z-Score 数据标准化⑤等，具体的转化函数见式(5-17)。

$$\begin{cases} \text{min-max 标准化：} x^* = \dfrac{x - \min}{\max - \min} \\ \text{Z-Score 标准化：} x^* = \dfrac{x - \bar{x}}{\sigma} \end{cases} \tag{5-17}$$

其中，min 是样本数据的最小值，max 是样本数据的最大值，$\bar{x}$ 是样本数据的平均值，σ 是样本数据的标准差。

虽然 min-max 数据标准化方法、Z-Score 数据标准化方法能够消除不同指标之间的量纲影响，但是由上述标准化方法转化后的数据存在负值，而学术论文影响力为负值没有意义。因此，本研究采

---

① 由庆斌，韦博，汤珊红．基于补充计量学的论文影响力评价模型构建[J]．图书情报工作，2014，58(22)：5-11.

② 赵蓉英，郭凤娇，谭洁．基于 Altmetrics 的学术论文影响力评价研究——以汉语言文学学科为例[J]．中国图书馆学报，2016，42(1)：96-108.

③ 赵蓉英，魏绪秋．引证视角下的国内学术论文影响力评价——以 CNKI 中国引文数据库为例[J]．情报理论与实践，2017，40(8)：55-60.

④ 刘明寿，周晓明，戴国俊，等．用归一化法评价科技期刊学术质量与常规评定结果的相关性分析[J]．编辑学报，2006(6)：468-471.

⑤ 苍宏宇，谭宗颖．国内外信息检索研究热点分析——基于 Z-Score 标准化的词频[J]．图书馆建设，2009(1)：93-98.

用林鑫等(2016)对各标签频次标准化处理的方法,① 对11种引证指标数据进行标准化，具体的转化函数见式(5-18)。

$$x^{*} = \frac{x}{\max} \tag{5-18}$$

(2)学术论文引证指标数据KMO-Bartlett检验。

样本指标数据的KMO-Bartlett检验是主成分分析的基础。本研究分别对各年期引证指标数据进行KMO-Bartlett检验，结果如表5-57所示。

表5-57 **各年期引证指标数据的KMO-Bartlett检验**

		即年期	2年期	3年期	4年期	5年期
取样足够度的Kaiser-Meyer-Olkin度量		.650	.785	.803	.807	.817
Bartlett的球形度检验	Sig.	.000	.000	.000	.000	.000

由表5-57可知，各年期引证指标数据的KMO值>0.5，说明指标数据适合进行主成分分析，即可以运用第二种方法确定评价模型中指标要素的权重。此外，Bartlett的球形度检验的显著性(Sig.)值为0，表明总体的相关矩阵间存在共同因子，进一步说明了采用第二种方法确定指标要素权重的适用性。

(3)提取各引证指标数据的公因子方差。

共同性是指所有因子能够解释各指标数据的总变异的比例。表5-58显示的是各年期引证指标数据的公因子方差。由表5-58可知：即年期、4年期引证时间指标数据的公因子方差均在0.6~1；2年期引证时间指标数据的公因子方差均在0.8~1；3年期引证时间指标数据的公因子方差均在0.7~1；除了5年期引证文献类型数量、5年期引证作者强度指标数据的公因子方差低于0.5，其他9种5年期引证时间指标数据的公因子方差均在0.6~1。这说明各年期引

① 林鑫，石宇，周知．基于相对频次的标签相关性判断优化研究[J]．图书情报工作，2016，60(17)：130-135.

证指标数据所提取的公因子基本上能够反映出原指标数据的主要信息。

表 5-58　　**各年期引证指标数据的公因子方差**

表 5-58(1)　　**即年期引证指标数据公因子方差**

	初始	提取
即年期被引频次	1.000	.977
即年期引证时间因子	1.000	.977
即年期引证文献类型数量	1.000	.776
即年期引证文献类型强度	1.000	.938
即年期引证文献类型	1.000	.938
即年期引证作者数量	1.000	.816
即年期引证作者强度	1.000	.789
即年期引证作者	1.000	.602
即年期引证学科数量	1.000	.857
即年期引证学科强度	1.000	.911
即年期引证学科	1.000	.816

表 5-58(2)　　**2 年期引证指标数据公因子方差**

	初始	提取
2 年期被引频次	1.000	.978
2 年期引证时间因子	1.000	.966
2 年期引证文献类型数量	1.000	.906
2 年期引证文献类型强度	1.000	.955
2 年期引证文献类型	1.000	.945
2 年期引证作者数量	1.000	.899

续表

	初始	提取
2 年期引证作者强度	1.000	.864
2 年期引证作者	1.000	.825
2 年期引证学科数量	1.000	.840
2 年期引证学科强度	1.000	.887
2 年期引证学科	1.000	.896

表 5-58(3) **3 年期引证指标数据公因子方差**

	初始	提取
3 年期被引频次	1.000	.983
3 年期引证时间因子	1.000	.970
3 年期引证文献类型数量	1.000	.851
3 年期引证文献类型强度	1.000	.971
3 年期引证文献类型	1.000	.956
3 年期引证作者数量	1.000	.922
3 年期引证作者强度	1.000	.745
3 年期引证作者	1.000	.833
3 年期引证学科数量	1.000	.749
3 年期引证学科强度	1.000	.908
3 年期引证学科	1.000	.855

表 5-58(4) **4 年期引证指标数据公因子方差**

	初始	提取
4 年期被引频次	1.000	.985
4 年期引证时间因子	1.000	.974
4 年期引证文献类型数量	1.000	.798
4 年期引证文献类型强度	1.000	.978

续表

	初始	提取
4 年期引证文献类型	1.000	.962
4 年期引证作者数量	1.000	.932
4 年期引证作者强度	1.000	.647
4 年期引证作者	1.000	.835
4 年期引证学科数量	1.000	.699
4 年期引证学科强度	1.000	.911
4 年期引证学科	1.000	.850

表 5-58(5) **5 年期引证指标数据公因子方差**

	初始	提取
5 年期被引频次	1.000	.980
5 年期引证时间因子	1.000	.973
5 年期引证文献类型数量	1.000	.282
5 年期引证文献类型强度	1.000	.965
5 年期引证文献类型	1.000	.951
5 年期引证作者数量	1.000	.947
5 年期引证作者强度	1.000	.362
5 年期引证作者	1.000	.841
5 年期引证学科数量	1.000	.619
5 年期引证学科强度	1.000	.891
5 年期引证学科	1.000	.777

(4)确定主成分。

主成分的提取原则主要以下几点：第一，主成分所对应的特征值应大于 1；第二，碎石图中特征根的突变点决定主成分的数量；第三，在前两条的基础上积累的总方差尽可能大。① 因此，由表

① 由庆斌，韦博，汤珊红．基于补充计量学的论文影响力评价模型构建[J]．图书情报工作，2014，58(22)：5-11.

5-59各年期引证指标数据解释的总方差及图 5-30 各年期引证指标数据的特征值碎石图可知：即年期、5 年期引证指标数据的主成分分析获得了一个主成分，2 年期、3 年期、4 年期引证指标数据的主成分分析获得了两个主成分。

表 5-59 **各年期引证指标数据解释的总方差**

表 5-59(1) **即年期引证指标数据解释的总方差**

成分	初始特征值			提取平方和载入		
	合计	方差的 %	累积 %	合计	方差的 %	累积 %
1	9.399	85.447	85.447	9.399	85.447	85.447
2	.811	7.372	92.820			
3	.315	2.862	95.682			
4	.159	1.445	97.126			
5	.140	1.273	98.399			
6	.115	1.043	99.443			
7	.033	.297	99.739			
8	.023	.210	99.949			
9	.006	.051	100.000			
10	1.882E-017	1.711E-016	100.000			
11	-3.457E-034	-3.143E-033	100.000			

提取方法：主成分分析。

表 5-59(2) **2 年期引证指标数据解释的总方差**

成分	初始特征值			提取平方和载入		
	合计	方差的 %	累积 %	合计	方差的 %	累积 %
1	8.701	79.096	79.096	8.701	79.096	79.096
2	1.259	11.450	90.545	1.259	11.450	90.545
3	.311	2.823	93.369			
4	.249	2.267	95.636			
5	.204	1.850	97.486			

续表

成分	初始特征值			提取平方和载入		
	合计	方差的 %	累积 %	合计	方差的 %	累积 %
6	.144	1.307	98.793			
7	.066	.597	99.390			
8	.033	.296	99.686			
9	.026	.240	99.926			
10	.007	.067	99.993			
11	.001	.007	100.000			

表 5-59(3) **3 年期引证指标数据解释的总方差**

成分	初始特征值			提取平方和载入		
	合计	方差的 %	累积 %	合计	方差的 %	累积 %
1	8.520	77.452	77.452	8.520	77.452	77.452
2	1.222	11.111	88.562	1.222	11.111	88.562
3	.464	4.219	92.781			
4	.301	2.733	95.514			
5	.184	1.673	97.188			
6	.178	1.619	98.806			
7	.069	.630	99.436			
8	.029	.264	99.700			
9	.024	.221	99.921			
10	.008	.073	99.994			
11	.001	.006	100.000			

表 5-59(4) **4 年期引证指标数据解释的总方差**

成分	初始特征值			提取平方和载入		
	合计	方差的 %	累积 %	合计	方差的 %	累积 %
1	8.507	77.339	77.339	8.507	77.339	77.339
2	1.063	9.660	86.999	1.063	9.660	86.999

续表

成分	初始特征值			提取平方和载入		
	合计	方差的 %	累积 %	合计	方差的 %	累积 %
3	.583	5.302	92.301			
4	.368	3.345	95.646			
5	.193	1.750	97.396			
6	.160	1.450	98.846			
7	.068	.623	99.469			
8	.030	.268	99.737			
9	.020	.184	99.921			
10	.008	.074	99.994			
11	.001	.006	100.000			

表 5-59(5) **5 年期引证指标数据解释的总方差**

成分	初始特征值			提取平方和载入		
	合计	方差的 %	累积 %	合计	方差的 %	累积 %
1	8.587	78.067	78.067	8.587	78.067	78.067
2	.897	8.159	86.226			
3	.666	6.055	92.281			
4	.400	3.638	95.918			
5	.180	1.637	97.555			
6	.142	1.288	98.843			
7	.068	.622	99.465			
8	.031	.279	99.744			
9	.019	.172	99.915			
10	.009	.079	99.994			
11	.001	.006	100.000			

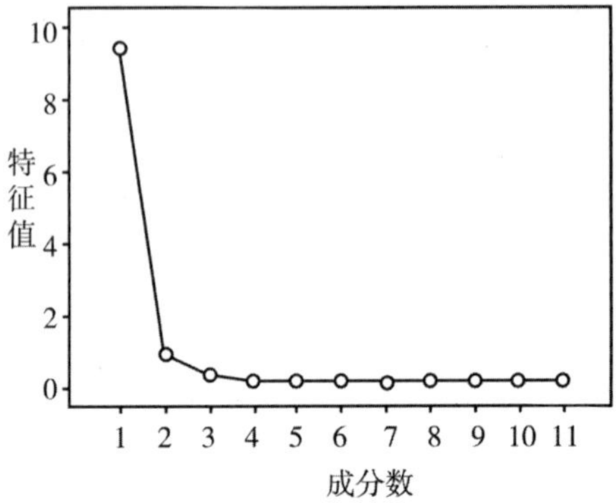

图 5-30(1)　即年期

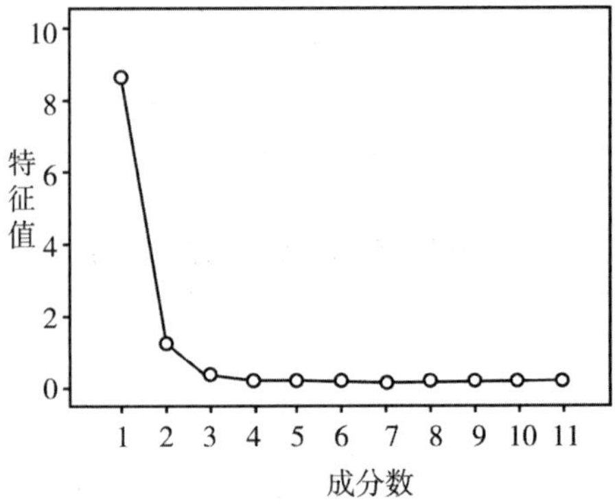

图 5-30(2)　2 年期

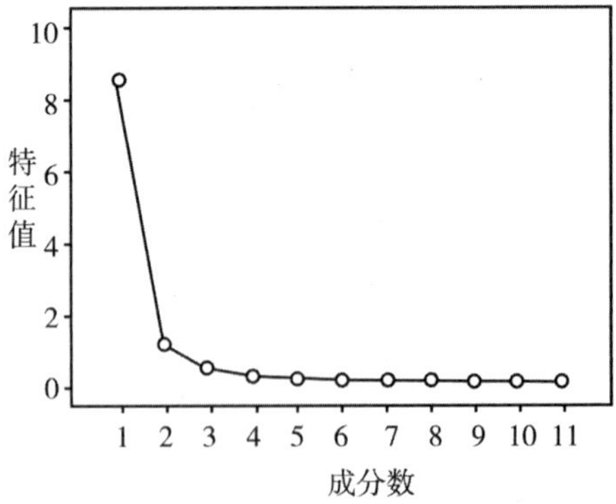

图 5-30(3)　3 年期

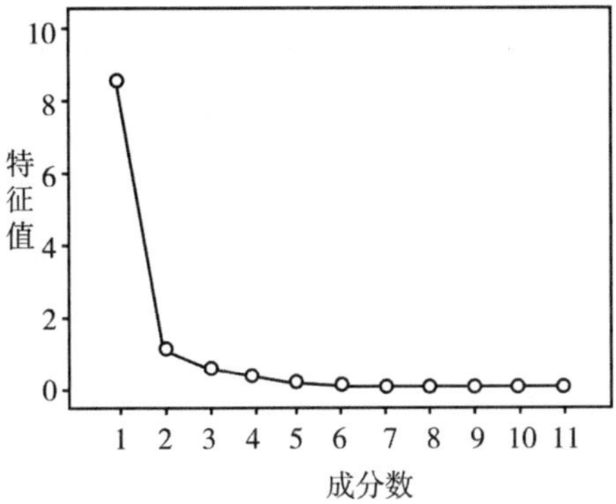

图 5-30(4) 4 年期

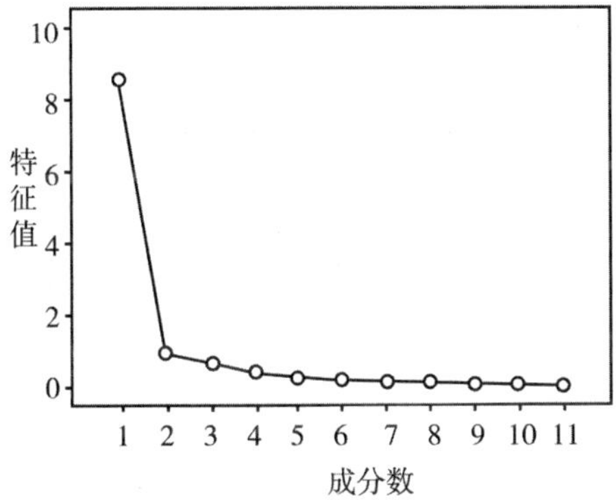

图 5-30(5) 5 年期

图 5-30 各年期引证指标数据的特征值碎石图

(5)获得成分得分系数矩阵。

本研究运用 SPSS 20 中的回归法计算出各指标数据的得分函数系数，从而确定了基于动态引证数据的学术论文影响力综合评价模型中的各指标数据权重。各年期引证指标数据所对应的权重值详见表 5-60。

表 5-60　各年期引证指标数据成分得分系数矩阵

表 5-60(1)　即年期成分得分系数矩阵

	成　分
	1
即年期被引频次	.105
即年期引证时间因子	.105
即年期引证文献类型数量	.094
即年期引证文献类型强度	.103
即年期引证文献类型	.103
即年期引证作者数量	.096
即年期引证作者强度	.094
即年期引证作者	.083
即年期引证学科数量	.098
即年期引证学科强度	.102
即年期引证学科	.096

表 5-60(2)　2 年期成分得分系数矩阵

	成　分	
	1	2
2 年期被引频次	.113	-.062
2 年期引证时间因子	.112	-.074
2 年期引证文献类型数量	.080	.517
2 年期引证文献类型强度	.111	-.100
2 年期引证文献类型	.111	-.110
2 年期引证作者数量	.108	-.101
2 年期引证作者强度	.081	.482
2 年期引证作者	.099	-.233
2 年期引证学科数量	.094	.325
2 年期引证学科强度	.108	-.081
2 年期引证学科	.100	-.294

表 5-60(3) **3 年期成分得分系数矩阵**

	成分	
	1	2
3 年期被引频次	.116	-.063
3 年期引证时间因子	.115	-.058
3 年期引证文献类型数量	.069	.584
3 年期引证文献类型强度	.115	-.112
3 年期引证文献类型	.114	-.107
3 年期引证作者数量	.112	-.076
3 年期引证作者强度	.073	.488
3 年期引证作者	.105	-.158
3 年期引证学科数量	.092	.305
3 年期引证学科强度	.111	-.115
3 年期引证学科	.102	-.265

表 5-60(4) **4 年期成分得分系数矩阵**

	成分	
	1	2
4 年期被引频次	.116	-.071
4 年期引证时间因子	.116	-.054
4 年期引证文献类型数量	.064	.666
4 年期引证文献类型强度	.115	-.127
4 年期引证文献类型	.114	-.113
4 年期引证作者数量	.113	-.058
4 年期引证作者强度	.069	.517
4 年期引证作者	.107	-.109
4 年期引证学科数量	.092	.277
4 年期引证学科强度	.111	-.123
4 年期引证学科	102	-.294

表 5-60(5)　　**5 年期成分得分系数矩阵**

	成　分
	1
5 年期被引频次	.115
5 年期引证时间因子	.115
5 年期引证文献类型数量	.062
5 年期引证文献类型强度	.114
5 年期引证文献类型	.114
5 年期引证作者数量	.113
5 年期引证作者强度	.070
5 年期引证作者	.107
5 年期引证学科数量	.092
5 年期引证学科强度	.110
5 年期引证学科	.103

5. 评价体系

根据基于动态引证数据的学术论文综合影响力评价模型中的各指标数据权重值，本研究可以得到动态评价体系。为了简化动态评价体系的书写，在这里本研究用 TS_i(Total $Score_i$)表示基于各年期动态引证数据的学术论文综合影响力评价得分，CF_i(Citation Freqency)表示学术论文各年期被引频次指标，$APCTF_i$表示学术论文各年期引证时间因子指标，TB_i表示学术论文各年期引证文献类型数量指标，TD_i表示学术论文各年期引证文献类型强度指标，TBD_i表示学术论文基于各年期引证文献类型动态指标，AB_i表示学术论文各年期引证作者数量指标，AD_i表示学术论文各年期引证作者强度指标，ABD_i表示学术论文基于各年期引证作者动态指标，DB_i表示学术论文各年期引证学科数量指标，DD_i表示学术论文各年期引证学科强度指标，DBD_i表示学术论文基于各年期引证学科动态指标。因此，根据表 5-59 的各年期引证指标数据解释的总方差和表 5-60 的各年期引证指标数据成分得分系数矩阵，得出了基于各年期动态引证数据的学术论文综合影响力评估与量化动态体系。

当 i=即年期时：

$$TS_{即年期}=0.105\times CF_{即年期}+0.105\times APCTF_{即年期}+0.094\times TB_{即年期}+0.103\times TD_{即年期}+0.103\times TBD_{即年期}+0.096\times AB_{即年期}+0.094\times AD_{即年期}+0.083\times ABD_{即年期}+0.098\times DB_{即年期}+0.102\times DD_{即年期}+0.096\times DBD_{即年期} \tag{5-19}$$

当 i=2 年期时：

$$TS_{2年期}=\frac{8.701}{8.701+1.259}(0.113\times CF_{2年期}+0.112\times APCTF_{2年期}+0.08\times TB_{2年期}+0.111\times TD_{2年期}+0.111\times TBD_{2年期}+0.108\times AB_{2年期}+0.081\times AD_{2年期}+0.099\times ABD_{2年期}+0.094\times DB_{2年期}+0.108\times DD_{2年期}+0.1\times DBD_{2年期})+\frac{1.259}{8.701+1.259}(-0.062\times CF_{2年期}-0.074\times APCTF_{2年期}+0.517\times TB_{2年期}-0.1\times TD_{2年期}-0.11\times TBD_{2年期}-0.101\times AB_{2年期}+0.482\times AD_{2年期}-0.233\times ABD_{2年期}+0.325\times DB_{2年期}-0.081\times DD_{2年期}-0.294\times DBD_{2年期}) \tag{5-20}$$

即：

$$TS_{2年期}=0.0909\times CF_{2年期}+0.0885\times APCTF_{2年期}+0.1352\times TB_{2年期}+0.0843\times TD_{2年期}+0.0831\times TBD_{2年期}+0.0816\times AB_{2年期}+0.1317\times AD_{2年期}+0.057\times ABD_{2年期}+0.1232\times DB_{2年期}+0.0841\times DD_{2年期}+0.0502\times DBD_{2年期} \tag{5-21}$$

当 i=3 年期时：

$$TS_{3年期}=\frac{8.52}{8.52+1.222}(0.116\times CF_{3年期}+0.115\times APCTF_{3年期}+0.069\times TB_{3年期}+0.115\times TD_{3年期}+0.114\times TBD_{3年期}+0.112\times AB_{3年期}+0.073\times AD_{3年期}+0.105\times ABD_{3年期}+0.092\times DB_{3年期}+0.111\times DD_{3年期}+0.102\times DBD_{3年期})+\frac{1.222}{8.52+1.222}(-0.063\times CF_{3年期}-0.058\times APCTF_{3年期}+0.584\times TB_{3年期}-0.112\times TD_{3年期}-0.107\times TBD_{3年期}-0.076\times AB_{3年期}+0.488\times AD_{3年期}-0.158\times ABD_{3年期}+0.305\times DB_{3年期}-0.115\times$$

$DD_{3年期}-0.265\times DBD_{3年期})$

(5-22)

即：

$$TS_{3年期}=0.0935\times CF_{3年期}+0.0933\times APCTF_{3年期}+0.1336\times TB_{3年期}+0.0865\times TD_{3年期}+0.0863\times TBD_{3年期}+0.0884\times AB_{3年期}+0.1251\times AD_{3年期}+0.072\times ABD_{3年期}+0.1187\times DB_{3年期}+0.0827\times DD_{3年期}+0.056\times DBD_{3年期} \quad (5\text{-}23)$$

当 $i=4$ 年期时：

$$TS_{4年期}=\frac{8.507}{8.507+1.063}(0.116\times CF_{4年期}+0.116\times APCTF_{4年期}+0.064\times TB_{4年期}+0.115\times TD_{4年期}+0.114\times TBD_{4年期}+0.113\times AB_{4年期}+0.069\times AD_{4年期}+0.107\times ABD_{4年期}+0.092\times DB_{4年期}+0.111\times DD_{4年期}+0.102\times DBD_{4年期})+\frac{1.063}{8.507+1.063}(-0.071\times CF_{4年期}-0.054\times APCTF_{4年期}+0.666\times TB_{4年期}-0.127\times TD_{4年期}-0.113\times TBD_{4年期}-0.058\times AB_{4年期}+0.517\times AD_{4年期}-0.109\times ABD_{4年期}+0.277\times DB_{4年期}-0.123\times DD_{4年期}-0.294\times DBD_{4年期}) \quad (5\text{-}24)$$

即：

$$TS_{4年期}=0.0952\times CF_{4年期}+0.0971\times APCTF_{4年期}+0.1309\times TB_{4年期}+0.0881\times TD_{4年期}+0.0888\times TBD_{4年期}+0.094\times AB_{4年期}+0.1188\times AD_{4年期}+0.083\times ABD_{4年期}+0.1125\times DB_{4年期}+0.085\times DD_{4年期}+0.058\times DBD_{4年期} \quad (5\text{-}25)$$

当 $i=5$ 年期时：

$$TS_{5年期}=0.115\times CF_{5年期}+0.115\times APCTF_{5年期}+0.062\times TB_{5年期}+0.114\times TD_{5年期}+0.114\times TBD_{5年期}+0.113\times AB_{5年期}+0.07\times AD_{5年期}+0.107\times ABD_{5年期}+0.092\times DB_{5年期}+0.11\times DD_{5年期}+0.103\times DBD_{5年期} \quad (5\text{-}26)$$

其中，CF_i、TB_i、AB_i、AD_i、DB_i、DD_i所表示的引证指标数据是由各年期原始引证文献数据统计而来，其他 5 种指标是由原始数据统计并计算而来，$APCTF_i$测度公式见式(5-4)～式(5-8)，TD_i测度公式见式(5-10)，TBD_i测度公式见式(5-12)，ABD_i测度公式见式(5-14)，DBD_i测度公式见式(5-16)。

本研究根据式(5-19)、式(5-21)、式(5-23)、式(5-25)和式(5-26)中各引证指标数据的权重绘制了动态评价体系引证指标数据的重要性，详见图5-31。

	CF	APCTF	TB	TD	TBD	AB	AD	ABD	DB	DD	DBD
即年期	0.105	0.105	0.094	0.103	0.103	0.096	0.094	0.083	0.098	0.102	0.096
2年期	0.0909	0.0885	0.1352	0.0843	0.0831	0.0816	0.1317	0.057	0.1232	0.0841	0.0502
3年期	0.0935	0.0933	0.1336	0.0865	0.0863	0.0884	0.1251	0.072	0.1187	0.0827	0.056
4年期	0.0952	0.0971	0.1309	0.0881	0.0888	0.094	0.1188	0.083	0.1125	0.085	0.058
5年期	0.115	0.115	0.062	0.114	0.114	0.113	0.07	0.107	0.092	0.11	0.103

图5-31 动态评价体系引证指标数据的重要性

在图5-31中，单元格内灰色程度越高，说明该引证指标数据对评价体系的重要程度越高：①基于即年期动态引证数据的学术论文综合影响力评价体系注重即年期被引频次、引证时间因子、引证文献类型强度、引证文献类型、引证学科强度5种引证指标数据的评价；②基于2年期动态引证数据的学术论文综合影响力评价体系注重2年期引证文献类型数量、引证作者强度、引证学科数量3种引证指标数据的评价；③基于3年期动态引证数据的学术论文综合影响力评价体系注重3年期引证文献类型数量、引证作者强度、引证学科数量3种引证指标数据的评价；④基于4年期动态引证数据的学术论文综合影响力评价体系注重4年期引证文献类型数量、引证作者强度、引证学科数量3种引证指标数据的评价；⑤基于5年期动态引证数据的学术论文综合影响力评价体系注重5年期被引频次、引证时间因子、引证文献类型强度、引证文献类型、引证作者数量、引证作者、引证学科强度、引证学科8种引证指标数据的评价。可见，不同年期的学术论文影响力评估指标的重要性有所差异。

由上述分析可知，基于2年期、3年期、4年期动态引证数据的学术论文综合影响力评价体系所注重的引证指标数据相一致，这与由引证时间因子而来的短期影响力、中期影响力和长期影响力测度相呼应。

总之，基于动态引证数据的学术论文综合影响力评估与量化体系以客观的动态引证数据来表征学术论文综合影响力，其涵盖了三大层面(文献—作者—学科，基本—细化—延伸)和两大维度(影响广度(影响范围)、影响深度(影响程度))的指标数据。此外，基于动态引证数据的学术论文影响力综合评估与量化体系还充分考虑学术论文所含价值的影响时间效益，综合考虑学术论文引证文献的引证时间，所形成的评估与量化体系既从总量上体现了静态性，又从影响时间效益上体现了动态性。

5.6.2　学术论文综合影响力评价与分析

依据所构建的基于动态引证数据的学术论文综合影响力评价模型及其指标数据评价体系，即式(5-19)、式(5-21)、式(5-23)、式(5-25)和式(5-26)，本节对图书情报与数字图书馆研究领域 2012 年出版且在 2012—2016 年成为被引证文献的13 229篇学术论文的即年期、2 年期、3 年期、4 年期和 5 年期的综合影响力进行评估与量化。学术论文各年期的 Total Score 结果排序见表 5-61，学术论文各年期 Total Score 结果排序变动见图 5-32。

1. 纵向视角分析学术论文在各年期的 Total Score 结果排序

①在基于即年期动态引证数据的学术论文综合影响力测度结果中，文献序号为 6 的学术论文以 0. 9086 分位居 $TS_{即年期}$结果排序的第 1 位次；文献序号为 322 的学术论文以 0. 5653 分次之，位居第 2 位次；位居第 3 位次的是文献序号为 116 的学术论文，其得分为 0. 5373，等等。

②在基于 2 年期动态引证数据的学术论文综合影响力测度结果中，位居第 1 位次的是文献序号为 6 的学术论文，其得分最高为 0. 8547 分；位居第 2 位次的是文献序号为 2 的学术论文，其分值为 0. 6995 分；文献序号为 9 的学术论文以 0. 5930 分位居 $TS_{2年期}$结果排序的第 3 位次，等等。

表 5-61 学术论文各年期的 Total Score 结果排序(top10)

排序	即年期		2 年期		3 年期		4 年期		5 年期	
	文献序号	得分	文献序号	得分	文献序号	得分	文献序号	得分	文献序号	得分
1	6	0.9086	6	0.8547	6	0.8690	1	0.8651	1	1.0247
2	322	0.5653	2	0.6995	2	0.7870	2	0.8386	2	0.8735
3	116	0.5373	9	0.5930	1	0.7432	6	0.8138	6	0.7893
4	79	0.4811	1	0.5621	9	0.6421	4	0.6819	4	0.6991
5	2	0.4802	17	0.5182	4	0.6299	3	0.6557	3	0.6916
6	85	0.4679	15	0.4920	3	0.5795	9	0.6547	5	0.6342
7	201	0.4299	12	0.4830	17	0.5426	12	0.5731	9	0.5802
8	39	0.4249	21	0.4820	16	0.5412	21	0.5592	12	0.5356
9	86	0.4237	322	0.4744	12	0.5223	17	0.5544	8	0.5350
10	41	0.4093	85	0.4653	21	0.5093	16	0.5468	1	0.5348

③在基于 3 年期动态引证数据的学术论文综合影响力测度结果中，文献序号为 6 的学术论文以 0.8690 分位居 $TS_{3年期}$ 结果排序的榜首；文献序号为 2 的学术论文以 0.7870 分次之，位居第 2 位次；文献序号为 1 的学术论文以 0.7432 分位居 $TS_{3年期}$ 结果排序的第 3 位次，等等。

④在基于 4 年期动态引证数据的学术论文综合影响力测度结果中，位居第 1 位次的是文献序号为 1 的学术论文，其得分为 0.8651 分；位居第 2 位次的是文献序号为 2 的学术论文，其分值为 0.8386 分；文献序号为 6 的学术论文以 0.8138 分位居 $TS_{4年期}$ 结果排序的第 3 位次，等等。

⑤在基于 5 年期动态引证数据的学术论文综合影响力测度结果中，文献序号为 1 的学术论文以最高得分 1.0247 分位居 $TS_{5年期}$ 排序的榜首；文献序号为 2 的学术论文以 0.8735 分次之，位居 $TS_{5年期}$ 结果排序的第 2 位次；文献序号为 6 的学术论文以 0.7893 分位居 $TS_{5年期}$ 结果排序的第 3 位次，等等。

2. 横向视角分析学术论文在各年期的 Total Score 结果排序变动情况

为了便于比较学术论文各年期的 Total Score 结果排序变动情况，本研究选择了在 2012—2016 年被引频次≥100 的 17 篇学术论文的排序结果变动情况，并绘制了相应的结果排序柱形图，如图 5-32 所示。由图 5-32 可知，学术论文在各年期的 Total Score 结果排序并非一成不变，而是有所变动，上述 17 篇数论文在各年期的 Total Score 结果排序呈现出 5 种变化态势。

文献序号	即年期结果排序	2年期结果排序	3年期结果排序	4年期结果排序	5年期结果排序	柱形图
1	139	4	3	1	1	
2	5	2	2	2	2	
3	151	27	6	5	5	
4	151	50	5	4	4	
5	143	77	19	11	6	
6	1	1	1	3	3	
7	100	24	18	19	18	
8	151	52	16	13	9	
9	21	3	4	6	7	
10	143	44	26	14	11	
11	30	31	43	23	10	
12	19	7	9	7	8	
13	140	36	13	16	12	
14	151	186	24	15	17	
15	151	6	11	12	16	
16	38	13	8	10	13	
17	126	5	7	9	15	

图 5-32　学术论文各年期 Total Score 结果排序变动

①排序位次保持上升态势，如文献序号为 1 的学术论文，其在即年期的结果排序中位居 139 位次，在 2 年期的结果排序中上升为第 4 位次，在 3 年期又上升了一个位次，位居第 3 位次，而在 4 年期、5 年期的结果排序中位居第 1 位次。此外，还有文献序号为 2、3 等的多篇学术论文在各年期位次排序的变动情况也呈现这种态势。

②排序位次呈现下降态势，如文献序号为 6 的学术论文，其在

即年期、2年期和3年期均保持第1位次，在4年期、5年期其测度结果下降两个位次，位居第3位次。

③排序位次呈现先上升后下降态势，如文献序号为9的学术论文，其在即年期的结果排序中位居第21位次，2年期上升到第3位次，3年期、4年期、5年期的排序位次有所下降，分别位居第4位次、第6位次、第7位次。此外，文献序号为15、16等的多篇学术论文在各年期位次排序的变动情况也呈现先上升后下降态势。

④排序位次呈现先下降后上升态势，如文献序号为11的学术论文，其在即年期的结果排序中位居第30位次，在2年期、3年期呈现下降态势，分别位居第31位次、第43位次，随后在4年期、5年期呈现上升态势，分别位居第23位次、第10位次。

⑤排序位次呈现波动态势。表现为该种态势的学术论文有2篇：文献序号为12的学术论文其排序位次先上升后下降，接着再升再降；文献序号为14的学术论文其排序位次先下降后上升，随后再下降。

虽然，上述17篇数论文在各年期的Total Score结果排序呈现出复杂变化态势，但是总体来看(即年期结果排序与5年期结果排序)，除文献序号为6的学术论文以外，其他16篇学术论文的综合影响力均呈现上升态势。

学术论文在各年期的Total Score结果排序有所变动，且被引频次≥100的17篇数论文在各年期的Total Score结果排序呈现出5种变化态势，这说明学术论文在各年期的Total Score结果具有不一致性。这种不一致程度如何，换句话说也就是学术论文各年期的Total Score结果的一致性如何，本研究运用肯德尔相关系数进行分析，结果见5-62。由表5-62可知：

①临近年期的Total Score结果的一致性最高。学术论文$TS_{即年期}$与学术论文$TS_{2年期}$的一致性最高(相关系数=0.417)，学术论文$TS_{2年期}$与学术论文$TS_{3年期}$的一致性最高(相关系数=0.673)，学术论文$TS_{3年期}$与学术论文$TS_{4年期}$的一致性最高(相关系数=0.770)，学术论文$TS_{4年期}$与学术论文$TS_{5年期}$的一致性最高(相关系数=0.831)。本研究认为：在临近年期，学术论文的被引频次、引证时间因子、

引证文献类型数量、引证文献强度、引证文献、引证作者数量、引证作者强度等 11 种指标数据变化不大。

②学术论文基于各年期动态引证数据的评价结果一致性的差异随年期逐渐缩小。$TS_{即年期}$ 与 $TS_{2年期}$、$TS_{2年期}$ 与 $TS_{3年期}$、$TS_{3年期}$ 与 $TS_{4年期}$、$TS_{4年期}$ 与 $TS_{5年期}$ 的一致性差距分别为 0. 583、0. 327、0. 230、0. 169，由上述数据可知：学术论文基于各年期动态引证数据的评价结果一致性的差异随年期逐渐缩小。这说明基于各年期动态引证数据的学术论文综合影响力评价结果趋于一致性。

表 5-62　　**学术论文各年期 Total Score 结果的相关系数**

			即年期	2 年期	3 年期	4 年期	5 年期
Kendall 的 tau_b	即年期	相关系数	1. 000	. 417 **	. 307**	. 260**	. 255**
		Sig. (双侧)	.	. 000	. 000	. 000	. 000
		N	13 229	13 229	13 229	13 229	13 229
	2 年期	相关系数	. 417**	1. 000	. 673**	. 547**	. 510**
		Sig. (双侧)	. 000	.	. 000	. 000	. 000
		N	13 229	13 229	13 229	13 229	13 229
	3 年期	相关系数	. 307**	. 673**	1. 000	. 770**	. 685**
		Sig. (双侧)	. 000	. 000	.	. 000	. 000
		N	13 229	13 229	13 229	13 229	13 229
	4 年期	相关系数	. 260**	. 547**	. 770**	1. 000	. 831**
		Sig. (双侧)	. 000	. 000	. 000	.	. 000
		N	13 229	13 229	13 229	13 229	13 229
	5 年期	相关系数	. 255**	. 510**	. 685**	. 831**	1. 000
		Sig. (双侧)	. 000	. 000	. 000	. 000	.
		N	13 229	13 229	13 229	13 229	13 229

**. 在置信度(双侧)为 0. 01 时，相关性是显著的。

总之，在不同的测度年期内，学术论文综合影响力评估与量化的结果有所差异。究其原因，本研究认为：①随着学术论文刊出年期的延长，学术论文的学术价值、应用价值被本领域或其他领域的学者们所发现，从而表现为其引证文献数量随年期增加。而由引证文献数量增加而来的学术论文动态引证数据也变得相对复杂。这是学术论文综合影响力评估量化结果在不同测度年期内有所差异的第一个原因。②在不同的年期，学术论文综合影响力评价体系的侧重点不同，如 2 年期注重 2 年期引证文献类型数量、引证作者强度、引证学科数量 3 种引证指标数据的评价，而 5 年期注重 5 年期被引频次、引证时间因子、引证文献类型强度等 8 种引证指标数据的评价。这是学术论文综合影响力评估量化结果在不同测度年期内有所差异的第二个原因。

虽然，学术论文各年期 Total Score 结果的一致性差异随年期逐渐缩小，但是，基于不同年期动态引证数据量化学术论文综合影响力的侧重点不同。

根据动态评价体系引证指标数据的重要性，本研究也将基于动态引证数据的学术论文综合影响力划分为短期综合影响力、中期综合影响力和长期综合影响力。即年期 Total Score 从文献层面、作者层面、学科层面三个层面综合表征、评估量化了学术论文的即时影响力，即短期综合影响力；而 2 年期、3 年期、4 年期 Total Score 则从文献层面、作者层面、学科层面三个层面全面表征、评估量化了学术论文的中期综合影响力；5 年期 Total Score 则从文献层面、作者层面、学科层面三个层面全面表征、评估量化了学术论文的长期综合影响力。

5.6.3 学术论文综合影响力评价结果评估

基于各年期动态引证数据的学术论文综合影响力评价效果如何，本研究将基于各年期的 Total Score 评价结果与基于各引证指标数据以及被引频次的评价结果进行评估，以验证基于各年期动态引证数据的学术论文综合影响力评价的可行性。

1. 基于各年期的 Total Score 评价结果与基于各引证指标数据的评价结果评估

本研究运用 SPSS 中的肯德尔相关系数对13 229篇学术论文基

于各年期动态引证数据的学术论文综合影响力评价结果与基于其他11种指标(体系)的评估与量化结果是否具有一致性进行分析。它们之间的肯德尔相关系数见表5-63、表5-64、表5-65、表5-66和表5-67。

(1)基于$TS_{即年期}$评价结果与基于即年期各引证指标数据评价结果的一致性分析。

由表5-63可知，基于$TS_{即年期}$评价结果与基于即年期各引证指标数据评价结果的肯德尔相关系数均高于0.9。这说明基于$TS_{即年期}$评价结果与基于即年期各引证指标数据评价结果具有高度的一致性。因此，基于即年期动态引证数据的学术论文综合影响力能够从文献层面、作者层面、学科层面较好地体现出学术论文综合影响力。

表5-63　**$TS_{即年期}$与即年期各引证指标数据评价结果的相关关系表**

			CF	APCTF	TB	TD	TBD	AB
Kendall 的 tau_b	$TS_{即年期}$	相关系数	.986**	.986**	.977**	.990**	.990**	.987**
		Sig.(双侧)	0.000	0.000	0.000	0.000	0.000	0.000
		N	13 229	13 229	13 229	13 229	13 229	13 229
			AD	ABD	DB	DD	DBD	
Kendall 的 tau_b	$TS_{即年期}$	相关系数	.975**	.989**	.981**	.979**	.986**	
		Sig.(双侧)	0.000	0.000	0.000	0.000	0.000	
		N	13 229	13 229	13 229	13 229	13 229	

**. 在置信度(双侧)为0.01时，相关性是显著的。

(2)基于$TS_{2年期}$评价结果与基于2年期各引证指标数据评价结果的一致性分析。

由表5-64可知，基于$TS_{2年期}$评价结果与基于2年期引证文献类型数量、引证作者数量、引证作者强度、引证学科数量、引证学科学强度5个引证指标数据评价结果的肯德尔相关系数为0.8~0.9，而与基于2年期的其他6个引证指标数据评价结果的肯德尔相关系数在0.9以上。这说明基于$TS_{2年期}$评价结果与基于2年期各引证指标数据的评价结果具有高度的一致性。因此，基于2年期动态引证数据的学术论文综合影响力能够从文献层面、作者层面、学科层面较好地体现出学术论文综合影响力。

表5-64 $TS_{2年期}$与2年期引证指标数据评价结果的相关关系表

			CF	APCTF	TB	TD	TBD	AB
Kendall 的 tau_b	$TS_{2年期}$	相关系数	.925**	.923**	.847**	.914**	.915**	.897**
		Sig.(双侧)	0.000	0.000	0.000	0.000	0.000	0.000
		N	13 229	13 229	13 229	13 229	13 229	13 229
			AD	ABD	DB	DD	DBD	
Kendall 的 tau_b	$TS_{2年期}$	相关系数	.812**	.916**	.878**	.855**	.923**	
		Sig.(双侧)	0.000	0.000	0.000	0.000	0.000	
		N	13 229	13 229	13 229	13 229	13 229	

**. 在置信度(双侧)为0.01时，相关性是显著的。

(3)基于$TS_{3年期}$评价结果与基于3年期引证指标数据评价结果的一致性评估。

由表5-65可知，基于$TS_{3年期}$评价结果与基于3年期引证文献类型数量、引证作者强度、引证学科数量、引证学科强度4个引证指标数据评价结果的肯德尔相关系数分别为0.743、0.652、0.782、0.744。因此，基于$TS_{3年期}$评价结果与基于3年期4个引证指标数据的评价结果之间呈现出较高的一致性。基于$TS_{3年期}$评价结果与基于3年期的其他7个引证指标数据评价结果的肯德尔相关系数在0.8~0.9，即呈现出极高的一致性。总之，基于$TS_{3年期}$评价结果与基于3年期引证指标数据评价结果之间至少表现出较高的一致性。因此，基于3年期动态引证数据的学术论文综合影响力能够从文献层面、作者层面、学科层面较好地体现出学术论文综合影响力。

表 5-65　**$TS_{3年期}$与 3 年期引证指标数据评价结果的相关关系表**

			CF	APCTF	TB	TD	TBD	AB
Kendall 的 tau_b	$TS_{3年期}$	相关系数	.871**	.852**	.743**	.833**	.809**	.809**
		Sig.（双侧）	0.000	0.000	0.000	0.000	0.000	0.000
		N	13 229	13 229	13 229	13 229	13 229	13 229
			AD	ABD	DB	DD	DBD	
Kendall 的 tau_b	$TS_{3年期}$	相关系数	.652**	.837**	.782**	.744**	.853**	
		Sig.（双侧）	0.000	0.000	0.000	0.000	0.000	
		N	13 229	13 229	13 229	13 229	13 229	

**. 在置信度(双侧)为 0.01 时，相关性是显著的。

(4)基于 $TS_{4年期}$评价结果与基于 4 年期各引证指标数据评价结果的一致性评估。

由表 5-66 可知，基于 $TS_{4年期}$评价结果与基于 4 年期引证作者强度指标数据评价结果之间呈现出中等程度的一致性(0.4~0.6)；基于 $TS_{4年期}$评价结果与基于 4 年期被引频次指标数据评价结果之间呈现出极高的一致性(0.8~1)；基于 $TS_{4年期}$评价结果与基于 4 年期的其他 9 个引证指标数据评价结果的肯德尔相关系数在 0.6~0.8，即呈现出中等程度的一致性。总之，基于 $TS_{4年期}$评价结果与基于 4 年期引证指标数据评价结果之间至少表出现中等程度的一致性。因此，基于 4 年期动态引证数据的学术论文综合影响力能够从文献层面、作者层面、学科层面较好地体现出学术论文综合影响力。

(5)基于 $TS_{5年期}$评价结果与基于 5 年期各引证指标数据评价结果的一致性评估。

由表 5-67 可知，基于 $TS_{5年期}$评价结果与基于 5 年期引证作者强度指标数据评价结果之间呈现出中等程度的一致性(0.4~0.6)；基于 $TS_{5年期}$评价结果与基于 4 年期被引频次指标数据评价结果之间呈现出极高的一致性(0.8~1)；基于 $TS_{5年期}$ 评价结果与基于 5 年期的其他 9 个引证指标数据评价结果的肯德尔相关系数在 0.6~0.8，即呈现出中等程度的一致性。总之，基于 $TS_{5年期}$ 评价结果与基于 5 年期引证指标数据评价结果之间至少表出现中等程度的一致性。因此，基于 5 年期动态引证数据的学术论文综合影响力能够从文献层面、作者层面、学科层面较好地体现出学术论文综合影响力。

表 5-66　**$TS_{4年期}$ 与 4 年期引证指标数据评价结果的相关关系表**

			CF	APCTF	TB	TD	TBD	AB
Kendall 的 tau_b	$TS_{4年期}$	相关系数	.827**	.795**	.682**	.770**	.732**	.751**
		Sig.(双侧)	0.000	0.000	0.000	0.000	0.000	0.000
		N	13 229	13 229	13 229	13 229	13 229	13 229
			AD	ABD	DB	DD	DBD	
Kendall 的 tau_b	$TS_{4年期}$	相关系数	.526**	.781**	.710**	.660**	.797**	
		Sig.(双侧)	0.000	0.000	0.000	0.000	0.000	
		N	13 229	13 229	13 229	13 229	13 229	

**. 在置信度(双侧)为 0.01 时，相关性是显著的。

表 5-67　**$TS_{5年期}$ 与 5 年期引证指标数据评价结果的相关关系表**

			CF	APCTF	TB	TD	TBD	AB
Kendall 的 tau_b	$TS_{5年期}$	相关系数	.835**	.797**	.609**	.764**	.723**	.736**
		Sig.(双侧)	0.000	0.000	0.000	0.000	0.000	0.000
		N	13 229	13 229	13 229	13 229	13 229	13 229
			AD	ABD	DB	DD	DBD	
Kendall 的 tau_b	$TS_{5年期}$	相关系数	.436**	.763**	.680**	.640**	.799**	
		Sig.(双侧)	0.000	0.000	0.000	0.000	0.000	
		N	13 229	13 229	13 229	13 229	13 229	

**. 在置信度(双侧)为 0.01 时，相关性是显著的。

通过上述分析，本研究发现，随着学术论文发表年期的增加，基于各年期动态引证数据的学术论文综合影响力评价结果与基于各年期各引证指标数据评价结果的总体一致性有所下降。

本研究认为，在学术论文发表的即年期内，学术论文由于主题、方法新颖性等原因，即时受到本学科或其他学科领域学者的所关注，并以此研究为基础，继续开展相应的深入的学术研究。但是，由于学术论文撰写需要消耗大量的时间、精力，以及出版时滞等因素，学术论文在即年期内的引证文献数量相对较少，且在即年期内成为被引证文献的学术论文数量较少。而由引证文献解析出来的表征学术论文影响力的即年期各引证指标数据之间的差异性不大，且基于即年期引证指标数据的学术论文综合影响力评价体系中各引证指标数据的权重值相差不大。因此，基于即年期动态引证数据的学术论文综合影响力评价结果与基于即年期各引证指标数据的评价结果具有高度的一致性。

然而，随着学术论文发表年期的延长，避免了出版时滞等因素的影响，一些学术论文由于其学术价值、应用价值得以凸显，从而被众多学者所使用。此时，不仅成为被引证文献的学数论文数量增多，而且其所对应的引证文献数量也急剧增加。由引证文献解析出来的表征学术论文影响力的各年期各引证指标数据之间的差异性拉大，且基于各年期各引证指标数据的学术论文综合影响力动态评价体系中各引证指标数据的权重值也发生了变化。因此，基于各年期动态引证数据的学术论文综合影响力评价结果与基于各年期各引证指标数据的评价结果具有高度的一致性。

总体而言，基于动态引证数据的学术论文综合影响力动态评价体系能够从文献层面、作者层面、学科层面较好地反映出学术论文综合影响力。

2. 基于各年期的 Total Score 评价结果与基于被引频次的评价结果评估

学术论文被引频次是评估与量化学术论文影响力的基本指标，它与学术论文其他指标数据的相关关系也常被学者们用于判定该指标数据能否适用于评价学术论文影响力。① 本研究运用 SPSS 中的肯德尔相关系数对13 229篇学术论文基于各年期动态引证数据的学术论文综合影响力评价结果与基于被引频次的评价结果是否具有一致性进行分析。它们之间的肯德尔相关系数见表 5-68。

由表 5-68 可知，基于即年期动态引证数据的学术论文综合影响力评价结果与基于被引频次的评价结果具有较弱的一致性(相关系数=0.229)，基于 2 年期、3 年期动态引证数据的学术论文综合影响力评价结果与基于被引频次的评价结果具有中等程度的一致性(相关系数在 0.4~0.6)，基于 4 年期动态引证数据的学术论文综合影响力评价结果与基于被引频次的评价结果具有较高的一致性(相关系数=0.723)，而基于 5 年期动态引证数据的学术论文综合影响力评价结果与基于被引频次的评价结果具有极高的一致性(相关系数=0.835)。虽然，基于即年期动态引证数据的学术论文综合影响力评价结果与基于被引频次的评价结果的一致性较弱，但是即年期动态引证数据与学术期刊评价过程中的即年指标相一致，能够快速地、及时地反映出学术论文在文献层面、作者层面、学科层面的综合影响力。基于其他年期的学术论文综合影响力评价结果与基于被引频次的评价结果至少呈现出中等程度的一致性。

表 5-68　**被引频次与学术论文各年期 Total Score 评价结果的相关关系表**

			$TS_{即年期}$	$TS_{2年期}$	$TS_{3年期}$	$TS_{4年期}$	$TS_{5年期}$
Kendall 的 tau_b	被引频次	相关系数	.229**	.477**	.625**	.723**	.835**
		Sig.(双侧)	.000	.000	.000	.000	.000
		N	13 229	13 229	13 229	13 229	13 229

**. 在置信度(双侧)为 0.01 时，相关性是显著的。

总体而言，基于动态引证数据的学术论文综合影响力动态评价

① Markusova V, Bogorov V, Libkind A. Usage metrics vs classical metrics: analysis of Russia's research output[J]. Scientometrics, 2018, 114(2): 593-603.

体系能够从文献层面、作者层面、学科层面较好地反映出学术论文综合影响力。

本章小结

学术论文影响力一直是科研人员、科研管理人员关注的焦点。目前，学者们大多采用同行评议、量化评价以及两者结合的评价方法来达到评估与量化学术论文影响力的目的。在学术论文影响力评价过程中，引文法是一种重要的学术论文影响力评估与量化方法，其既包含了量化评价，又包含了同行评议("小同行""大同行")。此外，已有研究表明 Altmetrics 方法是传统引文在评估与量化学术论文影响力时的一个重要补充，且由于 Altmetrics 存在一定的缺陷，传统引文仍是学术论文影响力评估与量化研究的重点。

基于此，本章以学术论文的引证与被引证为研究视角，以学术论文的动态引证数据为学术论文影响力评估与量化的基础，从影响力广度(影响范围)、影响深度(影响程度)两个维度，从文献层面(基本指标)、作者层面(细化指标)、学科层面(延伸指标)三个层面来量化与评估学术论文影响力。此外，本章还考虑了学术论文引证文献的引证时间对学术论文影响力的影响，从而实现动态、连续地表征、评估量化学术论文影响力。

本章的内容主要包含三大部分：第一部分(第 1 节)是理论基础和评价框架构建。首先，探讨了引证与学术论文影响力评价的关系，引入了学术论文影响力广度和学术论文影响力深度术语，并构建了基于动态引证数据的学术论文影响力评价框架，为后续研究提供了理论基础及研究思路。

第二部分(包括第 2 节、第 3 节、第 4 节、第 5 节)采用数理统计、相关性分析等方法探讨引证文献各要素用于评估量化学术论文影响力。其中，第 2 节是探讨学术论文的被引频次、被引频次峰值出现时间、被引频次峰值量以及动态的引证时间因子能否适用于评估量化学术论文影响力。结果表明：学术论文的被引频次分布具有的不均衡性为学术论文影响力评价提供了依据；学术论文被引频次峰值出现时间在学术论文发表的第二年至第四年内，但是其不能用于量化学术论文影响力；被引频次峰值量这一指标数据能够用于量化学术论文影响力；引证时间因子能够较好地反映出学术论文的动态影响力。并将学术论文影响力划分为：短期学术论文影响力、中期学术论文影响力和长期学术论文影响力。

第 3 节是探讨学术论文的引证文献类型数量、引证文献类型强度以及基于引证文献类型的动态评价体系能否适用于评估量化学术论文影响力。研究发现：学术论文的引证文献类型数量以及引证文献类型强度指标能够量化学术论文影响力；基于引证文献类型强度的学术论文影响力侧重于量化在学术期刊论文中的影响力；基于引证文献类型的学术论文影响力动态评价体系可以从引证文献类型数量、强度、时间三种指标数据动态、连续地评估学术论文在文献层面的综合影响力。

第 4 节是探讨学术论文的引证作者数量、引证作者强度以及基于引证作者的动态评价体系能否适用于评估量化学术论文影响力。研究发现：学术论文的引证作者数量以及引证作者强度指标能够用于量化学术论文影响力；基于引证作者的学术论文影响力动态评价体系可以从引证作者数量、强度、时间三种指标数据动态、连续地评估学术论文在作者层面的综合影响力。

第 5 节是探讨学术论文的引证学科数量、引证学科强度以及基于引证学科的动态评价体系能否适用于评估量化学术论文影响力。研究表明：学术论文的引证学科数量以及引证学科强度指标能够用于量化学术论文影响力；基于引证学科的学术论文影响力动态评价体系可以从引证学科数量、强度、时间三种指标数据动态、连续地评估学术论文在学科层面的综合影响力。

第三部分(第 6 节)是基于动态引证数据的学术论文综合影响力评价分析。首先构建了基于动态引证数据的学术论文综合影响力评价模型，并对其构建的 4 个原则、目标、模型要素进行说明，运用主成分分析、因子分析分法确定指标权重，建立基于各年期动态引证数据的学术论文综合影响力评估量化动态体系；其次，对CNKI-CCD数据库中图书情报与数字图书馆领域的学术论文综合影响力动态、连续地评估量化；最后，与基于各引证指标数据的评价结果以及基于被引频次的评价结果进行对比与评估，以评估所构建的评价模型的可靠性。研究发现：基于动态引证数据的学术论文综合影响力动态评价体系能够从文献层面、作者层面、学科层面较好地反映出学术论文综合影响力。

参考文献

[1]2016 年度教育部人文社会科学研究规划基金、青年基金、自筹经费项目评审结果公示一览表[EB/OL].[2017-01-23]. http://202.114.96.204/cache/4/03/moe.edu.cn/cdd876ee6eb0b9dec7d8d1027a3c3775/W020160608577758511773.pdf.

[2]米哈依洛夫 A И, 等. 科学交流与情报学[M]. 徐新民, 等译. 北京: 科学技术出版社, 1980.

[3]安文华. 科学、社会科学与我国社会科学的发展[J]. 甘肃社会科学, 2008(3): 240-244.

[4]白如江, 杨京, 王效岳. 单篇学术论文评价研究现状与发展趋势[J]. 情报理论与实践, 2015, 38(11): 11-17.

[5]边鸿宾, 邱长波, 张哲. 基于 SSCI 的社会科学国际合作中中国主导地位分析[J]. 情报科学, 2013(8): 61-65.

[6]曹兴, 周密, 刘芳. 网络科技论文学术影响力评价指标体系研究[J]. 科学决策, 2010(7): 30-37.

[7]曾英姿. 1997—2004 年 SSCI、A&HCI 收录我国论文的统计与分析[J]. 情报科学, 2006, 24(10): 1494-1500.

[8]常建娥, 蒋太立. 层次分析法确定权重的研究[J]. 武汉理工大学学报(信息与管理工程版), 2007, 29(1): 153-156.

[9]陈颖. 我国哲学社会科学评价的现状及出路[D]. 湘潭: 湘潭大学, 2014.

[10]陈月从, 刘宗歧, 武桂芹. 基于 JCR 和 WOS 的图书情报学领

域中国作者论文分析[J]. 情报探索, 2016(11): 33-40.
[11]程菲, 段庆锋. 基于 Altmetrics 科技论文的影响力评价研究[J]. 山西科技, 2016, 31(3): 3841.
[12]程菲. 科技论文影响力综合评价研究[D]. 太原: 中北大学, 2016.
[13]崔宇红. 从文献计量学到 Altmetrics: 基于社会网络的学术影响力评价研究[J]. 情报理论与实践, 2013, 36(12): 17-20.
[14]党生翠. 美国标准能成为中国人文社科成果的最高评价标准吗? ——以 SSCI 为例[J]. 社会科学论坛, 2005(4): 62-72.
[15]党亚茹. 基于 SSCI 的中国社会科学论文基金资助分析[J]. 重庆大学学报(社会科学版), 2010, 16(5): 55-61.
[16]邓雪, 李家铭, 曾浩健, 等. 层次分析法权重计算方法分析及其应用研究[J]. 数学的实践与认识, 2012, 42(7): 93-100.
[17]丁洁兰. 科研人员学术影响力二维测度研究[D]. 北京: 中国科学院文献情报中心, 2011.
[18]董政娥, 陈惠兰. 人文社会科学研究对世界的影响力分析——以 SSCI 和 A&HCI(1975—2009)收录东华大学学术论文被引用文献为案例[J]. 科技管理研究, 2011(3): 247-250.
[19]窦曦骞, 祁延莉. 特征因子与论文影响力指标初探[J]. 大学图书馆学报, 2009, 27(6): 57-62.
[20]段庆锋, 朱东华. 基于合著与引文混合网络的协同评价方法[J]. 情报学报, 2012, 31(2): 189-195.
[21]段志光, 卢祖洵, 王爱珍, 等. 诺贝尔生理学或医学奖获得者论文影响力研究[J]. 科学学研究, 2006, 24(5): 672-676.
[22]高俊宽. 文献计量学方法在科学评价中的应用探讨[J]. 图书情报知识, 2005(2): 14-17.
[23]高奎亭, 孙庆祝, 刘红建. 我国体育科学研究国际化探究——基于 SSCI、A&HCI 的文献计量分析[J]. 中国体育科技, 2012, 48(2): 139-144.
[24]龚旭. 同行评议公正性的影响因素分析[J]. 科学学研究,

2004，22(6)：613-618.
[25]顾正萍.基于SSCI的中国高水平大学社会科学学术论文发表状况分析[J].中国高教研究，2009(12)：35-39.
[26]关志英，姜爱蓉.SSCI与AHCI收录我国人文与社科论文的统计与分析[J].情报资料工作，2001(4)：48-50.
[27]郭飞，游滨，薛婧媛.Altmetrics热点论文传播特性及影响力分析[J].图书情报工作，2016(15)：86-93.
[28]郭凤娇，李长玲，刘非凡.基于SNA的我国科学学潜在合作情况分析[J].科学学研究，2013，31(2)：184-190.
[29]郭红，潘云涛.影响因子分数平均值：一个评价学术论文质量的新指标[J].编辑学报，2006，18(6)：475-477.
[30]郭红梅，何苗，邢星，等.不同自然科学门类间论文学术影响力多指标综合评价的合理性研究[J].图书情报工作，2012，56(22)：62-68.
[31]郭红梅，黄亚明，金晶，等.半衰期在跨学科论文学术影响力评价中的应用[J].科技管理研究，2010(8)：191-193.
[32]郭丽芳.评价论文学术质量的文献计量学指标探讨[J].现代情报，2005，25(3)：11-12.
[33]郭强，赵瑾，刘思源，等.期刊下载次数的布拉德福分布研究[J].图书馆理论与实践，2010(2)：40-45.
[34]郭庆光.传播学教程[M].北京：中国人民大学出版社，1999.
[35]郭世远，芦莹华.诌议2004年美国SCI-Expanded收录中国大陆科技期刊[J].西南军医，2006，8(5)：104-105.
[36]韩毅，夏慧，童迎.引用结构视角下单篇学术文献影响力测度的ID指数[J].情报学报，2013，32(9)：968-975.
[37]何小清，徐松.建国以来大陆各地区人文社会科学研究国际化学术产出定量分析——基于SSCI、A&HCI(1956—2006)的研究[J].江海学刊，2008，29(3)：211-216.
[38]何小清，徐松.建国以来我国人文社会科学学术研究国际化发展年代分析——基于SSCI、A&HCI(1956—2006)的定量分

析[J]. 山东社会科学，2008，29(3)：141-144.
[39]何小清. 建国以来大陆学术机构人文社会科学研究国际化学术产出定量分析——基于SSCI、A&HCI(1956—2006)的定量分析[J]. 清华大学学报(哲学社会科学版)，2008(4)：145-153.
[40]胡德华，常小婉. 开放存取期刊论文质量和影响力的评价研究[J]. 图书情报工作，2008，52(2)：61-64.
[41]胡晓丹. 科技论文评价标准初探[J]. 新闻传播，2014(11)：75-76.
[42]江济华，赵嘉芸，陈建中. 医学科技论文影响力相关因素分析[J]. 医学信息，2005，18(7)：740-742.
[43]江济华，周江宁，赵嘉芸，等. 浅析影响医学科技论文数量与质量的作者因素[J]. 中华医学科研管理杂志，2002，15(3)：175-176.
[44]姜磊，林德明. 参考文献对论文被引频次的影响研究[J]. 科研管理，2015，36(1)：121-126.
[45]姜磊. 单篇学术论文的评价指标体系研究[D]. 大连：大连理工大学，2014.
[46]金碧辉，刘雅娟. 期刊评价与影响因子、被引频次[J]. 中国科技期刊研究，1998，9(4)：239-241.
[47]金碧辉，汪寿阳，任胜利，等. 论期刊影响因子与论文学术质量的关系[J]. 中国科技期刊研究，2000，11(4)：202-205.
[48]金晶，何苗，王孝宁，等. 不同学科领域自然科学论文学术影响力评价与比较的可行性研究[J]. 科技管理研究，2010，30(14)：279-284.
[49]金贞燕. 东亚地区社会科学学科学术水平比较研究——基于文献被SSCI收录情况的定量分析[J]. 科学学研究，2014，32(2)：161-169.
[50]孔秋丽. 期刊影响因子、论文被引次数和下载次数的关系研究[D]. 桂林：广西师范大学，2015.
[51]黎文虹，蔡向晖. 比较与分类[J]. 教育学报，1995(5)：

17-20.

[52]李冲. 引文分析的本质与学术评价功能的条件性[J]. 科学学研究, 2013, 31(8): 1121-1127.

[53]李贺, 周金娉, 李春好. 我国网络发表科技论文的学术影响力评价研究[J]. 情报理论与实践, 2012, 35(2): 77-81.

[54]李洪建. 期刊评价中影响因子的引入[J]. 中国图书馆学报, 1994(4): 87-90.

[55]李仲谋. ScholarRank: 一种新的评价学术论文影响力的方法[J]. 情报理论与实践, 2014, 37(7): 102-105.

[56]李宗红. 学术论文参考文献的几种隐性错误辨析[J]. 宝鸡文理学院学报(自然科学版), 2013, 33(1): 79-84.

[57]梁春慧, 孙艳, 万跃华. 高被引论文的参考文献特征研究——以化学领域为例的实证分析[J]. 科技与出版, 2014(7): 119-122.

[58]林润辉, 范建红. 中国管理学者论文合作网络属性及其对合作绩效的影响研究[J]. 研究与发展管理, 2012, 24(4): 81-92.

[59]刘春丽, 何钦成. 不同类型选择性计量指标评价论文相关性研究——基于 Mendeley、F1000 和 Google Scholar 三种学术社交网络工具[J]. 情报学报, 2013, 32(2): 206-212.

[60]刘春丽. Altmetrics 指标在科研评价与管理方面的应用——争议、评论和评估[J]. 科学学与科学技术管理, 2016, 37(6): 13-22.

[61]刘春丽. Web 2.0 环境下的科学计量学: 选择性计量学[J]. 图书情报工作, 2012, 56(14): 52-56, 92.

[62]刘春丽. 论文层面计量学(Article-Level Metrics): 发展过程、特点、指标与应用[J]. 图书馆杂志, 2016, 35(2): 63-69.

[63]刘春丽. 基于 PLoS API 的论文影响力选择性计量指标研究[J]. 图书情报工作, 2014, 57(7): 89-95.

[64]刘大有, 薛锐青, 齐红. 基于作者权威值的论文价值预测算法[J]. 自动化学报, 2012, 38(10): 1654-1662.

[65]刘佳. 基于网络的学术信息交流方法与模式研究[D]. 长春: 吉林大学, 2007.
[66]刘金萍. 谈比较与分类在定性分析中的应用[J]. 沈阳大学学报(自然科学版), 1996(2): 42-45.
[67]刘炯. 科研论文影响力评估方法研究[D]. 广州: 华南理工大学, 2015.
[68]刘俊婉, 郑晓敏, 王菲菲, 等. 科学精英科研生产力和影响力的社会年龄分析——以中国科学院院士为例[J]. 情报杂志, 2015(11): 30-35.
[69]刘莉. 改革开放三十年我国大陆 SSCI 论文定量研究[D]. 上海: 上海交通大学, 2009.
[70]刘强, 丁瑞常. SSCI 对我国学者学术研究的影响: 以教育学科为例[J]. 比较教育研究, 2014(7): 87-92.
[71]刘盛博, 王博, 丁堃. 科技论文评价研究综述[J]. 情报理论与实践, 2016, 39(6): 126-130.
[72]刘盛博, 王博, 唐德龙, 等. 基于引用内容的论文影响力研究——以诺贝尔奖获得者论文为例[J]. 图书情报工作, 2015(24): 109-114.
[73]刘思源. 科技论文下载次数的统计性质研究[D]. 郑州: 郑州大学, 2009.
[74]刘雪立, 盖双双, 刘睿远, 等. 2004—2013 年河南省社会科学研究国际化状况——基于 SSCI 数据库的分析与评价[J]. 河南社会科学, 2014, 22(12): 107-110.
[75]刘雪立, 盛丽娜, 丁君, 等. 中国社会科学研究国际化现状[J]. 科学学研究, 2014, 32(6): 811-824.
[76]卢东. 图书情报学领域作者合著方式对科研质量的影响分析——基于 SciVal 对中国高产机构的样本分析[J]. 现代情报, 2015, 35(9): 111-115.
[77]陆宏弟, 顾江. 海峡两岸大学人文社会科学研究现状比较研究——基于文献被 SSCI、A&HCI 收录情况的定量分析[J]. 现代情报, 2007, 27(5): 9-13.

[78]陆宏弟，章黉．港台高校人文社会科学研究现状比较——基于文献被SSCI、A&HCI收录情况的定量分析[J]．情报科学，2007，25(4)：557-561.
[79]陆宏弟．中日高校人文社会科学研究现状比较——SSCI、A&HCI收录情况的定量分析[J]．日本学刊，2007(1)：136-146.
[80]陆遐．参考文献在论文写作中的合理应用及思考[J]．价值工程，2014(28)：250-251.
[81]逯万辉．我国社会科学领域学者国际学术合作与影响分析[J]．社会科学论坛，2016(6)：127-134.
[82]罗式胜．文献计量学中影响因子的类型及其应用[J]．图书情报知识，1994(4)：15-17.
[83]马红霞．浅析自然科学、社会科学和人文科学的本质差异[J]．广东社会科学，2006(6)：72-77.
[84]马云彤．相对影响因子在高校学报评价中的应用——以《西安文理学院学报》(自然科学版)为分析对象[J]．西安文理学院学报(社会科学版)，2009，12(6)：69-72.
[85]毛大胜，周菁菁．参考文献数量与论文质量的关系[J]．中国科技期刊研究，2003，14(1)：34-36.
[86]孟伟花，向菲．基于情感分析的Altmetrics学术质量评价方法研究[J]．图书情报工作，2016，60(11)：107-112.
[87]孟祥保．论中美人文社会科学研究合作结构——基于SSCI、A&HCI论文(2002—2011)的计量分析[J]．东南大学学报(哲学社会科学版)，2012，14(4)：14-19.
[88]庞景安．科学计量研究方法论[M]．北京：科学技术文献出版社，1999：299-301.
[89]彭云，阮鹏．一种定量评价方法在医学科技论文评价中的应用[J]．科技管理研究，2009(5)：183-186.
[90]戚尔鹏，叶鹰．基础学科论文的基金资助引用优势研究[J]．大学图书馆学报，2015，33(6)：11-16.
[91]邱均平，马瑞敏，程妮．利用SCI进行科研工作者成果评价的

新探索[J]. 中国图书馆学报，2007，33(4)：11-16.
[92]邱均平，任全娥．我国人文社会科学研究成果评价研究进展[J]. 情报资料工作，2006(4)：11-16.
[93]邱均平，宋恩梅．我国社会科学领域的重要工具——评《中文社会科学引文索引》(2000)[J]. 南京大学学报(哲学·人文科学·社会科学版)，2002，39(5)：155-159.
[94]邱均平，谭春辉，任全娥．我国人文社会科学评价机制的研究现状与三维框架[J]. 科技进步与对策，2008，25(2)：138-141.
[95]邱均平，温芳芳．作者合作程度与科研产出的相关性分析——基于"图书情报档案学"高产作者的计量分析[J]. 科技进步与对策，2011，28(5)：1-5.
[96]邱均平，文庭孝．评价学：理论·方法·实践[M]. 北京：科学出版社，2010.
[97]邱均平，杨思洛，王明芝，等．改革开放30年来我国情报学研究论文内容分析[J]. 图书情报知识，2009，2009(3)：5-17.
[98]邱均平，余厚强．论推动替代计量学发展的若干基本问题[J]. 中国图书馆学报，2015(1)：4-15.
[99]邱均平，余厚强．替代计量学的提出过程与研究进展[J]. 图书情报工作，2013，57(19)：5-12.
[100]邱均平．信息计量学(二)第二讲　文献信息增长规律与应用[J]. 情报理论与实践，2000，23(2)：153-157.
[101]邱均平．信息计量学[M]. 武汉：武汉大学出版社，2006.
[102]全国哲学社会科学规划办公室网站．2016年度国家社会科学基金项目申报公告[EB/OL]. [2017-01-23]. http://www.npopss-cn.gov.cn/n1/2015/1215/c219469-27929558.html.
[103]任胜利，王宝庆，郭志明，等．应慎重使用期刊的影响因子评价科研成果[J]. 科学通报，2000，45(2)：218-222.
[104]任胜利．特征因子(Eigenfactor)：基于引证网络分析期刊和论文的重要性[J]. 中国科技期刊研究，2009，20(3)：

415-418.

[105]沈利华，缪家鼎，陈国钢，等."客观同行评议"方法探索性研究——一种基于引文分析法的学术论文影响力评价方法[J]. 图书情报工作，2012，56(18)：144-148.

[106]沈小玲，徐勇，严卫中. 基于网络文献计量的科技论文学术影响力综合评价研究[J]. 图书情报工作，2013，57(21)：95-103.

[107]沈小玲，严卫中. 网络科技论文学术影响力评价指标的选择[J]. 图书情报工作，2013，57(3)：69-77.

[108]沈壮海，张发林. 论社会科学学术评价的应有趋向[J]. 社会科学管理与评论，2007(3)：12-15.

[109]盛丽娜，顾欢，付中静，等. 我国985高校社会科学研究国际化现状分析——基于SSCI数据库(2003—2012年)[J]. 科技管理研究，2015，35(23)：96-101.

[110]宋丽萍，陈巍，贺颖. 论文层面科学评价实证研究——以PLoS ONE为例[J]. 图书馆工作与研究，2015(7)：85-88.

[111]苏芳荔. 科研合作对期刊论文被引频次的影响[J]. 图书情报工作，2011，55(10)：144-148.

[112]孙洁. 文献增长的机理分析[J]. 情报学报，1996，15(4)：242-249.

[113]孙捷敏. 对电视媒体影响力本质的一种认识[J]. 福建广播电视大学学报，2006(6)：68-70.

[114]孙丽娟. 科技论文作者署名排序与通讯作者[J]. 中国科技期刊研究，2005，16(2)：242-244.

[115]索传军. 知识转移视角下的学术论文老化与创新研究[J]. 图书情报工作，2014，58(5)：5-12.

[116]覃红霞，张瑞菁. SSCI与高校人文社会科学学术评价之反思[J]. 高等教育研究，2008(3)：6-12.

[117]谭文韬. 中国社科领域外文论文合著情况统计分析[J]. 湖北第二师范学院学报，2012(9)：131-134.

[118]王东波. 国家社会科学基金资助下的论文影响力分析——以

科学学项目为例[J]. 西南民族大学学报(人文社科版), 2015(1): 235-238.
[119]王芳. 主成分分析与因子分析的异同比较及应用[J]. 统计教育, 2003(5): 14-17.
[120]王菲菲, 杨辰毓妍. 多维信息计量学视角下的学术影响力综合评价研究现状及展望[J]. 情报资料工作, 2016(2): 23-28.
[121]王峰, 周文胜. 关于我国高校学术论文评价标准的探讨[J]. 研究与发展管理, 2008, 20(3): 136-139.
[122]王兰敬, 杜慧平. 欧美人文社会科学评价的现状与反思[J]. 南京大学学报(哲学·人文科学·社会科学版), 2010, 47(1): 111-118.
[123]王利, 王光明. 量变与质变的辩证关系及现实意义[J]. 南昌教育学院学报, 2013(2): 15, 17.
[124]王宁. 对人文社会科学现行学术评价系统的确认与辩护[J]. 学术研究, 2006(3): 7-11.
[125]王睿, 胡文静, 郭玮. 高 Altmetrics 指标科技论文学术影响力研究[J]. 图书情报工作, 2014, 58(21): 92-98.
[126]王贤文, 方志超, 王虹茵. 连续、动态和复合的单篇论文评价体系构建研究[J]. 科学学与科学技术管理, 2015, 36(8): 37-48.
[127]王贤文, 张春博, 毛文莉, 等. 科学论文在社交网络中的传播机制研究[J]. 科学学研究, 2013, 31(9): 1287-1295.
[128]王贤文, 刘趁, 毛文莉. 数字出版时代的科学论文综合评价研究[J]. 中国科技期刊研究, 2014, 25(11): 1391-1396.
[129]王向阳, 马军. 一个基于 PageRank 的科技文献质量评价算法[J]. 广西师范大学学报(自然科学版), 2009, 27(1): 165-168.
[130]王孝宁, 何苗, 何钦成, 等. 基于文献计量学研究方法的科技论文定量评价[J]. 科学学与科学技术管理, 2004, 25(4): 15-18.

[131]王星，袁卫．人文社会科学学术成果跨界影响力研究[J]．中国人民大学学报，2012，26(4)：134-143.

[132]王岩，刘雅娟．运用引文分析进行论文评价的方法初探——引文分析中期刊影响因子的运用[J]．科研管理，2001，22(1)：133-138.

[133]王泽蘅．我国SSCI国际合作文献特征分析[D]．长春：吉林大学，2012.

[134]王中晶，袁勤俭．我国教育学国际论文研究主题的热点、演化及其趋势分析(2007—2013)[J]．现代情报，2015，35(7)：105-111.

[135]王忠武．论自然科学、社会科学、人文科学的三位一体关系[J]．科学学研究，1999(3)：3-9.

[136]文庭孝．科学评价的理论问题研究[D]．武汉：武汉大学，2006.

[137]吴胜男，赵蓉英．Altmetrics应用工具的发展现状及趋势之分析[J]．图书情报知识，2016(1)：84-93.

[138]吴述尧．同行评议的对比研究[J]．中国科学基金，1993(2)：133-137.

[139]吴志红，胡志荣，杨鲁捷，等．基于数据库分析的机构发文量及学术影响力实证研究[J]．情报科学，2013(11)：69-73.

[140]武汉大学图书馆．JCR(Journal Citation Reports)数据库详细信息[EB/OL]．[2016-11-22]．http：//www. lib. whu. edu. cn/web/dzzy/detail. asp? q=IDN=WHU01219&s=detail&full=Y.

[141]武汉大学图书馆．WOS核心合集(含SCIE、SSCI、A&HCI、CPCI数据库)[EB/OL]．[2016-11-22]．http：//www. lib. whu. edu. cn/web/dzzy/detail. asp? q = IDN = WHU05737&s = detail&full=Y.

[142]武汉大学图书馆．中文社会科学引文索引(CSSCI)数据库详细信息[EB/OL]．[2016-11-22]．http：//www. lib. whu. edu. cn/web/dzzy/detail. asp? q = IDN = WHU00887&s = detail&full=Y.

[143]夏秋菊，黄英实，刘喆姝．Altmetrics 对图书馆服务的影响研究[J]．现代情报，2014，34(9)：129-132.
[144]新古史辨．讨论：中国人文学术如何走向世界——写在 2017 年最新自然指数出炉之际[EB/OL]．[2017-01-23]．http：//mp. weixin. qq. com/s/oZN6hiS5Z6God9ToPbIHoA.
[145]新华字典．影响[EB/OL]．[2016-11-22]．http：//zd. eywedu. com/zi. asp？id=5766.
[146]新华字典．论文[EB/OL]．[2016-11-22]．http：//zd. eywedu. com/zi. asp？id=1840.
[147]新华字典．学术[EB/OL]．[2016-11-22]．http：//zd. eywedu. com/zi. asp？id=8839.
[148]新浪辽宁教育．2017 年最新自然指数出炉 TOP100 高校名单揭晓．[EB/OL]．[2017-02-23]．http：//ln. sina. com. cn/edu/exams/2017-02-23/1526473542. html.
[149]熊晓英．相对影响因子及其意义[J]．中国科技期刊研究，2005，16(6)：912-914.
[150]徐佳宁．基于 Web 2. 0 的非正式科学交流过程及其特点[J]．情报科学，2008，26(1)：53-59.
[151]徐玉红．海峡两岸人文社会科学合作研究的科学计量测度与评价[J]．科技管理研究，2014，34(4)：53-57.
[152]薛锐青．基于作者权威值的论文排名预测算法研究[D]．长春：吉林大学，2012.
[153]阎光才．学术共同体内外的权力博弈与同行评议制度[J]．北京大学教育评论，2009，7(1)：124-138.
[154]杨兵，彭超群，袁赛前，等．相对影响因子在期刊评价和科研评价中的应用[J]．编辑学报，2008，20(5)：466-468.
[155]杨春华，王桂枝，马红月．换个角度看服务：从下载量看图书馆学论文的价值与需求[J]．图书与情报，2010(4)：100-103.
[156]杨建林，严明．单篇期刊论文 h 指数的实证研究——以图书情报学为例[J]．图书情报工作，2010，54(12)：145-148.

[157]杨菊枝. 论科学评价模式及其社会原则[J]. 科协论坛, 2006(2): 41-42.
[158]杨利军, 万小渝. 低被引期刊论文学术价值的评价方法研究[J]. 情报理论与实践, 2014, 37(7): 95-101.
[159]杨帅, 潘云涛, 王海燕, 等. 引用次数、相对影响力和社会网络在论文评价中的应用[J]. 中华医学图书情报杂志, 2016, 25(7): 1-9.
[160]杨思洛. 引文分析存在的问题及其原因探究[J]. 中国图书馆学报, 2011, 37(3): 108-117.
[161]杨颖. 高校教师网络发表学术论文的学术影响力评价研究[D]. 哈尔滨: 哈尔滨工程大学, 2011.
[162]杨育华. 试论社会科学研究成果的评价[J]. 宁夏社会科学, 2002(5): 126-129.
[163]叶继元, 朱强. 论文评价与期刊评价——兼及核心期刊的概念[J]. 学术界, 2001(3): 63-71.
[164]叶继元. 人文社会科学评价体系探讨[J]. 南京大学学报(哲学·人文科学·社会科学版), 2010, 47(1): 97-110.
[165]叶继元. 学术期刊的定性与定量评价[J]. 图书馆论坛, 2006, 26(6): 54-58.
[166]叶继元. 引文法既是定量又是定性的评价法[J]. 图书馆, 2005(1): 43-45.
[167]叶兴华. 基于互联网的科学交流方式研究[D]. 上海: 华东师范大学, 2010.
[168]由庆斌, 韦博, 汤珊红. 基于补充计量学的论文影响力评价模型构建[J]. 图书情报工作, 2014, 58(22): 5-11.
[169]由庆斌, 汤珊红. 补充计量学及应用前景[J]. 情报理论与实践, 2013, 36(12): 6-10.
[170]由庆斌, 汤珊红. 不同类型论文层面计量指标间的相关性研究[J]. 图书情报工作, 2014, 58(8): 79-84.
[171]余厚强, Bradley M Hemminger, 肖婷婷, 等. 新浪微博替代计量指标特征分析[J]. 中国图书馆学报, 2016, 42(4):

20-36.
[172]余厚强，邱均平．替代计量指标分层与聚合的理论研究[J]．图书馆杂志，2014，33(10)：13-19.
[173]余莉．SSCI 收录我国社会科学文献的基本状况研究[D]．长春：吉林大学，2013.
[174]俞征鹿，马峥，郭红，等．中国科技计划项目论文产出和影响力分析[J]．情报杂志，2013(4)：1-5.
[175]喻世华．综合性社科学报被引频次与学科相关度研究[J]．西南石油大学学报(社会科学版)，2011，13(5)：111-115.
[176]袁曦临，常娥．网络发表学术论文的影响力评价研究[J]．图书情报工作，2011，55(10)：51-54.
[177]袁曦临．台湾学界对人文社会科学评鉴体制的反思[J]．南京大学学报(哲学·人文科学·社会科学版)，2010，47(1)：119-125.
[178]袁颖．论 SSCI 和 A&HCI 数据库的局限性及其在我国人文学科评价体系的运用[J]．宁波大学学报(人文版)，2011，24(3)：95-99.
[179]岳洪江．各地社会科学学科优势及结构研究[J]．图书情报工作，2008，52(1)：64-68.
[180]张冬玲．中国科学论文产出与合作状况的计量研究[D]．大连：大连理工大学，2009.
[181]张国春．社会科学科研成果的界定和分类[J]．云梦学刊，2006，27(6)：30-32.
[182]张荷．基于 SSCI 的中国社会科学研究状况的定量分析[D]．新乡：河南师范大学，2012.
[183]张静．引文、引文分析与学术论文评价[J]．社会科学管理与评论，2008(1)：33-38.
[184]张学梅．NSP：一种作者评价指标及其与 H 指数之比较[J]．图书情报工作，2014，58(21)：111-115.
[185]张友谊．基于 CSSCI 的国内数字图书馆研究机构学术影响力分析[J]．新世纪图书馆，2012(3)：22-25.

[186]张哲，邱长波，边鸿宾. 处于主导地位的SSCI收录的我国社会科学文献的影响力研究[J]. 情报科学，2013(7)：91-95.
[187]张转. 参考文献在学术期刊审稿中的作用[J]. 石家庄学院学报，2005，7(4)：125-128.
[188]赵基明. SSCI收录信息科学与图书馆学期刊的情况及我国的机遇[J]. 中国图书馆学报，2003，29(5)：68-73.
[189]赵蓉英，郭凤娇，谭洁. 基于Altmetrics的学术论文影响力评价研究——以汉语言文学学科为例[J]. 中国图书馆学报，2016，42(1)：96-108.
[190]赵蓉英，郭凤娇. Altmetrics：学术影响力评价的新视角[J]. 情报科学，2017，35(1)：14-18.
[191]赵蓉英，郭凤娇. 新世纪我国竞争情报研究现状的计量分析[J]. 情报科学，2016，34(5)：81-85.
[192]赵蓉英，郭凤娇. 中国一流学科发展之质量[J]. 高教发展与评估，2016，32(3)：1-10.
[193]赵蓉英，汪少震，陈志毅. 补充计量学及其分析工具之探究[J]. 情报理论与实践，2015，38(6)：29-34.
[194]赵蓉英，赵月华，郭凤娇. 时空维度的科学计量学演进研究[J]. 情报资料工作，2016，37(1)：5-10.
[195]郑海燕. SSCI和A&HCI收录中国人文社会科学合著论文统计分析(1995—2004年)[J]. 社会科学管理与评论，2007(4)：47-55.
[196]郑美莺，梁飞豹，梁嘉熹. 单篇论文评价方法PaperRank算法[J]. 科技与出版，2016(7)：94-98.
[197]中国社会科学院. 概况[EB/OL]. [2016-11-22]. http：//cass. cssn. cn/gaikuang/.
[198]钟文一，陈云鹏. 基于引证系数的论文影响力评价方法研究[J]. 情报科学，2011(5)：706-712.
[199]周兴旺. 从逻辑学的角度看期刊影响力和论文影响力的关系[J]. 攀枝花学院学报，2009，26(4)：55-56.
[200]朱剑. 学术评价、学术期刊与学术国际化——对人文社会科

学国际化热潮的冷思考[J]. 清华大学学报(哲学社会科学版), 2009(5): 126-137.
[201]朱少强. 国内外人文社会科学研究评价综述[J]. 评价与管理, 2007(4): 39-63.
[202]蔡荣华, 何峻. 论期刊评价之目的、方法和作用[J]. 澳门理工学报, 2012(2): 112-123.
[203]蔡言厚, 杨华. 论被引频次评价的适应性、局限性和不合理性[J]. 重庆大学学报(社会科学版), 2009, 15(5): 59-62.
[204]苍宏宇, 谭宗颖. 国内外信息检索研究热点分析——基于 Z-Score 标准化的词频[J]. 图书馆建设, 2009(1): 93-98.
[205]曹丽江, 周毅. 基于元分析的 Altmetrics 指标与传统引用指标相关性研究[J]. 情报理论与实践, 2016, 39(8): 49-53.
[206]曹志梅, 王凯. 我国四大引文数据库比较分析[J]. 情报学报, 2002, 21(4): 481-485.
[207]陈梅云. 正确分析期刊评估指标提升地方社科学术期刊的学术影响力[J]. 学术论坛, 2007, 30(8): 142-144.
[208]陈小清, 刘丽, 邢美园. 单篇论著影响力评价指标比较分析——学术迹与 Altmetrics 评分、F1000 评分、Comment 的比较[J]. 情报理论与实践, 2017, 40(3): 114-118.
[209]程菲, 段庆锋. 不同类型科技论文评价指标对比分析[J]. 情报探索, 2015(10): 119-123.
[210]程妮. 基于引文的知识转移研究[D]. 武汉: 武汉大学, 2009.
[211]程郁缀, 刘曙光. 论文质量、期刊质量与期刊影响力[J]. 陕西师范大学学报(哲学社会科学版), 2010, 39(5): 64-69.
[212]邓锟. 参考文献引文错误的解决方法探讨[J]. 广西民族大学学报(哲学社会科学版), 2005(S2): 362-364.
[213]邓中华. 社会网络、引文网络和链接网络之比较[J]. 图书馆杂志, 2008, 27(9): 6-10.
[214]丁春. 论参考文献的引用原则、著录要求及编辑审稿要点[J]. 中国科技期刊研究, 2008, 19(4): 532-534.

[215]杜红平，王元地．学术论文参考文献引用的科学化范式研究[J]．中国科技期刊研究，2017，28(1)：18-23.

[216]段寿建，邓有林．Web 技术发展综述与展望[J]．计算机时代，2013(3)：8-10.

[217]段志光，卢祖洵，王爱珍，等．诺贝尔生理学或医学奖获得者论文影响力研究[J]．科学学研究，2006，24(5)：672-676.

[218]冯平．评价的合理性[J]．哲学研究，1992(4)：35-39.

[219]符美芬，吴胜男，徐秀，等．基于 h 指数和 g 指数的中国大气科学学科的论文评价[J]．数学理论与应用，2014，34(2)：111-117.

[220]付雅静，钱俊龙．开放获取对科技期刊的影响——基于论文被引频次的探讨[J]．中国科技期刊研究，2014，25(9)：1117-1120.

[221]富明．H 指数及其意义[J]．科学时代，2009(1)：94-96.

[222]高霞．h 指数研究领域的知识扩散与影响力评价[J]．科学学与科学技术管理，2013，34(8)：3-9.

[223]郭碧坚，韩宇．同行评议制——方法、理论、功能、指标[J]．科学学研究，1994(3)：2，63-73.

[224]何春建．单篇论文学术影响力评价指标构建[J]．图书情报工作，2017，61(4)：98-107.

[225]贺德方．中国高影响力论文产出状况的国际比较研究[J]．中国软科学，2011(9)：94-99.

[226]侯新毅，刘晓勘．论学术论文的特征及其内涵[J]．学会，2009(6)：51-53.

[227]胡家祥．马斯洛需要层次论的多维解读[J]．哲学研究，2015(8)：104-108.

[228]胡益芳．学术论文的被引与学术质量的关系[J]．图书馆论坛，2015，35(5)：56-59.

[229]胡志刚．全文引文分析方法与应用[D]．大连：大连理工大学，2014.

[230]贾洪伟，耿芳．方法论：学术论文写作[M]．北京：中国传媒大学出版社，2016：105-109.

[231]姜春林，魏庆肖．人文社会科学代表性论文评价指标体系建构及其实现机制[J]．甘肃社会科学，2017(2)：97-106.

[232]姜春林，张立伟，张春博．科学计量方法辅助代表作评价的探讨[J]．情报资料工作，2014(3)：31-36.

[233]姜磊．单篇学术论文的评价指标体系研究[D]．大连：大连理工大学，2014.

[234]金碧辉，汪寿阳，任胜利，等．论期刊影响因子与论文学术质量的关系[J]．中国科技期刊研究，2000，11(4)：202-205.

[235]金新建．文献计量学在我国科技论文评价中的应用[J]．现代情报，2008，28(5)：17-18.

[236]科学技术报告、学位论文和学术论文的编写格式[J]．郑州航空工业管理学院学报，1991(2)：55-56.

[237]李国鑫，李一军，陈易思．虚拟社区成员线下互动对线上知识贡献的影响[J]．科学学研究，2010，28(9)：1388-1394.

[238]李贺，周金娉，李春好．我国网络发表科技论文的学术影响力评价研究[J]．情报理论与实践，2012，35(2)：77-81.

[239]李洋，温亮明．国家社科基金论文学术影响力分析——基于国内图情类核心期刊刊载论文[J]．图书情报研究，2017，10(1)：53-58.

[240]李长玲，魏绪秋，崔斌，等．2004—2013年我国图书情报学科研合作网络结构特征分析[J]．情报杂志，2015，34(3)：119-124.

[241]李正元．学术论文写作概论[M]．武汉：中国地质大学出版社，2010：1-10.

[242]李仲谋，刘凯，王创维．一种新的基于PageRank算法的学术论文影响力评价方法[J]．数学建模及其应用，2013，2(2)：46-49.

[243]李仲谋．ScholarRank：一种新的评价学术论文影响力的方

法[J]. 情报理论与实践，2014，37(7)：102-105.
[244]梁春慧，孙艳，万跃华. 高被引论文的参考文献特征研究——以化学领域为例的实证分析[J]. 科技与出版，2014(7)：119-122.
[245]林德明，郭银鑫，姜磊. 单篇学术论文对影响因子的贡献率研究——基于Nature的定量分析[J]. 中国科技期刊研究，2016，27(12)：1305-1309.
[246]林德明，姜磊. 科技论文评价体系研究[J]. 科学学与科学技术管理，2012，33(10)：11-17.
[247]林鑫，石宇，周知. 基于相对频次的标签相关性判断优化研究[J]. 图书情报工作，2016，60(17)：130-135.
[248]刘昌来，李燕文，王国栋，等. 加权被引频次——科技期刊单篇论文短期的一种评价方法[J]. 中国科技期刊研究，2014，25(7)：958-962.
[249]刘春丽. Altmetrics：从理论假说、术语提出到内涵的重新界定[J]. 图书情报工作，2015，59(6)：82-89.
[250]刘春丽. Web 2.0环境下的科学计量学：选择性计量学[J]. 图书情报工作，2012，56(14)：52-56.
[251]刘春丽. 基于软同行评议的科学论文影响力评价方法——F1000因子[J]. 中国科技期刊研究，2012，23(3)：383-386.
[252]刘明寿，周晓明，戴国俊，等. 用归一化法评价科技期刊学术质量与常规评定结果的相关性分析[J]. 编辑学报，2006(6)：468-471.
[253]刘启元，叶鹰. 文献题录信息挖掘技术方法及其软件SATI的实现——以中外图书情报学为例[J]. 信息资源管理学报，2012，2(1)：50-58.
[254]刘盛博，丁堃，张春博. 基于引用内容性质的引文评价研究[J]. 情报理论与实践，2015，38(3)：77-81.
[255]刘盛博，王博，唐德龙，等. 基于引用内容的论文影响力研究——以诺贝尔奖获得者论文为例[J]. 图书情报工作，2015，59(24)：109-114.

[256]刘雅娟，王岩．用文献计量学评价基础研究的几项指标探讨——论文、引文和期刊影响因子[J]．科研管理，2000，21(1)：93-98.
[257]陆伟，钱坤，唐祥彬．文献下载频次与被引频次的相关性研究——以图书情报领域为例[J]．情报科学，2016，34(1)：3-8.
[258]马建霞，张志强，刘静，等．2007—2013年NSFC国家杰出青年科学基金项目的论文产出与影响力分析[J]．中国科学基金，2015，29(2)：108-115.
[259]马君．学术论文的特征及其构成要素[J]．编辑之友，2002(S1)：34-35.
[260]毛大胜，周菁菁．参考文献数量与论文质量的关系[J]．中国科技期刊研究，2003，14(1)：4-36.
[261]孟璀，吴培群，于发友．论文学术影响力及其影响因素的实证分析——以CNKI平台的教育内容分析论文为例[J]．科研管理，2017(S1)：536-542.
[262]邱均平，余厚强．替代计量学的提出过程与研究进展[J]．图书情报工作，2013，57(19)：5-12.
[263]邱均平，赵蓉英，董克．科学计量学[M]．北京：科学出版社，2016：198-200，208-209.
[264]邱均平．信息计量学[M]．武汉：武汉大学出版社，2007：315-317，319，368.
[265]任丽娟．国内五种引文数据库的比较研究[J]．情报科学，2005(3)：401-405.
[266]邵松，乔监松．期刊的学科分类对期刊评价的影响[J]．科技与出版，2017(3)：119-125.
[267]宋歌．“创新力-影响力-传承力”科研评价维度构建与实证[J]．图书情报工作，2017，61(10)：5-13.
[268]宋丽萍，王建芳，王树义．科学评价视角下F1000、Mendeley与传统文献计量指标的比较[J]．中国图书馆学报，2014，40(4)：48-54.

[269]宋玲玲．基于PLoS ALMs的论文影响力评价指标研究——以航空航天医学为例[J]．情报理论与实践，2016，39(9)：30-36.
[270]谭春辉．高校哲学社会科学创新能力评价指标体系构建研究[J]．重庆大学学报(社会科学版)，2010，16(2)：70-75.
[271]田人合，张志强，高志．基于分段线性回归模型的科学家个人科研产出规律研究——以杰青基金地球科学项目为例[J]．图书情报工作，2018，62(1)：1-10.
[272]万昊，谭宗颖，朱相丽．同行评议与文献计量在科研评价中的作用分析比较[J]．图书情报工作，2017，61(1)：134-152.
[273]王国豫，朱晓林．同行评议与"外行"评议[J]．科学学研究，2015，33(8)：1121-1126.
[274]王君学．试论学术论文中引用参考文献的缺失及对策[J]．出版发行研究，2010(11)：69-72.
[275]王凌峰，张泽玺．基于引文网络的单篇论文新评价指标：Hi指标[J]．情报理论与实践，2012，35(11)：52-55.
[276]王全金，吴泽九，李萍，等．科技论文引文量及篇幅对论文质量的影响分析[J]．华东交通大学学报，2010，27(3)：107-111.
[277]王术，叶鹰．影响矩作为测度单篇论著影响力的评价指标探讨[J]．大学图书馆学报，2014，32(5)：12-18.
[278]王贤文，方志超，王虹茵．连续、动态和复合的单篇论文评价体系构建研究[J]．科学学与科学技术管理，2015，36(8)：37-48.
[279]王妍，郭舒，张建勇．学者影响力评价指标的相关性研究[J]．图书情报工作，2015，59(5)：106-112，127.
[280]王颖鑫，黄德龙，刘德洪．ESI指标原理及计算[J]．图书情报工作，2006，50(9)：73-75.
[281]吴胜男，赵蓉英．Altmetrics应用工具的发展现状及趋势之分析[J]．图书情报知识，2016(1)：84-93.

[282]裘继红，韩玺，吴倩倩．国际合作对论文影响力提升的作用研究——以外科学为例[J]．情报杂志，2015，34(1)：37，92-95.

[283]肖秋惠，邱均平．人文社会科学的合理性及其评价原则[J]．图书情报知识，2004(3)：12-14.

[284]肖学斌，柴艳菊．论文的相关参数与被引频次的关系研究[J]．现代图书情报技术，2016，32(6)：46-53.

[285]徐芳，刘文斌，李晓轩．等同论文数(EPN)：学术论文质量评估的新指标[J]．科研管理，2011，32(7)：150-156.

[286]徐振宗．学术论文[M]．北京：教育科学出版社，1992：1.

[287]许文深，陈俊．论科技期刊责任编辑与同行专家审稿[J]．编辑学报，2002，14(2)：101-102.

[288]薛薇．统计分析与SPSS的应用[M]．北京：中国人民大学出版社，2014：217-219.

[289]阎素兰，彭秋茹，张超群，等．基于大数据的h指数及其衍生指数的探索性因子分析研究[J]．图书情报工作，2013，57(10)：110-115.

[290]颜惠，黄创．ESI评价工具及其改进漫谈[J]．情报理论与实践，2016，39(5)：101-104.

[291]杨京．基于研究水平的单篇学术论文创新力评价研究[D]．济南：山东理工大学，2016.

[292]杨瑞仙，李贤，李志．学术评价方法研究进展[J]．情报杂志，2017，36(8)：106-112.

[293]杨晓旗．学术论文本体论：本质与形式[J]．教育导刊，2009(11)：14-17.

[294]杨远芬．科技论文评价方法实证比较研究[J]．科技管理研究，2008，28(8)：57-59.

[295]叶继元．引文法既是定量又是定性的评价法[J]．图书馆，2005(1)：43-45.

[296]叶强，张从昕．某综合性三甲医院临床医师科研成果指标体系构建[J]．解放军医院管理杂志，2016，23(6)：543-546.

[297]由庆斌，汤珊红．补充计量学及应用前景[J]．情报理论与实践，2013，36(12)：6-10.
[298]由庆斌，韦博，汤珊红．基于补充计量学的论文影响力评价模型构建[J]．图书情报工作，2014，58(22)：5-11.
[299]余以胜，刘鑫艳．Altmetrics 现存问题及未来应用领域研究[J]．图书情报知识，2017(6)：35-41.
[300]袁曦临，常娥．网络发表学术论文的影响力评价研究[J]．图书情报工作，2011，55(10)：51-54.
[301]袁曦临．引文分析法的作用及其运用[J]．中华医学图书情报杂志，1993(4)：50-52.
[302]张慧敏．引文分析法的内涵及研究实证[J]．编辑学报，2006(S1)：174-177.
[303]张靖安，刘冬梅，李微．对我国引文现状的思考[J]．情报科学，2002，20(10)：1060-1061.
[304]张静．引文、引文分析与学术论文评价[J]．社会科学管理与评论，2008(1)：33-38.
[305]张静．志愿服务在公共图书馆中的研究[J]．南昌教育学院学报，2012，27(3)：196，198.
[306]张九庆．期刊影响因子的意义及其影响因素和应用原则[J]．中国科技期刊研究，2006，17(2)：189-191.
[307]张垒．论文高被引的参考文献特征及其对影响因子贡献研究[J]．情报科学，2016，34(8)：94-98.
[308]张晓林．研究图书馆 2020：嵌入式协作化知识实验室？[J]．中国图书馆学报，2012，38(1)：11-20.
[309]张玉，潘云涛，袁军鹏，等．论多维视角下中文科技图书学术影响力评价体系的构建[J]．图书情报工作，2015，59(7)：69-76.
[310]赵丹群．定量化学术评价研究的最新进展[J]．情报理论与实践，2017，40(4)：133-137.
[311]赵蓉英，曾宪琴，陈必坤．全文本引文分析——引文分析的新发展[J]．图书情报工作，2014，58(9)：129-135.

[312]赵蓉英，郭凤娇，谭洁．基于 Altmetrics 的学术论文影响力评价研究——以汉语言文学学科为例[J]．中国图书馆学报，2016，42(1)：96-108.
[313]赵蓉英，魏绪秋．引证视角下的国内学术论文影响力评价——以 CNKI 中国引文数据库为例[J]．情报理论与实践，2017，40(8)：55-60.
[314]赵蓉英，魏绪秋．引证视角下的作者知识扩散规律探析[J]．情报理论与实践，2016，39(8)：12-17.
[315]赵晏强，William Nixon，李印结，等．Altmetric 在科研机构成果产出影响力评价中的应用研究[J]．情报杂志，2016，35(6)：144-150.
[316]张积玉．学术论文分类初探[J]．陕西师范大学学报(哲学社会科学版)，1993(4)：104-111.
[317]郑美莺，梁飞豹，梁嘉熹．单篇论文评价方法——PaperRank 算法[J]．科技与出版，2016(7)：94-98.
[318]钟文一，陈云鹏．基于引证系数的论文影响力评价方法研究[J]．情报科学，2011，29(5)：706-712.
[319]周新年．科学研究方法与学术论文写作[M]．北京：科学出版社，2012：24-25.
[320]朱宁，华莹．普赖斯曲线的拟合与修正[J]．情报理论与实践，1996(2)：3-5.
[321]朱涌卫．浅谈公共图书馆为流动人口开展公益连锁服务的对策研究[J]．图书馆理论与实践，2012(3)：77-79.
[322]布罗夫．美学：问题和争论，美学论争的方法论原则[M]．北京：文化艺术出版社，1988：156-159.
[323]蔡洋．基于合作模式的学者影响力预测研究[D]．长春：吉林大学，2017.
[324]曹进军．基于均布与替代计量的学术影响力实时评价体系实践[J]．情报理论与实践，2017，40(5)：71-75.
[325]曹丽江，周毅．基于元分析的 Altmetrics 指标与传统引用指标相关性研究[J]．情报理论与实践，2016，39(8)：49-53.

[326]曹兴，周密，刘芳．网络科技论文学术影响力评价指标体系研究[J]．科学决策，2010(7)：30-37.
[327]陈传夫．信息资源公共获取的社会价值与国际研究动向[J]．中国图书馆学报，2006，32(4)：5-9.
[328]陈敬全．科研评价方法与实证研究[D]．武汉：武汉大学，2004.
[329]陈静，蔡德英，梅智胜，等．学术期刊不同开放存取时间对科研工作者获取和发表学术信息的影响[J]．中国科技期刊研究，2013，24(4)：671-674.
[330]陈宁．美国的科技评价与科研事后评价概况[J]．全球科技经济瞭望，2007，22(12)：25-31.
[331]程菲，段庆锋．基于 Altmetrics 科技论文的影响力评价研究[J]．山西科技，2016，31(3)：38-41.
[332]程洁．走向开放社会：中国公共信息获取与政务公开制度之检讨[J]．清华法治论衡，2002(2)：473-489.
[333]初景利．复合图书馆建设目标与实施策略[J]．图书情报工作，2005，49(11)：54-57.
[334]崔景昌，刘德洪．开放获取文献分布及其博弈分析[J]．情报杂志，2008，27(2)：37-39.
[335]邓肯 J 瓦茨，陈禹．小小世界：有序与无序之间的网络动力学[M]．北京：中国人民大学出版社，2006：87-89.
[336]邓李君．基于引文分析的开放获取期刊研究[D]．昆明：西南大学，2009.
[337]丁佐奇．开放获取对论文影响力的作用分析[J]．中国科技期刊研究，2016，27(5)：515-520.
[338]杜建，张玢，李阳．我国医学领域不同学科作者合作度与论文影响力的关系[J]．中华医学图书情报杂志，2012，21(3)：18-23.
[339]杜建，张玢，唐小利．基于作者引用与合作关系的学术影响力测度研究进展[J]．图书情报工作，2013，57(8)：135-140.

[340]段庆锋，朱东华．基于合著与引文混合网络的协同评价方法[J]．情报学报，2012，31(2)：189-195.
[341]范亚芳，渠芳．学术信息开放获取与图书馆应对之策研究[J]．现代情报，2007，27(3)：39-41.
[342]方红玲．国内外相同学科期刊论文被引峰值年代对比研究[J]．图书情报导刊，2015(21)：122-125.
[343]方红玲．国外期刊论文被引峰值年代及其影响因素研究——以SSCI收录图书情报学期刊为例[J]．中国科技期刊研究，2015，26(11)：1200-1204.
[344]方卿，王珏．开放存取期刊学术质量评价(一)——基于总被引频次视角的分析[J]．出版科学，2011，19(6)：67-70.
[345]方新．美、日、英、法、德、瑞典六国科技政策比较分析[J]．科学学研究，1989(1)：59-66.
[346]弗·布罗日克．价值与评价[M]．北京：知识出版社，1988.
[347]付志平，邵慰．学术论文影响力评价系统的动态模型设计[J]．沈阳师范大学学报(自然科学版)，2007，25(4)：520-522.
[348]盖斯勒．科学技术测度体系[M]．北京：科学技术文献出版社，2004：56-62.
[349]高燕云．研究与开发评价[M]．西安：陕西科学技术出版社，1996：74-78.
[350]戈登·哈维．文献引用规范：大学生论文写作指导手册[M]．北京：教育科学出版社，2007：24-28.
[351]顾立平．开放获取与信息服务[M]．北京：科学技术文献出版社，2016：145-149.
[352]郭飞，游滨，薛婧媛．Altmetrics热点论文传播特性及影响力分析[J]．图书情报工作，2016(15)：86-93.
[353]郭强，赵瑾，刘思源，等．下载次数与被引次数的统计关系研究[J]．图书馆理论与实践，2010(9)：30-35.
[354]郭少友．机构库建设的若干问题研究[J]．中国图书馆学报，2006，32(1)：77-80.

[355]国务院关于印发统筹推进世界一流大学和一流学科建设总体方案的通知[EB/OL]. [2015-11-05]. http://www.gov.cn/zhengce/content/2015-11/05/content_10269.htm.
[356]韩文，刘畅，雷秋雨. 分析学术社交网络对科研活动的辅助作用——以ResearchGate和Academia.edu为例[J]. 情报理论与实践，2017，40(8)：105-111.
[357]韩毅，夏慧，童迎. 引用结构视角下单篇学术文献影响力测度的ID指数[J]. 情报学报，2013，32(9)：968-975.
[358]何春建. 单篇论文学术影响力评价指标构建[J]. 图书情报工作，2017(4)：98-107.
[359]何海燕，李芳. 高校科研合作对论文产出质量的影响——基于国家重点实验室分析[J]. 北京理工大学学报(社会科学版)，2017，19(5)：162-167.
[360]胡德华，常小婉. 开放存取期刊论文质量和影响力的评价研究[J]. 图书情报工作，2008，52(2)：61-64.
[361]黄凯文，刘芳，曾强. 科学信息"开放获取"资源的开发与利用[J]. 情报杂志，2006，25(8)：114-116.
[362]黄凯文，刘芳. 网络科学信息资源"公开获取运动"的模式与方法[J]. 大学图书馆学报，2005，23(2)：38-41.
[363]季燕江. 开放获取：学术出版的新模型[J]. 中国教育网络，2005(7)：43-44.
[364]姜磊，林德明. 参考文献对论文被引频次的影响研究[J]. 科研管理，2015，36(1)：121-126.
[365]姜磊. 单篇学术论文的评价指标体系研究[D]. 大连：大连理工大学，2014.
[366]姜小奇，彭景彬，林睦纲. 基于PAO算子的科技论文网站影响力的评价方法[J]. 福建电脑，2010，26(10)：10-11.
[367]蒋静. 开放存取期刊综合评价指标体系研究[D]. 上海：华东师范大学，2011.
[368]蒋永福. 开放获取出版：概念、模式、影响与前景[J]. 科学学研究，2007，25(2)：210-214.

[369]金志农，李端妹，金莹，等．地方科研机构绩效考核指标及其权重计算——基于专家分析法和层次分析法的对比研究[J]．科技管理研究，2009，29(12)：103-106.

[370]卡尔·E 凯斯，雷·C 菲尔，等．经济学原理：微观经济学[M]．北京：清华大学出版社，2011.

[371]孔繁军，游苏宁．关于开放存取出版模式的问卷调查[J]．中国科技期刊研究，2005，16(5)：48-649.

[372]孔秋丽．期刊影响因子、论文被引次数和下载次数的关系研究[D]．桂林：广西师范大学，2015.

[373]库恩，哈金，金吾伦，等．科学革命的结构[M]．北京：北京大学出版社，2012：43-49.

[374]李爱群，黄玉舫，邱均平．我国学术期刊文献计量评价体系的客观性与评价结果的准确性探讨[J]．中国科技期刊研究，2009，20(4)：609-613.

[375]李海燕，安静，夏旭．建立基于 Delphi 法的医学期刊模糊评价模型[J]．科技管理研究，2009，29(12)：89-90.

[376]李贺，周金娉，李春好．我国网络发表科技论文的学术影响力评价研究[J]．情报理论与实践，2012，35(2)：77-81.

[377]李麟．我国科研人员对科技信息开放获取的态度——以中国科学院科研人员为例[J]．图书情报工作，2006，50(7)：34-38.

[378]李美娟，陈国宏，陈衍泰．综合评价中指标标准化方法研究[J]．中国管理科学，2004，12(S1)：45-48.

[379]李晓倩．土地资源评价指标权重赋值方法的比较研究[D]．兰州：甘肃农业大学，2012.

[380]李洋，温亮明．国家社科基金论文学术影响力分析——基于国内图情类核心期刊刊载论文[J]．图书情报研究，2017(1)：53-58.

[381]李仲谋，刘凯，王创维．一种新的基于 PageRank 算法的学术论文影响力评价方法[J]．数学建模及其应用，2013，2(2)：46-49.

[382]李仲谋．Scholar Rank：一种新的评价学术论文影响力的方法[J]．情报理论与实践，2014，37(7)：102-105.
[383]列宁．列宁选集[M]．北京：人民出版社，2012：24-29.
[384]林卉．机构合作网络与论文合作影响力研究[D]．南京：南京农业大学，2014.
[385]林佳瑜．论文下载次数与阅读使用次数的调查分析[J]．图书馆杂志，2012(3)：36-39.
[386]刘昌来，李燕文，王国栋，等．加权被引频次——科技期刊单篇论文短期的一种评价方法[J]．中国科技期刊研究，2014，25(7)：958-962.
[387]刘趁．基于多重计量指标的论文开放获取优势研究[D]．大连：大连理工大学，2016.
[388]刘春丽．Altmetrics 指标在科研评价与管理方面的应用——争议、评论和评估[J]．科学学与科学技术管理，2016，37(6)：13-22.
[389]刘春丽．Web 2.0 环境下的科学计量学：选择性计量学[J]．图书情报工作，2012，56(14)：52-56.
[390]刘辉．开放获取期刊的现状与评价分析[J]．图书馆建设，2006(4)：44-47.
[391]刘骥．从 ALEXA 网站链接检索药学数字文献与开放获取信息资源[J]．图书情报研究，2008(0)：22-23.
[392]刘炯．科研论文影响力评估方法研究[D]．广州：华南理工大学，2015.
[393]刘军．整体网分析讲义 ：UCINET 软件实用指南：Lectures on whole network approach：a practical guide to UCINET[M]．上海：格致出版社，上海人民出版社，2009.
[394]刘俊婉，郑晓敏，王菲菲，等．科学精英科研生产力和影响力的社会年龄分析——以中国科学院院士为例[J]．情报杂志，2015(11)：30-35.
[395]刘廷元，任皓，赖启正．学术信息的开放获取模式[J]．图书馆杂志，2005，24(3)：12-15.

[396]刘晓娟，宋婉姿．基于 PLOS ALM 的 Altmetrics 指标可用性分析[J]．图书情报工作，2016，60(4)：93-101.
[397]刘艳民．Altmetrics 指标与传统文献计量指标相关性研究[J]．情报杂志，2017，36(9)：71-77.
[398]刘雁书，方平．Web 网站站外链接类型与特征调查——链接分析法可行性研究[J]．大学图书馆学报，2001，19(5)：65-68.
[399]刘浄颖，姚长青，田瑞强．复合开放获取期刊中开放获取论文学术影响力研究[J]．中国科技期刊研究，2017，28(2)：156-165.
[400]刘则渊，陈悦，侯海燕．科学知识图谱方法与应用[M]．北京：人民出版社，2008：132-139.
[401]刘作义，陈晓田．科学研究评价的性质、作用、方法及程序[J]．科研管理，2002，23(2)：33-40.
[402]卢东．图书情报学领域作者合著方式对科研质量的影响分析——基于 SciVal 对中国高产机构的样本分析[J]．现代情报，2015，35(9)：111-115.
[403]马建霞，张志强，刘静，等．2007—2013 年 NSFC 国家杰出青年科学基金项目的论文产出与影响力分析[J]．中国科学基金，2015(2)：108-115.
[404]毛大胜，周菁菁．参考文献数量与论文质量的关系[J]．中国科技期刊研究，2003，14(1)：4-36.
[405]孟璀，吴培群，于发友．论文学术影响力及其影响因素的实证分析——以 CNKI 平台的教育内容分析论文为例[J]．科研管理，2017(S1)：536-542.
[406]米哈依洛夫 A И. 科学交流与情报学[M]．北京：科学技术出版社，1980：34-38.
[407]倪代川，任树怀．信息共享空间环境下开放获取与知识产权探析[J]．情报理论与实践，2009，32(7)：61-64.
[408]潘以锋，盛小平．社会网络理论与开放获取的关系分析[J]．情报理论与实践，2013，36(6)：21-26.

[409]彭裕生. 文献计量学与文献资源开发的优化[J]. 图书与石油科技信息，1994(3)：43-46.
[410]戚尔鹏，叶鹰. 基础学科论文的基金资助引用优势研究[J]. 大学图书馆学报，2015，33(6)：11-16.
[411]邱均平，吕红. 近五年国际图书情报学研究热点、前沿及其知识基础——基于17种外文期刊知识图谱的可视化分析[J]. 图书情报知识，2013(3)：4-15.
[412]邱均平，马瑞敏，程妮. 利用SCI进行科研工作者成果评价的新探索[J]. 中国图书馆学报，2007，33(4)：11-16.
[413]邱均平，温芳芳. 作者合作程度与科研产出的相关性分析——基于"图书情报档案学"高产作者的计量分析[J]. 科技进步与对策，2011，28(5)：1-5.
[414]邱均平，文庭孝. 评价学：理论·方法·实践[M]. 北京：科学出版社，2010：37-40.
[415]邱均平，文庭孝. 评价学：理论·方法·实践[M]. 北京：科学出版社，2010：52-58.
[416]邱均平，杨瑞仙，丁敬达，等. 竞争与卓越——2009年世界一流大学与科研机构学科排行榜出炉[J]. 高教发展与评估，2009，25(5)：1-12.
[417]邱均平，余厚强. 论推动替代计量学发展的若干基本问题[J]. 中国图书馆学报，2015，41(1)：4-15.
[418]邱均平，余厚强. 替代计量学的提出过程与研究进展[J]. 图书情报工作，2013，57(19)：5-12.
[419]邱均平，周春雷. 发文量和h指数结合的高影响力作者评选方法研究——以图书情报学为例的实证分析[J]. 图书馆论坛，2008，28(6)：44-49.
[420]邱均平. 文献计量学[M]. 北京：科学技术文献出版社，1988.
[421]邱均平. 信息计量学[M]. 武汉：武汉大学出版社，2006：316-317.
[422]邱均平. 作者引证关系与知识交流研究[J]. 情报资料工作，

2011，32(5)：5.

[423]让创新成为实现中国经济升级的强大动力[EB/OL]．[2017-11-03]．https：//www.hanspub.org/news/6331.shtm.

[424]任真．开放获取环境下的图书馆[J]．大学图书馆学报，2005，23(5)：44-47.

[425]沈小玲，徐勇，严卫中．基于网络文献计量的科技论文学术影响力综合评价研究[J]．图书情报工作，2013，57(21)：95-103.

[426]沈小玲，严卫中．网络科技论文学术影响力评价指标的选择[J]．图书情报工作，2013，57(3)：69-77.

[427]盛平，陈兰，刘文彬，等．加权TOPSIS法与RSR法联用在促透剂促透效果评价中的应用[J]．中华全科医学，2014，12(11)：1721-1723.

[428]宋丽萍，王建芳，王树义．科学评价视角下F1000、Mendeley与传统文献计量指标的比较[J]．中国图书馆学报，2014，40(4)：48-54.

[429]宋丽萍，王建芳．基于F1000与WoS的同行评议与文献计量相关性研究[J]．中国图书馆学报，2012，38(2)：62-69.

[430]宋玲玲．基于PLoS ALMs的论文影响力评价指标研究——以航空航天医学为例[J]．情报理论与实践，2016，39(9)：30-36.

[431]宋启凡．布达佩斯先导计划对科技期刊开放获取的影响[J]．今传媒，2015(3)：114-115.

[432]苏成，潘云涛，袁军鹏，等．基于PageRank的期刊评价研究[J]．中国科技期刊研究，2009，20(4)：614-617.

[433]苏芳荔．科研合作对期刊论文被引频次的影响[J]．图书情报工作，2011，55(10)：144-148.

[434]Hammarfelt B. Using altmetrics for assessing research impact in the humanities[J]. Scientometrics，2014，101(2)：1419-1430.

[435]Hassan S U，Gillani U A. Altmetrics of "altmetrics" using Google

Scholar, Twitter, Mendeley, Facebook, Google-plus, Cite ULike, Blogs and Wiki[J]. arXiv E-print, 2016: 1603. 7992.

[436]Haustein S, Bowman T D, Costas R. Interpreting "altmetrics": viewing acts on social media through the lens of citation and social theories[J]. arXiv E-print, 2015: 1502. 5701.

[437]Heneberg P. Effects of print publication lag in dual format journals on scientometric indicators[J]. PLoS One, 2013, 8(4): e59 877.

[438]Hirsch J E. An index to quantify an individual's scientific research output[J]. Proceedings of the National Academy of Sciences of the United States of America, 2005, 102(46): 16569-16572.

[439] Kessler M M. Bibliographic coupling between scientific papers [J]. Journal of the Association for Information Science & Technology, 1963, 14(1): 10-25.

[440] Kuskova V V, Podsakoff N P, Podsakoff P M. Effects of theoretical contribution, methodological rigor, and journal quality, on the impact of scale development articles in the field of entrepreneurship[J]. Strategic Entrepreneurship Journal, 2011, 5(1): 10-36.

[441]Lee C J, Sugimoto C R, Zhang G, et al. Bias in peer review [J]. Journal of the Association for Information Science & Technology, 2013, 64(1): 2-17.

[442] Levitt J M, Thelwall M. A combined bibliometric indicator to predict article impact [J]. Information Processing & Management, 2011, 47(2): 300-308.

[443]Li N, Gillet D. Identifying influential scholars in academic social media platforms [C]//IEEE/ACM International Conference on Advances in Social Networks Analysis and Mining. IEEE, 2013: 608-614.

[444]Liu J, Adie E. Five challenges in altmetrics: a toolmaker's perspective[J]. Bulletin of the American Society for Information

Science & Technology, 2013, 39(4): 31-34.

[445] Liu X Z, Fang H. What we can learn from tweets linking to research papers[J]. Scientometrics, 2017, 111(1): 1-21.

[446] Markusova V, Bogorov V, Libkind A. Usage metrics vs classical metrics: analysis of Russia's research output[J]. Scientometrics, 2018, 114(2): 593-603.

[447] Mccain K W. Mapping authors in intellectual space: a technical overview[J]. Journal of the American Society for Information Science, 1990, 41(6): 433-443.

[448] Moravcsik M J. Citation context classification of a citation classic concerning citation context classification[J]. Social Studies of Science, 1988, 18(3): 515-521.

[449] Padial A A, Nabout J C, Siqueira T, et al. Weak evidence for determinants of citation frequency in ecological articles[J]. Scientometrics, 2010, 85(1): 1-12.

[450] Pagani R N, Kovaleski J, Luiz O, et al. Methodi Ordinatio: a proposed methodology to select and rank relevant scientific papers encompassing the impact factor, number of citation, and year of publication[J]. Scientometrics, 2015, 105(3): 2109-2135.

[451] Page L. The PageRank citation ranking: bringing order to the web[J]. Stanford Digital Libraries Working Paper, 1998, 9(1): 1-14.

[452] Pagell R. Insights into in cites: journal citation reports and essential science indicators[J]. Online Serach, 2014, 38(6): 16-19.

[453] Pasterkamp G, Rotmans J I, Kleijn D V P D, et al. Citation frequency: a biased measure of research impact significantly influenced by the geographical origin of research articles[J]. Scientometrics, 2007, 70(1): 153-165.

[454] Pilkington A, Meredith J. The evolution of the intellectual structure of operations management—1980-2006: a citation/co-

citation analysis[J]. Journal of Operations Management, 2009, 27(3): 185-202.

[455]Erdt M, Nagarajan A, Sin S C J, et al. Altmetrics: an analysis of the state-of-the-art in measuring research impact on social media[J]. Scientometrics, 2016, 109(2): 1117-1166.

[456]Galligan F, Dyas-Correia S. Altmetrics: rethinking the way we measure[J]. Serials Review, 2013, 39(1): 56-61.

[457]García J A, Rodriguez-Sánchez R, Fdez-Valdivia J. Social impact of scholarly articles in a citation network[J]. Journal of the Association for Information Science & Technology, 2014, 66(1): 117-127.

[458]Garfield E, Sher I H. Genetics citation index[J]. Revista Mvz Córdoba, 1963, 14(2): 1690-1696.

[459]Garfield E. Citation analysis as a tool in journal evaluation[J]. Science, 1972, 178(4060): 471.

[460]Garfield E. Citation indexes for science: a new dimension in documentation through association of ideas[J]. Science, 1955, 122(3159): 108-111.

[461]Garfield E. Is citation analysis a legitimate evaluation tool? [J]. Scientometrics, 1980, 2(1): 91-94.

[462]Garfield E. Journal impact factor: a brief review[J]. CMAJ: Canadian Medical Association Journal, 1999, 161(8): 979-80.

[463]Garfield E. The history and meaning of the journal impact factor[J]. JAMA: The Journal of the American Medical Association, 2006, 295(1): 90-93.

[464]Garvey W D, Griffith B C. Informal channels of communication in the behavioral sciences: their relevance in the structuring of formal or bibliographic communication[J]. Foundations of Access to Knowledge, 1968, 18(3): 228-243.

[465]Granovetter M S. The strength of weak ties[J]. American Journal of Sociology, 1973, 78(6): 1360-1380.

[466] Granovetter M. The impact of social structure on economic outcomes[J]. The Journal of Economic Perspectives, 2005, 19(1): 33-50.

[467] Granovetter M. The strength of weak ties: a network theory revisited[J]. Sociological Theory, 1983, 1(6): 201-233.

[468] Gross P L K, Gross E M. College libraries and chemical education[J]. Science, 1927, 66(1713): 385-389.

[469] Gross P L. The stackability of tetrakai-decahedra[J]. Science, 1927, 66(1701): 131-132.

[470] Groth P, Taraborelli D, Priem J. Altmetrics: tracking scholarly impact on the social Web[J]. ISSI Newsletter, 2011(2): 70-72.

[471] Halbert M H, Ackoff R L. An operations research study of the dissemination of scientific information[C]//Proceedings of the International Conference on Scientific Information. 1958, 1: 97-130.

[472] Haunschild R, Bornmann L, Leydesdorff L. Networks of reader and country status: an analysis of Mendeley reader statistics[J]. Sociological Review, 2015, 25(25): 867-876.

[473] Haustein S, Larivière V, Thelwall M, et al. Tweets vs. Mendeley readers: how do these two social media metrics differ? [J]. It-Information Technology, 2014, 56(5): 207-215.

[474] Haustein S, Larivière V. The use of bibliometrics for assessing research: possibilities, limitations and adverse effects[C]// Incentives and Performance. 2015: 121-139.

[475] Haustein S, Peters I, Sugimoto C R, et al. Tweeting biomedicine: an analysis of tweets and citations in the biomedical literature[J]. Journal of the Association for Information Science and Technology, 2014, 65(4): 656-669.

[476] Hirsch J E. An index to quantify an individual's scientific research

output[J]. Proceedings of the National Academy of Sciences of the United States of America, 2005, 102(46): 16569-16572.

[477]How is the Altmetric Attention Score calculated? [EB/OL]. [2018-01-12]. https://help.altmetric.com/support/solutions/articles/6000060969-how-is-the-altmetric-score-calculated.

[478]Ingwersen P. The calculation of web impact factors[J]. Journal of Documentation, 1998, 54(2): 236-243.

[479]Increasing access to the results of federally funded science[EB/OL]. [2017-11-10]. https://obamawhitehouse.archives.gov/blog/2016/02/22/increasing-access-results-federally-funded-science.

[480]Ke W. A fitness model for scholarly impact analysis [J]. Scientometrics, 2013, 94(3): 981-998.

[481]King D. The scientific impact of nations[J]. Nature, 2004, 432(7013): 8.

[482]Konkiel S. Altmetrics: an App review[EB/OL]. [2017-12-12]. https://www.researchgate.net/publication/235707873_Altmetrics_An_App_Review.

[483] Lawrence A. Proportion of open access peer-reviewed papers at the European and world levels—2004-2011 [J]. European Commission, 2013, 6(1): 18-30.

[484]Leydesdorff L, Bornmann L, Marx W, et al. Referenced publication years spectroscopy applied to iMetrics: Scientometrics, journal of informetrics, and a relevant subset of JASIST[J]. Journal of Informetrics, 2014, 8(1): 162-174.

[485]Lindsay J M. PlumX from plum analytics: not just altmetrics[J]. Journal of Electronic Resources in Medical Libraries, 2016, 13(1): 8-17.

[486]Linton C. Freeman. Turning a profit from mathematics: the case of social networks[J]. Journal of Mathematical Sociology, 1984, 10(3-4): 343-360.

[487]Lozano G A, Larivière V, Gingras Y. The weakening relationship

between the impact factor and papers' citations in the digital age[J]. Journal of the Association for Information Science & Technology, 2012, 63(11): 2140-2145.

[488] Margolis J. Citation indexing and evaluation of scientific papers [J]. Science, 1967, 155(3767): 1213-1219.

[489] Martin B R. The research excellence framework and the "impact agenda": are we creating a Frankenstein monster? [J]. Research Evaluation, 2011, 20(3): 247-254.

[490] McLucan M. The Gutenberg galaxy: the making of typographie man[M]. Toronto: University of Toronto Press, 1962.

[491] McLuhan M. Understanding media: the extensions of man[M]. Cambrige: MIT Press, 1994.

[492] Melero R. Altmetrics-a complement to conventional metrics[J]. Biochemia Medica, 2015, 25(2): 152-160.

[493] Mendeley is a free reference manager and academic social network that can help you organize your research, collaborate with others online, and discover the latest research[EB/OL]. [2018-01-19]. https://www.elsevier.com/solutions/mendeley.

[494] Menzel H. Planned and unplanned scientific communication [C]//Proceedings of the International Conference on Scientific Information. 1959: 199-243.

[495] Moed H F, Burger W J M, Frankfort J G, et al. The use of bibliometric data for the measurement of university research performance[J]. Research Policy, 1987, 14(3): 131-149.

[496] Mohammadi E, Thelwall M, Haustein S, et al. Who reads research articles? An altmetrics analysis of Mendeley user categories[J]. Journal of the Association for Information Science and Technology, 2015, 66(9): 1832-1846.

[497] Mohammadi E, Thelwall M. Mendeley readership altmetrics for the social sciences and humanities: research evaluation and knowledge flows[J]. Journal of the Association for Information

Science & Technology, 2014, 65(8): 1627-1638.

[498]Neylon C, Wu S. Article-level metrics and the evolution of scientific impact[J]. PLoS Biology, 2009, 7(11): e1000242.

[499]Noorden R V. Twitter buzz about papers does not mean citations later [EB/OL]. [2017-11-19]. http://www.Nature.com/news/twitter-buzz-about-papers-does-not-mean-citations-later-1.14354.

[500]Patthi B, Prasad M, Gupta R, et al. Altmetrics-a collated adjunct beyond citations for scholarly impact: a systematic review[J]. Journal of Clinical and Diagnostic Research(JCDR), 2017, 11(6): ZE16.

[501] Marsden P V, Laumann E O. Mathematical ideas in social structural analysis[J]. Journal of Mathematical Sociology, 1984, 10(3-4): 271-294.

[502]Peters I, Kraker P, Lex E, et al. Research data explored: an extended analysis of citations and altmetrics[J]. Scientometrics, 2016, 107(2): 723-744.

[503] Pfeffer M J, Parra P A. Strong ties, weak ties, and human capital: latino immigrant employment outside the enclave[J]. Rural Sociology, 2009, 74(2): 241-269.

[504]PLo S. A Comprehensive assessment of impact with article-level metrics(ALMs)[EB/OL]. [2017-12-23]. https://www.plos.org/article-level-metrics.